国家级一流本科专业建设成果教材

石油和化工行业"十四五"规划教材

环境分析化学

罗军 谷成 主编

化学工业出版社

·北京·

内容简介

《环境分析化学》系统介绍了环境分析化学的基本概念、原理和方法，主要内容有：绪论，环境样品的采集、制备与预处理，环境样品分析过程中的误差与数据处理、质量保证与质量控制，滴定分析法、重量分析法、电化学分析法、原子吸收/发射光谱法、紫外-可见/红外吸收光谱法、核磁共振波谱法、质谱法、色谱法、色谱-质谱联用法、激光拉曼光谱法、 X射线光谱法、表面分析法等技术与方法的理论基础、方法原理、有关仪器结构以及在环境样品分析中的应用。

本书可作为环境科学、环境工程等相关专业本科生和研究生的教材，也可供环境监测领域工作者和研究人员参考。

图书在版编目（CIP）数据

环境分析化学 / 罗军，谷成主编. -- 北京：化学
工业出版社，2025. 2. -- （石油和化工行业"十四五"
规划教材）（国家级一流本科专业建设成果教材）.
ISBN 978-7-122-44828-6

Ⅰ. X132

中国国家版本馆 CIP 数据核字第 20258EY905 号

责任编辑：满悦芝　　　　　　文字编辑：李　静　杨振美
责任校对：田睿涵　　　　　　装帧设计：张　辉

出版发行：化学工业出版社
　　　　　（北京市东城区青年湖南街 13 号　邮政编码 100011）
印　　装：河北鑫兆源印刷有限公司
787mm×1092mm　1/16　印张 20¼　字数 496 千字
2025 年 6 月北京第 1 版第 1 次印刷

购书咨询：010-64518888　　　　售后服务：010-64518899
网　　址：http://www.cip.com.cn
凡购买本书，如有缺损质量问题，本社销售中心负责调换。

定　　价：65.00 元

编写人员名单

主　　　编　罗　军　谷　成

副　主　编　方　舟

其他编写人员　（按姓氏笔画顺序）

王　帆　王宝莹　刘　星

孙海涛　李晓彤　杨丹幸

汪秀岩　张玉轩　张思亮

张敦涵　季晓慧　荣秋雨

侯天啸　高　雅　韩玉琳

智　文　谢雨洁

前　言

随着全球工业化和城市化的迅速发展，环境污染问题变得日益严峻。未知的环境污染物和隐蔽的污染物迁移转化过程对环境分析化学学科提出了新的挑战。环境分析化学不仅是环境科学的一个分支，而且在揭示环境污染物特别是新污染物的迁移规律、解决环境污染问题方面发挥着不可替代的作用。

本书的编写正是基于当前环境科学领域对污染物分析技术的迫切需求，旨在系统介绍环境分析化学的基本理论、方法、应用以及新的研究进展和发展趋势。本书特别强调了环境分析化学的多学科交叉特性，它不仅涉及化学，还包括仪器学、材料科学、环境科学等多个领域。环境分析不只是简单的样品测定，而是一个包括样品采集、前处理、分析方法选择、数据解析等多个环节的系统性研究过程。本书针对不同类型污染物，系统总结了完整的分析方法和详细的分析原理，力图为读者提供一个全面、深入理解环境分析化学的平台。通过系统的理论阐述和丰富的实践案例介绍，帮助读者掌握环境分析化学的基本原理、方法和技术。

本书结合环境化学和分析化学学科内容，应用现代分析化学的基本理论和方法，以分析化学为技术手段，来鉴定和分析环境污染物。本书整合环境化学的理论和分析化学技术实验操作，以期为读者提供偏向技术应用的指导书籍。由于环境化学基础理论部分冗杂，分析化学又局限于实验室的单一场景，本书将实验室中的分析化学检测技术进行现实环境样品的分析和检测，具有实际环境应用意义。有助于环境检测工作人员和环境领域的科研工作者深刻理解环境分析化学的基础理论、实操技术和实际应用场景。

《环境分析化学》既可作为高等教育机构环境科学和环境工程专业的教学参考书，同时，也为环境化学领域的研究人员提供了全新的研究成果和分析技术，以促进科学发展和技术革新。我们力求为读者提供一本科学严谨、实用性强的专业书籍，并希望通过本书的出版，为环境保护事业贡献一份力量。

鉴于时间和水平所限，书中不当之处在所难免，敬请各位读者批评指正。

编者
于南京大学
2025. 2

目　录

第一章
绪　论

1.1　环境分析化学的定义、任务和作用

1.1.1　环境分析化学的定义

环境分析化学（environmental analytical chemistry）是环境化学和分析化学交叉融合的新兴学科，是当今全球最具发展前途的学科之一。环境分析化学是一门针对当前环境存在的问题，运用分析化学的理论、方法和技术，定性定量分析环境污染物的组成、浓度、结构、状态等信息，为研究污染物的环境监测、环境行为、环境管理、环境规划、污染控制等提供数据和技术支撑的学科。环境分析化学着重研究和应用现代分析化学中的主要基本理论和方法，包括传统的分析化学，如滴定分析法、重量分析法、电化学分析法以及一系列现代仪器分析法，如原子吸收光谱、原子发射光谱、紫外-可见吸收光谱、红外吸收光谱、核磁共振波谱、质谱、色谱、激光拉曼光谱、X射线光谱和表面分析法。

1.1.2　环境分析化学的任务

环境分析化学的任务是综合运用环境科学的理论和分析化学的方法、技术对环境中的化学污染物进行分析、监测，研究环境中的化学污染物在大气、水、土壤以及生物体内的浓度、分布、形态、迁移、转化和去除规律，控制与治理环境化学污染物，评价环境质量，探索环境中化学因素与人体健康、疾病和生态环境等的关系，并在应用过程中进一步发展环境分析化学的理论、方法和技术。

环境分析化学的研究对象成分复杂、分布广泛、样品组分含量低、稳定性差且大部分具有毒性。环境分析化学的具体任务可分为以下几个方面。

① 定性、定量分析测定水、大气、土壤、固废、生物等环境介质以及人体中的化学污染物，并研究它们在空间的分布状况或模型，提出污染控制和防治的对策，评价污染防治措施的效果。

② 研究环境中未知结构的化学污染物的结构、形态、性质和演化机理。

③ 探索污染物的迁移转化机制、相互反应过程、状态结构的变化、污染效应以及最终归宿等规律。

④ 研究和发展针对样品中痕量污染物的快速、灵敏和经济的样品前处理技术。

⑤ 结合地方病、职业病、心血管疾病和其他污染相关疾病的调查，研究污染物作用与生活环境的关系，揭示污染物与生物体之间的相互作用和毒性效应。

⑥ 监测、检查环境质量，为环境质量标准的制定和修改提供测试手段和科学数据。

1.1.3 环境分析化学的作用

环境分析化学的具体作用主要有以下几点。

（1）环境监测和评估

对大气、水体、土壤等不同介质中的多项化学污染物进行定性、定量分析，判断是否超过国家和地方标准，综合评估环境污染状况。如根据生态环境部发布的《2022 中国生态环境状况公报》，"十四五"期间全国共布设 1734 个国家城市环境空气质量监测点位，3641 个国家地表水环境质量评价、考核、排名监测断面。

（2）环境污染控制和治理

通过对环境中特定污染物的分析和监测，确定污染源、污染途径和污染物的迁移转化规律等信息，制定和实施有效的环境治理措施，达到预防和控制环境污染的目的。如通过对湖泊周边氮磷进行点、面源调查分析，梳理导致湖泊富营养化的氮磷的输入途径，进而合理控制湖泊的富营养化。

（3）健康风险评估

通过对环境中存在的化学污染物进行分析和监测，可以确定其对人体健康的危害程度，并为公共卫生和医学预防提供科学依据。如对大米砷、镉进行分析测定，可以杜绝"镉大米"事件的发生，减少人体通过食物途径吸收重金属的风险。

1.2 环境分析化学的分类

1.2.1 定性分析、定量分析、结构分析

按照分析任务，环境分析化学主要分为定性分析、定量分析和结构分析。

定性分析（qualitative analysis）：对环境中化学物质的种类和性质进行分析的方法。通常使用化学试剂和仪器进行测试和分析。定性分析的方法包括颜色反应、沉淀形成、气味鉴定、质谱分析等。通过定性分析可以快速确认环境中是否存在某种化学物质，为后续的定量分析提供基础。

定量分析（quantitative analysis）：对环境中化学物质的浓度进行准确测定的分析方法。通常需要对样品进行预处理和分离，然后使用精密的仪器进行测定。常用的定量分析方法包括原子吸收光谱、荧光光谱、色谱等。定量分析可以精确测定环境中某种污染物的浓度，为环境评估和治理提供科学依据。

结构分析（structural analysis）：对环境中的化学物质进行分子结构分析，从而了解它们的化学性质和活性的方法。结构分析方法包括核磁共振、红外光谱、质谱等。通过结构分析可以深入了解环境中化学物质的性质和活性，为环境治理和控制提供理论基础。

实际操作时，需要根据分析目的、分析任务以及污染物种类，合理选择分析方法，以准确获取环境中化学物质的种类、浓度和结构信息。

1.2.2 化学分析和仪器分析

化学分析和仪器分析是环境分析化学中两种不同的分析手段，它们的具体内容和区别

如下。

化学分析：利用化学试剂对环境中的样品进行分析的方法。通常利用比色、滴定、沉淀等方法测定化学物质的含量。化学分析具有简单易行、设备简单等优点，但需要熟练的化学实验技能和准确的计量技巧，缺点是灵敏度和选择性较低，只能测定有限种类的化学物质。

仪器分析：利用精密的仪器对环境中的样品进行分析的方法。通常使用光谱学、电化学、质谱学等方法测定化学物质的含量和性质。仪器分析具有灵敏度高、特异性高等优点，能够分析各种复杂样品中的微量成分。但仪器分析对仪器设备和操作技术的要求较高，成本较高，需要较长的分析时间。

化学分析和仪器分析的主要分类见表 1.1。

表 1.1　化学分析和仪器分析的主要分类

分析方法	主要分类	具体方法
化学分析	滴定分析	酸碱滴定
		配位滴定
		氧化还原滴定
		沉淀滴定
	重量分析	重量法
仪器分析	电化学分析	电导分析
		电位分析
		电重量分析
		伏安法
	光谱分析	原子吸收光谱
		原子发射光谱
		紫外-可见吸收光谱
		红外吸收光谱
		核磁共振波谱
		激光拉曼光谱
		X射线光谱
	色谱分析	气相色谱
		液相色谱
	质谱分析	质谱
		气相色谱-质谱联用
		液相色谱-质谱联用
	其他	表面分析法

1.2.3　无机分析和有机分析

根据分析对象，环境分析化学分为无机分析和有机分析两大类，它们的内容和区别如下。

无机分析：对环境中无机物进行分析的方法，主要包括重金属、离子、氧化还原物质等。常用的无机分析方法包括滴定法、电化学分析法、原子吸收光谱法等。无机分析的主要特点是样品稳定性较好、分析方法简单,但是对于某些无机物,如硝酸盐等,可能会出现灵敏度低的问题。

有机分析:对环境中有机物进行分析的方法,主要包括各类有机污染物、有机气体和挥发性有机物等。有机分析方法包括气相色谱-质谱联用技术、高效液相色谱法等。有机分析的主要特点是对于某些有机物具有较高的灵敏度和特异性,但也存在样品制备困难、干扰物多、分析方法复杂等问题。

1.2.4 常量分析、半微量分析、微量分析、超微量分析

环境分析化学根据分析精度主要分为常量分析、半微量分析、微量分析、超微量分析几个类别。它们的具体内容如下。

常量分析:对样品中含量较高的化学物质进行分析的方法。通常样品体积大于 10mL,样品质量大于 0.1g,分析组分浓度为 $10^4 \sim 10^6$ mg/kg。常量分析的样品准备简单,分析方法也比较容易实现。例如,对于环境水样中的无机离子,如钠、钾、钙、镁等离子,可采用电导率测量法。

半微量分析:对样品中含量较低的化学物质进行分析的方法。通常样品体积为 $1 \sim 10$mL,样品质量为 $0.01 \sim 0.1$g,分析组分浓度为 $10^2 \sim 10^4$ mg/kg。如分析水中的氨氮含量,可以采用纳氏试剂法。

微量分析:对样品中含量非常低的化学物质进行分析的方法。通常样品体积为 $0.01 \sim 1$mL,样品质量为 $10^{-4} \sim 10^{-2}$g,分析组分浓度为 $1 \sim 100$mg/kg。如对于水中铅、铜、锌、镉等微量元素的分析,可以采用原子吸收光谱法。

超微量分析:对样品中含量极低的化学物质进行分析的方法。分析样品体积小于 0.01mL,分析组分浓度小于 1mg/kg。超微量分析需要对样品进行极其精细的前处理和预测,以提高分析的灵敏度和准确性。例如,对于水中的微量有机污染物,如多环芳烃、氯代烷等,可以采用气相色谱-质谱联用技术进行超微量分析。

1.3 环境分析方法的选择

环境分析过程中,主要根据测试目的,选择定性还是定量分析。如果仅仅是判断样品的酸碱性,可直接采用简易的 pH 试纸测定;如果需要定量准确测定样品具体 pH 值,则需要用校准后的 pH 仪测定。根据测试污染物的性质,选择无机分析或有机分析。同时需要考虑样品体积以及分析组分的浓度范围,根据测试精度选择合适的仪器进行分析。常规水质测定指标和测定方法见表 1.2。

表 1.2 常规水质测定指标和测定方法

监测项目	分析方法	检出限或最低检出浓度(测定下限)	参考标准
总有机碳	燃烧氧化-非分散红外吸收法	0.1mg/L(0.5mg/L)	HJ 501—2009
氨氮	1. 纳氏试剂分光光度法	0.025mg/L(0.10mg/L)	HJ 535—2009
	2. 水杨酸分光光度法	0.01mg/L(0.04mg/L)	HJ 536—2009
	3. 气相分子吸收光谱法	0.02mg/L(0.08mg/L)	HJ 195—2023
	4. 流动注射-水杨酸分光光度法	0.01mg/L(0.04mg/L)	HJ 666—2013

监测项目	分析方法	检出限或最低检出浓度(测定下限)	参考标准
硝酸盐氮	1. 酚二磺酸分光光度法	0.02mg/L(0.02mg/L)	GB 7480—87
	2. 紫外分光光度法	0.08mg/L(0.32mg/L)	HJ/T 346—2007
	3. 离子色谱法	0.04mg/L	①
	4. 气相分子吸收法	0.03mg/L	①
	5. 电极流动法	0.21mg/L	①
亚硝酸盐氮	1. 分光光度法	0.003mg/L	GB 7493—87
	2. 气相分子吸收谱法	0.003mg/L(0.012mg/L)	HJ/T 197—2005
	3. 离子色谱法	0.05mg/L	①
总氮	1. 碱性过硫酸钾消解紫外分光光度法	0.05mg/L(0.2mg/L)	HJ 636—2012
	2. 气相分子吸收谱法	0.05mg/L(0.2mg/L)	HJ 199—2023
	3. 流动注射-盐酸萘乙二胺分光光度法	0.03mg/L(0.12mg/L)	HJ 668—2013
	4. 连续流动-盐酸萘乙二胺分光光度法	0.04mg/L(0.16mg/L)	HJ 667—2013
总磷	1. 钼酸铵分光光度法	0.01mg/L	GB 11893—89
	2. 流动注射-钼酸铵分光光度法	0.005mg/L(0.02mg/L)	HJ 671—2013
	3. 离子色谱法	0.01mg/L	①
硫酸盐	1. 重量法	10mg/L	GB 11899—89
	2. 铬酸钡分光光度法	8mg/L	HJ/T 342—2007
	3. 离子色谱法	0.1mg/L	①
硫化物	1. 亚甲基蓝分光光度法	0.003mg/L(0.012mg/L)	HJ 1226—2021
	2. 气相分子吸收谱法	0.005mg/L(0.02mg/L)	HJ 200—2023
	3. 碘量法	0.4mg/L	HJ/T 60—2000
	4. 流动注射-亚甲基蓝分光光度法	0.004mg/L(0.016mg/L)	HJ 824—2017
砷	1. 硼氢化钾-硝酸银分光光度法	0.4μg/L	GB 11900—89
	2. 二乙基二硫代氨基甲酸银分光光度法	0.007mg/L	GB 7485—87
	3. 原子荧光法	0.3μg/L(1.2μg/L)	HJ 694—2014
镉	1. 火焰原子吸收法	0.05mg/L	GB 7475—87
	2. 双硫腙分光光度法	1μg/L	GB 7471—87
	3. 石墨炉原子吸收法	0.10μg/L	①
	4. 阳极溶出伏安法	0.5μg/L	①
	5. 等离子发射光谱法	0.006mg/L	①
铬	1. 火焰原子吸收法	0.03mg/L(0.12mg/L)	HJ 757—2015
	2. 石墨炉原子吸收法	0.2 g/L	①
	3. 高锰酸钾氧化-二苯碳酰二肼分光光度法	0.004mg/L	GB 7466—87
	4. 等离子发射光谱法	0.02mg/L	①
汞	1. 冷原子荧光法	0.0015μg/L(0.006μg/L)	HJ/T 341—2007
	2. 原子荧光法	0.04μg/L(0.16μg/L)	HJ 694—2014
	3. 双硫腙分光光度法	2μg/L	GB 7469—87
挥发性卤代烃	1. 顶空气相色谱法	0.02～6.13μg/L(0.08～24.5μg/L)	HJ 620—2011
	2. 吹脱捕集气相色谱法	0.009～0.08μg/L	①
	3. 气相色谱-质谱法	0.03～0.3μg/L	①
苯系物	1. 顶空气相色谱法	2～3μg/L(8～12μg/L)	HJ 1067—2019
	2. 吹脱捕集气相色谱法	0.002～0.003μg/L	①
	3. 气相色谱-质谱法	0.01～0.02μg/L	①

监测项目	分析方法	检出限或最低检出浓度(测定下限)	参考标准
氯苯类	1. 气相色谱法 2. 气相色谱-质谱法	$0.003 \sim 12\mu g/L(0.012 \sim 48\mu g/L)$ $0.021 \sim 0.065\mu g/L(0.084 \sim 0.26\mu g/L)$	HJ 621—2011 HJ 699—2014
苯胺类	1. N-(1-萘基)乙二胺偶氮分光光度法 2. 气相色谱-质谱法 3. 液相色谱-三重四极杆质谱法	$0.03mg/L$ $0.05 \sim 0.09\mu g/L(0.20 \sim 0.36\mu g/L)$ $0.007 \sim 0.1\mu g/L(0.028 \sim 0.4\mu g/L)$	GB 11889—89 HJ 822—2017 HJ 1048—2019
有机磷农药	1. 气相色谱法 2. 气相色谱-质谱法	$10^{-9} \sim 10^{-10}$ g$(0.05 \sim 0.5\mu g/L)$ $0.3 \sim 0.6\mu g/L(1.2 \sim 2.4\mu g/L)$	GB 13192—91 HJ 1189—2021
有机氯农药	气相色谱-质谱法	$0.021 \sim 0.065\mu g/L(0.084 \sim 0.26\mu g/L)$	HJ 699—2014
多环芳烃	液液萃取和固相萃取高效液相色谱法	液液萃取: $0.002 \sim 0.016\mu g/L(0.008 \sim 0.064\mu g/L)$ 固相萃取: $0.0004 \sim 0.0016\mu g/L(0.0016 \sim 0.0064\mu g/L)$	HJ 478—2009
多氯联苯	气相色谱-质谱法	$1.4 \sim 2.2ng/L(5.6 \sim 8.8ng/L)$	HJ 715—2014

① 参考《地表水和污水监测技术规范》(HJ/T 91—2002)。

1.4　环境分析过程

环境分析过程包括样品采集、前处理、分析和数据处理四个基本步骤。

样品采集：环境分析的第一步是采集样品。样品的采集必须遵循标准的操作程序，以确保获得准确、可靠的结果。样品的采集可以根据不同的测试需求和样品的性质而定，常见的包括水、土壤、大气等环境介质的采集。在样品采集过程中需要遵守安全操作规程，以确保人员和环境的安全。

前处理：在样品采集之后，需要进行前处理，以减少样品中可能存在的干扰物质，提高分析的准确性和可靠性。前处理的方式包括样品的制备和提取等步骤。例如，水样需要通过过滤、浓缩、萃取等方式去除悬浮物、离子和有机物等干扰物质。

分析：分析是环境分析的核心步骤，通过使用不同的化学分析方法，对样品中的有害物质进行检测和定量分析。常见的分析方法包括质谱分析、光谱分析、电化学分析、分子生物学技术等。在分析过程中需要严格控制实验条件和遵守相关的操作规程。

数据处理：分析之后，需要对数据进行处理和解释。数据处理包括数据计算、数据分析、数据解释等步骤。使用统计学方法和计算机软件，对数据进行分析和处理，以确保得出结果的准确性和可靠性。

1.5　环境分析化学的发展趋势

随着全球环境污染的日益严重，环境分析化学在环境保护和资源管理中的作用越来越重要。环境分析化学的发展趋势主要包括以下几个方面。

① 多元化和多层次化的分析方法：环境中存在各种污染物，需要使用多种化学分析方法进行检测。未来环境分析化学将更加多元化和多层次化，例如化学-生物联用技术、纳米材料应用技术、原位检测技术等新兴技术将在该领域得到应用。

② 自动化和智能化的分析方法：自动化和智能化的仪器设备可以有效提高分析效率和准确性，减少人为误差。未来环境分析化学将更加注重仪器自动化和智能化，例如智能分析仪器和分析软件等。

③ 快速和在线分析技术：快速和在线分析技术可以实现对环境污染物的快速检测和实时监测。未来环境分析化学将更加注重快速和在线分析技术的研究和应用，例如微型化、远程监测和移动式检测等。

④ 绿色化的样品前处理技术：样品前处理是环境分析过程的关键步骤之一，同时也是环境污染的重要来源之一。未来环境分析化学将更加注重发展绿色化的样品前处理技术，例如微波提取技术、超临界流体萃取技术等。

⑤ 大数据和人工智能的应用：大数据和人工智能的应用可以有效提高数据分析和处理的效率和准确性，同时也可以提供更加准确和全面的环境监测数据。未来环境分析化学将更加注重大数据和人工智能的应用，例如数据挖掘、模型预测和智能决策等。

习题

1. 什么是环境分析化学？其与环境化学和分析化学有哪些区别和联系？阐述环境分析化学在环境学科领域的地位和作用。

2. 根据分析精度对环境分析化学中的分析方法进行分类，简述各种方法之间的差异。

3. 根据当前社会科学技术的发展趋势，简述未来环境分析化学学科的发展前景。

参考文献

[1] 唐杰，曾亮，陈秋颖 . 环境分析化学的方法及应用研究［M］. 北京：中国水利水电出版社，2015.
[2] 潘祖亭 . 分析化学［M］. 北京：科学出版社，2010.
[3] 李克安 . 分析化学教程［M］. 北京：北京大学出版社，2005.
[4] 王玉枝，张正奇 . 分析化学［M］.3 版 . 北京：科学出版社，2004.

第二章
环境样品的采集、制备与预处理

2.1 环境样品的采集

环境样品的采集主要包括水体、大气、土壤、沉积物等环境介质的样品采集以及固体废物、生物样品的采集。采样是从大量分析对象中抽取有代表性的小质量样品作为分析材料的过程，因此样品采集应考虑的最主要原则为样品对于采样区域的代表性，即通过样品分析获得的信息要尽可能反映环境污染的客观状态。正确采集环境样品是获得真实可靠数据的关键，在进行样品采集时应注意随机性抽样和代表性取样。根据要求获得的样品能够尽可能地客观反映真实的环境状况，代表一定范围内污染物的污染水平及变化规律。

2.1.1 水样品

水作为生命的源泉，是人类赖以生存和发展的重要资源之一。自然界中的水环境主要由地表水环境和地下水环境两部分组成。地表水环境包括河流、湖泊、水库等，地下水环境包括浅层地下水、深层地下水等。水环境也是受人类干扰和破坏最严重的领域，水环境的污染和破坏已成为当今世界主要的环境问题之一。目前，我国地表水主要污染指标为化学需氧量、总磷和高锰酸盐指数。

为了获取具有代表性的水样，在对现场水样进行采集前，应根据现场情况、检测对象等制订采样计划，确定采集水样类型、采样地点、采样方法与设备、采样时间与数量等，并根据具体情况选择合适的水样保存方法。同时，在样品采集、保存、制备等过程中应保证样品不被污染、不被损失。

水样采集时需要注意，污水中的悬浮物和固体微粒是水样的重要组成部分，且能够吸附水中的有机物和金属离子等，因此在进行分析前，应将其保留并摇匀。水样中某些成分容易在放置保存过程中发生变化，需要单独采集水样并进行现场固定之后再用于后续分析。

2.1.1.1 水样的采集

（1）湖泊、水库等广阔地表水域

地表水域的布点原则一般为区域内的不同水域（如出水域、进水域、深水区、浅水区）按照水体功能设置监测垂线，若没有明显的功能分区，则用网格法均匀设置断面垂线。

应选择在至少连续两天晴天，且水质较稳定时进行水样采集。根据具体需求，可以对表层水进行采样，或者按照深度分层采样。表层水的采集深度为水面下 $1\sim2cm$，应注意避免混入水面上的漂浮物。采样器具以玻璃器皿为最佳，以防止采样设备对水质检测的影响。若要采集深层水样，可使用直立式或有机玻璃采水器等深水采样器，在下沉过程中使水流过采样器，并在预定深度采集水样。

进行采样时，应注意不要扰动水底的沉积物，并认真填写采样记录表，准确记录实际情况，包括采样现场描述、监测项目、保存剂添加、水样感官指标、气象参数等内容。

（2）河流、排水渠等流动水面

河流采样点布设应遵循在河流横向及垂直方向的不同位置采集样品的原则。水样的代表性取决于断面的代表性，因此应充分考虑采样断面的选择。在一些特殊区域，如主流与支流的汇合点附近，湖泊、水库的流入口和流出口等，需要合理布设断面。

一般河流要采集几个断面，一个断面上的采样垂线、采样点的个数受水面宽度和深度的影响。一般情况下，当水深不足 1m 时，在水深的 1/2 处设置采样点；当水深≤5m 时，在距水面 0.5m 处布置一个采样点；水深 5～10m 时，布设两个采样点，分别为距水面 0.5m 和河底以上 0.5m；水深＞10m 时，还需在水深 1/2 处增加一处采样点。

（3）污水

对于含有第一类污染物的污水，不分行业和污水排放方式，也不分受纳水体的功能类别，采样位置一律设置在车间或车间处理设施排放口。对于含有第二类污染物的污水，采样位置设置在排污单位排放口。同时，根据排污企业的生产周期、生产工艺等确定采样周期。污水的采样位置可布设在 1/4 或 1/2 水深处，以获取平均浓度的污水水样。

为了采集到具有代表性的污水样品，需要确定排放污水的企业的生产周期和排放周期，在一个或多个周期内，按照一定的时间间隔取样。如果企业污水能够稳定排放，可采用瞬时采样法。在排放流量不稳定的情况下，可根据流量大小，将一个排污口不同时间采集的水样等比例进行混合，得到平均比例混合水样。这些是获得平均浓度的常用办法。

（4）地下水

由于地下水的情况比地表水复杂得多，在对其进行采样前应充分调查了解地下水的分层、流向、流速和污染物分布状况等基本情况。采样点的布设应充分考虑区域的水文地质条件。监测井的密度一般为 $0.2～1$ 个/km^2。但由于经费等其他条件的限制，可以借助现有的井、泉以及河流进行采样，同时要确保代表性。

一些浓度较低的污染物或较小的污染源的监测，有必要设立专门的监测井。对理化性质易受环境影响的污染物，应在采样前抽取适量水，了解环境状况，做好背景调查，在采样时采取针对措施，并记录实际采样情况。为了确保样品品质，应采集适当的空白样品，包括野外空白、设备空白和运送空白。

2.1.1.2 水样的保存

从样品采集、运输到最后检测的过程中，环境条件的变化易导致水样物理、化学和生物性质发生变化，进而影响待测物质和检测结果。为了尽可能降低由环境导致的非人为误差，需要采取物理化学手段最大程度保持水样性质。需要确保长期贮存水样的容器不会污染水样，不会改变水样性质。样品贮存容器的材质不能与水样中的物质发生反应，应性质稳定，还应满足一些样品的特殊要求，如避光、密封性好等。

样品保存的手段主要包括冷藏与冷冻、过滤与离心分离、化学试剂稳定。

冷藏与冷冻是水样保存的常用手段，能够减缓微生物的生命活动，降低物理化学反应速率。冷藏一般为 1～5℃暗处保存，适用于样品的短期保存。若样品需要长期贮存，需于 $-22～-18$℃进行冷冻。但要注意的是，冷冻保存不适用于挥发性物质。

过滤与离心分离是常见的固液分离方法。过滤是通过筛网、滤布、滤纸或者滤膜等过滤材料对水样中的固体和液体进行物理分离。在对样品进行过滤分离时，应根据水样中固体颗粒物的粒径差异选择不同孔径的过滤材料。离心是利用离心力加速水样中固态物质的沉淀过程，从而将混合物中的悬浮物质分离出来的方法。离心分离可以通过调整离心机离心速度、时间以及离心管倾斜角度等参数实现不同密度和粒径的物质分离。过滤和离心在某些时候可以互相替代。离心分离对于细小颗粒的分离效率更高，而过滤更适用于较大颗粒的去除。因此在具体应用时应根据样品条件选择适当的方法。

加入化学保护剂能够有效避免在检测前样品性质发生变化。常用的方法包括调节 pH 和加入化学抑制剂。pH 是溶液的重要性质之一，调节 pH 能够有效控制水样中物理化学反应的发生，使水样性质维持在稳定状态。化学抑制剂分为生物抑制剂和氧化还原抑制剂等。生物抑制剂主要为重金属盐，通过使蛋白质变性抑制微生物的生长繁殖，降低微生物对水样性质的影响；氧化还原抑制剂可使水样中氧化还原敏感的物质保持原本价态与形态，达到稳定物质的目的。

2.1.2 大气样品

地球大气由多种气体混合而成，低层大气与人类关系密切，常因人类活动受到污染。干洁大气是指大气中除去水汽、液体和固体微粒以外的混合气体，简称干空气。其成分主要为氮、氧、氩、二氧化碳等，占干洁大气体积的 99.99% 以上。可以将干洁大气理解为大气未受到污染时的气体组成，将其作为环境背景浓度。受到人类农业、工业以及日常生活等活动的影响，大量污染物向地表大气排放，导致地表大气中的污染物含量超过其环境背景值，引发各类环境问题，危害人体健康。

2.1.2.1 气体样品的采集

（1）采样点布设

气体样品的采集应具有较好的代表性，能够客观反映采样区域真实的大气环境，代表一定空间范围内污染物的污染水平及变化规律。鉴于空气的流动性强且环境开阔，其中污染物的分布具有时空差异，存在扩散迁移的情况，在进行采样前应调查了解该区域的风向、风速、气温、气压、湿度及地形等环境条件，以该地区多年的环境空气质量状况及变化趋势、产业和能源结构特点、人口分布情况、地形和气象条件等因素为依据，充分考虑采样点位的代表性。各采样点之间的设置条件尽可能一致，使各个采样点获取的数据具有可比性。除了设置污染气体采样点外，还需要设置空气质量对照点和空气质量背景点，进行质量控制，保证样品数据的有效性。

采样位置的选择需要满足一定的要求，以确保采集到的气体样品具有代表性，避免受到周围环境的干扰。采样点应设在整个监测区域的高、中、低三种不同污染物浓度的地方。采样点周围 50m 范围内不应有污染源。采样点应布设在开阔区域，应尽量避开高大的楼房、树木等，以确保周围水平面 270° 以上的捕集空间。如果采样口靠近建筑物，应有 180° 以上的自由空间。交通密集区的采样点应设在距人行道边缘至少 1.5m 远处。采样需确保周围环境状况相对稳定，安全和防火措施有保障；附近无强大的电磁干扰，周围有稳定可靠的电力供应，通信线路容易安装和检修。采样口的高度因采样目标而异：研究大气污染对人体的影响，应将采样口设置在距地面 1.5~2m 处；研究大气污染对植物的影响，应将采样口高度定为与植物等高处。

气体采样点的布设方法主要有扇形布点法、同心圆布点法、网格布点法和功能分区布点法。

① 网格布点法［图 2.1(a)］：将待分析的区域均匀分成若干个大小相等的方格，方格面积一般为 $1\sim2km^2$，方格中心或纵横直线的交点即为采样点。网格布点法适用于具有多个污染源且污染源分布均匀的区域，也适用于调查面源污染。方格大小和采样点数量可以根据污染程度、人口分布、社会经济等条件适当调整。

② 同心圆布点法［图 2.1(b)］：以污染源为圆心，作出若干个同心圆，再以 45°夹角作出若干条放射线，放射线与同心圆的交点即为采样点。同心圆布点法适用于具有多个污染源且污染源分布较集中的区域。不同圆周上的采样点数目不一定相等或均匀分布，若主导风向明显，可以在下风向多设采样点。

③ 扇形布点法［图 2.1(c)］：将点污染源作为扇形的顶点，以主导风向为轴线，在下风向划出一个扇形区域作为布点范围。扇形布点法适用于孤立的高架点源或常年主导风向较明显的区域。扇形的角度一般为 45°~90°，采样点设在扇形平面内以顶点为圆心的不同长度半径的弧线上。每条弧线上设 3~4 个采样点，相邻两点与顶点连线的夹角为 10°~20°。除下风向的采样点外，应在上风向处设置对照点。

④ 功能分区布点法：根据城市功能分区，在监测区域的工业区、商业区、居住区、交通稠密区、清洁区等功能分区设置采样点，用于区域性日常监测。其中，工业区和居住区应优先布点。

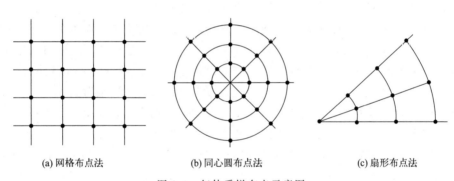

(a) 网格布点法　　　　　　　(b) 同心圆布点法　　　　　　　(c) 扇形布点法

图 2.1　气体采样布点示意图

（2）采样时间

空气质量变化趋势监测一般采用连续或间歇自动采样测定。监测目的和监测项目不同，采样时间和采样频率也不同。采样时间是指每次采样从开始到结束所经历的时间或采样时段，采样频率则是一定时间范围内的采样次数。根据采样时间不同，可以分为短期采样和长期采样。短期采样包括间断采样和 24h 连续采样。间断采样是指在某时段或 1h 内采集一个空气样品，监测该时段或该小时空气中污染物的平均浓度。24h 连续采样是监测日平均浓度的采样方式，可用人工采样，也可通过自动空气监测系统采样。

《环境空气质量手工监测技术规范》（HJ 194—2017）中规定，空气污染物的采样时间和频率应根据 GB 3095 中污染物浓度数据有效性规定的要求确定，见表 2.1。

（3）采样方法

大气污染物按存在的物理状态可以分为气态污染物和气溶胶态污染物，两种污染物的采集方式存在差别。气态污染物的采样方法分为直接采样法、浓缩采样法和无动力采样法，气溶胶态污染物的采样法主要包括沉降法和滤料法。

表 2.1 污染物浓度数据有效性的最低要求

污染物项目	平均时间	数据有效性规定
二氧化硫(SO_2)、二氧化氮(NO_2)、颗粒物(粒径小于等于 $10\mu m$)、颗粒物(粒径小于等于 $2.5\mu m$)、氮氧化物(NO_x)	年平均	每年至少有 324 个日平均浓度值 每月至少有 27 个日平均浓度值(二月至少有 25 个日平均浓度值)
二氧化硫(SO_2)、二氧化氮(NO_2)、一氧化碳(CO)、颗粒物(粒径小于等于 $10\mu m$)、颗粒物(粒径小于等于 $2.5\mu m$)、氮氧化物(NO_x)	24 小时平均	每日至少有 20 个小时平均浓度值或采样时间
臭氧(O_3)	8 小时平均	每 8 小时至少有 6 个小时平均浓度值
二氧化硫(SO_2)、二氧化氮(NO_2)、一氧化碳(CO)、臭氧(O_3)、氮氧化物(NO_x)	1 小时平均	每小时至少有 45 分钟的采样时间
总悬浮颗粒物(TSP)、苯并[a]芘(BaP)、铅(Pb)	年平均	每年至少有分布均匀的 60 个日平均浓度值 每月至少有分布均匀的 5 个日平均浓度值
铅(Pb)	季平均	每季至少有分布均匀的 15 个日平均浓度值 每月至少有分布均匀的 5 个日平均浓度值
总悬浮颗粒物(TSP)、苯并[a]芘(BaP)、铅(Pb)	24 小时平均	每日应有 24 小时的采样时间

① 直接采样法：适用于环境污染物浓度较高或分析方法灵敏度较高的情况，一般测定的是瞬时或短时间内大气中污染物的浓度。直接采样法采样时一般使用注射器、塑料袋、真空采气瓶，采用充气法、真空采样法和置换法进行采样。充气法是用隔膜泵、注射器、皮撅子、抽气筒或压气球等工具，将待测气体注入不会与它们发生化学作用或者渗透作用的塑料袋或球胆中。采样前应用待测气体清洗塑料袋或球胆 3~4 次，采样后应尽快分析。本方法适用于采集不活泼的气体样品。真空采样法通过真空泵将真空采气瓶内抽为真空，内部压力降低，利用气压差进行采样。置换法是将带有活塞的采气瓶接上抽气动力，在短时间内抽取比采气瓶体积大 6~10 倍的气体，实现采气瓶内气体的置换。

② 浓缩采样法：当大气中污染物的浓度较低时，需要通过浓缩采样法提高样品中污染物的浓度，以便于后续的监测分析。浓缩采样法一般测定的是采样时段内大气中污染物的平均浓度。浓缩采样法包括溶液吸收法、固体阻留法、低温冷凝法。

溶液吸收法是最常用的气体样品浓缩采样方法。在采样时，将装有吸收液的气体吸收管一端接上抽气装置，以一定流速将气体样品抽入吸收管内，使样品中的待测物质被吸收进入溶液中。在采样结束后，取出吸收液并分析其中待测物质的浓度。吸收效率主要取决于吸收速率和吸收液与气体样品的接触面积，应根据污染物的性质选择合适的吸收液。

固体阻留法是利用待测物质与固体填充剂间的吸附、溶解、化学反应和物理阻留等作用，使得待测物质在气体样品以一定流速通过采样管中的固体填充剂后被阻留，达到浓缩的目的，之后进行解吸或洗脱，对待测污染物进行分析。根据作用原理不同，填充剂分为吸附型、分配型、反应型三种。

低温冷凝法是将 U 形或蛇形采样管插入冷阱中，使待测组分在气体样品经过采样管时因冷凝而凝结在采样管底部。与常温的固体阻留法相比，低温冷凝法能够采集更大体积的烯烃类、醛类等沸点较低的气态污染物，浓缩效果更佳，且能够保证气体的稳定性。

③ 无动力采样法：利用物质的自然重力、空气动力和分子扩散等原理进行样品采集，具有简单方便、成本低、准确可靠的特点。

④ 沉降法：包括自然沉降法和静电沉降法。自然沉降法利用待测物质自身的重力对自然沉降的物质进行收集。静电沉降法是将气体通入高压电场中，气体分子电离产生的离子会附着在气溶胶粒子上从而带有电荷，带电粒子会在电场的作用下沉降到收集电极上，实现气溶胶采样。静电沉降法不适用于易燃易爆场合。

⑤ 滤料法：将滤纸、滤膜等过滤材料放置在采样夹上，接上抽气装置后，气体中的颗粒物被阻留在过滤材料上。通过过滤材料上的颗粒物重量和采样体积，计算空气中颗粒物的浓度。

（4）采样记录

采样过程应详细记录污染物名称、采样点名称、采样编号、采样日期、采样时间、采样流量、采样体积、采样时的温度及压力、标准体积（换算为标准状态下的体积）、所用仪器、吸收液、采样时的天气情况及周围情况，具体参见表 2.2。

表 2.2　气态污染物采样记录

采样地点：		污染物名称：			采样方法：			采样仪器：	
采样日期	样品编号	采样时间			气温 /℃	气压 /kPa	采样流量 /(L/min)	采样体积 /L	标准体积 /L	天气情况
		开始	结束	时长						

采样者：＿＿＿＿＿＿＿　　　审核者：＿＿＿＿＿＿＿

2.1.2.2　气体样品的保存

用直接采样法收集到的样品无法长时间存放，应当在采样当天进行分析测定。为防止收集容器器壁的吸附和解吸现象，应选用聚四氟乙烯塑料收集器，同时尽快测定。

由于气体吸收液易受温度、湿度等环境因素的影响，收集后应注意对液体的贮存。保存吸收液时，应避免高温、碰撞，对于一些见光易分解的物质还需要避免光照，尽可能防止挥发、氧化、分解，并保证样品密封。

固体填充剂中的待测物质比溶液中的更稳定，部分样品可存放数天，保存时需做到低温、避光。使用滤料法获得的颗粒物，要注意保证滤料的洁净，将其采样面向内，在干燥、避光条件下保存。

2.1.3　土壤、沉积物样品

2.1.3.1　土壤样品采集

土壤是指地球表面的一层疏松的物质，由岩石风化而成，包括各种颗粒状矿物质、有机物、水分、空气、微生物等，能够生长植物。土壤与岩石圈、大气圈、生物圈、水圈共同构成地球环境，与人类生活密切相关，是人类赖以生存的自然资源。受到人类活动的影响，土壤发生了酸化、盐碱化、重金属污染等环境问题。受限于土壤的性质，土壤污染具有积累性、不易迁移性、地域性等特点。土壤复杂的性质与环境，使土壤污染比水污染、大气污染更难治理。

（1）采样点布设

土壤具有一定的不均一性，在进行样品采集时要充分考虑土壤的空间异质性，选择具有代表性的地点进行采样，尽可能客观反映区域内土壤中污染物的分布情况。

布设采样点时应合理划分采样单元，并避开田边、路边、堆肥边和土壤层破坏处，避免边际效应。在耕地上采样时，应了解作物种植及农药、肥料使用情况，选择不施或少施农药、肥料的地块作为采样单元，以尽量减少人为活动的影响。采集土壤剖面样品时，选择土壤类型特征明显的地点挖掘土壤剖面，要求剖面发育完整、层次较清楚且无侵入体。采样单元需要具有一定的代表性，能够代表调查地块，一般大小为 $0.13\sim0.2km^2$。为了减小土壤空间异质性对采样结果的影响，应在同一采样单元内的多方位进行多点采样，均匀混合后获得具有代表性的样品。每个采样点采集 $1\sim2kg$ 样品，混匀后用四分法取 $1kg$ 土样装入样品袋，多余部分弃去。

土壤样品的采集常用对角线布点法、梅花形布点法、棋盘式布点法和蛇形布点法。

对角线布点法 [图 2.2(a)]：常用于面积小、地势平坦的污水灌溉的农田。由进水口向对角引一条直线，将对角线三等分，在每等分的中间设置一个采样点，即每个地块设置三个采样点。采样点的数量可以根据实际调查情况进行调整。

梅花形布点法 [图 2.2(b)]：将两条对角线四等分，交点为采样的中心点，在对角线上设置其他采样点，一般设置 $5\sim10$ 个采样点。该方法适用于面积较小、地势平坦、土壤均匀的农田。

棋盘式布点法 [图 2.2(c)]：将土壤区域按棋盘的四方格划分，进行采样点的布设。中等面积、地势平坦、土壤不够均匀的地块，设置 10 个左右采样点；若土壤受到污泥、垃圾等固体废物污染，应设置 20 个以上采样点。

蛇形布点法 [图 2.2(d)]：在区域内按照蛇形进行布点，适用于面积较大、地势不平坦且土壤不够均匀的地块，一般布设 15 个采样点。

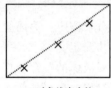 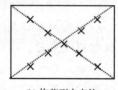 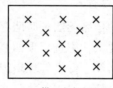 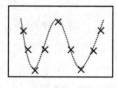

(a) 对角线布点法　　(b) 梅花形布点法　　(c) 棋盘式布点法　　(d) 蛇形布点法

图 2.2　土壤采样布点示意图

（2）采样深度

采样深度因监测目的而异：若只需了解土壤污染状况，一般采集耕作层土样，种植农作物的土壤采集表层 $0\sim20cm$ 土壤，种植果林类农作物的采集 $0\sim60cm$ 的土壤；若以调查土壤背景、土壤污染深度为目的，需要在采样点挖掘土壤剖面进行分层采样。

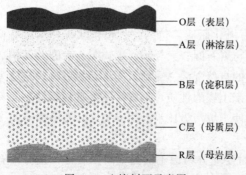

土壤剖面是指自地表向下直到土壤母质层的垂直切面，这些土层大致呈水平状，是土壤成土过程中物质发生淋溶、淀积、迁移和转化形成的，具有不同的颜色、质地。如图 2.3 所示，典型的自然土壤剖面分为 O 层（表层）、A 层（淋溶层）、B 层（淀积层）、C 层（母质层）和 R 层（母岩层）。

采集土壤剖面样品前，需先在采样点挖出一个 2m 深，$1m\times1.5m$ 的长方形土坑。然后

——O层（表层）
——A层（淋溶层）
——B层（淀积层）
——C层（母质层）
——R层（母岩层）

图 2.3　土壤剖面示意图

根据土壤剖面的颜色、质地、植物根系、结构等划分土层，自上而下仔细观察并记录剖面的形态特征。一般每个剖面采集 A、B、C 三层土样，在各土层中部自下而上进行采样，需避免样品混淆。过渡层不采样。

在土层薄的山地土壤地区，B 层发育不完整时，只采 A、C 层样；剖面发育不完整的干旱地区土壤，采集表层（0～20cm）、中土层（50cm）和底土层（100cm）附近的样品。

每个采样点的取土深度和采样量应保持一致。采样后，需将其余土壤按照原土层回填。

（3）采样记录

采集土壤样品时，应对每一个样品做好标签，并及时做好采样记录。采样记录中应包含样品编号、采样时间、采样地点、采样深度等样品信息。土壤采样记录表见表 2.3。

表 2.3　土壤采样记录表

采样时间			采样地点	
样品编号			样品类别	
采样层次			采样深度/cm	
样品描述	土壤颜色		植物根系	
	土壤质地		砂砾含量	
	土壤湿度		其他异物	
采样员				

2.1.3.2　土壤样品的制备与保存

（1）土壤样品的制备

土壤样品的制备包括风干、研磨与过筛两步。

土壤样品采集后，为防止受到微生物的影响发霉变质，同时将土样混合均匀，确保结果的准确性，应立即将土壤样品倒在风干瓷盘上阴干。在土壤半干时，将土块压碎，挑出其中的石块、植物残根等杂物，将土样摊开并经常翻动，在阴凉处慢慢风干，避免太阳直晒。样品风干处应防止酸、碱等气体及灰尘的污染。测定易分解、易挥发、易氧化等不稳定成分时需要使用新鲜土样。

1927 年国际土壤学会规定，通过 2mm 孔径筛的土壤用作物理分析，通过 1mm 或 0.5mm 孔径筛的土壤用作化学分析。对样品进行物理分析时，取一定量的风干样品用木棍碾碎，使其全部通过 2mm 孔径的筛子，用四分法分取所需土样，将其贮存于广口瓶中，用于测定土壤的物理性质和颗粒分析。对土壤进行化学分析时，根据测定项目选择土壤颗粒细度：测定土壤有机质、全氮、农药残留等项目时，应将过 2mm 孔径筛的土壤继续研磨，使其通过 0.25mm（60 目）孔径的筛子；进行土壤元素全量分析时，需要使土壤颗粒全部通过 0.15mm（100 目）孔径的筛子。

（2）土壤样品的保存

一般土壤样品需要保存半年至一年，以备必要时可用。

土壤样品的保存容器一般选用玻璃容器或聚乙烯塑料容器，该类容器性质稳定、不易破损。测定易分解、易挥发、易氧化等不稳定成分时，新鲜样品在 4℃ 以下低温避光保存并尽快送至实验室进行测定。风干样品可装于洁净的玻璃或聚乙烯容器内，使用石蜡密封，在常温、阴凉、干燥的条件下保存半年至两年。

15

2.1.3.3 沉积物采样

（1）采样点布设

在形成沉积物的过程中一般会出现分层，河床的高低和水体的局部流动会导致沉积物的厚度及组分分布不均。采样点要均匀设置，以消除由底泥堆积分布状况带来的部分影响。沉积物的采集地点应设置在污染源附近，也可选择沉积物较薄、堆积或底泥恶化等特殊地形地点。在河口部位等沉积物的堆积分布易发生变化的地点，应增设采样点。

（2）采样方法

沉积物的采集可以采用直接挖掘法和使用采泥器。直接挖掘法适用于采样量较大的情况，但此方法获得的样品易混淆，沉积物中部分组分易流失。较深水域的沉积物采样常用掘式采泥器。在浅水区或干涸河段用塑料勺或金属铲等即可采样。悬浮的沉积物使用沉积物采集阱采集。

不同样式的采泥器适用于不同要求的沉积物采集：掘式（抓式）采泥器适用于采集较大面积的表层样品，锥式（钻式）采泥器适用于采集较少的沉积物样品，管式采泥器适用于采集柱状样品，箱式采泥器适用于采集大面积、有一定深度的沉积物样品。样品在沥干水分后，用塑料袋或玻璃瓶盛装。

（3）采样量

表层沉积物一般采集上部 $0\sim2cm$；底泥采样量视监测项目和目的而定，通常为 $1\sim2kg$，样品不易采集或测定项目较少时，可以适当减少采样量。若一次的采样量无法满足监测要求，可在周围采集几次，并将样品混匀。采样时应剔除样品中的砾石、贝壳、动植物残体等杂物。

（4）采样记录

所采底质样品的外观性状，如泥质状态、颜色、嗅味、生物现象等，均应填入采样记录表。

2.1.3.4 沉积物样品的保存

需要进行形态分析的沉积物要放置于手套箱中，以避免发生氧化导致沉积物中的物质形态发生变化。岩心提取器采集的沉积物样品可以利用气体压力倒出，分层放于聚乙烯容器中。

样品的保存条件一般为冷藏或冷冻，贮存容器应根据具体监测项目进行选择。样品保存时应注意容器的密封，防止样品污染和损失。

2.1.4 固体废物样品

固体废物是指生产和生活活动中产生的被丢弃的固体或半固体废物。由于不能排入水体的液态废物以及不能排入大气的存放于容器中的气体废物具有一定的潜在危害性，习惯上也将其归入固体废物的范畴。固体废物按照不同分类方法有多种类型：按照化学性质可以分为有机废物和无机废物，按照形状可以分为固体废物和泥状废物，按照危害程度可以分为一般废物和有害废物（或危险废物），按照其产生来源分为矿业固体废物、建筑固体废物、城市垃圾、农业固体废物等。

在进行固体废物采样前，首先应明确采样目的和要求，然后通过背景调查和现场勘探确定工业固体废物的产生单位、堆积时间、贮存（处置）方式、废物类型、堆放数量、环境危害程度、废物特性和综合利用等情况。完成以上基础准备后，确定采样方法、份样量、份样数、采样点及采样工具等，制定安全措施、质量控制措施，最后进行采样。

(1) 采样工具

采集固体废物通常选择尖头钢锹、取样铲、采样探子、采样钻、套筒式采样器、土壤采样器、勺式采样器、气动和真空探针等工具，有时也会采用可封闭塑料桶或内衬塑料的采样袋等。需要注意采样工具材质不能与固体废物发生化学或物理反应，使用前应保持采样工具清洁，不污染待采废物，同时具备完整采集固体废物的能力。

(2) 采样方法

固体废物的采样方法主要有简单随机采样、系统采样、分层采样和两段采样几种。

简单随机采样法是当对待采废料了解较少且分散采集份样（份样：用采样器一次操作从一批的一个点或一个部位按规定质量所采集的工业固体废物）不影响分析结果时，可以在不对待采废料做任何处理的情况下，按其初始状况从中随机采集份样的方法。随机采样有抽签法和随机数字表法。采集份样不多时可以采取抽签法：首先划分待采废料中采集份样的部位，对各部位进行编号并将编号写在纸片上，将纸片随机混匀后抽取与份样数（份样数：从一批中所采集的份样个数）相同的纸片，根据抽中纸片所写编号采集相应部位。随机数字表法：首先对所有待采份样的废料部位编号，部位数与编号数相等，根据最大编号的位数使用随机数表的相应栏数（或行数），并把几栏（或几行）合在一起使用，从随机数字表的任意一栏、任意一行数字开始数，记录小于或等于最大编号的数字（不记录重复数字），直到抽够份数为止，抽到的号码对应采集份样的部位。

系统采样法是将一批按照一定顺序排列的废物，按照规定的时间间隔，每隔一个间隔采集一个份样，组成小样或大样的方法。

分层采样法主要是根据相应标志将待采废料分为若干层，在每层中随机采集份样。固体废料分次或间歇排出过程中，可分 n 层采样，根据每层的质量按比例采样，采样时须注意每层所采份样的粒度比例与该层废物的粒度分布一致。

两段采样法则是针对以多个容器存放废料的情况，由于各容器较为分散，因此需要分阶段采样：从所有容器中随机抽取一部分容器，然后在这一部分容器中的每一个容器分别采集若干样品，然后组成混合样品。

2.1.5　生物样品

生物样品一般包括水生或陆生动植物，有时对整个生物体进行采样，有时针对生物体的某一部分进行采样分析。

2.1.5.1　植物样品的采集

植物样品的采集要选定有代表性的样株，多点取样组成平均样品。针对采样目的，采集能够充分说明这一目的的典型样品。样品的采集及分析时间应具有适时性，在植株不同的生长阶段、施肥前后适时进行采样分析。

植物样品的布点方法与土壤样品的采集方法类似，常采用梅花形布点法或交叉间隔布点法采集具有代表性的植株。

采集的植物样品若要分不同器官进行测定，应在整株采集后立即将各器官剪开，以免养分转运。采集植物样品时，应同时采集附近的正常典型植株作为对照。采集根部样品时，应注意保证根系的完整。样株数目应根据作物种类、株型大小、生育期等条件确定，一般为

10～50株。瓜果样品一般在成熟期进行采集，必要时可在成熟期内采2～3次样。每次应在地块中随机选取10株以上簇位相同、成熟度一致的瓜果组成平均样品。一般要求样品干重为1kg。新鲜样品含水量为80%～90%，应比干样品多5～10倍；含水量更高的水生植物、水果、蔬菜样品还需适量增加。

采集到的植物样品应在新鲜状态下冲洗，以免易溶性养分从死亡组织中洗出。清洗后用清洁、潮湿的纱布包住或装入塑料袋中，防止植物组织因水分蒸发而失水萎缩。

2.1.5.2　植物样品的制备与保存

测定植物中易挥发、转化的污染物，营养成分以及多汁的瓜果蔬菜样品，应使用新鲜样品进行测定。将新鲜样品切成四块或者八块，根据所需的样品量进行混合。称取100g新鲜混合样品，捣碎制成匀浆。可将其置于−5℃条件下进行短期保存。

测定样品中稳定组分使用的干燥样品，应在采集清洗后立即干燥，减缓植物样品中的物质发生生物和化学变化。新鲜样品的干燥通常分为两步：先将新鲜样品放入80～90℃烘箱中鼓风烘15～30min，然后降温至60～70℃，除去样品中的水分；再将样品用磨碎机粉碎后过筛，充分混匀后保存于磨口的广口瓶中，置于干燥处保存。若干燥样品需要长期保存，应对样品进行γ射线灭菌后，置于聚乙烯容器中保存。

2.1.5.3　动物样品的采集

动物样品主要有血液、尿液、唾液、胃液、粪便及脏器等。尿液可在早晨一次性采集。血液一般使用一次性注射器抽取10mL，放入洁净的装有抗凝剂的硬质玻璃试管中，置于冰箱中保存。对动物脏器、组织进行采样时，使用常规解剖器剥离动物皮肤，取纤维组织丰富的部位为样品，应避免在皮质与髓质接口处取样。脏器的采样量一般为50～200g。采样过程应注意无菌操作，刀、剪、镊子、器皿、注射器、针头等用具应事先消毒，一套器械与容器只能采集一种病料。活体动物采样时，应避免过度刺激或伤害动物。

2.1.5.4　动物样品的保存

由于全血、血清、血浆样品的不同，保存条件各不相同。全血可在4℃短期保存，血清应在−20℃冻存。动物组织、脏器样品一般使用缓冲溶液固定，保持组织湿润。

包装好的样品应置于保温容器中运输，保温容器应密封，防止渗漏。一般使用保温箱或保温瓶等保温容器，外贴封条，封条有贴封人（单位）签字（盖章），并注明贴封日期。样品包装后应以最快最直接的途径送往实验室。样品到达实验室后，若暂时不处理，应冷冻（以−70℃或−70℃以下为宜）保存，不宜反复冻融。

2.2　环境样品的制备

在环境样品的采集过程中，往往能采集到大量的原始样品。由于其中的化学组成分布不均匀，且在样品分析中所需的样品量较少，因此需要对获得的原始环境样品进行加工处理，使其数量减少，同时兼具代表性。液体样品和气体样品的流动性强，将其混匀后即可进行分析。固体样品的均匀性较差，需要经过处理以获得代表性好的样品。

固体样品的制备主要包括破碎过筛和混合缩分两步。

固体样品风干后，将其研磨破碎至较小的颗粒。根据不同的分析目的，可使用不同孔径的筛子对样品进行筛分。过筛时，应尽量研磨使样品全部过筛，不可直接将粗颗粒丢弃。

样品每经过一次破碎,都要从中选出具有代表性的样品加以破碎,以此来逐步减少样品量。常用的缩分方法为四分法,即将样品按"十"字形均匀分成四份,按对角线取其中的两份混匀。经过多次缩分后,样品减少至分析所需的样品量。

2.3 环境样品的分解与预处理

为了消除环境样品中待测物质浓度低、干扰物质多、仪器灵敏度低等因素带来的分析结果误差,需要在检测分析前对样品进行前处理;即通过分解、富集、分离和提取等方式,提高样品中待测物质的含量,消除杂质,解决物质浓度低于检测下限等问题。

样品前处理环节在分析检测过程中非常重要,主要的分析误差也来自样品前处理环节,能够直接影响分析结果的精密度和准确度。因此选择合适的前处理方法是保证检验质量和提高检验效率的前提。

2.3.1 消解法

在化学检验中,消解处理是为了排除有机物和悬浮物的干扰,破坏有机物,溶解悬浮物,将各种价态的元素氧化成单一高价态或转变成易于分离的无机化合物,从而得到清澈透明无沉淀的浓缩溶液用于检测分析。该法适用于大多数环境样品无机成分分析的前处理。测定含有机物水样中的无机元素时,也需对水样进行消解处理。固体样品消解后会有少量残渣,需将残渣滤去再进行分析。

消解是在样品中加入氧化性酸或强氧化剂(常用:浓硝酸、浓硫酸、高氯酸、高锰酸钾、过氧化氢等),并加热消煮,使样品中的有机物完全分解、氧化,呈气态逸出,待测组分转化为无机物状态(离子态)存在于消解液中,是一种湿式分解方法。消解法通常使用玻璃器皿或塑料器皿等,在电热板上进行加热分解。在消解样品时,需平行制备试剂空白,以消除试剂对样品分析的干扰。

(1)分类

消解法根据具体的操作方式可以分为敞口消解法、回流消解法、冷消解法和密封罐消解法。敞口消解法是将敞开容器置于加热板上进行消解,此法对有机物的分解速率快,时间短,同时由于加热温度低,可减少样品的挥发损失,但所需试剂量大,空白值偏高。回流消解法是在消解器的上方连接冷凝管,使消解时挥发的成分随着冷凝酸液的形成回流到容器中,减少样品损失,防止溶剂烧干。冷消解法是将样品与消解液混合后,置于室温或 37~40℃的烘箱内,过夜消解,特点是低温消解,只适用于有机物含量较少的样品。密封罐消解法是将样品与消解液加入密封罐内,在 150℃烘箱内消解 2h,冷却至室温后摇匀备用,此法的空白值较低。

(2)消解溶剂

常用的消解溶剂有一元酸、多元酸体系和碱分解体系,其中有硫酸、硝酸、高氯酸、过氧化氢等氧化剂。消解常用的一元酸为硝酸,但一元酸消解在操作时不易将样品完全分解,且易产生危险,适用于较清洁的水样。为了提高消解效果、加快氧化速度,在进行样品消解时常采用混酸分解,如硝酸-高氯酸法、过氧化氢-硝酸法、硫酸-硝酸-高氯酸法等,采用几种酸依次加入或几种酸混合后加入的方法以获得最好的处理效果。当酸体系易造成样品中易挥发组分损失时,可改用碱分解法。

具体的消解溶剂应根据后续的分析手段和样品性质选择。硫酸易产生分析吸收，选用火焰原子吸收光谱法时一般不用硫酸处理水样；硫酸和高氯酸由于基体干扰较严重，在选用石墨炉原子吸收时应避免使用；氢氟酸是唯一能分解以硅为基质的样品的无机酸，但 HF 会腐蚀分析仪器中的玻璃或石英进样系统和等离子体炬管，应用高氯酸或硫酸进行赶酸处理。试剂纯度的要求与待测元素的含量及试剂的用量有关。

（3）操作步骤

消解的基本操作为：准确称取适量过筛后的样品，放入锥形瓶中，可加入数粒玻璃珠防止消解过程中暴沸和爆炸；加入 5mL 硝酸和 3mL 硫酸，室温过夜；置于电热板上缓慢加热，液体开始变成棕色时，不断沿瓶壁滴加硝酸，继续加热至产生浓厚白烟，待浓烟全部散尽，直至溶液变成无色透明为止（此时样品消解完全）。消解溶剂和装置可根据样品性质和检测要求进行调整。

消解溶剂对应的具体方法如表 2.4 所示。

表 2.4　消解法实例

消解溶剂	方法
硝酸	取混匀的水样 50～200mL 于烧杯中，加入 5～10mL 浓硝酸，在电热板上加热煮沸，蒸发至一定体积，试液应清澈透明，呈浅色或无色，否则应补加硝酸继续消解。蒸至近干，取下烧杯，稍冷后加 2% HNO_3（或 HCl）溶液 20mL，温热溶解可溶盐。滤液冷却至室温后于 50mL 容量瓶中定容备用
硝酸-高氯酸	向水样中加入 5～10mL 硝酸，在电热板上加热消解至体积约为 10mL。稍冷后，加入 2～5mL 高氯酸，继续加热消解至开始冒白烟，试液应清澈透明，呈浅色或无色，否则应补加硝酸，每次 2mL，继续加热至冒浓厚白烟将尽（不可蒸干）。取下烧杯冷却，用 2% HNO_3 溶液溶解，滤液冷却至室温定容备用
硝酸-硫酸	常用的硝酸与硫酸的体积比为 5：2。消解时，先将硝酸加入水样中，加热蒸发至一定体积，稍冷，再加入硫酸、硝酸，继续加热蒸发至冒大量白烟，冷却，加适量水，温热溶解可溶盐，若有沉淀，应过滤。为提高消解效果，常加入少量过氧化氢。 不适用于处理测定易生成难溶硫酸盐组分（如铅、钡、锶）的水样
硫酸-磷酸	硫酸氧化性较强，磷酸能与一些金属离子如 Fe^{3+} 等配合，两者结合有利于测定时消除 Fe^{3+} 等离子的干扰
硫酸-高锰酸钾	常用于消解测定汞的水样
碱分解	在水样中加入氢氧化钠和过氧化氢溶液，或者氨水和过氧化氢溶液，加热煮沸至近干，用水或稀碱溶液温热溶解

2.3.2　微波辅助消解法

微波是一种频率在 300MHz～300GHz 的电磁波，微波辅助消解法是一种利用微波辐射能作为化学氧化消解的能量来源的消解方法。微波消解利用 2.45GHz 的微波使溶液中的极性分子高频转动发生离子迁移从而产生大量热能，加大碰撞概率，与此同时，固体物质表层膨胀、扰动、破裂，新的表层继续溶解，从而达到消解的效果。微波消解法能更有效地萃取固体样品中的金属元素，由于样品处于密闭容器中，避免了样品的损失和污染。该法具有快速、分解完全、元素无挥发损失、溶剂用量少和高效节能等优点，但不可避免地带来高压、消解样品量小的不足。微波消解一般使用陶瓷、塑料等绝缘体作为微波容器，此类材料能够透过微波，基本不吸收微波的能量。

（1）分类

建立微波消解方法的原则是力求在最短的时间和尽量小的功率范围内，用尽量少的样品量和试剂消耗量进行消解。微波消解主要包括常压微波消解、密封高压微波消解和聚焦微波消解三种。

常压微波消解是将样品和试剂置于敞口容器中，在微波炉中进行消解。常压微波消解的样品容量大，安全性好，但同时存在样品消解能力差、易挥发成分易损失等缺点，且消解过程中形成的酸蒸气可能会对仪器造成损害，易污染样品。

密封高压微波消解过程中，随着容器中压力的增大，溶剂的沸点升高，消解过程中能够达到的温度也更高，这弥补了常压微波消解法中加热温度受到溶剂沸点限制的缺点。密封高压微波消解结合了微波消解和高压溶样技术的优点，提高了消解能力，所需的溶剂用量也较少，避免了样品的损失和污染。

聚焦微波消解将微波聚焦直接瞄准样品进行辐射，在常压下对样品进行消解，不仅样品处理量大，操作安全，还可以通过回流系统减少消解过程中样品的损失。

（2）操作步骤

进行样品的微波消解时，先称取适量的样品放入消解罐中，若样品中有机物含量较高，应适当减少样品量，防止消解过程中有机物分解导致消解罐中压力过高。根据样品要求在消解罐中加入水和消解溶剂，消解溶剂的选择可参照消解法。消解结束后，将消解罐静置冷却，进行赶酸操作，直至近干后定容待测。

与传统消解法相比，微波消解法的消解溶剂用量更少。微波消解的速率与效率不仅与消解试剂的种类、浓度及用量有关，还和样品的组成密切相关。植物样品较易消解，而土壤、沉积物及某些固体废物样品则较难消解。

2.3.3 灰化法

灰化法是利用高温使环境样品中的有机物氧化分解，除去有机物，将剩余的灰分用稀酸溶解的方法。灰化法处理后样品的基质大量减少，稀酸溶解后溶液透明。灰化法能够同时处理大量的样品，操作简单安全，溶解残余灰分的酸液消耗量小。灰化法适用于有机物含量较多的样品以及大多数金属元素含量的分析，对于痕量物质的分析应进行预浓缩；不适用于高温下易挥发组分的分析。

（1）分类

灰化法包括高温灰化法、低温灰化法和燃烧分解。

高温灰化法多用于土壤、沉积物样品的分解，能够将有机物完全分解。高温灰化法在可控温的马弗炉中进行，灰化温度为 $400\sim600℃$。在置于马弗炉中完全灰化前，最好将样品置于电热板上进行预灰化，防止因样品升温过快产生泡沫或喷溅，损失待测物质。

低温灰化法又称氧等离子体灰化法，在特殊的反应室中进行，利用氧气在高频或超高频电场中激发产生的氧等离子体形成的原子态氧，在低温（$25\sim150℃$）下缓慢氧化有机物。

燃烧分解则是将样品置于常压或高压的密闭容器中，燃烧使其分解，样品燃烧后以氧化物或气态形式被容器内的吸收液吸收，随后对吸收液中的待测组分进行分析。

（2）基本操作

称取适量样品，移入马弗炉内，由低温逐渐加热至 $450\sim550℃$，灼烧到残渣呈灰白色，使有机物完全分解除去。取出蒸发皿，冷却，用适量 2% HNO_3（或 HCl）溶液溶解样品灰分，过滤，滤液定容后供测定。水样应先在水浴或红外线下蒸干，再放入马弗炉中灰化。

2.3.4 提取法

提取法是用溶剂通过解吸或挥发等方式，将待测组分从土壤样品中提取出来，将提取液用于分析测定的方法，常用于样品中的微量或痕量有机氯、有机磷农药和其他有机污染物的测定预处理。提取法主要是利用有机污染物与样品基质的物理化学性质差异，将其从对检测系统有干扰作用的样品基质中提取分离出来。此方法根据有机物的相似相溶原理进行，使用与有机污染物极性相近的溶剂为提取剂，使有机污染物在溶剂中达到最大溶解度。因此提取剂的选择与提取条件因待测组分的极性和溶解性而定。

（1）操作步骤

提取法的一般步骤为：将固体放入提取剂中，加以振荡，必要时加热，再利用离心或过滤的方法使液、固分离，待测组分存在于溶剂中。

（2）分类

提取法一般包括振荡提取法、组织捣碎法、索氏提取法、吹扫捕集法几种。

振荡提取法是最常用的提取方法，适用于土壤、谷物样品中有机物的提取。将粉碎后的试样置于磨口锥形瓶中，用一定量的提取溶剂浸泡，然后振荡 1～3 次，每次振荡 0.5～1h，以增加固液两相之间的接触面积，提高提取效率。振荡后过滤，分离提取液和残渣，再用溶剂洗涤过滤残渣一次或数次，合并提取液即完成提取操作。

组织捣碎法也是一种常用的提取方法，适用于蔬菜、水果等新鲜植物组织样品。操作时一般先将样品适当切碎，再放入组织捣碎机或球磨机中，加入适当、适量的溶剂，快速捣碎 3～5min，过滤后用溶剂洗涤残渣数次。为了提高提取效率，也可增加超声波发生装置，使提取更为彻底。

索氏提取法采用索氏提取器将被测物从试样中提取出来。采用该方法时，提取溶剂在提取器中连续回流提取几小时，直至样品中的待测成分完全被提取到烧瓶中。此法提取效率高，但操作费时，且不能使用高沸点溶剂提取，不适用于热不稳定待测组分的分析测定。

吹扫捕集法用于样品中挥发性有机物和有机金属化合物的分析测定。将环境样品放置在密闭的容器中，适当加热，向样品中连续吹入惰性气体，利用惰性气体将易挥发的成分驱赶到另一个带吸收液的吸收管中，或在冷阱中冷凝下来，备用。

2.3.5 测定前的预处理

样品经分解后有时还需要经过处理才能进行测定，一般要考虑样品状态、待测组分的浓度或含量、是否有干扰物的存在等。可以通过浓缩和分离净化等步骤，提高样品中待测物质的含量，消除杂质，解决物质浓度低于检测下限等问题。预处理是将实验室样品处理成适合测定的检测溶液的过程。

2.3.5.1 蒸馏法

当待测组分是挥发性物质时，需要除去样品中的非挥发性组分，避免样品的分析受到干扰。蒸馏法利用样品中各组分沸点的不同而使其分离。蒸馏一般是在样品中加试剂，使待测组分形成易挥发物质，将溶液加热至沸腾后使蒸气冷凝，收集含待测组分的冷凝液，实现样品中待测组分的分离。

2.3.5.2　离子交换法

离子交换法是利用离子交换剂与溶液中的离子发生交换反应进行分离的方法，可用于几乎所有的无机离子和结构复杂、性质相似的有机化合物的分离。离子交换剂可分为无机离子交换剂和有机离子交换剂，无机离子交换剂包括硅酸盐、磷酸铵等，有机离子交换剂包括磺化煤等碳质离子交换剂和离子交换树脂。离子交换法具有操作简单、选择性好和浓缩系数大等优点，但所需的工作周期也较长。

离子交换一般采用柱式法，先用动态法将离子交换树脂填充在柱管中，再进行柱上操作。柱上操作通常包括交换、洗涤、洗脱、树脂再生等步骤。在装柱及之后的操作中，树脂层应始终低于液面，防止树脂层干燥，混入气泡。

2.3.5.3　沉淀分离法

沉淀分离法是根据溶度积原理利用沉淀反应进行分离的方法，包括沉淀和共沉淀两种方法。除无机物外，一些有机物也可利用沉淀法加入特定的试剂或调节 pH 后进行沉淀分离。生化成分（如氨基酸、蛋白质等）的沉淀分离法有等电点法、盐析法等。

共沉淀是溶液中难溶化合物在形成沉淀的过程中将共存的某些痕量组分一起带出来的现象。共沉淀的原理是基于表面吸附，形成混晶、异电荷胶态物质相互作用及包藏等。在含有痕量物质和另一常量物质的溶液中，当常量物质沉淀时，痕量物质会自动转移到固相中。此方法常用于分离富集痕量组分，富集倍数可高达 10^3。

共沉淀法中的载体可分为无机载体和有机载体，载体的选择对共沉淀的结果至关重要。使用的载体需要易洗涤、比表面积大，同时不干扰待测组分的测定。

2.3.5.4　吸附法

吸附法是将分散在液体或蒸气介质中的溶质利用吸附或吸收的方法分离出来，再用适宜的溶剂、加热或吹气等方法将待测组分解吸，从而达到分离和富集的目的，可分为交换吸附、化学吸附和物理吸附。常用的吸附剂机械强度大、吸附能力强，包括活性炭、石墨化炭黑（GCB）、高分子多孔微球等材料。吸附剂能够定量地、以小体积溶剂完全吸附待测组分。

静态吸附法是将吸附剂装入柱中，提取液通过柱，再进行洗脱。在进行吸附法的操作前，应先对吸附材料进行净化或老化，除去其中的杂质，可将圆柱形的吸附剂置于索氏提取器中，用溶剂分别提取纯化。该法所需设备简单，易操作，但分离效果差。

2.3.5.5　色谱分离法

色谱分离法基于被分离物质分子在两相中分配系数的微小差别进行分离，是一类高效分离有机物的技术，又叫色谱法。色谱分离技术是一种多级分离技术，当两相发生相对移动时，被测物质在两相之间进行反复多次分配，微小的分配差异进一步扩大，使各组分分离。

根据两相的物理状态，色谱分离技术可以分为液-固色谱和液-液色谱。色谱分离技术主要有柱层色谱、纸层色谱、薄层色谱和凝胶色谱等方法。柱层色谱和大部分薄层色谱属于液-固色谱；纸层色谱和部分薄层色谱属于液-液色谱。

2.3.5.6　衍生化技术

衍生化技术是通过化学反应将样品中难以分析检测的目标化合物定量转化为另一种易于分析检测的化合物，通过后者的分析检测可以对目标化合物进行定性和定量分析。按照其发生在色谱分离之前还是之后，可分为柱前衍生化和柱后衍生化。

柱前衍生化技术能够将一些易挥发、难挥发、热不稳定的物质转化为挥发性适度、热稳定的化合物，有利于分析；将某些性质相近的有机污染物分离；提高分析方法的灵敏度。柱后衍生化则主要是为了提高检测灵敏度，还能够辅助鉴定化合物结构。

2.3.5.7 溶剂萃取

溶剂萃取也是一种广泛应用的经典样品预处理技术，主要利用有机物的性质，将某一相的物质用不溶于水的有机溶剂浸提、溶解，转入另一相中，通过样品中各组分在两相中的分配，实现样品中物质的分离。

液-液萃取的一般方式是将待测物质转化为难溶于水、易溶于有机溶剂的物质，再利用萃取溶剂提取。这种使物质由水相进入有机相的过程称为萃取。有时需要将有机相中的物质转入水相中，称为反萃取。萃取与反萃取配合使用，可以提高萃取分离的选择性。萃取分离使用的有机溶剂易挥发，将其浓缩蒸干后溶于小体积溶剂中，可有效提高样品浓度。

2.3.5.8 固相萃取

固相萃取（solid phase extraction，SPE）是由液-固萃取和柱液相色谱分离技术结合而成的萃取技术，其原理与液相色谱分离相似，利用填充的固定相将待测组分吸附。固相萃取能够实现待测组分的浓缩，去除干扰物质，还可以选择合适的溶剂并进行原位衍生。与传统的液-液萃取相比，固相萃取能够避免液-液萃取中可能出现的乳化现象，提高萃取的回收率。

固相萃取的装置可以分为柱形和盘形。固相萃取的一般操作包括预处理、加样、除去干扰杂质及分析物的洗脱和收集四个步骤。

2.3.5.9 固相微萃取

固相微萃取（solid phase microextraction，SPME）属于一种非溶剂型选择性萃取法。与固相萃取不同的是，固相微萃取不将待测物质全部萃取出来，而是使待分析物在涂层和样品基质中达到分配平衡，从而实现采样、萃取和浓缩的目的。固相微萃取不需用溶剂进行洗脱，样品量少，在无溶剂条件下可一步完成取样、萃取和浓缩，减少了中间步骤，重现性好。

固相微萃取方法分为萃取和解吸两个过程。从萃取到分析一般只需要十几分钟，甚至更短。

2.3.5.10 超临界流体萃取

超临界流体是温度和压力略超过或接近临界温度和临界压力的高密度流体，介于气体和液体之间。超临界流体具有和液体同样的凝聚力和溶解力，同时具有接近气体的扩散系数，具有液体和气体的双重性质。超临界流体萃取（supercritical fluid extraction，SFE）是以超临界条件下的流体作为萃取剂，从固体或液体中萃取出待测组分的分离技术，介于蒸馏和液-液萃取之间。超临界流体萃取通过临界或超临界状态的流体，利用被萃取物质在不同蒸气压力下具有的不同化学亲和力和溶解能力进行分离。

超临界流体萃取一般采用二氧化碳作为超临界流体，萃取非极性和低极性的物质。改变超临界流体的温度、压力或在超临界流体中加入某些极性有机溶剂，可改变萃取的选择性和萃取效率。超临界流体萃取的一般过程为：先把样品加入样品管，处于超临界态的萃取剂进入样品管，待测物从样品基质中被萃取至超临界流体中，再通过流量限制出口进入收集器中，萃取出来的溶质及流体由超临界态喷口减压降温转化为常温常压，此时流体挥发逸出，溶质吸附在吸收管内多孔填料表面，最后将溶质洗脱收集。

2.3.5.11　微波萃取

微波萃取（microwave-assisted extraction，MAE）又称微波辅助萃取，其原理是利用一些极性溶剂（如乙酸、甲醇、丙酮或水）的分子可以迅速吸收微波能量的特点，促进待测组分的释放和溶解。微波萃取利用微波能提高了萃取效率，适用于固体或半固体样品的前处理，主要应用于土壤、沉积物等样品中有机金属化合物和有机污染物的分析。

2.3.5.12　膜分离技术

膜分离技术利用膜对样品中各组分的选择渗透性能的差异实现组分分离的目的。膜分离技术以外界能量或化学位差（浓度差、压力差、温度差和电位差）为驱动力，对溶剂中的组分进行分离富集、提纯。根据分离过程的不同，膜分离技术可以分为渗透、液膜萃取、反渗透、超滤、微滤、电渗析等方法。

液膜萃取技术是一种常用的膜分离技术，结合了液-液萃取和膜分离技术的特点。利用液膜萃取技术既可以萃取环境样品中的无机离子，也可以萃取有机污染物。液膜萃取技术的选择性强，能够有效去除样品基质中的干扰物质，净化效率高。

 ## 习题

1. 简述水样保存的手段。
2. 简述气体采样点的布设方法及适用对象。
3. 简述土壤采样和样品制备的一般步骤。
4. 简述四分法的内容。
5. 简述消解法的原理和一般操作步骤，并列举常用的消解溶剂。
6. 微波辅助消解法的原理是什么？与传统加热方式有何不同？
7. 简述样品测定前进行预处理的目的，并举例。
8. 阐述各种预处理方法的原理及适用的待测物质。

 ## 参考文献

［1］　王崇臣. 环境样品前处理技术［M］. 北京：机械工业出版社，2017.

［2］　但德忠. 环境分析化学［M］. 北京：高等教育出版社，2009.

［3］　张兰英，刘娜. 环境样品前处理技术［M］. 北京：清华大学出版社，2008.

［4］　梁冰. 分析化学［M］. 2版. 北京：科学出版社，2009.

第三章
环境样品分析过程中的误差与数据处理

3.1 样品分析过程中的误差

3.1.1 误差与偏差

（1）误差

误差是在分析测量过程中客观存在的。由于测量方法、使用仪器、环境条件、试剂和分析操作者主观条件等因素，测量结果与真实值不完全一致，造成误差。误差是指测量值与真实值之间的差距，按其表示方法可分为绝对误差和相对误差。

① 绝对误差。测量值与真实值之间的差值被定义为绝对误差，用式（3.1）表示，单位与测量值一致。

$$E_A = x - \mu \tag{3.1}$$

式中　E_A——绝对误差；

　　　 x——测量值；

　　　 μ——真实值。

② 相对误差。绝对误差在真实值中所占的比例被定义为相对误差，用式（3.2）表示。

$$E_R = \frac{E_A}{\mu} \tag{3.2}$$

式中　E_R——相对误差，%。

由式（3.1）和式（3.2）可知，绝对误差和相对误差均有正值、负值，正值表示测量值比真实值偏高，负值表示测量值比真实值偏低。绝对误差只反映测量值与真实值之间的绝对差值，而相对误差反映了测量值与真实值之差在真实值中所占比例，因此相对误差比绝对误差更能说明问题。

【例3.1】　甲、乙两人称取物体质量。甲称得物体质量为0.2569g，其真实值（标准样品）为0.2567g；乙称得物体质量为0.0419g，其真实值（标准样品）为0.0417g。计算甲、乙两人各自称取结果的绝对误差与相对误差。

解： 甲测定结果的绝对误差＝0.2569－0.2567＝＋0.0002（g）

乙测定结果的绝对误差＝0.0419－0.0417＝＋0.0002（g）

甲测定结果的相对误差＝$\dfrac{+0.0002}{0.2567}$＝0.08%

乙测定结果的相对误差＝$\dfrac{+0.0002}{0.0417}$＝0.48%

甲、乙两人测量的绝对误差均为 +0.0002g，由绝对误差看不出甲、乙两人的测定结果中哪一个的准确度更高。而乙测定结果的相对误差是 +0.48%，是甲测定结果相对误差 0.08% 的 6 倍，通过相对误差可知乙测定结果的准确度要低于甲。

综上所述，绝对误差相等时，被测定的真实值越大，其相对误差越小，测定结果的准确度越高。因此相对误差能更有效地反映测定结果的准确度。

③ 真值与标准参考物质。绝对误差和相对误差的计算中都涉及真值。然而，任何测量过程中都会存在一定程度的误差，因此使用实际测量的方法并不能得到相应的真值。分析化学中通常将以下三类值当作真值进行计算。

理论真值：通过理论推导所得的值，并非从实际测量中得出。例如：平面三角形内角和为 180°、圆周率 π 等。

约定真值：国际权威机构或会议所约定的值。例如：各元素的原子量、阿伏伽德罗常数等。

相对真值：在分析化学中，由于没有绝对纯度的化学试剂，通常使用标准参考物质证书上所呈现的含量作为相对真值。此外，高精度的测量值也可以作为低精度测量值的相对真值。

标准参考物质也被称为标准试样，必须具备良好的均匀性和稳定性，一般应经过国家指定的权威机构鉴定合格才能使用。

（2）偏差

偏差是测量值彼此之间的接近程度。偏差越小，分析结果精密度越高。偏差的表示方法有以下几种。

① 绝对偏差和相对偏差。绝对偏差为各单次测量值与平均值之差，单位与测量值一致。

$$d_{Ai} = x_i - \overline{x}(i = 1, 2, 3, \cdots, n) \tag{3.3}$$

式中　d_{Ai}——绝对偏差；

　　　n——测定次数；

　　　x_i——各单次测量值；

　　　$\overline{x}$——平均值。

相对偏差为各单次测量值的绝对偏差占平均值的比例。

$$d_{Ri} = \frac{d_{Ai}}{\overline{x}} \tag{3.4}$$

式中　d_{Ri}——相对偏差，%。

根据式（3.3）和式（3.4）可知，绝对偏差和相对偏差均有正值、零和负值。正值表示测量值比平均值高，零表示测量值等于平均值，负值表示测量值比平均值低。然而，绝对偏差和相对偏差只能表示各单次测量值和平均值的偏离程度，不能表示所有测量结果之间的接近程度，因此使用平均偏差表示所有测量结果之间的接近程度，即精密度。

② 平均偏差和相对平均偏差。平均偏差为各单次测量值的绝对偏差的绝对值的算术平均值，能够反映一组测量结果之间的接近程度，即精密度的大小。

$$\overline{d} = \frac{|d_{A1}| + |d_{A2}| + \cdots + |d_{An}|}{n} = \frac{1}{n}\sum_{i=1}^{n}|d_{Ai}| \tag{3.5}$$

式中　$\overline{d}$——平均偏差。

相对平均偏差为平均偏差在平均值中所占的比例。

$$\overline{d}_R = \frac{\overline{d}}{\overline{x}} \tag{3.6}$$

式中 $\overline{d}_R$——相对平均偏差，%。

③ 标准偏差和相对标准偏差。分析化学中广泛使用统计学方法进行各种数据分析。数理统计中，所研究对象的全体称为总体，其中的每个单元称为个体。分析化学中，一定条件下无限次测定后所得测量数据的集合称为总体，其中每个数据称为个体。总体中随机抽取所得的一组测量值称为样本，样本中所含个体（测量值）的数目 n 称为样本容量。例如：对某批土壤中锑的含量进行测定，按照规定步骤得到一定质量（如 50g）的分析试样，在一定条件下测定此试样可能得到的全部数据称为总体。如果从中称量 15 份试样（如每份 0.5g）进行平行测定，得到 15 个测量值，这组测定结果就是总体中的一个随机样本，样本容量为 15。

总体标准偏差 σ 为各单次测量值 x_i 与总体平均值 μ 的偏离程度。

$$\sigma = \sqrt{\frac{\sum_{i=1}^{n}(x_i - \mu)^2}{n}} \tag{3.7}$$

式中 σ——总体标准偏差；

x_i——各单次测量值；

μ——总体平均值；

n——测定次数。

总体偏差 σ 通过对各单次测量值与 μ 之差进行平方运算，能够避免单次测量偏差相加时的正负抵消，并且可以强化大偏差数据。因此，总体偏差能比平均偏差更加灵敏地反映测量值的精密度。

在通常的分析工作中，由于测定次数有限（$n < 20$），且 μ 是未知的，此时可用样本标准偏差（SD）来表示一组测量数据的精密度。

$$SD = \sqrt{\frac{\sum_{i=1}^{n}(x_i - \overline{x})^2}{n-1}} = \sqrt{\frac{\sum_{i=1}^{n}d_{Ai}^2}{n-1}} \tag{3.8}$$

式中 SD——样本标准偏差；

$\overline{x}$——样本平均值；

d_{Ai}——样本绝对偏差。

样本相对标准偏差（RSD）为样本标准偏差在样本平均值中所占的比例，亦称为变异系数。

$$RSD = \frac{SD}{\overline{x}} \tag{3.9}$$

式中 RSD——样本相对标准偏差，%。

【例 3.2】 使用紫外分光光度法测量同一溶液中 Fe^{2+} 的含量，5 次平行测量结果分别为 5.71mg/L、5.78mg/L、5.79mg/L、5.84mg/L、5.88mg/L。计算绝对偏差、平均偏差、相对平均偏差、标准偏差、相对标准偏差。

解：平均值 $\overline{x}$ 为 5.80mg/L。

各单次测量值的绝对偏差为：

$d_{A1} = x_1 - \overline{x} = -0.09$（mg/L）；$d_{A2} = x_2 - \overline{x} = -0.02$（mg/L）；$d_{A3} = x_3 - \overline{x} = -0.01$（mg/L）；$d_{A4} = x_4 - \overline{x} = 0.04$（mg/L）；$d_{A5} = x_5 - \overline{x} = 0.08$（mg/L）

平均偏差 $\overline{d} = \dfrac{1}{n}\sum\limits_{i=1}^{n}|d_{Ai}| = \dfrac{1}{5}(0.09 + 0.02 + 0.01 + 0.04 + 0.08) = 0.048$（mg/L）

相对平均偏差 $\overline{d}_R = \dfrac{\overline{d}}{\overline{x}} = \dfrac{0.048}{5.80} \approx 0.83\%$

标准偏差 $SD = \sqrt{\dfrac{\sum\limits_{i=1}^{n} d_{Ai}^{2}}{n-1}}$

$\qquad = \sqrt{\dfrac{(-0.09)^2 + (-0.02)^2 + (-0.01)^2 + (-0.04)^2 + (-0.08)^2}{5-1}}$

$\qquad \approx 0.064$（mg/L）

相对标准偏差 $RSD = \dfrac{SD}{\overline{x}} = \dfrac{0.064}{5.80} \approx 1.10\%$

④ 平均值的标准偏差。在使用数理统计方法分析处理数据的过程中，还经常用平均值的标准偏差来表示测量值的精密度。如果对同一总体中的一系列样本进行测量，每个样本有 n 个测量结果，由此会得到一系列样本的平均值 $\overline{x}_1, \overline{x}_2, \cdots, \overline{x}_n$。样本平均值并不完全相等，且它们的分散程度可以用平均值的标准偏差 $\sigma_{\overline{x}}$ 表示。与上述同一样本中各单次测量值相比，平均值之间的波动性更小，即平均值的精密度更高。平均值的标准偏差 $\sigma_{\overline{x}}$ 与单次测量值的标准偏差 σ 之间的关系如下：

$$\sigma_{\overline{x}} = \frac{\sigma}{\sqrt{n}} (n \to \infty) \tag{3.10}$$

式中　$\sigma_{\overline{x}}$——总体平均值的标准偏差。

一般对于有限次数测定则有

$$SD_{\overline{x}} = \frac{s}{\sqrt{n}} \tag{3.11}$$

式中　$SD_{\overline{x}}$——样本平均值的标准偏差。

由式（3.11）可知，平均值的标准偏差与测量次数的平方根成反比。因此可以通过增加平行测量次数来提高分析结果的精密度。然而，平行测量次数应该根据实际需求确定，过多增加测量次数并不能显著提高分析结果的精密度，并且会造成资源浪费。在分析化学的实际工作中，一般平行测量次数为 3～4 次，要求较高时可增加至 5～9 次，最多测量 10～12 次。

⑤ 极差。偏差也可以用极差（或称全距）来表示，是指一组测量数据中的最大值与最小值之差。

$$R = x_{max} - x_{min} \tag{3.12}$$

式中　R——极差；

x_{max}——测量数据中的最大值；

x_{min}——测量数据中的最小值。

极差简单直观，便于运算，但没有充分利用所有测量数据，因此其准确性较差，使用较少。

3.1.2 准确度与精密度

误差表示测量结果与真值的偏离程度，而偏差表示测量结果的分散程度。前者与准确度相关，后者与精密度相关。大量实验证明，测量结果的准确度与精密度具有一定关系。通常来说，测量值的精密度高，表明测量条件稳定，这是准确度高的前提条件。然而，由于可能存在引起误差的因素，测量结果的准确度和精密度会受到影响。系统误差影响测量的准确度，而随机误差对准确度和精密度均有影响（详见3.1.3）。例如：甲、乙、丙、丁4人同时测量某一矿石样品中的砷含量，5次测量值见图3.1。由图3.1可知，甲的测量值精密度和准确度均较好，结果可靠；乙的测量值精密度较高，但其平均值与真值相差较大，测量结果的准确度较低；丙的测量值尽管平均值靠近真值，但测量值的精密度很差；丁的测量值精密度和准确度均较低。

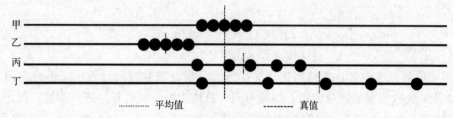

图 3.1　定量分析结果的准确度和精密度关系示意图

在实际工作中，由于真值通常是未知的，因此使用精密度来衡量测量结果的准确性。此外，有时还使用重现性和再现性表示精密度。重现性是指同一分析人员在同一实验条件下所得测量结果的精密度，而再现性指不同分析人员或不同实验室之间在各自条件下所得测量结果的精密度。

3.1.3 系统误差与随机误差

影响测量准确度或精密度的分析误差根据其性质和来源可以分为两类：系统误差和随机误差。

（1）系统误差

系统误差也被称为可测误差，是由测定过程中某些固定原因引起的，对测量结果有恒定影响，具有重复性、单向性和可测性。相同测定条件下重复测定时，系统误差会重复地出现，使测量结果系统偏高或偏低，其数值大小也有一定规律。系统误差的大小可被测定并且能够避免或者校正。常见的系统误差如下。

① 仪器误差：由于仪器未经校准或者精度受限而产生的误差。例如：未经校正的玻璃器皿、分光光度计中单色光不纯等。

② 试剂误差：由于试剂纯度不够，引入微量杂质或干扰物质所产生的误差。

③ 操作误差：由于操作者未按正确步骤操作在实验过程中引起的误差。例如：使用缺乏代表性的试样、某反应条件控制不当等。操作误差中也包括由操作者的主观因素造成的误差，称为"主观误差"或"个人误差"。例如：操作者对滴定终点颜色深浅程度的辨别能力不同、滴定管读数偏高或偏低等。操作误差的大小可能与操作者有关，但对于同一操作者则往往是恒定的。

④ 方法误差：由于分析方法本身不够完善所造成的误差，这是分析中最严重的误差。

上述其他误差可以尽量减小或者校正，但是测定方法本身带来的误差无法改变。例如：重量分析中沉淀溶解度大小会影响沉淀生成的完全程度，沉淀物中含有杂质，副反应干扰，等等。

（2）随机误差

随机误差也被称为不可测误差和偶然误差，是由多种可变性原因造成的，在相同测定条件下重复测定时不一定会重复出现。例如：测定过程中，实验室温度、湿度、气压以及电源电压的微小波动，操作者在试样平行测定过程中操作的微小差异，等等。随机误差的大小不能测定，并且无法避免，不能通过校正的方法消除。统计学分析发现，在系统误差减免后，各次测定产生的随机误差符合正态分布曲线，即小误差出现的概率大，大误差出现的概率小，绝对值相同的正、负误差出现的概率大致相同。因此，增加同一试样的平行测定次数可以减小随机误差。

除了系统误差和随机误差之外，分析过程中还有可能存在由于操作者的失误、过失、粗心或者不遵守操作规定所产生的错误，常常引起"过失误差"。例如：溶液转移不完全、试剂加错、刻度读错、计算失误等。过失是造成测量中大误差的重要因素，但实质上是一种错误，并不具备上述误差所具有的性质。这种错误是人为因素造成的，通过谨慎细致的操作可以避免。如果分析操作过程中出现错误，其测定结果必须舍弃，不能将其纳入结果计算中。

3.1.4　公差

公差是生产实践对分析结果允许误差的一种表示方式。允许误差通常指一特定元素在一定含量范围内所允许的最大测量误差，不同行业、不同样品以及不同测量方式对其要求会有所不同。公差的数值是将多次测得的分析结果数据经过数理统计方法处理而确定的，在生产实践中用以判断分析结果是否合格。例如：两次平行测定的数值之差在规定允许误差绝对值的二倍以内，则分析结果有效；若超出允许的公差范围，称为"超差"，此结果无效。

公差范围受多种因素的影响，不同物质的允许误差存在差别。一般而言，工业分析允许误差相对较大，一般在百分之几；而原子量的测定对允许误差的要求较高，一般常量分析允许误差要求小于 0.2%。

3.1.5　误差的传递

定量分析的结果通常是将经过一系列测量后所得数据按照一定公式运算后得到的。每个测量步骤所产生的误差都可能传递到最终的分析结果中，影响其准确度。因此，研究误差传递对于了解每步的测量误差对分析结果的影响至关重要，并且系统误差与随机误差的传递规律并不相同。测量误差对计算结果的影响见表 3.1。

表 3.1　测量误差对计算结果的影响

运算式	系统误差	随机误差	极值误差
$R = x + y + z$	$\delta R = \delta x + \delta y + \delta z$	$SD^2 = SD_x^2 + SD_y^2 + SD_z^2$	$\Delta R = \mid \Delta x \mid + \mid \Delta y \mid + \mid \Delta z \mid$
$R = \dfrac{xy}{z}$	$\dfrac{\delta R}{R} = \dfrac{\delta x}{x} + \dfrac{\delta y}{y} - \dfrac{\delta z}{z}$	$\left(\dfrac{RSD}{R}\right)^2 = \left(\dfrac{RSD_x}{x}\right)^2 + \left(\dfrac{RSD_y}{y}\right)^2 + \left(\dfrac{RSD_z}{z}\right)^2$	$\dfrac{\Delta R}{R} = \left\mid \dfrac{\Delta x}{x} \right\mid + \left\mid \dfrac{\Delta y}{y} \right\mid + \left\mid \dfrac{\Delta z}{z} \right\mid$

（1）系统误差的传递

根据表 3.1 中第二列，系统误差传递的规律可概括为：和、差的绝对误差等于各测量值绝对误差的和、差，积、商的相对误差等于各测量值相对误差的和、差。

【例 3.3】 在配制 1000mL Na_2CO_3 标准溶液（准确浓度为 0.05221mol/L）时，使用减重法称得 5.5343g Na_2CO_3 基准试剂，定量溶解于 1000mL 容量瓶中，稀释至标线。计算配制 Na_2CO_3 标准溶液浓度 c 的相对误差、绝对误差和真实浓度各是多少？已知减重前的称量误差是 +0.3mg，减重后的称量误差是 -0.1mg，容量瓶的真实容积为 999.73mL。

解： Na_2CO_3 的浓度按下式计算：

$$c_{Na_2CO_3} = \frac{W}{M_{Na_2CO_3} V}(mol/L)$$

系统误差对结果的影响为：

$$\frac{\delta c_{Na_2CO_3}}{c_{Na_2CO_3}} = \frac{\delta W_{Na_2CO_3}}{W_{Na_2CO_3}} - \frac{\delta M_{Na_2CO_3}}{M_{Na_2CO_3}} - \frac{\delta V}{V}$$

$W_{Na_2CO_3} = W_前 - W_后$，$\delta W_{Na_2CO_3} = \delta W_前 - \delta W_后$

摩尔质量 $M_{Na_2CO_3}$ 为约定真值，认为 $\delta M_{Na_2CO_3} = 0$

因此

$$\frac{\delta c_{Na_2CO_3}}{c_{Na_2CO_3}} = \frac{\delta W_前 - \delta W_后}{W_{Na_2CO_3}} - \frac{\delta V}{V} = \frac{[(+0.3)-(-0.1)]}{5.5343 \times 1000} - \frac{0.27}{1000} \approx -0.02\%$$

即 Na_2CO_3 标准溶液浓度 c 的相对误差为 -0.02%

绝对误差 $\delta c_{Na_2CO_3} = -0.02\% \times 0.05221 \approx -0.00001$ (mol/L)

真实浓度 $c_{Na_2CO_3} = 0.05221 - (-0.00001) = 0.05222$ (mol/L)，与标准浓度 0.05221mol/L 相比，差异并不显著。

（2）随机误差的传递

每个测量步骤所产生的随机误差对计算结果的影响可以通过标准偏差法进行推断和估计。根据随机误差分布的特性，可以利用随机误差的统计学规律估计测量结果的随机误差，这种估计方法称为标准偏差法。只要测量次数足够多，就可以使用此方法计算测量值的标准偏差。由表 3.1 中第三列可得，随机误差的传递规律可概括为：和、差结果的标准偏差的平方，等于各测量值的标准偏差的平方和；积、商结果的相对标准偏差的平方，等于各测量值的相对标准偏差的平方和。

【例 3.4】 假设天平称量时的标准偏差 $s = 0.05mg$，求称量试样时的标准偏差 SD_W。

解： 称取试样时，无论是使用减重法称量，还是将试样置于适当的称样容器中进行称量，都需要称量两次，两次读取称量天平的平衡点，试样质量 W 是两次称量所得质量 W_1 和 W_2 的差值，即：

$$W = W_2 - W_1 \text{ 或 } W_1 - W_2$$

因此，根据表 3.1 可得

$$SD_W = \sqrt{SD_1^2 + SD_2^2} = \sqrt{2SD^2} \approx 0.071(mg)$$

（3）极值误差

极值误差是假设每个测量步骤测量值的误差既是最大的，又是叠加的，这样计算的结果误差也是最大的，是结果误差最差的可能性。其计算方法如表 3.1 中第四列所示。在分析化学工作中，每个测量步骤所产生的误差可能部分相互抵消，这种最大误差出现的可能性很小。然而，由于各测量值的最大误差通常是已知的，因此极值误差法在分析误差来源、防止误差产生方面具有较大的作用。

【例 3.5】　使用滴定分析法测定某药物中有效成分的含量 P，其中测量 V、F 和 W 的最大相对误差分别是 1%、0.5%、2%，求药物中有效成分含量的极值误差。

解： $P = \dfrac{TVF}{W}$

式中　T——标准溶液对待测物的滴定度，g/mL；

　　　V——所消耗标准溶液体积，mL；

　　　F——标准溶液浓度的校正因数；

　　　W——试样的质量，g。

∵ 滴定度 T 可以认为没有误差

∴ P 的极值误差是

$$\frac{\Delta P}{P} = \left|\frac{\Delta V}{V}\right| + \left|\frac{\Delta F}{F}\right| + \left|\frac{\Delta W}{W}\right| = 1\% + 0.5\% + 2\% = 3.5\%$$

在定量分析工作中，各测量工作产生的系统误差和随机误差是混合的，因此分析结果的误差会包含系统误差和随机误差。在进行分析工作时，应综合考虑以上三种研究误差传递的方法，正确使用误差传递规律。

3.2　有效数字规则

在数据记录和结果计算中，保留几位数字不应随意决定，而是取决于测量仪器和分析方法的准确程度，因此会涉及有效数字的相关概念。

3.2.1　有效数字及其修约规则

在分析工作中，有效数字是指实际测量得到的数字。有效数字不仅能够用来表示量的多少，也可以反映测定仪器和测量结果的准确程度。例如：在读取同一滴定管上的刻度时，甲得到 15.16mL，乙得到 15.30mL，丙得到 15.48mL。在这三个记录的数据中，前三位的数字都是准确的，称为准确数字；最后一位数字，由于滴定管上并没有标注该刻度，所以此数字是估读出来的不确定数字，尽管估读数字并不准确，但此数字并非随意编造，因此也应该记录，通常将最后一位估读的不确定数字称为可疑数字。因此，有效数字由准确数字后加一位且仅能是一位可疑数字组成。

数据记录时，应该准确记录准确数字以及可疑数字，不能主观增加或减少有效数字的位数。当末位可疑数字为"0"时需要更加注意有效数字位数，否则将会影响测量结果的准确度。例如：滴定管的读数为 15.30mL。这不仅表明滴定剂消耗的体积为 15.30mL，还表明体积测量的绝对误差为 ±0.01mL，相对误差为 ±0.06%；如果将其记录为 15.3mL，则表明其绝对误差为 ±0.1mL，则相对误差为 ±0.6%，从而导致测定结果的准确程度下降。

确定有效数字位数时需要注意以下几点。

① 记录的数据中数字"0"处于不同的位置会有不同的作用。数字"0"在非"0"数字之前，只起定位作用，并非有效数字；数字"0"在非"0"数字之间或者之后，均是有效数字。例如：0.0088g，两位有效数字；0.8080g，四位有效数字。

② 对同一数据进行单位换算时，有效数字的位数不能改变，可采用科学记数法避免有

效数字有效位的界限模糊。例如：0.0568mg 是三位有效数字，用微克（μg）表示时写成 56.8μg，用纳克（ng）表示时写成 5.68×10^4ng，但是不能写成 56800ng，因为这样会改变有效数字位数。

③ pH、pM、pK 等数据的有效数字位数只需按照数据小数点后的位数计，因为 pH、pM、pK 等都是由对数转换得到的，小数点之前的整数部分只代表 10 的方次。例如：pH＝3.45 有效数字的位数为两位，还原为 $c_{[H^+]} = 3.55 \times 10^{-4}$mol/L，有效数字的位数应与 pH 保持一致。然而，当 $c_{[H^+]} = 3.5500 \times 10^{-4}$mol/L 时，此时的 pH 值不能表示为 3.4497，而只能表示为 3.45 或 3.450。尽管 pH 值的计算能达到四位有效数字，但 pH 值的测定只能精确到±0.01 或±0.001，因此记录数据的有效数字位数还应与测量仪器能达到的准确程度相一致。

④ 当计算数据，遇到一些分数，倍数，或 π、e 等常数时，可视为无限多位有效数字，即有效数字位数不限。由于其并不是测量出来的数据，因此不会对计算结果的准确度造成影响。

⑤ 当计算数据涉及表征准确度和精密度等误差方面时，一般只需取一位有效数字，最多取两位有效数字。

⑥ 含量大于 10％的高含量组分测定，通常要求保留四位有效数字；含量在 1％～10％的中含量组分测定，通常要求保留三位有效数字；含量小于 1％的低含量组分测定，通常要求保留两位有效数字。

计算时，由于得到的各个测量结果有效数字的位数并不相同，所以需要对有效数字位数进行修约，以确定计算结果的有效数字位数。修约是指有效数字位数较多的测量值在应保留的有效数字位数确定之后其余位数一律舍弃的过程。有效数字的修约规则如下。

① 按"四舍六入五成双"规则修约。当剩余尾数的首位数字≤4 时舍去；剩余尾数的首位数字≥6 时进位；剩余尾数的首位数字为 5 时，若"5"后面的任何一个数不为 0 则进位，若 5 后面数字均为 0 或没有数字，则观察"5"前面的数字，奇数进位，偶数舍去。例如，将下面的数据修约为 3 位有效数字：2.62488→2.62，2.62679→2.63，2.62502→2.63，2.63500→2.64，2.62500→2.62。

② 修约应该一步到位，不能连续多次修约。例如：将 0.256743 修约为 4 位有效数字，则 0.256743→0.2567 是正确的，0.256743→0.25674→0.2567 是错误的。

3.2.2 有效数字的运算规则

计算时，计算结果的有效数字位数会受到各测量值有效数字位数的制约。因此，基于误差传递规律，确立有效数字的运算规则如下。

（1）加减法

加减运算时，以小数点后位数最少的数据（该数据的绝对误差最大）为准修约其他数据。例如：1.56＋56.2－0.4782，三个数据中 56.2 的小数点后位数最少，对计算结果的可疑数字有所制约。因此根据 56.2 对其他两个数据进行修约，即 1.56 修约为 1.6，0.4782 修约为 0.5，所以 1.56＋56.2－0.4782＝1.6＋56.2－0.5＝57.3。

（2）乘除法

乘除运算时，以有效数字位数最少的数据（该数据的相对误差最大）为准修约其他数据。例如：0.132×12.64×5.2578，三个数据中 0.132 的有效数字位数最少，所以以 0.132

为基准对其他两个数据进行修约，即 12.64 修约为 12.6，5.2578 修约为 5.26，所以 0.132×12.64×5.2578＝0.132×12.6×5.26＝8.75。

乘除法运算时，若参加计算的测量结果首位数是 8 或 9，计算过程中有效数字可多计一位。例如：8.24×1.67821，计算过程中其有效数字可多计一位，但最终计算结果还要保留三位有效数字，所以 8.24×1.67821＝8.24×1.678＝13.83＝13.8。

当大量数据参与运算时，为了防止误差的不断累积，各数据修约过程中可多保留一位，待计算结束将最终结果修约为应有的位数。

3.3 数据处理方法

3.3.1 可疑数据的取舍

分析工作中，由一组平行测定得到的测定结果，常常会有个别测量值与其他测量值相差较远，这种测量值称为可疑值（离群值或极端值）。对可疑值的取舍要先区分该值与其他测量值的差异是由过失还是由偶然误差所引起。若是由过失造成的，则应该舍弃。若不是过失造成的，则不能随意去除，而应采用数理统计的方法进行检验，再决定是否舍弃。通常采用格鲁布斯检验法（G 检验法，Grubbs 法）和狄克松检验法（Q 检验法）。

3.3.1.1 G 检验法

G 检验法使用平均值和标准偏差来判断可疑值的取舍，因此该方法的准确性较好，但检验过程稍显烦琐。G 检验法的检验过程如下。

① 计算所有测定数据（包括可疑值）的算术平均值 $\overline{x}$。

② 计算可疑值与算术平均值之差 $|x_{可疑}-\overline{x}|$。

③ 计算包括可疑值在内的所有数据的标准偏差 SD。

④ 计算 $\dfrac{|x_{可疑}-\overline{x}|}{SD}$，记作 $G_{计}$。

⑤ 根据测定次数 n 和要求的置信水平，查 G 值表（表 3.2）。若 $G_{计}\geqslant G_{表}$，则舍弃可疑值；若 $G_{计}<G_{表}$，则保留可疑值。

【例 3.6】 测定某化合物中锑的含量，5 次测定结果分别为 2.32mg/L、2.38mg/L、2.45mg/L、2.51mg/L、2.69mg/L，问 2.69mg/L 这个数据是否应该舍弃（置信水平 95%）？

解：① 2.69mg/L 是可疑值。

② 包括可疑数据在内的所有测量结果 2.32mg/L、2.38mg/L、2.45mg/L、2.51mg/L、2.69mg/L 的算数平均值 $\overline{x}＝2.47$（mg/L）。

③ $|x_{可疑}-\overline{x}|＝|2.69-2.47|＝0.22$（mg/L）。

④ $SD＝\sqrt{\dfrac{\sum\limits_{i=1}^{n}(x_i-\overline{x})^2}{n-1}}＝\sqrt{\dfrac{\sum\limits_{i=1}^{n}(x_i-\overline{x})^2}{4}}\approx0.14$（mg/L）。

⑤ $G_{计}＝\dfrac{|x_{可疑}-\overline{x}|}{SD}＝\dfrac{0.22}{0.14}\approx1.57$。

⑥ $P＝95\%$，$n＝5$ 时，$G_{表}＝1.71$。$G_{计}<G_{表}$，所以 2.69mg/L 应该保留。

表 3.2　不同置信水平下的 G 值

测定次数	$G(90\%)$	$G(95\%)$	$G(99\%)$	测定次数	$G(90\%)$	$G(95\%)$	$G(99\%)$
3	1.15	1.15	1.15	9	2.11	2.21	2.39
4	1.46	1.48	1.50	10	2.18	2.29	2.48
5	1.67	1.71	1.76	11	2.23	2.36	2.56
6	1.82	1.89	1.97	12	2.29	2.41	2.64
7	1.94	2.02	2.14	20	2.56	2.71	3.00
8	2.03	2.13	2.27	25	2.66	2.82	3.14

3.3.1.2　Q 检验法

当测定次数 n 为 3～10 次的测定结果中出现可疑值时，通常使用 Q 检验法。Q 检验法的检验过程如下。

① 将所有的测定数据按照从小到大的顺序排列，并计算数据的极差，记作 $x_{最大} - x_{最小}$。

② 计算可疑值与近邻值之差，记作 $|x_疑 - x_邻|$。

③ 计算出 $\dfrac{|x_疑 - x_邻|}{x_{最大} - x_{最小}}$，记作 $Q_计$。

④ 根据测定次数 n 和要求的置信水平，查 Q 值表（表 3.3）。若 $Q_计 \geqslant Q_表$，则舍弃可疑值；$Q_计 < Q_表$，则保留可疑值。

【例 3.7】　对例 3.6 中的数据使用 Q 检验法判断，2.69mg/L 这个数据是否应该舍弃（置信水平 95%）？

解： ① 将所有测定数据按照从小到大的顺序排列，并计算本组数据的极差，$x_{最大} - x_{最小} = 2.69 - 2.32 = 0.37$（mg/L）。

② 计算可疑值与近邻值之差，$|x_疑 - x_邻| = 2.69 - 2.51 = 0.18$（mg/L）。

③ $Q_计 = \dfrac{|x_疑 - x_邻|}{x_{最大} - x_{最小}} = \dfrac{0.18}{0.37} \approx 0.49$。

④ $P = 95\%$，$n = 5$ 时，$Q_表 = 0.73$。$Q_计 < Q_表$，所以 2.69mg/L 应该保留。

表 3.3　不同置信水平下的 Q 值

测定次数	$Q(90\%)$	$Q(95\%)$	$Q(99\%)$	测定次数	$Q(90\%)$	$Q(95\%)$	$Q(99\%)$
3	0.94	0.98	0.99	7	0.51	0.59	0.68
4	0.76	0.85	0.93	8	0.47	0.54	0.63
5	0.64	0.73	0.82	9	0.44	0.51	0.60
6	0.56	0.64	0.74	10	0.41	0.48	0.57

3.3.2　显著性检验

定量分析是一个复杂的过程，过程中每一个步骤或处理都可能带来误差并传递，从而造成分析数据的波动和差异。例如：某分析人员对标准试样进行分析，所得分析结果的平均值与标准值不完全一致；用两种分析方法对同一试样进行分析，所得两组数据的平均值也不完全相符；不同分析人员或同一分析人员在不同实验室条件下对同一试样进行分析，所得两组数据的平均值也可能存在较大的差异。这种差异是由系统误差引起的，还是由随机误差引起

36

的？显著性检验就是应用统计学方法回答此类问题。定量分析中，常用的评判方法有 t 检验法和 F 检验法。

3.3.2.1　方法准确度的检验（t 检验法）

t 检验法通常应用于以下两个方面。

（1）应用一：平均值 $\overline{x}$ 与真值 μ 的比较

为了检验某一分析方法、某一分析仪器或某一分析操作人员测量结果的准确度如何，即判断测量过程中是否存在系统误差，此时可将测量结果的平均值 $\overline{x}$ 与真值 μ 进行比较，进行 t 检验，具体过程如下。

① 计算测量结果的算术平均值 $\overline{x}$ 与标准偏差 SD。

② 计算 t 值，$t_{计}=\dfrac{|\overline{x}-\mu|}{SD}\times\sqrt{n}$。

③ 根据自由度 $f=n-1$ 和置信水平，查表 3.4 中的 t 值。

④ 若 $t_{计}\geqslant t_{表}$，说明测量结果的平均值与真值之间存在显著性差异，即存在明显的系统误差；若 $t_{计}<t_{表}$，说明测量结果的平均值与真值之间不存在显著性差异，测量结果可靠。

【例 3.8】　分析人员采用新方法测量某溶液中铁的含量，测量次数为 6 次，测量结果分别为：2.05mg/L，2.08mg/L，2.13mg/L，2.19mg/L，2.20mg/L，2.25mg/L。已知溶液中铁含量的真值为 2.18mg/L，判断新方法在 95% 的置信水平下是否可靠。

解：本问题中，6 次测量结果的平均值与真值之间是否存在显著性差异，属于双边检验问题。

① $\overline{x}=2.15(mg/L)$；$SD=\sqrt{\dfrac{\sum\limits_{i=1}^{n}(x_i-\overline{x})^2}{n-1}}=\sqrt{\dfrac{\sum\limits_{i=1}^{6}(x_i-\overline{x})^2}{5}}\approx 0.077(mg/L)$。

② $t_{计}=\dfrac{|\overline{x}-\mu|}{SD}\times\sqrt{n}=\dfrac{|2.15-2.18|}{0.077}\times\sqrt{6}=0.95$。

③ 根据自由度 $f=n-1=5$ 和置信水平 $P=95\%$，查表 3.4 中的 t 值，$t_{表}=2.57$。

④ $t_{计}<t_{表}$，说明测量结果的平均值与真值之间不存在显著性差异，即不存在明显系统误差，测量结果可靠。因此新方法在 95% 的置信水平下是可靠的。

（2）应用二：两组测量结果平均值的比较

不同分析人员在相同实验条件下分析同一试样、同一分析人员采用不同方法分析同一试样或者在不同实验条件下分析同一试样，所得到的测量结果平均值通常是不相等的。如何判断两组数据之间是否存在系统误差，即两组平均值之间是否存在显著性差异？令两组测量结果的测定次数、平均值、标准偏差分别为 n_1、$\overline{x}_1$、SD_1 和 n_2、$\overline{x}_2$、SD_2。首先可采用 F 检验法评判两组测量结果的精密度有无显著性差异，若两组测量结果的精密度之间不存在显著性差异，则可认为 $SD_1\approx SD_2$，之后可用 t 检验评判两组测量结果的准确度是否存在显著性差异，即判断两组测量结果的平均值之间是否存在显著性差异，具体过程如下。

① 计算两组测量结果的合并标准偏差 SD。

$$SD=\sqrt{\dfrac{\sum\limits_{i=1}^{n}(x_{1i}-\overline{x})^2+\sum\limits_{i=1}^{n}(x_{2i}-\overline{x})^2}{(n_1-1)+(n_2-1)}}=\sqrt{\dfrac{SD_1^2(n_1-1)+SD_2^2(n_2-1)}{(n_1-1)+(n_2-1)}}$$

n_1 与 n_2 可以不相等，但不能相差太大。

② 计算 t 值，$t_{\text{计}}=\dfrac{|\overline{x}_1-\overline{x}_2|}{\text{SD}}\times\sqrt{\dfrac{n_1 n_2}{n_1+n_2}}$。

③ 根据总自由度 $f=n_1+n_2-2$ 和置信水平，查表 3.4 中的 t 值。

④ 若 $t_{\text{计}}\geqslant t_{\text{表}}$，说明两组测量结果的平均值之间存在显著性差异，即准确度相差较大；若 $t_{\text{计}}<t_{\text{表}}$，说明两组测量结果的平均值不存在显著性差异，即准确度相差不大。

【例 3.9】 同一分析人员在相同实验条件下使用两种方法测量烟气中 SO_2 的质量分数，所得测量结果如下。

方法 1：测量次数 $n_1=11$；平均值 $\overline{x}_1=12.34\%$；标准偏差 $SD_1=0.06\%$。

方法 2：测量次数 $n_2=11$；平均值 $\overline{x}_2=12.44\%$；标准偏差 $SD_2=0.05\%$。

判断置信水平 95％ 下两组测量结果的精密度之间是否有显著性差异。

解： 本问题中，不论是方法 1 所得测量结果的精密度显著高于方法 2 所得测量结果的精密度，还是方法 1 所得测量结果的精密度显著低于方法 2 所得测量结果的精密度，都属于双边检验问题。

① 计算两组测量结果的合并标准偏差 SD。

$$\text{SD}=\sqrt{\frac{\text{SD}_1^2(n_1-1)+\text{SD}_2^2(n_2-1)}{(n_1-1)+(n_2-1)}}=\sqrt{\frac{(0.06\%)^2\times(11-1)+(0.05\%)^2\times(11-1)}{(11-1)+(11-1)}}$$
$$\approx 0.055\%$$

② $t_{\text{计}}=\dfrac{|\overline{x}_1-\overline{x}_2|}{\text{SD}}\times\sqrt{\dfrac{n_1 n_2}{n_1+n_2}}=\dfrac{|12.34\%-12.44\%|}{\text{SD}}\times\sqrt{\dfrac{n_1 n_2}{n_1+n_2}}\approx 4.26$。

③ 根据总自由度 $f=n_1+n_2-2=20$ 和置信水平 $P=95\%$，查表 3.4 中的 t 值，得 $t_{\text{表}}=2.09$。

④ $t_{\text{计}}>t_{\text{表}}$，说明在 95％ 置信水平下，两种方法存在显著性差异，准确度相差较大。

表 3.4　不同置信水平下的 t 值（双边）

$f(n-1)$	90％	95％	99％	$f(n-1)$	90％	95％	99％
1	6.31	12.71	63.66	7	1.90	2.36	3.50
2	2.92	4.30	9.92	8	1.86	2.31	3.35
3	2.35	3.18	5.84	9	1.83	2.26	3.25
4	2.13	2.78	4.60	10	1.81	2.23	3.17
5	2.02	2.57	4.03	20	1.72	2.09	2.84
6	1.94	2.45	3.71				

3.3.2.2　组间精密度的检验（F 检验法）

判断两组测量结果之间的精密度是否存在显著性差异，即两组测量结果的随机误差是否具有显著差别，可以使用 F 检验法进行判断。F 检验法是通过比较两组测量结果的方差 s^2（$s^2=\text{SD}^2$），以比较组间精密度是否存在显著性差异，具体过程如下。

① 计算两组测量结果的方差 $s_{\text{大}}^2$ 和 $s_{\text{小}}^2$。

② 计算 $\dfrac{s_{\text{大}}^2}{s_{\text{小}}^2}$，并且确保方差大的为分子，方差小的为分母，将其商记作 $F_{\text{计}}$。

③ 根据两组测量结果的自由度 $f_大=n_1-1$，$f_小=n_2-1$（$f_大$ 为大方差的自由度，$f_小$ 为小方差的自由度），查表 3.5 中的 F 值。

④ 若 $F_计 \geqslant F_表$，说明两组测量结果的精密度存在显著性差异，即存在明显的随机误差；若 $F_计 < F_表$，说明两组测量结果的精密度不存在显著性差异，即不存在明显的随机误差。

若检验一组测量数据的方差是否优于另外一组数据，属于单边检验，选择置信水平为 95%。若目的是比较两组数据的方差，则属于双边检验。这时在查置信水平为 95% 的 F 值表（即 $\alpha=0.05$ 的分布值表）时，置信水平应为 $1-2\alpha=90\%$。因此，当使用 F 检验法检验两组数据的精密度是否存在显著性差异时，必须首先明确是属于单边检验还是双边检验。

【例 3.10】 使用一台旧紫外分光光度计测量某溶液吸光度 6 次，6 次测量所得吸光度的标准偏差 $SD_1=0.036mg/L$；再使用一台新紫外分光光度计测量某溶液吸光度 5 次，5 次测量所得吸光度的标准偏差 $SD_2=0.024mg/L$。判断新仪器的精密度是否显著优于旧仪器的精密度。

解：本问题中，判断新仪器测量的精密度是否优于旧仪器测量的精密度，属于单边检验问题。

① $s_大^2=SD_1^2=0.036^2=0.001296$；$s_小^2=SD_2^2=0.024^2=0.000576$。

② $F_计=\dfrac{s_大^2}{s_小^2}=\dfrac{0.001296}{0.000576}=2.25$。

③ 根据两组测量结果的自由度 $f_大=6-1=5$，$f_小=5-1=4$，查表 3.5 得 $F_表=6.26$。

④ $F_计 < F_表$，说明两种仪器的精密度不存在显著性差异，即不能得出新仪器精密度显著优于旧仪器精密度的结论。基于表 3.5 中给出的置信水平，做出这种结论的可靠性为 95%。

表 3.5　**F 值表**（单边，$P=95\%$）

$f_小$	$f_大$										
	2	3	4	5	6	7	8	9	10	20	∞
2	19.00	19.16	19.25	19.30	19.33	19.36	19.37	19.38	19.39	19.45	19.5
3	9.55	9.28	9.12	9.01	8.94	8.88	8.85	8.81	8.78	8.66	8.53
4	6.94	6.59	6.39	6.26	6.16	6.09	6.04	6.00	5.96	5.80	5.63
5	5.79	5.41	5.19	5.05	4.95	4.88	4.82	4.78	4.74	4.56	4.3
6	5.14	4.76	4.53	4.39	4.28	4.21	4.15	4.10	4.06	3.78	3.6
7	4.74	4.35	4.12	3.97	3.87	3.79	3.73	3.68	3.63	3.44	3.2
8	4.46	4.07	3.84	3.69	3.58	3.50	3.44	3.39	3.34	3.15	2.9
9	4.26	3.86	3.63	3.48	3.37	3.29	3.23	3.18	3.13	2.94	2.7
10	4.10	3.71	3.48	3.33	3.22	3.14	3.07	3.02	2.97	2.77	2.5
20	3.49	3.10	2.87	2.71	2.60	2.51	2.45	2.39	2.35	2.12	1.8
∞	3.00	2.60	2.37	2.21	2.10	2.01	1.94	1.88	1.83	1.57	1.0

注：$f_大$ 是大方差数据的自由度；$f_小$ 是小方差数据的自由度。

3.3.3　回归分析法

根据统计学原理，回归分析是指对具有相关关系的两个或两个以上变量之间数量变化规律的一般关系进行测定，运用一个相关的数字模型（称为回归方程）近似地呈现变量之间的平均变化关系，以便从一个已知量推测未知量，从而进行估算和预测的方法。回归分析按照自变量的个数可分为一元回归和多元回归。只有一个自变量的称为一元回归，又称为简单回归；有两个或两个以上自变量的称为多元回归。按照回归线的形状分为线性回归（直线回归）和非线性回归（曲线回归）。

3.3.3.1 一元线性回归方程及回归直线（含相关系数）

（1）一元线性回归方程

一元线性回归是描述两个变量之间相互关系的最简单的回归方程。在分析化学工作中，如果自变量与因变量对应的散点图近似为直线，或计算出的相关系数具有显著的直线相关关系时，则可以使用一元线性回归（简单线性回归）方程来描述自变量与因变量之间的相关关系，其通式为：

$$y = bx + a \qquad (3.13)$$

式中　a——回归直线在 y 轴上的截距；

　　　b——回归直线的斜率。

基于两个物理量的 n 次测量结果 (x_1, y_1)，(x_2, y_2)，$\cdots$，(x_n, y_n)，a 和 b 可由下式推导求得。

$$b = \frac{n\sum\limits_{i=1}^{n} x_i y_i - \sum\limits_{i=1}^{n} x_i \sum\limits_{i=1}^{n} y_i}{n\sum\limits_{i=1}^{n} x_i^2 - \left(\sum\limits_{i=1}^{n} x_i\right)^2} \qquad (3.14)$$

$$a = \frac{\sum\limits_{i=1}^{n} y_i - b\sum\limits_{i=1}^{n} x_i}{n} \qquad (3.15)$$

（2）相关系数

当研究所涉及的两个物理量之间并不呈现出线性关系时，应用式（3.14）、式（3.15）也可以求出 a 和 b 的值，从而得到一条如 $y = bx + a$ 所示的回归直线，但是该回归直线方程式没有意义。为了判断求得的回归直线方程是否具有实际意义，即两个物理量之间是否呈现线性关系，数理统计中引入"相关系数"进行判断。

相关系数 r 由两个物理量的 n 次测量结果 (x_1, y_1)，(x_2, y_2)，$\cdots$，(x_n, y_n) 按照下式进行计算可得。

$$r = \frac{\sum\limits_{i=1}^{n} (x_i - \overline{x})(y_i - \overline{y})}{\sqrt{\sum\limits_{i=1}^{n} (x_i - \overline{x})^2 \sum\limits_{i=1}^{n} (y_i - \overline{y})^2}} \qquad (3.16)$$

式中　$\overline{x}$——物理量 x_i 的算术平均值；

　　　$\overline{y}$——物理量 y_i 的算术平均值。

其中，r 值的范围是 $-1 \leqslant r \leqslant +1$。当 $r = \pm 1$ 时，表明所有的测量值 (x_1, y_1)，(x_2, y_2)，$\cdots$，(x_n, y_n) 全部都在一条直线上，此时的 x 和 y 完全线性相关；当 $r = 0$ 时，表明所有的测量值 (x_1, y_1)，(x_2, y_2)，$\cdots$，(x_n, y_n) 的排列没有顺序，此时的 x 和 y 之间没有任何关系。r 的大小呈现出两个变量 x 与 y 之间的相关程度，通常当 $|r|$ 的范围在 0 和 1

之间，表明两个变量 x 与 y 之间成相关关系，并且 $|r|$ 越接近 1 表明两个变量 x 与 y 之间的线性关系越好。

【例 3. 11】　某物质的含量（x）与紫外分光光度计所测定其吸光度（y）的关系如下，求出一元线性回归方程以及相关系数。

含量 x/(mg/L)	0.0	0.5	1.0	2.0	5.0	10.0	20.0	40.0
吸光度 y	0.001	0.009	0.017	0.034	0.083	0.170	0.330	0.667

① 一元线性回归方程：

$$b = \frac{n\sum_{i=1}^{n}x_iy_i - \sum_{i=1}^{n}x_i\sum_{i=1}^{n}y_i}{n\sum_{i=1}^{n}x_i^2 - \left(\sum_{i=1}^{n}x_i\right)^2} = \frac{8\times35.5 - 78.5\times1.3}{8\times2130.3 - 78.5^2} = 0.0167$$

$$a = \frac{\sum_{i=1}^{n}y_i - b\sum_{i=1}^{n}x_i}{n} = \frac{1.3 - 0.0167\times78.5}{8} = -0.00137$$

因此，$y = -0.00137x + 0.0167$

② 相关系数：

$$r = \frac{\sum_{i=1}^{n}(x_i - \overline{x})(y_i - \overline{y})}{\sqrt{\sum_{i=1}^{n}(x_i - \overline{x})^2\sum_{i=1}^{n}(y_i - \overline{y})^2}} = \frac{\sum_{i=1}^{n}(x_i - 9.8)(y_i - 0.2)}{\sqrt{\sum_{i=1}^{n}(x_i - 9.8)^2\sum_{i=1}^{n}(y_i - 0.2)^2}} = 0.9862$$

3.3.3.2　曲线拟合

在实际的分析工作中，自变量与因变量之间并非呈现出线性形式，而是某种曲线形式。此时，需要拟合适当类型的曲线回归模型进行相应的估计和预测。曲线拟合是指选择适当的曲线类型来拟合观测数据，并用拟合的曲线方程分析变量之间的关系，即求得一个解析式 $y = f(x, c)$，使其通过或者近似通过有限的实验数据 (x_1, y_1)，(x_2, y_2)，…，(x_n, y_n)，用拟合曲线方程来分析变量之间的关系，其中 $c = (c_0, c_1, \cdots, c_n)$ 为曲线方程的待定参数。

曲线拟合方法有很多，总体上可以分为两类：一类是有理论模型的曲线拟合，即由与数据背景资料规律相适应的解析表达式约束的曲线拟合；另一类是无理论模型的曲线拟合，即由几何方法或者神经网络的拓扑结果确定数据关系的曲线拟合。

3.4　分析结果的表达

（1）待测组分的化学表示形式

① 结果通常以待测组分实际存在形式的含量表示。

② 如果待测组分（如矿物）的实际形式不清楚，结果以氧化物或元素的含量表示。

③ 在金属材料或有机物中，结果通常以元素的含量表示。

④ 在电解质溶液中，结果通常以所存在离子的含量表示。

（2）被测组分含量的表示方法

① 固体试样。分为常量分析和痕量分析。

常量分析：常量分析结果通常使用的表达方式是求出被测物质 x 的质量 m 与试样质量 M 之比，即被测物质的质量分数 W。

痕量分析：最常用的表达固体试样痕量分析结果的方式是求出被测物质的质量 m 与试样质量 M 的数值之比，以 μg/g、ng/g、pg/g 的形式表示。

② 液体试样。通常使用物质的量浓度（mol/L）、质量分数、体积分数和质量浓度（mg/L、μg/L、ng/L）来表达分析结果。

③ 气体试样。可用体积分数表达气体试样的分析结果，即被测物质的体积 v 与试样体积 V 之比。

 ## 习题

1. 何为准确度和精密度？两者有什么关系？

2. 在下列情况下，以下操作分别会引起哪种误差？如果是系统误差，请区别仪器误差、试剂误差、操作误差或方法误差。

① 分析天平未经校准；

② 试剂中含微量的被测组分；

③ 称量试样时温度波动；

④ 将滴定管读数 15.56mL 记录为 16.56mL；

⑤ 重量分析法实验中，试样的非待测组分被共沉淀。

3. 系统误差和偶然误差传递规律的区别是什么？

4. 下列数值中，各数值包含多少位有效数字？

① 0.003050；② pH＝10.35；③ 5.60×10^{-3}；④ 9500.0。

5. 4 人测得某试样中氯的质量分数为 25.27%、25.35%、25.31%、25.38%。若氯质量分数的真实含量为 25.30%，试分别计算测得结果的绝对误差和相对误差。

6. 测定某矿石中铜的质量分数。多次测定结果 $w(Cu)$ 为 0.7013、0.7018、0.7021、0.7030、0.7024、0.7028。请计算分析结果的 a. 平均值；b. 平均偏差和相对平均偏差；c. 标准偏差和相对标准偏差。

7. 测定某土壤试样中砷的含量，5 次测定结果（mg/L）为 34.32、34.38、34.27、34.30 和 34.65。用 Grubbs 法判断第 5 次测定结果可否舍去。（$P＝95\%$）

8. 采用两种不同的分析方法测定某药品中抗坏血酸的浓度（mg/L），得到以下两组数据：

① 8.33，8.42，8.38，8.49，8.51，8.60；

② 8.12，8.25，8.53，8.37，8.46，8.59。

试判断两种方法的精密度有无显著性差异。

9. 甲等人建立了一种新的测定人体血液中葡萄糖含量的化学分析方法。利用该方法对血液试样中的葡萄糖含量进行测定，同时使用标准方法作为对照试验，得到以下实验数据结果（mmol/L）：

| 新分析方法 | 4.05 | 4.10 | 3.98 | 3.95 | 4.14 | 3.91 |
| 标准方法 | 4.08 | 4.22 | 4.01 | 3.88 | 4.09 | 3.87 |

判断新分析方法测定结果是否可信（$P = 95\%$）。

10. 用紫外分光光度法测量某溶液中二价铁含量，在波长 562nm 处测得不同浓度 Fe^{2+} 的吸光度值，所得数据如下：

| Fe^{2+} 含量/(mg/L) | 0.0 | 0.5 | 1.0 | 2.0 | 5.0 | 10.0 | 20.0 | 40.0 |
| 吸光度 y | 0.000 | 0.010 | 0.016 | 0.034 | 0.081 | 0.164 | 0.325 | 0.653 |

试求：a. Fe^{2+} 含量与吸光度之间的线性回归方程；b. 相关系数。

参考文献

［1］孙福生，朱英存，李毓，等．环境分析化学［M］．北京：化学工业出版社，2011.

［2］华中师范大学，东北师范大学，陕西师范大学，等．分析化学：上册［M］．4 版．北京：高等教育出版社，2011.

［3］南京大学．无机及分析化学［M］．5 版．北京：高等教育出版社，2015.

［4］张凌．分析化学：上［M］．北京：中国中医药出版社，2021.

第四章
环境样品分析过程中的质量保证与质量控制

环境样品的成分复杂，时间、空间上分布广、变化大，不易准确测量。特别是在大规模环境调查中，常需在同一时间内，由许多实验室同时参加、同步测定，如果没有科学的质量保证和质量控制流程，人员的技术水平、仪器设备、地域等差异容易导致调查资料互相矛盾、数据不能利用的现象，造成人力、物力和财力的浪费。

质量管理是环境样品分析中十分重要的技术工作和管理工作。质量管理就是通过质量保证和质量控制等技术手段和管理措施对分析过程实施全程序管理，是分析结果科学、客观、公正的重要保证，是分析结果为环境管理、执法和科研等活动提供技术支持的根本前提。

质量保证是整个监测过程的全面质量管理，包括制订计划、根据需要和可能确定监测指标及数据的质量要求、规定相应的分析监测系统。具体内容包括采样，样品预处理，储存，运输，实验室供应，仪器设备、器皿的选择和校准，试剂、溶剂和基准物质的选用，统一测量方法，质量控制程序，数据的记录和整理，各类人员的要求和技术培训，实验室的清洁度和安全，以及有关文件指南和手册的编写，等等。

质量控制是质量保证的一部分，包括实验室内部质量控制和外部质量控制两部分。实验室内部质量控制是实验室自我质量控制的常规程序，能反映分析质量的稳定性，以便及时发现分析中的异常情况，随时采取相应的校正措施。其内容包括空白试验、校准曲线核查、仪器设备的定期标定、平行样分析、加标样分析、密码样品分析和编制质量控制图等。外部质量控制通常是由常规监测以外的监测中心站或其他有经验的人员来执行，以便对数据质量进行独立评价，各实验室可以从中发现存在的系统误差等问题，以便及时校正，提高监测质量。常用的方法有分析标准样品以进行实验室之间的评价和分析测量系统的现场评价等。

环境样品的采集和制备、样品分析过程中的误差数据处理等内容已在本书有关章节中说明，本章着重讨论标准分析方法、标准物质、质量保证和质量控制措施等内容。

4.1　分析结果的可靠性

在环境分析化学中，通常是由测量者取一定量样品，利用其所含被测组分的某种物理、化学性质，如质量、体积、吸光度等，来测定环境污染物含量。从质量保证和质量控制的角度出发，为了使分析结果能够准确地反映环境质量，预测污染的发展趋势，要求数据结果具有代表性、准确性、精密性、可比性和完整性。如表 4.1 所示，这"五性"反映出环境分析的质量要求，是判断质量控制水平的重要依据。

表 4.1 环境分析的质量要求

性质	定义
代表性	在具有代表性的时间和地点按照规定要求采集有效样品,所采集的样品必须能反映环境总体的真实状况
准确性	测量值与真实值的符合程度
精密性	测量值有无良好的重复性和再现性
可比性	在一定置信水平下,一组数据与另一组数据可比较的特性
完整性	一个测量系统测量得到有效数据的量与正常条件下所期望得到的量的比较

一个分析方法或分析系统的准确度是反映该方法或该测量系统存在的系统误差或随机误差的综合指标,决定着这个分析结果的可靠性。进行分析时,必须根据对分析结果准确度的要求合理地安排实验,避免不必要地追求高准确度。同时,需要对实验结果的可靠性做出合理的判断,分析结果可靠性的评价包括:用标准样品评价分析结果的可靠性、用标准方法评价分析结果的可靠性和用加标回收率评价分析结果的可靠性。

4.1.1 用标准样品评价分析结果的可靠性

4.1.1.1 测定值与标准样品标准值比较

依据统计学原理,将测定值与标准样品标准值进行数理统计的比较是最常规的方式。一般用单次测定值或多次平行测定值的平均值与标准样品标准值进行比较,然后通过 t 检验法来判定二者之间是否存在显著性差异,进而判定测定是否为有效测定。这种判定法的判定限值与测定次数和显著性水平直接相关,因此,其实质反映的是不同质量控制水平下的评价。

4.1.1.2 测定值与标准样品定值结果比较

标准值一般被视为目前最佳估计值,标准值与真值的差不应该超过测定不确定度,目前标准样品一般是采用多家实验室协作实验的方式定值。总不确定度为合成标准不确定度乘以包含因子 k,k 值的选择主要考虑置信水平和预期用途等因素。在实践试行过程中,用户可以根据测定结果准确度要求、实际技术水平以及质量管理的目的等调整标准样品的不确定度。

通常情况下会对比标准样品定值与测定值,考察二者之间的偏差,按照行业标准要求,存在一个允许值范围,当这个偏差结果处于允许值范围内就被视为合格,这也是目前为止使用频率最高的一种环境监测评价方法。

4.1.2 用标准方法评价分析结果的可靠性

设 A 代表所用的分析方法,B 代表标准方法,并用 Y、X 分别表示两种方法的观测值。在两种方法的测量范围内,分别用两种方法同时测定几个不同浓度水平的相同样品。测定结果应符合线性关系,即 $Y = a + bX$。用最小二乘法算出 a 和 b,当 a 的置信区间包含 0、b 的置信区间包含 1 时,表明两种分析方法间不存在系统误差。由于方法 B 是准确的,方法 A 及其分析结果也是准确的。若 a 的置信区间不包含 0、b 的置信区间不包含 1,则说明两种方法存在系统误差,方法 A 及其分析结果是不准确的。

4.1.3 用加标回收率评价分析结果的可靠性

回收率是样品处理过程中的综合质量指标,也是估计分析结果可靠性的主要依据之一。

通常用加标回收法进行测定，即在样品中加入标准物质，测定其加标回收率，以确定准确度。多次回收试验还可发现方法的系统误差，这是目前常用且方便的方法，计算方法见式（4.1）。

$$加标回收率 = \frac{加标试样测定值 - 试样测定值回收}{加标量} \tag{4.1}$$

用回收率评价可靠性时需注意以下几点。

① 标准物质的加入量应与待测物质浓度水平接近。若待测物质浓度较高，则加标后的总浓度不宜超过方法线性范围上限的 90%，加标量在任何情况下都不得大于样品中待测物含量的 3 倍。

② 若加入的标准物质是一种简单的离子或化合物，它与样品中被测组分的形态往往不一致，这时测得的回收率并不能反映样品的实际回收率。因此，最好能采用与被测样品组成相似、形态一致的标准物质来测定回收率。

③ 样品中某些干扰物质对待测物质产生的干扰，有时不能为回收率实验所发现。此时回收率的测定不能评价分析结果的可靠性。

④ 每组样品分析中，应随机抽取不少于 10% 的样品进行加标回收。一般情况下加标回收率在 70%～130%，准确度合格，否则应进行复查。如分析物为痕量污染物，则可视实际情况放宽到 60%～140%。

4.2 分析方法的可靠性

环境分析的质量控制与分析方法是密不可分的。不同的分析方法对仪器、试剂、人员的要求不同，分析原理不同，造成其检出限与有效检出区间存在差异。因此，需要依据方案、现场的实际情况和质控要求选择相应的分析方法。确定分析方法的筛选指标如表 4.2 所示。

表 4.2 确定分析方法的筛选指标

参数	筛选指标	判定准则
灵敏度	方法检出限	不能高于标准方法中要求的检出限，或不能高于所适用的标准限值的要求
	方法定量限	准确定量要能够满足数据结果的要求
	实验室空白	不得高于标准方法中的规定值
精密度	平行样	相对偏差是否满足标准方法的要求
准确度	加标回收率	需在规定范围内；如不在，需满足数据结果的要求
	有证标准物质	是否满足该有证标准物质误差范围的要求
	加标平行样	加标回收的平行相对偏差和回收率是否满足要求
成本	实验时间	耗时不得过长
	仪器、试剂的耗费	试剂用量越少越好，毒性越小越好

为确保分析结果准确有效、科学合理，应使用合适的方法和程序进行所有分析工作。实验室应优先使用国际、国家、地区标准中公布的标准方法，并确保标准现行有效。在开始分析之前，实验室应确认能够正确地运用标准方法，这就需要对分析方法进行适用性检验。目前，主要通过对测量方法的校准、准确度的检验、精密度的控制、灵敏度的评价和检出限的测量等五个方面进行质量控制。

4.2.1　测量方法的校准

测量方法校准的目的是建立测量信号与被测化学成分量值的函数关系，即物理信号与化学成分量的定量关系。制作准确而有效的校准曲线是获得准确可靠测量结果的重要前提。校准的方法有外标法和内标法两种。

（1）外标法

外标法（external standard method）指用已知浓度的标准物质（外标物）和样品中待测组分的响应信号相比较进行定量的方法，包括校准曲线和单点校正。

校准曲线是用标准物质配制一系列浓度的对应关系的工作曲线，要求出斜率、截距。在完全相同的条件下，准确进样与标准溶液相同体积的样品溶液，根据待测组分的信号，从标准曲线上查出其浓度，或用回归方程计算。分析测定中常用校准曲线的直线部分。某一方法的校准曲线的直线部分所对应的待测物质的浓度或含量的变化范围称为该方法的线性范围。要求作为外标的标准物质与被测组分相同。

单点外标法是用一种浓度的标准物质对比被测样品中该物质的含量的方法。将标准物质与样品在相同条件下多次测定，测得响应的平均值如式（4.2）所示。

$$W = \frac{A_w}{A} \times W_s \qquad (4.2)$$

式中　W——样品中被测物质的含量或绝对量；

　　　A_w——样品在仪器上的响应值；

　　　A——标准物质在仪器上的响应值；

　　　W_s——标准物质的含量或绝对量。

若采用单点外标法，则被测物与外标物浓度应较接近，以保证分析的准确性。

（2）内标法

内标法（internal standard method）是一种间接或相对的校准方法。在分析测定样品中某组分含量时，加入一种内标物质校准和消除仪器设备等不稳定因素对分析结果产生的影响，以提高分析结果的准确度。内标法在色谱定量分析中是一种重要技术。使用内标法时，在样品中加入一定量的标准物质，标准物质可被色谱柱分离，又不受样品中其他组分峰的干扰，只要测定内标物和待测组分的峰面积与相对响应值，即可求出待测组分在样品中的含量。

4.2.2　准确度的检验

准确度是一个特定的分析方法所获得的分析结果（单次测量值或重复测量值的平均值）与假定的或公认的真值之间符合程度的量度。它是反映分析方法或测量系统存在的系统误差和随机误差的综合指标，并决定分析结果的可靠性。准确度用绝对误差和相对误差表示。

检验准确度的方法有两种：第一种是用某一方法分析标准物质，据其结果确定准确度；第二种是加标回收法，即在样品中加入标准物质，测定其加标回收率，以确定准确度，多次回收试验还可发现方法的系统误差，这是目前常用且方便的方法。

4.2.3　精密度的控制

精密度是指用特定的分析方法在受控条件下重复分析均一样品所得测量值的一致程度，

它反映分析方法或测量系统所存在随机误差的大小。极差、平均偏差、相对平均偏差、标准偏差（σ）和相对标准偏差（relative standard deviation，RSD）都可用来表示精密度的大小，较常用的是标准偏差。

$$\sigma = \left[\frac{1}{n-1} \sum_{i=1}^{n} (c_i - \overline{c})^2 \right]^{1/2} = \sqrt{\frac{(c_1 - \overline{c})^2 + (c_2 - \overline{c})^2 + \cdots + (c_n - \overline{c})^2}{n-1}} \tag{4.3}$$

式中　c_i——单次测定值；

　　　$\overline{c}$——测定值的平均数；

　　　n——测定次数；

　　　σ——标准偏差。

相对标准偏差计算公式为：

$$RSD = \frac{\sigma}{c} \tag{4.4}$$

在讨论精密度时，常遇到如下术语。

（1）平行性（replicability）

平行性是指在同一实验室中，当分析人员、分析设备和分析时间都相同时，用同一分析方法对同一样品的双份或多份平行样品进行测量，结果之间的符合程度。

（2）重复性（repeatability）

重复性是指在同一实验室内，当分析人员、分析设备和分析时间三因素中至少有一项不相同时，用同一分析方法对同一样品进行两次或两次以上独立测量，结果之间的符合程度。

（3）再现性（reproducibility）

再现性是指在不同实验室（分析人员、分析设备，甚至分析时间都不相同），用同一分析方法对同一样品进行多次测量，结果之间的符合程度。

实验室内精密度通常是指平行性和重复性的总和，而实验室间精密度（即再现性）常用分析标准试样的方法来确定。

4.2.4　灵敏度的评价

分析方法的灵敏度是指该方法对单位浓度或单位量待测物质的变化所引起响应值变化的程度。它可以用仪器的响应值或其他指示量与对应的待测物质的浓度或量之比来描述，因此常用校准曲线的斜率 k 来度量灵敏度。k 值越大，说明方法灵敏度越高。灵敏度因实验条件而变。

灵敏度通常通过计算信号与噪声之比来确定。信号是指与目标物质相关的测量结果，而噪声则是由仪器或其他干扰因素引起的任何不相关的测量结果。通过比较信号与噪声的比值，可以确定分析方法的灵敏度。

4.2.5　检出限的测量

检出限按照国际纯粹与应用化学联合会（IUPAC）1997 年通过、1998 年发布的《分析术语纲要》（*IUPAC Compendium of Analytical Nomenclature*）中规定的"在与分析实际样品完全相同的条件下，做不加入被测组分的重复测定（即空白试验），测定次数尽可能多（一般为 20 次）"进行测定。实际样品分析前，必须确认仪器性能对目标化合物的检出限能达到各标准分析方法的要求，需要测定方法检出限。上述检出限的定义为样品的检出限，此外，还有仪器检出限和方法检出限。

仪器检出限指产生的信号与仪器噪声有显著差异时物质的最小浓度或最小量，不同仪器的检出限定义有所差别。

方法检出限指对某一特定的分析方法，在一定置信水平上能从样品中检出待测物质的最小浓度或最小量。

4.3　环境分析全过程的质量保证和质量控制

为保证在允许误差范围内获取有代表性的样品，应对采样全过程进行质量控制，具体见表4.3。

表4.3　环境分析化学的全过程质量控制

过程	质量控制要求	要点
布点系统	① 检测目标系统的控制 ② 检测点位点数的优化控制	控制空间代表性及可比性
采样系统	① 采样次数和采样频率优化 ② 采集工具与方法的统一规范	控制时间代表性和可比性
运输保存系统	① 样品的运输过程控制 ② 样品的保存控制	控制可靠性和代表性
分析测试系统	① 分析方法准确度、精密度、检测范围控制 ② 分析人员素质及实验室间质量控制	控制准确度、精密度、可靠性、可比性
数据处理系统	① 数据整理、处理及精密度检测控制 ② 数据分布、分类管理制度的控制	控制可靠性、可比性、完整性、科学性
综合评价系统	① 信息量的控制 ② 成果表达控制 ③ 结论完整性、透彻性及对策	控制真实性、完整性、科学性、适用性

4.3.1　分析前的质量保证与质量控制

4.3.1.1　布点、采样质量控制

现场采样是环境质量监测中极其重要的一个环节，对环境样品来说，大多数污染物的分布是不均匀的。因此，只有充分考虑所测污染物的时空分布特征，合理布设采样点位置，才能让监测数据如实反映环境质量现状和污染源的排放情况，使采集到的样品具有代表性、完整性，是符合计划要求的、真实的样品。质量控制要点如下。

① 采样布点方法及采样点具体位置的选择应符合国家标准及有关技术规范的要求。在水体取样中，各个采样点呈现出的状况有很大的差别，若采样点的选取不恰当，将不能真实地反映出水体的真实状况，从而对后续的水体取样工作产生不良影响。取样点的布设也不宜过于简单，否则会造成测试结果的片面性。

② 采样器具准备。采样器具要认真洗涤，晾干备用，统一编号，记录样品序号、监测点位、监测项目、采样日期，并贴好标签。

③ 现场采样时，应选择部分项目（条件允许时，应尽量覆盖所有项目）携带全程序空白样，与样品一同保存、运输、送至实验室，并分析比较现场空白样与实验室空白样之间的

结果差异。常见空白样品设置如下。

运输空白：检测挥发性有机污染物时必备，用于检测挥发性化合物样品在运输时是否受到污染。可将不含待测物且类似样品基质的样品（如黏土、砂或实验室试剂水等）在实验室装入样品容器密封，携带至采样现场，再带回实验室分析。

野外空白：检测挥发性有机污染物时必备，将不含待测物且类似样品基质的样品（如黏土、粉砂或实验室试剂水）于实验室装入样品容器密封，携带至采样现场，于采样开始时打开容器至采样完成时盖上，再与样品一同携回供检测，以确定现场操作时引入的污染。

设备空白：使用现场重复采集并与样品直接接触的采样器时，需每批次提供一个设备空白。采样器材在采集土壤并完成除污程序后，使用试剂水或淋洗剂冲淋采样器材并收集此淋洗液作为设备空白，可判知采样器材污染情况和除污手续的完整性。若使用抛弃式采样器，设备空白可免。

④ 现场平行样。采集同一采样点的样品两份（尤其是远距离、昂贵样品更应用平行样保存作备用），将其视为两个样品放置于不同容器中，以质地接近且距离较近为原则取平行样，以防止样品包装、运输、保存或分析过程中的损坏造成样品缺失。补采的样品已不是原有的时间和环境状况，不能反映原有的环境质量。

⑤ 采样过程中注意环境条件或工况的变化，并如实填写采样记录，至少包括下列项目：项目名称、采样地点（经纬度）、采样人员、环境描述、气候状况及其他采样资料（如采样器材、采样方法、样品质地和颜色等）。

4.3.1.2 运输保存过程中的质量控制

环境样品质量的影响因素包括物理及化学因素，该类因素将引发样品浓度变化，进而影响环境监测结果。在样品采集中，依据监测项目实际情况，采样人员可添加固定剂，若样品需要冷藏，就要注重样品的全过程质量控制，即采集、保存、运输等过程均需严格执行冷藏操作，使监测结果的准确性得到保证。

（1）水样的运输和保存要点

① 根据采样记录和样品登记表清点样品，防止出错。

② 塑料容器塞紧内塞，旋紧外盖。

③ 玻璃瓶要塞紧磨口塞，然后用细绳将瓶塞与瓶颈拴紧，或用封口胶、石蜡封口。待测油类的水样不能用石蜡封口。

④ 为防止样品在运输过程中因碰撞而导致损失或沾污，最好将样品装箱运送。装运箱要用聚合泡沫塑料或瓦楞纸板作衬里和隔板，样品按顺序装入箱内。加盖前要垫一层塑料膜，再在上面放泡沫塑料或干净的纸条，使盖能压住样品瓶。

⑤ 需冷藏的样品应配备专门的隔热容器，放入致冷剂，样品瓶置于其中保存。冬季应采取保温措施，以免冻裂样品瓶。

（2）土样的运输和保存要点

① 对光敏感的样品应有避光外包装，并同时填报样品流转单。特定项目需要测定新鲜土壤样品，必须低于 4℃冷藏保存。

② 样品由专人送至实验室，送样者和实验室接样者双方同时清点核实样品流转号、样品数量、研磨粒度、样品质量等，并在样品流转单上签字确认。样品流转单一式三份，由双方各存一份备查，另一份随数据存档。

4.3.2 分析中的质量保证与质量控制

分析监测过程一般包括测量方法和计量标准的选用、测量仪器的校准、测定、数据的统计分析和测量结果报告。其中每个环节都和测量者的操作技术、理论知识与质量意识密切相关，并受实验室环境条件、所用化学试剂及辅助设备的影响。

4.3.2.1 分析空白的控制与校正

（1）分析空白及其作用

空白包括样品中被测组分的沾污（正空白）、样品中被测组分的损失（负空白）和仪器噪声产生的空白。分析空白及其变动性对痕量和超痕量分析结果的准确度、精密度及分析方法的检出限起着决定性作用。在痕量和超痕量分析工作中，必须从取样、样品传送、储存、处理到测定的全过程避免、减少或控制可能发生的沾污，并在样品测定过程中做平行或穿插空白试验，以便校正测量结果或正确表达测量结果。或作空白质量控制图，及时发现分析过程有无明显的沾污，以确定分析结果的可靠性。

（2）分析空白的控制

分析空白高而又不稳定的分析方法不能用于痕量或超痕量化学成分的测定。所以消除和控制污染源、减小空白及其变动性是痕量分析的重要工作内容，主要有以下几点。

① 控制实验环境对样品的沾污。大气微粒含有锌、钒、铜等多种复杂成分，当样品需要长时间蒸发、灰化时，有可能被空气沾污。为了控制空气沾污，可以在密闭的空间内操作或在洁净的空间内操作，痕量和超痕量分析在超净实验室进行。

② 控制仪器设备引起的沾污。储存、处理样品时用到的一切容器，其材质不够纯、沥出或者未洗涤干净均可能污染样品。一般玻璃器皿不适用于痕量分析，石英和聚合有机材料则适合得多。

③ 控制试剂引起的沾污。试剂对样品的沾污程度随用量和浓度变化，正确选用试剂对于保证分析结果的准确性十分关键。采用高纯酸、水，减少试剂用量是控制分析空白的主要措施。

④ 避免分析者对样品的沾污。分析者用手触摸样品可引起多种元素的沾污，分析者的化妆品常常不知不觉地带来许多元素的沾污。如进行锌的痕量分析时，分析人员涂的口红是锌常见的污染源。

（3）空白试验

空白试验（blank test）又称空白测定，是指用去离子水代替试样的测定，其所加试剂和操作步骤与试样测定完全相同。空白试验应与试样测定同时进行，试样分析时仪器的响应值不仅是试样中待测物质的分析响应值，还包括所有其他因素，如试剂中的杂质、环境及操作过程中的沾污等的响应值。空白试验就是要了解它们对试样测定的综合影响。空白试验测得的响应值称为空白试验值，根据空白试验值及其标准差，对试样测定值进行空白校正。

4.3.2.2 实验室内质量控制

实验室是获得监测结果的关键部门，实验室质量保证包括实验室内质量控制和实验室间质量控制，其目的是要把监测分析误差控制在容许限度内，保证测量结果的精密度和准确性，使分析数据在给定的置信水平内，达到所要求的质量。

实验室内质量控制又称内部质量控制，是实验室分析人员对分析质量进行自我控制的过程。它主要反映分析质量的稳定性，以便及时发现某些偶然的异常现象，随时采取相应的校正措施。其目的在于控制监测人员的实验误差，使之达到容许限度的范围，以保证测试结果的精密度和准确度能在给定的置信水平下，达到规定的质量要求。实验室内质量控制是分析工作者在测试样品时，为能提供满足质量要求的基础数据，对分析测试进行的自我控制，或接受质量控制人员规定的质量控制程序的过程。

在没有质量控制专设机构或专职人员的情况下，实验室内质量控制有自控和他控两种方式。

（1）自控

① 空白试验值和检出限的核查。空白试验值能全面反映分析工作中所用试剂（包括纯水）与仪器的质量状况，并反映实验室的环境条件以及分析人员的素质和技术水平等。

全程序空白试验值难以抵消样品基体所致的干扰和影响，且测试的随机误差并非绝对相同。因而，扣除空白试验值的样品测定结果中包含了全部实验误差。此外，空白试验值越高，掩盖的随机误差波动越大。当样品中待测物浓度很低或接近检出限的水平时，有时能使样品测量值与空白试验值的差值成为负数，表明分析结果不合理和监测工作的失败。

② 平行双样分析。平行双样分析是指将同一样品的两份在完全相同的条件下进行同步分析，一般是做双份平行。平行双样分析反映分析结果的精密度，可以检查同批测试结果的稳定情况。

在日常工作中，可按照样品的复杂程度、所用方法和仪器的精度以及分析操作的技术水平等因素安排平行样的数量。条件允许时，应全部做平行双样分析。否则，至少应按同批测试的样品数，随机抽取10%~20%的样品进行平行双样测定。一批样品的数量较少时，应增加平行样的测定率，保证每批样品测试中至少测定一份样品的平行双样。

平行双样的测定结果应符合监测质量控制指标的规定要求，该指标中未作规定的项目，可按分析结果所在的数量级规定的相对偏差最大允许值衡量。

③ 加标回收率分析。在测定样品的同时，于同一样品的子样中加入一定量的标准物质进行测定，在其测定结果中扣除样品的测定值，以计算回收率。加标回收率的测定可以反映测试结果的准确度。

④ 标准物质（或质控样）对比分析。标准物质是实施质量控制的物质基础，不仅具有量值传递的作用，而且可以达到量值溯源的目的，又可以作为对比分析、检定分析仪器、评价分析人员的技术水平、评价分析方法的性能、发展新测定技术以及重大争议仲裁监测的标准。标准物质（或质控样）被用于实验室内（个人）质量控制时，常将其与样品同步测定，将所得结果与保证值（或理论值）相比，以评价其准确度，从而推断是否存在系统误差或出现异常情况。

⑤ 方法比较分析。方法比较分析是对同一样品分别使用具有可比性的不同方法进行测定，并对测试结果进行比较。由于不同方法对样品的反应不同，所用试剂、仪器也多有差别，如果不同方法所得结果一致，则表明分析工作的质量可靠，结果正确。

⑥ 质量控制图。质量控制图是用来评价和控制重复分析结果的统计学工具，对经常性的分析项目常用质量控制图来控制质量。如图4.1所示，质量控制图的基本原理是：每种方法都存在差异，都受到时间和空间的影响，即使在理想条件下获得的一组分析结果，也会存在一定的随机误差；但当某一个结果超出了随机误差的允许范围，运用数理统计的方法，可以判断这个结果是异常的、不可信的。质量控制图可以起到这种监测的"仲裁"作用。因此

实验室内质量控制图是监测常规分析过程中可能出现的误差、控制分析数据在一定的精密度范围内、保证常规分析数据质量的有效方法。

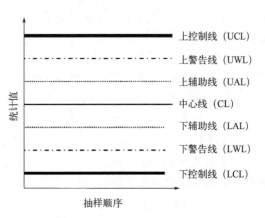

图 4.1　质量控制图的基本组成

经常性的分析项目用质量控制图来控制质量。编制质量控制图的基本假设是：测量结果在受控的条件下具有一定的精密度和准确度，并服从正态分布。一个控制样品用一种方法由同一个分析人员在一定时间内进行分析，积累一定量数据。如这些数据达到规定的精密度、准确度（即处于控制状态），以其结果的统计值和分析次序编制质量控制图。在以后的经常性分析过程中，取每份（或多次）平行的控制样品随机地编入环境样品中一起分析，根据控制样品的分析结果，推断环境样品的分析质量。常用的有均值质量控制图、均值-极差质量控制图、多样质量控制图。每种控制图根据其特点有相应的系数来建立控制线和警告线。

均值质量控制图是最常见、制作最为简单的一种质量控制图。要求是控制样品的浓度和组成，使其尽量与环境样品相似，用同一方法在一定时间内（如每天分析一次平行样品）重复测定，至少积累 20 个数据（不可将 20 个重复实验同时进行，或一天分析两次及两次以上），计算总均值（$\bar{x}$）、标准偏差（s）（不得大于标准分析方法中规定的相应浓度水平的标准偏差）、平均极差（R）等。

使用方法是根据日常工作中该项目的分析频率和分析人员的技术水平，间隔适当时间取两份平行的控制样品，随环境样品同时测定。对于操作技术水平较低的人员和测定频率较低的项目，每次都应同时测定控制样品。将控制样品的测定结果（x）点在均值质量控制图上，根据下列规定检验分析过程是否处于控制状态。

a. 如果此点在上、下警告线之间，则测定过程处于控制状态，环境样品分析结果有效。

b. 如果此点超出上、下警告线，但仍在上、下控制线之间，分析质量开始变劣，可能存在"失控"倾向，应进行初步检查，并采取相应的校正措施。

c. 若此点落在上、下控制线之外，表示测定过程"失控"，应立即检查原因，予以纠正。环境样品应重新测定。

d. 如遇到 7 点连续上升或下降（虽然数值在控制状态），表明测定有"失控"倾向，应立即查明原因，予以纠正。

即使过程处于控制状态，也可根据相邻几次测定值的分布趋势，对分析质量可能发生的问题进行初步判断。

（2）他控

① 密码样和密码加标样分析。这种质量控制技术适于设有质量控制专设机构或专职人员的单位使用。由于设有专职人员，就可以将一定数量的已知样品（标准样或质控样）和常规样品同时安排给分析人员进行测定。这些已知样品对于分析者都是未知样（密码样），测试结果经专职人员核对无误，即表明数据的质量是可以接受的。

密码加标样由专职人员在随机抽取的常规样品中加入适量标准物质（或标准溶液）形

53

成，与样品同时交付分析人员进行分析，测定结果由专职人员计算加标回收率，以分析测定结果的精密度和准确度。

② 室内互检。互检要在同一实验室内的不同分析人员之间进行，可以是自控，也可以是他控。由于分析人员不同，实验条件也不完全相同，因而可以避免仪器、试剂以至习惯性操作等因素带来的影响。当不同人员分别测定的结果一致时，即可认为工作质量是可以接受的。否则，应各自查找原因，并重新分析原样品。

③ 室间外检。外检是将同一个样品的不同子样分别交付不同实验室进行分析。因为不同实验室的各种条件不尽相同，而且所用方法也不强求一致，所以当测定结果相符时，即可判断测试结果是可以接受的。

4.3.2.3　实验室间质量控制

实验室间质量控制又称外部质量控制，是指由外部的第三者对实验室及其分析人员的分析质量定期或不定期实行考察的过程。其目的在于使协同工作的实验室之间能在保证基础数据质量的前提下，提供准确可靠并一致可比的测试结果，即在控制分析测试的随机误差达到最小的情况下，进一步控制系统误差使之达到最低。

实验室间质量控制常用于实验室间协作实验，包括方法标准化协作实验（方法验证）、标准物质协作定值（确定保证值）、实验室间分析结果争议的仲裁（仲裁实验）、特定的协作研究项目中的实验室互检（互检研究实验）、实验性能评价和实验室间分析人员的技术评价（质量考核）等。实验室间质量控制应由有经验的质量保证机构和（或）上级监测机构主持实施。

随着科技发展的需求不断提升，分析测试和环境监测工作的重要性日益凸显，各单位、各行各业甚至各个学科和领域之间的关系也日益密切，从而对监测分析结果的质量提出了更高的要求，不仅要求每个测试者个人的数据质量必须有足够的精密度和准确度，而且涉及相互合作以及有一定关联的分析测试结果也要满足一定的质量要求。

4.3.3　分析后的质量保证与质量控制

数据处理和报告编写需要注意以下质量控制要点。

① 处理数据时，有效数字取舍符合相应标准规定，原始记录要经过监测人员、质量保证室主任、室主任三级审核，数据无误后报出，各种原始记录和结果报告一律使用国家法定计量单位。

② 编制监测方案和报告时，要经过编写人员、项目负责人、技术负责人等层层把关，从布点、采样、样品保存、实验室分析、数据处理、统计评价等监测工作的全过程做好质量控制，确保报告准确无误。以分析数据和评价结果为依据，编写质量控制报告，说明监测过程的可控程度、监测数据的可信度、质量控制措施的有效性。

③ 每一个工作项目结束后，及时将纸质报告连同原始数据整理装订存档，质量控制活动的记录及质量控制报告随原始记录一起归档保存，电子版存入数据库。

4.4　标准方法与标准物质

4.4.1　标准分析方法

标准分析方法又称分析方法标准，是技术标准的一种。它是一项文件，是权威机构对某项分析所做的统一规定的技术准则和各方面共同遵守的技术依据。编制和推行标准分析方法的目的是保证分析结果的重复性、再现性和准确性，不但要求同一实验室的分析人员分析同一样品的结果要一致，而且要求不同实验室的分析人员分析同一样品的结果也要一致。标准方法的选定首先要达到所要求的检出限，能体现足够小的随机和系统误差，对各种样品能得到相近的准确度和精密度，当然也要考虑技术、仪器的现实条件和推广的可能性。一个项目的测定往往有多种可供选择的方法，这些方法的灵敏度不同，对仪器和操作的要求也不同。而且由于方法的原理不同，干扰因素也不同，甚至其结果的表示含义也不尽相同。现有的标准方法大致可分为三种类型。

① 检测产品技术规格的普及型标准方法。

② 为贯彻某些法规而开发的标准方法，称为官方方法。例如，美国分析化学家协会（AOAC）拟定的用于分析食品、药物、肥料、农药、化妆品的标准方法。

③ 基础性标准方法，如英国皇家化学学会（RSC）拟定的分析方法和美国材料与试验协会（ASTM）拟定的标准方法。

当采用不同方法测定同一项目时就会产生结果不可比的问题，因此有必要使分析方法标准化。标准化工作是一项具有高度政策性、经济性、技术性、严密性和连续性的工作，开展这项工作必须建立严密的组织管理机构。

4.4.2 标准物质与标准样品

4.4.2.1 标准物质的定义

标准物质（reference material，RM）是一种或多种特性值已被确定的均匀的材料或物质，用于判别产品质量、鉴定仪器的可靠程度和评价分析方法等。有证标准物质（certified reference material，CRM）是附有证书的标准物质，可用建立溯源性的程序确定其一种或多种特性值，使之可溯源到准确复现的用于表示该特性值的计量单位，而且每个标准值都附有给定置信水平的不确定度。证书由国家权威计量单位颁发，证书中应具备有关的特性值、使用和保存方法及有效期。

有一种特殊的标准物质名为标准参考物质（standard reference material，SRM），是由美国国家标准与技术研究院（NIST）定义的，以天然基体为标准物质的载体，例如土壤、底泥、树叶等，其中有稳定均匀的待测组分，经过特殊的均化过程再由专业人员多次测定确定其含量。SRM 主要用于帮助发展标准方法、校正测量系统和保证质量控制程序的长期完善。

4.4.2.2 标准物质的分类

根据标准物质量值溯源的级别，以及溯源过程中的计量学控制水平即计量学有效性的高低，通常将物质分为有证标准物质和有证标准物质以外的其他标准物质两个基本级别。

国内通常将标准物质分为一级标准物质、二级标准物质、标准样品、行业标准样品、质控样品等。

一级标准物质（GBW）主要采用绝对测量法或两种以上不同原理的准确可靠的方法定值，是测量准确度达到国内最高水平的有证标准物质。它主要用于评价标准方法、作仲裁分析的标准、为二级标准物质定值，是量值传递的依据。二级标准物质［标准代号 GBW（E）］采用与一级标准物质进行比较测量的方法或一级标准物质的定值方法定值，其不确定度和均匀性不及一级标准物质的水平，但足够用于一般测量。我国已批准的一级标准物质有 3219 种，二级标准物质 13918 种，包括纯物质、固体、气体和水溶液的标准物质。

4.4.2.3 标准样品

标准样品的定义仅存在于中国，国际上没有此种划分，标准物质更侧重于溯源性，标准样品则更侧重于本质特性，但对于使用者来讲，标准样品和标准物质的用途基本一致。同时，不能武断地认为国家一级标准物质研制水平高于国家标准样品。

国内不同领域还存在对应的行业标准样品，例如冶金和有色金属行业。这些行业标准样品研制历史悠久，行业认可度高，由各自的行业标准样品委员会制定相应的立项审批及管理程序。我国环境行业的监管执行和标准制定均由生态环境部独立完成，环境行业的标准物质应用按照化合物性质进行分类，总体分为有机标准物质和无机标准物质，其中有机标准物质又可以细分为挥发性有机物（VOCs）、多环芳烃（PAHs）、多氯联苯（PCBs）等。

质量控制样品（quality control material，QCM）是为满足实验室日常质量控制（评估测量程序精密度等）需要，结合实验室间比对、能力验证工作基础提供的，具有一种或多种足够均匀和稳定的特性并附有特性参数指示值和技术文件的样品。在日常测量中，一般校准用标准物质和标准样品应尽量选取有证标准物质或标准样品，而实验室质控样品可以为非有证标准物质或标准样品。

4.4.3 环境标准物质的特征

① 准确性。环境标准物质中主要成分的含量，是用两种以上相互独立且准确度已知的可靠方法，由两个以上的分析人员独立分析确定的。

② 均匀性。均匀性是标准物质所具有的相同组分、相同结构的状态。气态和液态物质的均匀性容易保证，但固态物质的均匀性则需经过采样、干燥、研磨、筛分混匀、辐照消毒以及分装等一系列加工程序保证。

③ 稳定性。稳定性指在指定的环境条件下和时间内，化学标准物质所具有的物化特性能够在规定范围内保持不变的能力，通常要求其稳定性在一年以上。

④ 代表性。环境标准物质是直接用环境样品或模拟环境样品制得的混合物，其基体组成与环境样品的基体组成相似。

 ## 习题

> 1. 什么是标准分析方法和标准物质？标准物质如何分类？
>
> 2. 简述质量控制图的原理。
>
> 3. 外标法和内标法有何区别？如何选择？
>
> 4. 平行性、重复性和再现性分别代表什么含义？有何区别？
>
> 5. 实验室内的质量控制方法有哪些？
>
> 6. 10 个实验室分析同一样品，每个实验室 5 次测量取平均值，从大到小排列为：4.43、4.47、4.56、4.68、4.81、4.85、4.99、5.01、5.17、5.39。检验最大均值 5.39 是否为离群值。
>
> 7. 用一台旧紫外分光光度计测量某染料溶液吸光度，5 次测定后所得吸光度标准偏差 $SD_1 = 0.045$，再用一台新紫外分光光度计测量 4 次得到标准偏差 $SD_2 = 0.030$，判断新仪器测定结果的精密度是否显著优于旧仪器。

8. 测定某一水样甲基汞含量，累计测定 20 个平行样品，测定结果见下表，试作均值质量控制图。

单位：mg/L

序号	1	2	3	4	5	6	7	8	9	10
$\overline{x}_i$	0.263	0.228	0.256	0.277	0.288	0.289	0.265	0.265	0.255	0.234
序号	11	12	13	14	15	16	17	18	19	20
$\overline{x}_i$	0.267	0.278	0.225	0.250	0.256	0.270	0.263	0.240	0.255	0.267

参考文献

［1］　国家环境保护总局《水和废水监测分析方法》编委会. 水和废水监测分析方法［M］. 4 版. 增补版. 北京：中国环境科学出版社，2008.

［2］　建设用地土壤污染状况调查质量控制技术规定（试行）［Z］. 生态环境部办公厅，2022.

［3］　喻林. 水质监测分析方法标准实务手册［M］. 北京：中国环境科学出版社. 2002.

［4］　GB/T 15000.3—2023. 标准样品工作导则　第 3 部分：标准样品　定值和均匀性与稳定性评估［S］.

［5］　GB/T 6379.2—2004. 测量方法与结果的准确度（正确度与精密度）　第 2 部分：确定标准测量方法重复性与再现性的基本方法［S］.

第五章
滴定分析法

5.1 酸碱滴定法

酸碱滴定法（acid-base titration）是以酸碱反应为基础的滴定分析方法，又称为中和滴定法。利用该方法可以测定一些具有酸碱性的物质，也可以测定某些能与酸碱作用的物质。有许多不具有酸碱性的物质也可通过化学反应产生酸碱，并用酸碱滴定法测定其含量。因此，酸碱滴定法的应用相当简便、快速且广泛。本节以布朗斯特-劳里（Brønsted-Lowry）酸碱平衡理论基础为切入点，介绍了酸碱组分的平衡浓度与分布分数、溶液中 H^+ 浓度的计算、酸碱缓冲溶液的概念、酸碱指示剂的作用原理及酸碱滴定的原理，并结合酸碱滴定法在环境样品分析中的实际应用进行阐述。酸碱平衡是酸碱滴定的理论基础，学好酸碱滴定法是掌握滴定分析方法有关原理的关键。因此，除了要求掌握应用水溶液中酸碱平衡的方法外，还要能正确选用酸碱溶液氢离子平衡浓度的计算公式，掌握酸碱滴定的基本原理，解决水分析中的一些实际问题。

5.1.1 酸碱平衡理论基础

酸碱滴定法的理论基础是酸碱平衡理论，所以要讨论有关酸碱滴定的问题，应先对酸碱平衡理论有一定了解。酸碱平衡是溶液中普遍存在的化学平衡，对溶液中物质的存在形式和化学反应有重要影响，因此其也是讨论溶液中的其他化学反应和平衡时常需考虑的因素之一。

布朗斯特-劳里的酸碱质子概念：凡是能给出质子（H^+）的物质都是酸，如 HCl；凡是能接受质子的物质都是碱，如 NaOH。以 HX 作为酸的化学式代表符号。

$$HX \Longrightarrow H^+ + X^- \tag{5.1}$$

酸（HX）给出一个质子（H^+）而形成碱（X^-），碱（X^-）接受一个质子（H^+）便成为酸（HX），此时碱（X^-）称为酸（HX）的共轭碱，酸（HX）称为碱（X^-）的共轭酸。这一对酸和碱具有互相依存的关系，彼此不能分开，这种因质子得失而互相转变的一对酸碱称为共轭酸碱对，这样的反应称为酸碱半反应。例如：

共轭酸	质子	共轭碱	共轭酸碱对
HCl	H^+	Cl^-	HCl/Cl^-
HNO_3	H^+	NO_3^-	HNO_3/NO_3^-
H_2CO_3	H^+	HCO_3^-	H_2CO_3/HCO_3^-
HCO_3^-	H^+	CO_3^{2-}	HCO_3^-/CO_3^{2-}
NH_4^+	H^+	NH_3	NH_4^+/NH_3

5.1.2 酸碱组分的平衡浓度与分布分数

5.1.2.1 平衡常数——解离常数

水溶液中酸的强度取决于它将质子（H^+）给予 H_2O 分子的能力，碱的强度取决于它从 H_2O 分子中夺取 H^+ 的能力。如：

$$HAc + H_2O \Longrightarrow H_3O^+ + Ac^- \tag{5.2}$$

$$HAc + NH_3 \Longrightarrow NH_4^+ + Ac^- \tag{5.3}$$

同样是 HAc，在 H_2O 中微弱解离，HAc 表现为弱酸性；而在 NH_3 中全部反应，HAc 呈现强酸性。这是因为两溶剂的碱性不同，NH_3 的碱性远远大于 H_2O 的碱性，所以 HAc 易将 H^+ 传递给 NH_3。可见酸碱强度除与本身性质有关外，还与溶剂的性质有关。所以，凡是将 H^+ 给予溶剂的能力大的，其酸的强度就大；相反，从溶剂分子中夺取 H^+ 的能力越大，其碱的强度就越大。这种给出和获得质子能力的大小，通常用酸碱在水中的解离常数的大小来衡量。酸碱的解离常数越大，酸碱性越强。酸、碱的解离常数分别用 K_a 和 K_b 表示。如以 HB 和 B 作为酸和碱的化学式代表符号，则：

$$HB + H_2O \Longrightarrow H_3O^+ + B^- \qquad K_a = \frac{a_{H_3O^+} a_{B^-}}{a_{HB}} \tag{5.4}$$

$$B + H_2O \Longrightarrow HB^+ + OH^- \qquad K_b = \frac{a_{HB^+} a_{OH^-}}{a_B} \tag{5.5}$$

K_a（或 K_b）大的弱酸（或弱碱）的酸性（或碱性）强。

在水溶液中，H_3O^+ 是实际上能够存在的最强的酸形式。如果任何一种酸的强度大于 H_3O^+，且浓度又不是很大，必将定量地与 H_2O 发生反应，完全转化为 H_3O^+，如：

$$HCl + H_2O \Longrightarrow H_3O^+ + Cl^-$$

其中 Cl^- 是 HCl 的共轭碱，上述反应进行得很完全，以至于 Cl^- 几乎没有从 H_2O 中夺取质子转化为 HCl 的能力；也就是说，Cl^- 是一种非常弱的碱，它的 K_b 小到几乎测不出来。同样，在水溶液中，OH^- 是实际上能够存在的最强的碱形式。若任何一种碱的强度大于 OH^-，且浓度又不是很大，必将定量地与 H_2O 发生反应，完全转化为 OH^-。

以 HAc 为例，讨论 HAc 与 Ac^- 共轭酸碱对的 K_a 与 K_b 的关系。

$$HAc + H_2O \Longrightarrow H_3O^+ + Ac^- \qquad K_a = \frac{[H^+][Ac^-]}{[HAc]} \tag{5.6}$$

$$Ac^- + H_2O \Longrightarrow HAc + OH^- \qquad K_b = \frac{[HAc][OH^-]}{[Ac^-]} \tag{5.7}$$

$$K_a K_b = [H^+][OH^-] = K_w = 1.0 \times 10^{-14} (25℃) \tag{5.8}$$

可见，共轭酸碱对之间的 K_a 与 K_b 之间有确定的关系：共轭酸碱对的 K_a 与 K_b 之乘积是一常数，等于 K_w。

5.1.2.2 分布分数

酸碱平衡体系中，通常存在多种酸碱组分，这些组分的平衡浓度随着溶液中 H^+ 浓度的变化而变化。溶液中某酸碱组分的平衡浓度占其总浓度的分数，称为它的分布分数（distribution fraction），以 δ 表示。分布分数取决于该酸碱物质的性质和溶液中 H^+ 的浓度，而与总浓度无关。δ 的大小能定量说明溶液中各种酸碱组分的分布情况，已知 δ 便可求得溶液中酸碱组分的平衡浓度，这在分析化学中是十分重要的。

（1）一元酸溶液

以 HAc 为例，在溶液中以 HAc 和 Ac^- 两种型体存在。令 HAc 的总浓度为 c_{HAc}，HAc 与 Ac^- 的平衡浓度为 [HAc] 和 $[Ac^-]$。

$$\delta_{HAc}=\frac{[HAc]}{c_{HAc}}=\frac{[HAc]}{[HAc]+[Ac^-]}=\frac{[H^+]}{K_a+[H^+]} \tag{5.9}$$

$$\delta_{Ac^-}=\frac{[Ac^-]}{c_{HAc}}=\frac{[Ac^-]}{[HAc]+[Ac^-]}=\frac{K_a}{K_a+[H^+]} \tag{5.10}$$

$$\delta_{HAc}+\delta_{Ac^-}=1$$

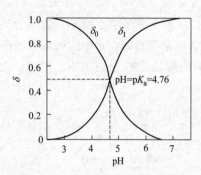

图 5.1 HAc 的 δ-pH 分布曲线

在不同 pH 时，会有不同的 δ，就可以绘制出 δ-pH 的图像，称为分布分数曲线（简称分布曲线），HAc 的分布曲线如图 5.1 所示。

（2）多元酸溶液

以碳酸为例讨论多元酸溶液组分平衡时的分布分数。碳酸为二元弱酸，在溶液中以 H_2CO_3、HCO_3^- 和 CO_3^{2-} 三种形式存在，H_2CO_3 的物质的总量以 c（mol/L）表示，则：

$$c=[H_2CO_3]+[HCO_3^-]+[CO_3^{2-}]$$

设 δ_2、δ_1、δ_0 分别表示 H_2CO_3、HCO_3^- 和 CO_3^{2-} 的分布分数，则 $[H_2CO_3]=\delta_2 c$，$[HCO_3^-]=\delta_1 c$，$[CO_3^{2-}]=\delta_0 c$

$$\delta_2=\frac{[H_2CO_3]}{c}=\frac{[H_2CO_3]}{[H_2CO_3]+[HCO_3^-]+[CO_3^{2-}]}=\frac{1}{1+\dfrac{[HCO_3^-]}{[H_2CO_3]}+\dfrac{[CO_3^{2-}]}{[H_2CO_3]}}$$

$$=\frac{1}{1+\dfrac{K_{a_1}}{[H^+]}+\dfrac{K_{a_1}K_{a_2}}{[H^+]^2}}=\frac{[H^+]^2}{[H^+]^2+K_{a_1}[H^+]+K_{a_1}K_{a_2}} \tag{5.11a}$$

同时

$$\delta_1=\frac{[HCO_3^-]}{c}=\frac{K_{a_1}[H^+]}{[H^+]^2+K_{a_1}[H^+]+K_{a_1}K_{a_2}} \tag{5.11b}$$

$$\delta_0=\frac{[CO_3^{2-}]}{c}=\frac{K_{a_1}K_{a_2}}{[H^+]^2+K_{a_1}[H^+]+K_{a_1}K_{a_2}} \tag{5.11c}$$

$$\delta_0+\delta_1+\delta_2=1$$

按式（5.11a）、式（5.11b）和式（5.11c）分别计算出不同 pH 时的 δ_2、δ_1、δ_0，绘制 δ-pH 的分布曲线，如图 5.2 所示。H_2CO_3、HCO_3^- 和 CO_3^{2-} 共轭酸碱对的交点处正是 $pH=pK_{a_1}=6.38$ 和 $pH=pK_{a_2}=10.25$ 之处，这两个交点是 $\delta_2=\delta_1=0.50$ 和 $\delta_1=\delta_0=0.50$ 之处。$pH<pK_{a_1}$，以 H_2CO_3 为主；$pK_{a_1}<pH<pK_{a_2}$，以 HCO_3^- 为主；$pH>pK_{a_2}$，以 CO_3^{2-} 为主。

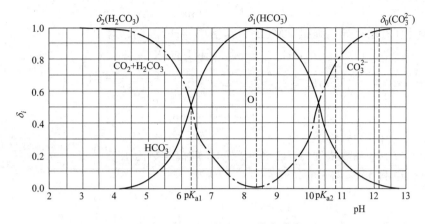

图 5.2 H_2CO_3 的 δ-pH 分布曲线

5.1.3 溶液中 H^+ 浓度的计算

酸碱溶液中的 H^+ 可通过质子条件式和有关的平衡关系式求得。H^+ 的浓度求解可采用精确计算式和近似计算式，前者对全面分析酸碱平衡关系和理解近似公式的应用范围是很有意义的，但实际工作中最常用的还是近似计算式。

（1）强酸与强碱溶液中 H^+ 浓度的计算

强酸强碱在溶液中全部解离，故在一般情况下，其溶液中 H^+ 浓度的计算比较简单。如 1mol/L HCl 溶液，其 H^+ 浓度也是 1mol/L。但当溶液的浓度很小时（如 $1\times10^{-8}\sim1\times10^{-6}$mol/L），计算溶液的 H^+ 浓度除需考虑酸或碱本身解离出来的 H^+ 或 OH^- 之外，还应考虑水解离出来的 H^+ 和 OH^-。若强酸或强碱的浓度小于 1×10^{-8}mol/L，则此时解离出的 H^+ 或 OH^- 可忽略。

令 HX 为强酸化学式的通式，其浓度为 c_{HX}（mol/L），有下列质子转移反应：

$$HX+H_2O \Longrightarrow H_3O^+ +X^-$$

$$2H_2O \Longrightarrow H_3O^+ +OH^-$$

$$[H^+]=[OH^-]+[X^-]=[OH^-]+c_{HX} \tag{5.12}$$

强酸的原始浓度等于各失质子产物的浓度相加，表明原始强酸在水溶液中全部转化为 H_3O^+，当强酸溶液处于平衡状态时：

$$c_{HX}=[X^-]$$

$$[OH^-]=\frac{K_w}{[H^+]} \tag{5.13}$$

整理后得：

$$[H^+]^2-c_{HX}[H^+]-K_w=0$$

$$[H^+]=\frac{1}{2}\left[c_{HX}+\sqrt{(c_{HX})^2+4K_w}\right] \tag{5.14}$$

式（5.14）为强酸溶液中 $[H^+]$ 的精确计算式。它完整地表示了强酸溶液中 $[H^+]$ 与溶质和溶剂之间的平衡关系。

当强酸溶液浓度不太低时，可忽略水的解离，得到强酸溶液中 $[H^+]$ 的计算最简式：

$$[H^+] = c_{HX} \tag{5.15}$$

按同样处理方法可导出强碱（MOH）溶液中 $[H^+]$ 的计算式：

$$[OH^-]^2 - c_{MOH}[H^+] - K_w = 0 \tag{5.16}$$

$$[OH^-] = \frac{1}{2}\left[c_{MOH} + \sqrt{(c_{MOH})^2 + 4K_w}\right]$$

$$[OH^-] = c_{MOH} \tag{5.17}$$

（2）一元弱酸与弱碱溶液

设一元弱酸 HB 溶液浓度为 c_{HB}（mol/L），解离常数为 K_a。

这样 HB 和 H_2O 为零水准，则：

$$[H^+] = [OH^-] + [B^-] = \frac{K_a}{[H^+]} + \frac{K_a[HB]}{[H^+]}$$

$$[H^+] = \sqrt{K_w + K_a[HB]}$$

$$[HB] = \delta_{HB} c_{HB} = \frac{c_{HB}[H^+]}{[H^+] + K_a}$$

整理得：$[H^+]^3 + K_a[H^+]^2 - (c_{HB}K_a + K_w)[H^+] - K_a K_w = 0$

解此一元三次方程很麻烦。一般在弱酸的浓度不是非常小，且酸的强度不是极弱时，可忽略水的解离，用近似式计算：

$$[H^+] \approx \sqrt{K_a[HB]} \tag{5.18}$$

根据解离平衡原理，对于浓度为 c（mol/L）的弱酸 HB 溶液，$[HB] \approx c - [H^+]$。

$$[H^+] = \sqrt{K_a(c - [H^+])}$$

$$[H^+]^2 + K_a[H^+] - K_a c = 0$$

$$[H^+] = \frac{1}{2}\left(-K_a + \sqrt{K_a^2 + 4K_a c}\right)$$

采用上式的条件是：$cK_a \geqslant 20K_w$ 和 $c/K_a > 500$。

（3）多元弱酸与弱碱溶液

设二元酸 H_2B 溶液浓度为 c_{H_2B}（mol/L），逐级解离常数为 K_{a_1} 和 K_{a_2}，同时令 H_2B 和 H_2O 为零水准，则质子条件式为：

$$[H^+] = [OH^-] + [HB^-] + 2[B^{2-}]$$

$$[OH^-] = \frac{K_w}{[H^+]}, \quad [HB^-] = \frac{K_{a_1}[H_2B]}{[H^+]}, \quad [B^{2-}] = \frac{K_{a_1} K_{a_2}[H_2B]}{[H^+]^2}$$

整理得精确式：

$$[H^+] = \frac{K_w}{[H^+]} + \frac{K_{a_1}[H_2B]}{[H^+]} + \frac{2K_{a_1} K_{a_2}[H_2B]}{[H^+]^2}$$

$$[H^+] = \sqrt{[H_2B] \times K_{a_1}\left(1 + \frac{2K_{a_2}}{[H^+]}\right) + K_w}$$

将 $[H_2B] = \delta_{H_2B} c_{HB} = \dfrac{c_{HB}[H^+]^2}{[H^+]^2 + K_{a_1}[H^+] + K_{a_1} K_{a_2}}$ 代入上式：

$$[H^+]^4 + K_{a_1}[H^+]^3 - (cK_{a_1} - K_{a_1} K_{a_2} + K_w)[H^+]^2 -$$

$$(2cK_{a_1}K_{a_2} + K_{a_1}K_w)[H^+] - K_{a_1}K_{a_2}K_w = 0$$

如果 $cK_{a_1} > 20K_w$（可忽略 K_w），可得二元酸溶液 $[H^+]$ 计算的近似公式：

$$[H^+] = \sqrt{K_{a_1}[H_2B]} \tag{5.19}$$

此时二元弱酸可按一元弱酸处理，则在浓度为 c（mol/L）的二元酸 H_2B 溶液中 H_2B 的平衡浓度近似地等于：

$$[H_2B] = c[H^+]$$

$$[H^+] = \sqrt{K_{a_1}(c_{H_2B} - [H^+])}$$

$$[H^+]^2 + K_{a_1}[H^+] - c_{H_2B}K_{a_1} = 0$$

$$[H^+] = \frac{1}{2}\left(-K_{a_1} + \sqrt{K_{a_1}^2 + 4c_{H_2B}K_{a_1}}\right)$$

上式即为计算二元酸溶液中 H^+ 浓度的近似公式。

c/K_{a_1} 若大于 500，即 H_2B 的一级解离度较大，可认为 $[H_2B] = c - [H^+] \approx c$，则得到计算二元弱酸溶液 $[H^+]$ 的最简式：

$$[H^+] = \sqrt{K_{a_1}c_{H_2B}} \tag{5.20}$$

对于二元以上的多元酸的 $[H^+]$ 计算，一般均可忽略其三级和三级以上解离对 $[H^+]$ 的贡献，按二元酸处理。

5.1.4 酸碱缓冲溶液

5.1.4.1 缓冲溶液及其作用原理

能够对抗外来少量强酸碱或稍加稀释不引起溶液 pH 发生明显变化的作用叫作缓冲作用。具有缓冲作用的溶液，叫作缓冲溶液。例如纯水在 25℃ 时，pH 为 7.0，放置在空气中一段时间后，由于吸收了二氧化碳，水的 pH 降到 5.5 左右。1 滴浓盐酸加入 1 L 纯水中，可使氢离子浓度增加 5000 倍左右；若将 1 滴 10mol/L 氢氧化钠溶液加到 1 L 纯水中，pH 变化也十分明显。所以加入少量的强酸或强碱后，纯水的 pH 会发生很大变化。可是，1 滴浓盐酸或浓氢氧化钠溶液加入 1 L HAc-NaAc 或 NaH_2PO_4-Na_2HPO_4 混合溶液中，$[H^+]$ 的增加不到百分之一，pH 并没有显著变化。

缓冲溶液由足够浓度的共轭酸碱对组成。其中，能对抗外来强碱的称为共轭酸，能对抗外来强酸的称为共轭碱，这一对共轭酸碱通常称为缓冲对、缓冲剂或缓冲系。常见的缓冲对主要有三种类型：弱酸及其对应的盐，多元弱酸的酸式盐及其对应的次级盐，弱碱及其对应的盐。

现以 H_2CO_3-$NaHCO_3$ 缓冲溶液为例，说明缓冲溶液能抵抗少量强酸或强碱使 pH 稳定的原理。H_2CO_3 是弱酸，在溶液中的解离度很小，溶液中主要以 H_2CO_3 分子型体存在，HCO_3^- 的浓度很低。由于同离子效应，加入 $NaHCO_3$ 后使 H_2CO_3 解离平衡向左移动，使 H_2CO_3 的解离度减小，$[H_2CO_3]$ 增大。所以，在 H_2CO_3-$NaHCO_3$ 混合溶液中存在着大量的 H_2CO_3 和 HCO_3^-。其中 H_2CO_3 主要来自共轭酸 H_2CO_3，HCO_3^- 主要来自 $NaHCO_3$。

某溶液有一定的 $[H^+]$，即有一定的 pH。在缓冲溶液中加入少量强酸（如 HCl），则增大了溶液的 $[H^+]$。假设不发生其他反应，溶液的 pH 应该减小。但是由于 $[H^+]$ 增加，抗酸成分即共轭碱 HCO_3^- 与增加的 H^+ 结合成 H_2CO_3，破坏了 H_2CO_3 原有的解离平衡，使平衡左移，即向生成共轭酸 H_2CO_3 分子的方向移动，直至建立新的平衡。由于加入的 H^+ 较少，溶液中 CO_3^{2-} 浓度较大，加入的 H^+ 绝大部分转变成弱酸 H_2CO_3，因此溶液的 pH 不发生明显的降低。

在缓冲溶液中加入少量强碱（如 NaOH），则增大了溶液中 OH^- 的浓度。假设不发生其他反应，溶液的 pH 应该增大。但溶液中的 H^+ 与加入的 OH^- 结合成更难解离的 H_2O，破坏了 H_2CO_3 原有的解离平衡，促使 H_2CO_3 的解离平衡向右移动，即不断向生成 H^+ 和 HCO_3^- 的方向移动，直至加入的 OH^- 绝大部分转变成 H_2O，建立新的平衡为止。由于加入的 OH^- 少，溶液中抗碱成分即共轭酸 H_2CO_3 的浓度较大，因此溶液的 pH 不发生明显升高。

5.1.4.2 缓冲溶液的 pH

以缓冲溶液 HAc-NaAc 为例，存在以下解离平衡：

$$HAc \Longrightarrow H^+ + Ac^- \qquad K_a = \frac{[H^+][Ac^-]}{[HAc]} \tag{5.21}$$

等式两边各取负对数，则

$$pK_a = pH - lg\frac{[Ac^-]}{[HAc]}$$

$$pH = pK_a + lg\frac{[Ac^-]}{[HAc]} \tag{5.22}$$

HAc 的解离度比较小，由于溶液中大量 Ac^- 对 HAc 所产生的同离子效应，HAc 的解离度变得更小。因此式中的 [HAc] 可以看作等于 HAc 的总浓度 [共轭酸]（即缓冲溶液中共轭酸的浓度）。同时，在溶液中 NaAc 全部解离，可以认为溶液中 $[Ac^-]$ 等于 NaAc 的总浓度 [共轭碱]（即配制的缓冲溶液中共轭碱的浓度）。

$$pH = pK_a + lg\frac{[共轭碱]}{[共轭酸]} \tag{5.23}$$

上式称为亨德森-哈塞尔巴尔赫方程式，简称亨德森（Henderson）方程。它表明缓冲溶液 pH 取决于共轭酸的解离常数 K 和组成缓冲溶液的共轭碱与共轭酸浓度的比值。对于一定的共轭酸，pK_a 为定值，所以缓冲溶液的 pH 就取决于两者浓度的比值即缓冲比。当缓冲溶液加水稀释时，由于共轭碱和共轭酸的浓度受到同等程度的稀释，缓冲比是不变的。在一定的稀释度范围内，缓冲溶液的 pH 实际上也几乎不变。

5.1.4.3 缓冲溶液的配制

在配制具有一定 pH 的缓冲溶液时，为了使所得溶液具有较好的缓冲能力，应注意以下原则。

① 选择适当的溶液，使配制溶液的 pH 在所选择的缓冲范围内（$pK_a \pm 1$）。

② 要有一定的总浓度（通常在 0.05～0.20mol/L 之间），使所配成溶液具有足够的缓冲容量。

③ 缓冲溶液对测量过程应没有干扰，且廉价、易得、环境友好。

在具体配制时，为了简便起见，常用相同浓度的共轭酸碱溶液。此种情况可用式 (5.24) 计算所需两种溶液的体积，然后根据体积比，把共轭酸碱两种溶液混合，即得所需的缓冲溶液。

$$pH = pK_a + \lg \frac{V_{总} - V_{共轭酸}}{V_{共轭碱}} \qquad (5.24)$$

5.1.5　酸碱指示剂

酸碱滴定反应的滴定终点可由酸碱指示剂的颜色变化来判断。酸碱指示剂一般指的是弱的有机酸或有机碱。

5.1.5.1　酸碱指示剂的作用原理

酸碱指示剂多数是有机弱酸，少数是有机弱碱或两性物质，它们的共轭酸碱对有不同的结构，因而呈现不同的颜色。pH改变，指示剂就显示不同的颜色。酸碱指示剂之所以能够改变颜色，是由于它们在给出或得到质子的同时，其分子结构也发生了变化，而且这些结构变化和颜色反应都是可逆的。

例如，甲基橙是一种弱的有机碱，为双色指示剂，用NaR表示，其在溶液中存在如下平衡：

$$R^- \xrightleftharpoons[-H^+]{+H^+} HR$$

当pH改变时，共轭酸碱对发生相互转变，引起颜色的变化。在酸性溶液中得到H^+，平衡右移，溶液呈现红色；在碱性溶液中失去H^+，平衡左移，溶液呈现橙黄色。

酚酞是一种非常弱的有机酸，为单色指示剂。在浓度很低的水溶液中，几乎完全以分子状态存在。酚酞溶液一般用90%乙醇溶液配制，浓度为0.1%或1%。

同样，pH变化使酚酞共轭酸碱对发生相互转变，引起颜色变化。在中性或酸性溶液中得到H^+，平衡左移，呈无色；在碱性溶液中失去H^+，平衡右移，呈现红色。需要特别注意的是，酚酞的碱式色不稳定，在浓碱溶液中，醌式盐结构变成羧酸盐式离子，由红色变为无色。

5.1.5.2　常见的酸碱指示剂

常用酸碱指示剂列于表5.1中。这些单一的指示剂变色范围较宽，一般都有约2个pH单位的变色范围，其中有些指示剂由于变色过程有过渡颜色，终点不易辨认。有些弱酸或弱碱的滴定突跃范围很窄，这就要求选择变色范围较窄、色调变化明显的指示剂。因此，常将两种指示剂配成混合指示剂解决这些问题（表5.2），即利用两种指示剂变色范围的相互叠合及颜色之间的互补作用，使变色范围变窄，滴定到终点时变色敏锐。

表 5.1　常用酸碱指示剂

指示剂	变色范围 pH	pK_1	酸色	碱色	指示剂溶液
百里酚蓝（第一次）	1.2～2.8	1.65	红	黄	0.1%的20%乙醇溶液
甲基黄	2.9～4.0	3.25	红	黄	0.1%的90%乙醇溶液
溴酚蓝	3.0～4.6	4.10	黄	蓝紫	0.1%的20%乙醇溶液
甲基橙	3.1～4.4	3.46	红	黄	0.05%的水溶液
溴甲酚绿	3.8～5.4	4.90	黄	蓝	0.1%的20%乙醇溶液
甲基红	4.4～6.2	5.00	红	黄	0.1%的60%乙醇溶液
氯酚红	5.0～6.6	6.25	黄	红	0.1%的20%乙醇溶液

指示剂	变色范围 pH	pK_1	酸色	碱色	指示剂溶液
溴百里酚蓝	6.0~7.6	7.30	黄	蓝	0.1%的20%乙醇溶液
酚红	6.7~8.4	8.00	黄	红	0.1%的60%乙醇溶液
中性红	6.8~8.6	7.40	红	黄橙	0.1%的60%乙醇溶液
甲酚红	7.2~8.8	8.46	黄	紫红	0.1%的20%乙醇溶液
酚酞	8.0~9.8	9.10	无	红	0.1%的90%乙醇溶液
百里酚蓝（第二次）	8.0~9.6	9.20	黄	蓝	0.1%的20%乙醇溶液
百里酚酞	9.4~10.6	10.00	无	蓝	0.1%的90%乙醇溶液

表 5.2 常用混合指示剂

混合指示剂的组成	变色点		酸色	碱色
	pH	颜色		
1 份 0.1%甲基黄乙醇溶液 1 份 0.1%亚甲基蓝乙醇溶液	3.25	pH 3.4 绿色 pH 3.2 蓝紫色	蓝紫	绿
1 份 0.1%甲基橙水溶液 1 份 0.25%靛蓝二磺酸钠水溶液	4.1	灰色	紫	黄绿
1 份 0.2%溴甲酚绿乙醇溶液 1 份 0.4%甲基红乙醇溶液	4.8	灰紫色	紫红	绿
3 份 0.1%溴甲酚绿乙醇溶液 1 份 0.2%甲基红乙醇溶液	5.1	灰色	紫红	蓝绿
1 份 0.1%溴甲酚绿钠盐溶液 1 份 0.1%氯酚红钠水溶液	6.1	蓝紫色	黄绿	蓝紫
1 份 0.1%中性红乙醇溶液 1 份 0.1%亚甲基蓝乙醇溶液	7.0	紫蓝色	蓝紫	绿
1 份 0.1%甲酚红钠盐水溶液 3 份 0.1%百里酚蓝钠盐水溶液	8.3	pH 8.2 玫瑰红 pH 8.4 清晰的紫色	黄	紫
1 份 0.1%酚酞乙醇溶液 2 份 0.1%甲基绿乙醇溶液	8.9	浅蓝	绿	紫
1 份 0.1%酚酞乙醇溶液 1 份 0.1%百里酚酞乙醇溶液	9.9	pH 9.6 玫瑰红 pH 10 紫色	无	紫

5.1.6 酸碱滴定法原理

酸碱滴定法是以质子传递反应为基础的滴定分析方法。在酸碱滴定中，滴定剂一般都是强酸或强碱，如 HCl、H_2SO_4、NaOH 和 KOH 等；被滴定的是各种具有碱性或酸性的物质，如 NaOH、NH_3、H_2CO_3、H_3PO_4 和吡啶盐 PyH^+ 等。弱酸或弱碱之间的滴定，由于滴定突跃范围太窄，实际意义很小，故本节不进行讨论。本节主要讨论能够直接准确进行酸碱滴定的条件，根据酸碱平衡原理，讨论溶液 pH 随滴定剂体积变化的滴定曲线。酸碱滴定过程中，在一定 pH 下，用合适的指示剂来确定滴定终点。通过对强碱滴定强酸、强碱滴定弱酸及多元酸碱滴定的讨论，掌握酸碱滴定的基本原理。

按酸碱质子理论，当强酸、强碱的浓度不是很大时，这些强酸或强碱（水溶液）必将全部解离为 H_3O^+（H^+）或 OH^-，因此它们互相滴定的反应实质是：

$$H_3O^+ + OH^- \Longrightarrow 2H_2O$$
$$H^+ + OH^- \Longrightarrow H_2O$$

因此，滴定到化学计量点（简称计量点，sp）时，滴定液中：

$$[H^+] = [OH^-] = 1.00 \times 10^{-7} \, mol/L，即 \, pH = 7$$

这类反应的平衡常数（又称滴定常数）用 K_t 表示：

$$K_t = \frac{1}{a_{H^+} a_{OH^-}} = \frac{1}{K_w} = 1.00 \times 10^{14}$$

可见，这类滴定反应进行得非常完全，在实际应用中 K_t 可由反应达到平衡时各组分的平衡浓度代替活度，做近似处理。

现以 $0.1000\,mol/L$（c_{NaOH}）NaOH 滴定 $20.00\,mL$ $0.1000\,mol/L$（c_{HCl}）HCl 为例，讨论酸碱滴定曲线和指示剂的选择。

① 滴定前：溶液的 $[H^+]$ 等于 HCl 的原始浓度。

$$[H^+] = 0.1000\,mol/L$$
$$pH = 1.00$$

② 滴定开始至达到计量点前：溶液的 $[H^+]$ 取决于溶液中剩余 HCl 的量，即 $V_{剩余HCl} = V_{HCl} - V_{加入NaOH}$。

$$[H^+] = \frac{c_{HCl} V_{剩余HCl}}{V_{HCl} + V_{加入NaOH}} \tag{5.25}$$

当滴入 $19.98\,mL$ NaOH 时，$[H^+] = \dfrac{0.1000 \times 0.02}{20.00 + 19.98} = 5.00 \times 10^{-5}$（$mol/L$）

$$pH = 4.30$$

③ 达到化学计量点时（即滴入 $20.00\,mL$ NaOH 时）：此时 $c_{HCl} = c_{NaOH}$。

$$[H^+] = [OH^-] = 1.00 \times 10^{-7} \, mol/L$$
$$pH = 7.00$$

④ 化学计量点后：溶液中的 $[H^+]$ 取决于过量 NaOH 的量，即 $V_{过量NaOH} = V_{加入NaOH} - V_{HCl}$。

例如，滴入 $20.02\,mL$ NaOH，则：

$$[OH^-] = \frac{0.1000 \times 0.02}{20.00 + 20.02} = 5.00 \times 10^{-5}（mol/L）$$
$$pOH = 4.30$$
$$pH = 14 - 4.30 = 9.70$$

强碱滴定强酸的滴定曲线——同浓度的 HCl 滴定 NaOH 曲线如图 5.3 所示。

可见，计量点前后，从 HCl 剩余 $0.02\,mL$ 到 NaOH 过量 $0.02\,mL$，即滴定由不足 0.1% 到过量 0.1%，总共滴入 NaOH 约 1 滴，溶液的 pH 却从 4.30 增大到 9.70，改变 5.4 个 pH 单位，形成滴定曲线中的突跃部分。突跃部分所包括的 pH 范围称为滴定突跃范围，滴定突跃范围是选择指示剂的依据。

最理想的指示剂应恰好在计量点时变色。但是，实际上凡 pH＝4.30～9.70 范围内变色的指示剂，均可保证有足够的准确度。一般在满足滴定准确度要求的前提下，其变色点越接

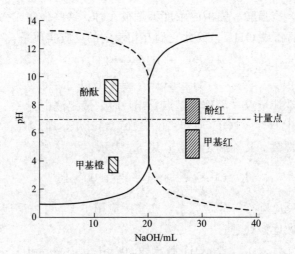

图 5.3 强碱滴定强酸的滴定曲线（实线部分）

（0.1000mol/L NaOH 滴定 0.1000mol/L HCl）——同浓度的 HCl 滴定 NaOH 曲线

近计量点越好。因此，甲基红（pH＝4.4～6.2，红～黄，变色点 pH＝5.0）、酚酞（pH＝8.0～9.8，无～红，变色点 pH＝9.1）、酚红（pH＝6.7～8.4，黄～红，变色点 pH＝8.0）和溴百里酚蓝（pH＝6.0～7.6，黄～蓝，变色点 pH＝7.30）等均可选作这种类型滴定的指示剂。而甲基橙（pH＝3.1～4.4，红～黄，变色点 pH＝3.46）作指示剂时，计量点前溶液为酸性，甲基橙为红色，当滴定至甲基橙刚好变为橙色时，溶液的 pH 为 4，变色点不在滴定突跃范围内，所以应滴定至刚好呈现黄色，其 pH 为 4.4，方可达到所要求的滴定准确度。

应该指出：

① 强酸滴定强碱的滴定曲线与强碱滴定强酸类似，只是位置相反（图 5.3 中虚线部分）。

② 滴定突跃大小与滴定液和被滴定液的浓度有关。如果是等浓度的强酸强碱相互滴定，其滴定起始浓度减小一个数量级，则滴定突跃缩小两个 pH 单位。

③ 各类酸碱滴定选用指示剂的原则都是一样的。所选择的指示剂，变色范围必须处于或部分处于计量点附近的 pH 突跃范围内。

5.1.7 酸碱滴定法在环境样品分析中的应用

水中的碱度指水中所含能接受质子的物质的总量，即水中所有能与强酸定量作用的物质的总量。而水中的酸度是指水中所含能够给出质子的物质的总量，即水中所有能与强碱定量作用的物质的总量。碱度和酸度都是水质综合性特征指标之一。当水中碱度或酸度的组成成分为已知时，可用具体物质的量来表示碱度或酸度。水中酸度、碱度的测定在评价水环境中污染物的迁移转化规律和研究水体的缓冲容量等方面有重要的实际意义。

（1）碱度的组成

水中的碱度主要有三类：一类是强碱，如 $Ca(OH)_2$、NaOH 等，在水中全部解离成 OH^-；一类是弱碱，如 NH_3、$C_6H_5NH_2$ 等，在水中部分解离成 OH^-；另一类是强碱弱酸盐，如 Na_2CO_3、$NaHCO_3$ 等，在水中部分水解产生 OH^-。在特殊情况下，强碱弱酸盐碱度还包括磷酸盐、硅酸盐、硼酸盐等，但它们在天然水中的含量往往不多，常可忽略不计。

一般水中碱度主要有碳酸氢盐（HCO_3^-）碱度、碳酸盐（CO_3^{2-}）碱度和氢氧化物（OH^-）碱度。这些碱度与水的 pH 有关，一般 pH>10 时主要是 OH^- 碱度，碳酸盐水解也可以使溶液 pH 达到 10 以上。按碳酸平衡规律，pH=8.3～10 时存在 CO_3^{2-} 碱度，而 pH=4.5～10 时存在 HCO_3^- 碱度。在 pH≈8.3 时，CO_3^{2-} 就全部转化为 HCO_3^-，而 pH=10 时，HCO_3^- 又全部转化为 CO_3^{2-}。pH<4.5 时，主要是 H_2CO_3，可认为碱度=0。

理论上，水中可能存在的碱度组成有六类，但由于 HCO_3^- 的两性特征，HCO_3^- 和 OH^- 不能同时存在，因此实际上可能存在以下五种碱度组成：OH^- 碱度、OH^- 和 CO_3^{2-} 碱度、CO_3^{2-} 碱度、CO_3^{2-} 和 HCO_3^- 碱度、HCO_3^- 碱度。

pH<8.3 的天然水中主要含有 HCO_3^-，而 pH 略大于 8.3 的天然水和生活污水中除 HCO_3^- 外还有 CO_3^{2-}，而工业废水如造纸废水、制革废水、石灰软化锅炉水中主要有 OH^- 和 CO_3^{2-} 碱度。

碱度的测定在水处理工程实践中（如饮用水、锅炉用水、农田灌溉用水和其他用水），应用很普遍。碱度又常作为混凝效果、水质稳定和管道腐蚀控制的依据以及废水好氧厌氧处理设备良好运行的条件等。

（2）碱度的测定——酸碱指示剂滴定法

水中碱度的测定可采用酸碱指示剂滴定法和电位滴定法。酸碱指示剂滴定法，即以酚酞和甲基橙作指示剂，用 HCl 或 H_2SO_4 标准溶液滴定水样中碱度至终点，根据所消耗酸标准溶液的量，计算水样中的碱度。

由于天然水中的碱度主要有氢氧化物（OH^-）、碳酸盐（CO_3^{2-}）和碳酸氢盐（HCO_3^-）三种碱度来源，因此，用酸标准溶液滴定时的主要反应有：

氢氧化物碱度：
$$OH^- + H^+ \rightleftharpoons H_2O$$

碳酸盐碱度：
$$CO_3^{2-} + H^+ \rightleftharpoons HCO_3^-$$
$$HCO_3^- + H^+ \rightleftharpoons CO_2 \uparrow + H_2O$$
$$CO_3^{2-} + 2H^+ \rightleftharpoons CO_2 \uparrow + H_2O$$

碳酸氢盐碱度：
$$HCO_3^- + H^+ \rightleftharpoons CO_2 \uparrow + H_2O$$

可见，CO_3^{2-} 与 H^+ 的反应分两步进行，第一步反应完成时，pH 在 8.3 附近，此时恰好酚酞变色，所用酸的量又恰好为完全滴定 CO_3^{2-} 所需总量的一半。

以酚酞为指示剂，用酸标准溶液滴定至终点时，溶液由桃红色变为无色，pH 在 8.0 附近，所消耗的酸标准溶液的量用 P（mL）表示。此时水样中的酸碱反应包括两部分：

$$OH^- + H^+ \rightleftharpoons H_2O$$
$$CO_3^{2-} + H^+ \rightleftharpoons HCO_3^-$$

也就是说，这两部分含有 OH^- 碱度和 1/2 的 CO_3^{2-} 碱度。

$$P = c(OH^-) + c\left(\frac{1}{2}CO_3^{2-}\right) \tag{5.26}$$

一般，以酚酞为指示剂，滴定的碱度为酚酞碱度。

上述水样在用酚酞为指示剂滴定至终点后，接着以甲基橙为指示剂用酸标准溶液滴定至终点。此时溶液由橘黄色变成橘红色，pH 在 4.4 附近，所用酸标准溶液的量用 M（mL）表示。此时水样中的酸碱反应是：

$$HCO_3^- + H^+ \rightleftharpoons H_2O + CO_2 \uparrow$$

这里的 HCO_3^- 包括水样中原来的 HCO_3^- 和另一半 CO_3^{2-} 与 H^+ 反应产生的 HCO_3^-，即：

$$M = c(HCO_3^-) + c\left(\frac{1}{2}CO_3^{2-}\right) \tag{5.27}$$

因此，总碱度等于酚酞碱度 $P + M$。

显然，根据到达上述两个终点时所消耗的酸标准溶液的量，可以计算出水中 OH^-、CO_3^{2-} 和 HCO_3^- 碱度及总碱度。

下面介绍酸碱指示剂滴定的具体方法——连续滴定法。

取一定体积水样，以酚酞为指示剂，用酸标准溶液滴定至终点后，接着以甲基橙为指示剂，再用酸标准溶液滴定至终点，根据前后两个滴定终点消耗的酸标准溶液的量来判断水样中 OH^-、CO_3^{2-} 和 HCO_3^- 碱度组成以及计算含量的方法称为连续滴定法。令以酚酞为指示剂到达滴定终点时消耗酸标准溶液的量为 P（mL），以甲基橙为指示剂到达滴定终点时继续滴定消耗酸标准溶液的量为 M（mL）。

① 水样中只有 OH^- 碱度：一般 $pH > 10$，则

$$P > 0, \quad M = 0$$

P 包括全部 OH^- 和 $\frac{1}{2}CO_3^{2-}$，但由于 $M = 0$，说明既无 CO_3^{2-}，也无 HCO_3^-，则

$$c(OH^-) = P，总碱度 \ T = P$$

② 水样中有 OH^- 和 HCO_3^- 碱度：一般 $pH > 10$，则

$$P > M$$

P 包括全部 OH^- 和 $\frac{1}{2}CO_3^{2-}$，M 为另一半 CO_3^{2-} 消耗的量，则

$$c(OH^-) = P - M$$
$$c(CO_3^{2-}) = 2M$$
$$T = P + M$$

③ 水样中有 $\frac{1}{2}CO_3^{2-}$ 和 HCO_3^- 碱度：一般 $pH = 9.5 \sim 8.5$，则

$$P < M$$

P 为 $\frac{1}{2}CO_3^{2-}$ 消耗的量，M 为另一半 CO_3^{2-} 和原来的 HCO_3^- 消耗的量，则

$$c(CO_3^{2-}) = 2P$$
$$c(HCO_3^-) = M - P$$
$$T = P + M$$

④ 水样中只有 CO_3^{2-} 碱度：一般 $pH > 9.5$，则

$$P = M$$

P 为 $\frac{1}{2}CO_3^{2-}$ 消耗的量，M 为另一半 CO_3^{2-} 消耗的量，则

$$c(CO_3^{2-}) = 2P = 2M$$
$$T = 2P = 2M$$

⑤ 水样中只有 HCO_3^- 碱度：一般 pH<8.3，则

$$P=0, M>0$$

$P=0$ 说明水样中无 OH^- 和 CO_3^{2-} 碱度，只有 HCO_3^- 碱度，故

$$c(HCO_3^-)=M, T=M$$

碱度单位及其表示方法如下。

① 碱度以 CaO 计（mg/L）和 $CaCO_3$ 计（mg/L）。

$$总碱度（CaO 计，mg/L）=\frac{c(P+M)\times28.04}{V}\times1000 \qquad (5.28)$$

$$总碱度（CaCO_3 计，mg/L）=\frac{c(P+M)\times50.05}{V}\times1000 \qquad (5.29)$$

式中　c——HCl 标准溶液浓度，mol/L；

28.04——$\frac{1}{2}$ 氧化钙摩尔质量，g/mol；

50.05——$\frac{1}{2}$ 碳酸钙摩尔质量，g/mol；

　V——水样体积，mL；

　P——酚酞为指示剂滴定至终点时消耗 HCl 标准溶液的量，mL；

　M——甲基橙为指示剂滴定至终点时消耗 HCl 标准溶液的量，mL。

② 碱度以 mol/L 表示。

③ 碱度以 mg/L 表示。

物质的量的数值（或浓度）与基本单元的选择有关，而基本单元的选择又以化学反应与计量关系为依据。在碱度的测定中，由于以 HCl 标准溶液为滴定剂，则在 H^+ 与 OH^-、CO_3^{2-} 和 HCO_3^- 的质子传递反应中，根据它们的化学计量数和等物质的量反应的规则，OH^- 基本单元为 OH^-，CO_3^{2-} 基本单元为 $1/2\ CO_3^{2-}$，HCO_3^- 基本单元为 HCO_3^-，因此：

① 如果以 mol/L 表示碱度，应注明 OH^- 碱度（OH^-，mol/L）、CO_3^{2-} 碱度（$1/2\ CO_3^{2-}$，mol/L）、HCO_3^- 碱度（HCO_3^-，mol/L）；

② 如以 mg/L 表示，在碱度计算中，由于采用 c（mol/L）HCl 标准溶液滴定，所以各具体物质采用的摩尔质量：OH^- 为 17g/mol，$1/2\ CO_3^{2-}$ 为 30g/mol，HCO_3^- 为 61g/mol。

如果已知构成碱度的具体物质组成，则具体物质碱度的含量，可由两个滴定终点消耗 HCl 标准溶液的量 P 和 M 的关系分别计算 OH^- 碱度、CO_3^{2-} 碱度和 HCO_3^- 碱度。此处不再赘述。

5.2 配位滴定法

配位滴定法（complex titration）是以配位反应为基础的滴定分析方法。配位反应广泛用于分析化学的各种分离和测定中。在水质分析中，配位滴定法主要用于水中硬度和铝盐、铁盐混凝剂有效成分的测定，也间接用于水中 SO_4^{2-}、PO_4^{3-} 等阴离子的测定。

许多金属离子与多种配体通过配位键形成的化合物称为配合物或配位化合物。例如，亚铁氰化钾（$K_4[Fe(CN)_6]$）配合物中，$[Fe(CN)_6]^{4-}$ 称为配离子，配离子中的金属离子

（Fe^{2+}）称为中心离子，与中心离子结合的阴离子（CN^-）叫作配体。配体还可以是中性分子，如 $Ag(NH_3)$ 配离子中配体为 NH_3。配体中直接与中心离子配位的原子叫配位原子（如 NH_3 中的 N，CN^- 中的 N）。与中心离子配位的配位原子的数目叫配位数。在配位反应中，配体叫作配位剂，许多显色剂、萃取剂、沉淀剂、掩蔽剂等都是配位剂。配位反应是化学领域中最常用、最重要的一类化学反应。因此，配位反应的有关理论及实践知识是分析化学的重要内容之一。配位滴定法除了必须满足一般滴定分析的基本要求外，还要满足以下条件。

① 配位滴定中生成的配合物是可溶性稳定的配合物。换言之，只有生成稳定配合物的配位反应才能用于滴定分析。

② 在一定条件下，配位反应只生成一种配位数的配合物。

本节将讨论配位平衡，并引入酸效应系数等副反应系数、条件稳定常数等概念介绍配位滴定的基本原理，为掌握水质分析中硬度等的测定奠定基础。

5.2.1　环境分析中常用的配合物以及配合物平衡常数

5.2.1.1　常用的配合物

在配位反应中提供配位原子的物质叫作配位剂或配体，其分为无机配位剂和有机配位剂。除了用于测定水中 Ni^+、Co^{2+}、CN^- 等离子的氰量法和 Cl^-、SCN^-、Hg^+ 等离子的汞量法外，大多数无机配位剂与金属离子配位时有明显的分级配位现象，且各级间的稳定常数又很接近，没有一种型体配合物的分布分数约等于 1，这种情况下，无机配位剂不宜用于配位滴定，而常作掩蔽剂、显色剂或辅助配位剂。

相反，有机配位剂分子中常含有两个或两个以上的配位原子，它与金属离子形成具有环状结构的螯合物，不仅稳定性高，而且一般只形成一种型体的配合物，这类配位反应非常适于配位滴定。在水质分析中常用的是氨羧配位剂。它是一类以氨基乙二酸为基体的有机配位剂。最常见、最重要的是乙二胺四乙酸。

$$\text{HOOCH}_2\text{C} \diagdown \text{N}-\text{CH}_2-\text{CH}_2-\text{N} \diagup \text{CH}_2\text{COOH}$$

乙二胺四乙酸（ethylene diamine tetraacetic acid）简称 EDTA 或 EDTA 酸，用 H_4Y 表示其分子式，为四元酸。室温下它在水中的溶解度很小（0.02g/100mL，22℃），故常用它的二钠盐，也简称 EDTA（$Na_2H_2Y \cdot 2H_2O$，$M=372.24\text{g/mol}$），或称为 EDTA 二钠盐。EDTA 二钠盐的溶解度为 11.1g/100mL（22℃），使用时一般配成 0.3mol/L 的溶液，其 pH 约为 4.4。

常见的氨羧配位剂还有：环己二胺四乙酸（CyDTA 或 DCTA）；氨基三乙酸（NTA）；乙二醇二乙醚二胺四乙酸（EGTA）；乙二胺四丙酸（EDTP）；三乙烯四胺等多胺类螯合剂；等等。

DCTA

NTA

EGTA

EDTP

5.2.1.2　配合物平衡常数

金属离子（M）与配位剂（L）反应，当配位反应达到平衡时，其反应平衡常数为配合物的稳定常数，用 $K_稳$ 表示。

由于配合物形成反应的逆反应是配合物的解离反应，所以配合物稳定常数的倒数就是配合物的解离常数，又称作配合物的不稳定常数，用 $K_{不稳}$ 表示。

当金属离子（M）与配位剂（L）反应形成非 1:1 型配合物，其配位反应是逐级进行的，相应的逐级稳定常数用 K_1、K_2、$K_3 \cdots K_n$ 表示。

$$M+L \Longleftrightarrow ML \qquad K_1 = \frac{[ML]}{[M][L]} \tag{5.30}$$

$$ML+L \Longleftrightarrow ML_2 \qquad K_2 = \frac{[ML_2]}{[ML][L]} \tag{5.31}$$

$$\cdots$$

$$ML_{n-1}+L \Longleftrightarrow ML_n \qquad K_n = \frac{[ML_n]}{[M_{n-1}][L]} \tag{5.32}$$

此时，同一级的 $K_稳$ 与 $K_{不稳}$ 不是倒数关系，第一级稳定常数是第 n 级不稳定常数的倒数，第二级稳定常数是第 $n-1$ 级不稳定常数的倒数，依此类推。

显然，上述体系中形成各级配合物的平衡浓度分别是：

$$[ML] = K_1[M][L] \tag{5.33a}$$

$$[ML_2] = K_1 K_2[M][L]^2 \tag{5.33b}$$

$$\cdots$$

$$[ML_n] = K_1 K_2 \cdots K_n[M][L]^n \tag{5.34}$$

式中，配合物稳定常数的渐次乘积，称为配合物累积稳定常数，用 β_i 表示。

$$\beta_1 = \frac{[ML]}{[M][L]} = K_1 \tag{5.35}$$

$$\beta_2 = \frac{[ML_2]}{[M][L]^2} = K_1 K_2 \tag{5.36}$$

$$\cdots$$

$$\beta_n = \frac{[ML_n]}{[M][L]^n} = K_1 K_2 K_3 \cdots K_n \tag{5.37}$$

第 n 级累积稳定常数即为配合物的总稳定常数 $K_稳$，于是各级配合物的平衡度可表示为：

$$[ML] = \beta_1 [M][L] \tag{5.38}$$

$$[ML_2] = \beta_2 [M][L]^2 \tag{5.39}$$

$$\cdots$$

$$[ML_n] = \beta_n [M][L]^n \tag{5.40}$$

显然，根据游离金属离子浓度 [M]、配位剂浓度 [L] 和累积稳定常数 β，便可计算配位平衡中的各级配合物的浓度。

不同配合物具有不同的稳定常数，配合物的 $K_稳$ 越大，则配合物越稳定。

一方面，两种同类型配合物 $K_稳$ 不同，在配位反应中形成配合物的先后次序也不同，$K_稳$ 大者先配位，小者后配位。例如，在溶液中同时存在 Ca^{2+}、Hg^+ 和配位剂 Y^{4-}，则发生如下配位反应：

$$Hg^{2+} + Y^{4-} \Longrightarrow HgY^{2-}$$
$$Ca^{2+} + Y^{4-} \Longrightarrow CaY^{2-}$$

首先发生配位反应的是前者，待反应平衡后才发生后一个配位反应。

另一方面，同一种金属离子与不同配位剂形成的配合物的稳定性 (K) 不同时，配位剂可以互相置换。例如，在 $[Ag(NH_3)_2]^+$ 溶液中逐渐加入 CN^- 溶液，则 $[Ag(NH_3)_2]^+$ 中 NH_3 被 CN^- 置换。

$$[Ag(NH_3)_2]^+ + 2CN^- \Longrightarrow Ag(CN)_2^- + 2NH_3$$

这是因为 $Ag(CN)_2^-$ ($K_稳 = 10^{21.1}$) 较 $[Ag(NH_3)_2]^+$ ($K = 10^{7.40}$) 稳定。

5.2.2 副反应系数与条件稳定常数

5.2.2.1 副反应系数

在一种环境中发生多种反应，相对于主反应而言的其他反应称为副反应。若参与主反应的物质参与副反应则会导致其浓度的变化，也就是说副反应会影响主反应。为了反映副反应对主反应的影响程度，引入副反应系数 α。对一种物质而言，其副反应系数等于未参加主反应的浓度与平衡浓度的比值。

（1）EDTA 的酸效应

在配位滴定中，滴定剂 EDTA（Y）与被测定金属离子（M）形成 MY 的配位反应是主反应：

$$M + Y \Longrightarrow MY$$

在水溶液中，EDTA 可有 H_6Y^{2+}、H_5Y^+、H_4Y、H_3Y^-、H_2Y^{2-}、HY^{3-}、Y^{4-} 7 种型体存在，各型体的相对含量取决于溶液的 pH 大小。按酸碱质子理论，这 7 种型体的 EDTA（Y）是碱。因此，当 M 与 Y 进行配位反应时，如有 H^+ 存在，就会与 Y 作用，生成它的共轭酸 HY、H_2Y、$H_3Y \cdots H_6Y$ 等一系列副反应产物，从而使 Y 的平衡浓度降低，对主反应不利。

可见，pH 对 EDTA 解离平衡有重要影响，这种由于 H^+ 的存在，使配位剂参加主体反应能力降低的效应称为酸效应。

如用 $[Y]_总$ 表示 EDTA 溶液的总浓度，则：

$$[Y]_总 = [Y^{4-}] + [HY^{3-}] + [H_2Y^{2-}] + [H_3Y^-] + [H_4Y] + [H_5Y^+] + [H_6Y^{2+}]$$

式中　$[Y]_总$——未参加配位反应的 EDTA 总浓度；

$[Y^{4-}]$——能与金属离子配位的 Y 离子的浓度（4 价配阴离子浓度），称为有效浓度。

将 $[Y]_总$ 与 $[Y^{4-}]$ 浓度的比值定义为配位剂（EDTA）的酸效应系数，用 $\alpha_{Y(H)}$ 表示。

酸效应系数 $\alpha_{Y(H)}$ 的数值，随溶液的 pH 增大而减小，这是因为 pH 增大，$[Y^{4-}]$ 增多。

酸效应系数的计算方法：由 $\alpha_{Y(H)}$ 的定义可知，它是 EDTA 的分布分数的倒数。可见，酸效应系数 $\alpha_{Y(H)}$ 越小，EDTA 的分布分数越大，即 $[Y^{4-}]$ 增大，则表示 Y 受到 H^+ 引起的副反应的程度越小。

（2）共存离子的配位效应

当金属离子 M 与配位剂 Y 发生配位反应时，如有共存金属离子（N），则 N 也能与配位剂 Y 发生副反应生成 NY 配合物。

这类副反应通常称作共存离子的配位效应（也称为共存离子效应），其共存离子配位效应的副反应系数用 $\alpha_{Y(H)}$ 表示：

$$\alpha_{Y(N)} = \frac{[NY]+[Y]}{[Y]} = 1 + K_{NY}[N] = 1 + \beta_1[N] \tag{5.41}$$

若溶液中有多种共存离子 N_1、$N_2\cdots N_n$，则有：

$$\alpha_{Y(N)} = \alpha_{Y(N_1)} + \alpha_{Y(N_2)} + \cdots + \alpha_{Y(N_n)} - (n-1) \tag{5.42}$$

当有多种共存离子存在时，$\alpha_{Y(H)}$ 往往只需取其中一种或少数几种影响较大的共存离子副反应系数之和，其他次要项可忽略不计。

5.2.2.2　条件稳定常数

多数情况下 $\alpha_{Y(N)} > 1$，$[Y]_总 > [Y^{4-}]$；只有在 pH>12 时，$\alpha_{Y(N)} = 1$，$[Y]_总 = [Y^{4-}]$。而通常所说配位平衡时的稳定常数 $K_稳$ 是 $[Y]_总 = [Y^{4-}]$，即 $\alpha_{Y(N)} = 1$ 时的稳定常数。因此，EDTA 不能在 pH<12 时应用。在实际应用中，溶液的 pH<12 时，必须考虑酸效应对金属离子配合物稳定性的影响，所以又引进条件稳定常数，用 $K'_稳$ 表示。

金属离子与 EDTA 的主体反应是：

$$M^{n+} + Y^{4-} \Longrightarrow MY^{n-4}, \quad K_{稳MY} = \frac{[MY^{n-4}]}{[M^{n+}][Y^{4-}]}$$

$$[Y^{4-}] = \frac{[Y]_总}{\alpha_{Y(H)}}$$

代入得：

$$K'_稳 = \frac{[MY^{n-4}]}{[M^{n+}][Y]_总} \tag{5.43}$$

可见，在一定条件下，酸效应系数 $\alpha_{Y(N)}$ 为定值，配合物的稳定常数 $K_稳$ 与 $\alpha_{Y(N)}$ 的比值

$K'_稳$也是常数，称为条件稳定常数。有时为强调 $K'_稳$ 是以 EDTA 的酸效应影响为主，可在配位剂 Y 右上角打上一撇，用 $K_{MY'}$ 表示。

条件稳定常数 $K'_稳$ 有如下意义。

① $K'_稳$ 表示在 pH 等外界因素影响下，配位的实际稳定程度。只有在 pH 一定时，$K'_稳$ 才是定值，pH 改变 $K'_稳$ 也改变。其在配位滴定中更有实际意义，在实际应用中常取对数值。

$$\lg K'_稳 = \lg K_稳 - \lg \alpha_{Y(N)} \tag{5.44}$$

由于 pH 值越大，$\alpha_{Y(N)}$ 越小，则条件稳定常数 $K'_稳$ 越大，形成的配合物越稳定，对配位滴定就越有利。另外，$K'_稳$ 越大，配位反应就越完全，计量点附近金属离子浓度的变化就有明显突跃，终点越敏锐。

② 判断配位反应完全程度。实际水处理中，水样中同时含有 Ca^{2+}、Mg^{2+} 和 Fe^{3+}、Al^{3+} 等，当 pH 升高时，Fe^{3+} 和 Al^{3+} 易水解生成沉淀或生成羟基配合物，不仅不能测定 Fe^{3+} 和 Al^{3+}，而且对 Ca^{2+}、Mg^{2+} 的测定也产生干扰，所以必须选择合适的 pH。如前面所述，pH 增大，$\alpha_{Y(N)}$ 减小，$K'_稳$ 变大，对滴定有利。

如果以金属离子浓度 C_{sp} 为 0.01mol/L 作为典型条件来讨论酸效应和其他因素对滴定的影响，则

$$\lg K'_{MY} = \lg K_{MY} - \lg \alpha_{Y(H)} \geqslant 8 \tag{5.45}$$

$$\lg \alpha_{Y(H)} \leqslant \lg K_{MY} - 8 \tag{5.46}$$

可见，配合物的 $K'_{MY} > 10^8$，即 $\lg K'_{MY} > 8$，才能定量配位完全。

应用 $\lg K'_{MY} = \lg K_{MY} - \lg \alpha_{Y(H)} \geqslant 8$ 作为定量配位完全的条件是计量点时金属离子的浓度 $c_{sp} = 0.01mol/L$。条件改变，则判据也应改变。

5.2.3 配位滴定法的原理

在配位滴定法中，通常以 EDTA 等氨羧配位剂为滴定剂，故也称螯合滴定。本节主要讨论以 EDTA 溶液为滴定剂滴定水中金属离子的滴定曲线和金属指示剂的选择。

EDTA 溶液滴定水中金属离子（M^{n+}）的变化规律即滴定曲线，与酸碱滴定非常类似。在配位滴定中，随着 EDTA 滴定剂的不断加入，被滴定金属离子（M^{n+}）的浓度不断减小，在计量点附近时，溶液的 pM（即 $-\lg [M]$）发生突跃。绘制 pM-EDTA 溶液加入量的曲线即为配位滴定曲线。在酸碱滴定中，酸的 K_a 或碱的 K_b 是不变的；在配位滴定中，由于各种副反应发生（忽略配合物 MY 的副反应），配合物（MY）的 $K'_稳$ 将小于 $K_稳$，但在配位滴定中，$K'_稳$ 基本保持不变。

本节只考虑 EDTA 的酸效应，讨论以 0.01mol/L EDTA 标准溶液滴定 20.00mL 0.01mol/L Ca^{2+} 溶液的滴定曲线。

只考虑酸效应时：

$$K'_{CaY} = \frac{K_{CaY}}{\alpha_{Y(H)}} = \frac{[CaY]}{[Ca^{2+}][Y]_总} \tag{5.47}$$

当 pH=12 时，$\lg \alpha_{Y(H)} = 0.01$，即 $\alpha_{Y(H)} \approx 1$，可认为无酸效应。所以：

$$K'_{CaY} = K_{CaY} = 4.9 \times 10^{10} = 10^{10.69}$$

① 滴定前溶液中 Ca^{2+} 浓度：

$$[Ca^{2+}]=0.01mol/L$$
$$pCa=-lg[Ca^{2+}]=2.0$$

② 计量点前，溶液中 $[Ca^{2+}]$ 取决于剩余 Ca^{2+} 的浓度。例如滴入 EDTA 溶液 19.98mL 时：

$$[Ca^{2+}]=\frac{0.0100\times(20.00-19.98)}{20.00+19.98}=5.0\times10^{-6}(mol/L)$$
$$pCa=5.3$$

③ 计量点时，滴入 20.00mL EDTA 溶液，达到计量点，溶液中 $[Ca^{2+}]_{sp}=[Y]_{sp}$，$[CaY]=c_{Ca}/2$，则：

$$K_{CaY}=\frac{[CaY]}{[Ca^{2+}]_{sp}[Y]_{sp}}=\frac{c_{Ca}/2}{[Ca^{2+}]_{sp}^2}$$
$$[Ca^{2+}]_{sp}=\sqrt{\frac{c_{Ca}}{2K_{CaY}}}=\sqrt{\frac{0.0100}{2\times4.9\times10^{10}}}=10^{-6.50}(mol/L)$$
$$pCa_{sp}=6.50$$

④ 计量点后，溶液中 $[Y]$ 取决于 EDTA 的过量浓度，例如滴入 EDTA 溶液 20.02mL 时，

$$[Y]=\frac{0.0100\times(20.02-20.00)}{20.00+20.02}=4.998\times10^{-6}(mol/L)$$
$$[CaY]=\frac{0.0100\times20.00}{20.00+20.00}=5.00\times10^{-3}(mol/L)$$

代入 $K_{CaY}=\frac{[CaY]}{[Ca^{2+}][Y]}$，得：

$$10^{10.69}=\frac{5.0\times10^{-3}}{[Ca^{2+}]\times4.998\times10^{-6}}$$
$$[Ca^{2+}]=10^{-7.69}$$
$$pCa=7.69$$

5.2.4 配位滴定中的酸度控制和滴定选择性的提高

5.2.4.1 酸度控制

用 EDTA 滴定水中单独一种金属离子 M 时，只要满足 $lg(c_{M,sp}K_{MY})\geqslant6$，就可以直接准确滴定。但是当水样中还存在另一种金属离子 N 时，上述判断式只是前提条件，这个条件只能说明有可能在有 N 离子存在的条件下选择性地滴定 M。

在满足 $lg(c_{M,sp}K_{MY})\geqslant6$ 的同时，对于有干扰离子存在时的配位滴定，还必须满足：

$$\left(\Delta lgK+lg\frac{c_M}{c_N}\right)\geqslant5 \tag{5.48}$$

$$\Delta lgK=lgK_{MY}-lgK_{NY}=lg\frac{K_{MY}}{K_{NY}} \tag{5.49}$$

$lg\frac{c_M}{c_N}$ 是被滴定水样中 M 和 N 的总浓度比值，由于该值是恒定的，所以用 $\frac{c_M}{c_N}$ 代替，若 $c_M=c_N$，则 $\Delta lgK\geqslant5$。

由此可见，当共存离子 M 和 N 与 EDTA 形成的配合物的稳定常数相差很大时，则可通过控制 pH 的方法满足上式：首先在较小 pH 下滴定稳定性较大的 M 离子，再在较大 pH 下滴定稳定常数小的 N 离子。因此，只要适当控制 pH 便可消除干扰，实现分别滴定或连续滴定。

5.2.4.2 掩蔽与解蔽

如果水中被测定金属离子 M 和共存离子 N 与 EDTA 形成的配合物稳定常数无明显差别，甚至共存离子 N 所形成的配合物更稳定，则难以用控制 pH 的方法实现被测金属离子 M 的选择性滴定。此时加入一种试剂，只与共存干扰离子作用，降低干扰离子的平衡浓度以消除干扰，这种作用称为掩蔽作用，产生掩蔽作用的试剂叫掩蔽剂。常用的掩蔽方法主要有配位、沉淀和氧化还原掩蔽法。

（1）掩蔽方法

① 配位掩蔽法。利用掩蔽剂与干扰离子形成稳定配合物来消除干扰的方法。例如以 EDTA 为滴定剂，测定水中 Ca^{2+}、Mg^{2+} 时，如有 Fe^{3+} 和 Al^{3+} 存在则对铬黑 T 指示剂有封闭作用，干扰测定。所以在水样酸化后加入三乙醇胺与 Al^{3+}、Fe^{3+} 生成更稳定的配合物，消除干扰，然后调节 pH 至碱性再进行滴定。

又如，当以 EDTA 为滴定剂测定水中 Zn^{2+} 时，有 Al^{3+} 干扰测定，则可加入 NH_4F 与 Al^{3+} 生成更稳定的配合物，即：

$$6F^- + Al^{3+} \rightleftharpoons [AlF_6]^{3-}, \quad \lg K_{[AlF_6]^{3-}} = 19.84$$

而 $\lg K_{AlY} = 16.13$，所以，NH_4F 可掩蔽 Al^{3+}，消除干扰。

应用配位掩蔽法必须满足以下条件。

a. 干扰离子（N）与掩蔽剂（L）形成配合物的稳定性大于与 EDTA 形成配合物的稳定性，且 NL 配合物无色或为淡色，不影响终点判断。

b. 被测定金属离子 M 与掩蔽剂 L 不形成配合物或不发生反应，即使形成配合物 ML，其稳定性也小于与 EDTA 形成配合物 MY 的稳定性，即 $K_{ML} < K_{MY}$。

② 沉淀掩蔽法。利用掩蔽剂与干扰离子形成沉淀来消除干扰的方法。例如，水样中含有 Ca^{2+} 和 Mg^{2+}，欲测定其中 Ca^{2+} 含量，则可加入 NaOH，使 pH>12，产生 $Mg(OH)_2$ 沉淀。此时用钙作指示剂，以 EDTA 溶液滴定 Ca^{2+}，则 Mg^{2+} 不干扰测定。

沉淀掩蔽法要求生成沉淀的溶解度要小，沉淀完全且是无色的晶形沉淀。如果沉淀有颜色，又吸附被测定金属离子，就会影响观察终点和测定结果。

③ 氧化还原掩蔽法。利用氧化还原反应改变干扰离子的价态来消除干扰的方法。例如，测定水中 Bi^{3+}、ZrO^{2+}、Th^{4+} 时，有 Fe^{3+} 干扰测定，则可加入抗坏血酸或盐酸羟胺，将 Fe^{3+} 还原为 Fe^{2+}。

（2）解蔽方法

用一种试剂把某种（或某些）离子从与掩蔽剂形成的配合物中重新释放出来的过程称为解蔽，这种试剂叫解蔽剂。

例如，水样中有 Cu^{2+}、Zn^{2+}、Pb^{2+} 三种离子共存，欲测定其中 Pb^{2+} 和 Zn^{2+} 的含量。由于 $\lg K_{ZnY}$ 和 $\lg K_{PbY}$ 相差很小，无法用控制 pH 的方法实现分别滴定。将水样用 NH_3（氨性酒石酸溶液）调至碱性后，加入 KCN 掩蔽 Cu^{2+}、Zn^{2+}。而 Pb^{2+} 不被掩蔽，故可在 pH=10 时，用铬黑 T 作指示剂，用 EDTA 滴定 Pb^{2+}，并求出 Pb^{2+} 的含量。然后加入甲醛（或三氯乙醛）作解蔽剂，破坏 $[Zn(CN)]^{2-}$ 配离子，将 Zn^{2+} 释放出来再用 EDTA 继续滴定，求得 Zn^{2+} 的含量。

5.2.5 配位滴定法在环境样品分析中的应用

5.2.5.1 水的硬度

水的硬度指水中 Ca^{2+}、Mg^{2+} 浓度的总量，是水质的重要指标之一。如果水中 Fe^{2+}、Fe^{3+}、Sr^{2+}、Mn^{2+}、Al^{3+} 等离子含量较高时，也应计入硬度含量中；但它们在天然水中一般含量较低，而且用配位滴定法测定硬度，可不考虑它们对硬度的贡献。含有硬度的水称为硬水（硬度＞150mg/L，以 $CaCO_3$ 计），含有少量或完全不含硬度的水称为软水（硬度＜100mg/L，以 $CaCO_3$ 计）。

水的硬度对健康危害很小。一般硬水可以饮用，并且由于 $Ca(HCO_3)_2$ 的存在而有一种蒸馏水所没有的、醇厚的新鲜味道；但是长期饮用硬度过低的水会使人骨骼发育受影响；饮用硬度过高的水，有时会引起肠胃不适。尽管有报告称心血管疾病与饮水的硬度呈负相关或者与水的软化程度呈正相关，但目前尚存争议。含有硬度的水不宜用于洗涤，因为肥皂中的可溶性脂肪酸遇 Ca^{2+}、Mg^{2+} 等离子即生成不溶性沉淀，不仅造成浪费，而且污染衣物。

水的总硬度一般指钙硬度（Ca^{2+}）和镁硬度（Mg^{2+}）的总和。按阴离子组成分为以下两种。

（1）碳酸盐硬度

碳酸盐硬度包括碳酸氢盐 [如 $Ca(HCO_3)_2$、$Mg(HCO_3)_2$] 和碳酸盐（如 $MgCO_3$）的总量，一般加热煮沸可以除去，因此称为暂时硬度。

$$Ca(HCO_3)_2 =\!\!=\!\!= CaCO_3 \downarrow + CO_2 \uparrow + H_2O$$
$$2Mg(HCO_3)_2 =\!\!=\!\!= Mg_2(OH)_2CO_3 \downarrow + 3CO_2 \uparrow + H_2O$$
$$MgCO_3 + H_2O =\!\!=\!\!= Mg(OH)_2 + CO_2 \uparrow$$

当然，由于生成的 $CaCO_3$ 等沉淀在水中还有一定的溶解度（100℃时为 13mg/L），碳酸盐硬度并不能由加热煮沸完全除尽。

（2）非碳酸盐硬度

非碳酸盐硬度主要包括 $CaSO_4$、$MgSO_4$、$CaCl_2$、$MgCl_2$ 等的总量，经加热煮沸除不去，故称为永久硬度。永久硬度只能用蒸馏或化学净化等方法处理。

总硬度为碳酸盐硬度和非碳酸盐硬度的总和。

5.2.5.2 水的硬度测定及计算

如前所述，水中硬度的测定采用配位滴定法，在 pH＝10.0 时，以铬黑 T（EBT）为指示剂，以 EDTA 标准溶液为滴定剂，滴定水中的 Ca^{2+}、Mg^{2+}。

首先加入 $NH_3 \cdot H_2O$-NH_4Cl 缓冲溶液控制水样 pH＝10.0，这是有效地配位滴定 Ca^{2+}、Mg^{2+} 的重要条件之一。然后加入铬黑 T，此时：

$$EBT + Mg^{2+} =\!\!=\!\!= MgEBT \qquad lgK_{MgEBT} = 7.0$$

接着用 EDTA 标准溶液滴定水中的 Ca^{2+}、Mg^{2+}，则：

$$Y^{4-} + Ca^{2+} =\!\!=\!\!= CaY^{2-} \qquad lgK_{CaY} = 10.7$$

$$Y^{4-} + Mg^{2+} =\!\!=\!\!= MgY^{2-} \qquad lgK_{MgY} = 8.7$$

可见，由于 $lgK_{CaY} > lgK_{MgY}$，EDTA 与 Ca^{2+} 配位完全之后，再与 Mg^{2+} 配位。

继续滴加 EDTA 标准溶液至 Ca^{2+}、Mg^{2+} 完全被配位时，即达计量点。由于 $\lg K_{MgY} > \lg K_{MgEBT}$，滴入的 EDTA 便置换显色配合物（MgEBT）中的 Mg^{2+} 而释放出指示剂 EBT，溶液立即由紫红色变为蓝色，到达指示滴定终点。

$$Y + MgEBT \Longrightarrow MgY + EBT$$

根据 EDTA 标准溶液的浓度和用量便可求出水中的总硬度。

5.3 氧化还原滴定法

以氧化还原反应为基础的滴定分析方法称为氧化还原滴定法（redox titration）。氧化还原滴定法广泛地用于水质分析中，例如水中溶解氧（DO）、高锰酸盐指数、化学需氧量（COD）、生物化学需氧量（BOD_5）及饮用水中剩余氯、二氧化氯（ClO_2）、臭氧（O_3）等的分析。

由于氧化还原反应是基于电子转移的反应，多数不是基元反应，反应机理比较复杂，常伴随有副反应，有许多反应速度较慢，因此，许多氧化还原反应不符合滴定分析的基本要求，必须创造适宜的条件，例如控制温度、pH 等，才能进行氧化还原滴定分析。氧化还原滴定法往往根据滴定剂种类的不同分为高锰酸钾法、重铬酸钾法、碘量法和溴酸钾法等。本节主要介绍氧化还原滴定法的基本原理及在水质分析中的应用。

5.3.1 氧化还原平衡简介

5.3.1.1 氧化还原反应和电极电位

氧化还原反应可由下列平衡式表示：

$$Ox_1 + Red_2 \Longrightarrow Red_1 + Ox_2$$

式中　Ox——某一氧化还原电对的氧化态；

　　　Red——该氧化还原电对的还原态。

它们的氧化还原半反应可用下式表示：

$$Ox + ne^- \Longrightarrow Red$$

式中　n——电子转移数。

氧化剂的氧化能力或还原剂的还原能力的大小可以用有关电对的电极电位来衡量，可逆氧化还原电对的电极电位可用能斯特（Nernst）方程求得，即：

$$\varphi_{Ox/Red} = \varphi^{\ominus}_{Ox/Red} + \frac{RT}{nF} \lg \frac{\alpha_{Ox}}{\alpha_{Red}} \qquad (5.50)$$

式中　$\varphi_{Ox/Red}$——Ox/Red 电对的电极电位；

　　　$\varphi^{\ominus}_{Ox/Red}$——Ox/Red 电对的标准电极电位；

　　α_{Ox}，α_{Red}——氧化态（Ox）和还原态（Red）的活度；

　　　　　n——半反应中电子的转移数。

式（5.50）中其他项均为常数，如气体常数 R 为 8.314J/(K·mol)，热力学温度 T（298K），法拉第常数 F 为 96487C/mol。将有关常数代入式（5.50），并取常用对数，可得 25℃ 时

$$\varphi_{Ox/Red} = \varphi^{\ominus}_{Ox/Red} + \frac{0.059}{n} \lg \varphi_{Ox/Red} \qquad (5.51)$$

在 25℃ 条件下，当氧化还原半反应中各组分都处于标准状态时，即分子或离子的活度

等于 1mol/L 或 $\alpha_{Ox}/\alpha_R=1$ 时，如有气体参加反应，则标准压力下的 $\varphi^{\ominus}_{Ox/Red}$ 就是该电对的标准电极电位。

$$\varphi_{Ox/Red}=\varphi^{\ominus}_{Ox/Red} \tag{5.52}$$

$\varphi^{\ominus}_{Ox/Red}$ 的大小只与电对的本性及温度有关，在温度一定时为常数。

能斯特方程只适用于可逆氧化还原电对（例如：I_2/I^-、Fe^{3+}/Fe^{2+} 等），可逆电对在反应的任一瞬间，能迅速建立起氧化还原平衡，其电极电位的实测值与能斯特方程计算值完全一致。相反，不可逆电对（例如：$Cr_2O_7^{2-}/Cr^{3+}$、MnO_4^-/Mn^{2+}、$CO_2/C_2O_4^{2-}$、SO_4^{2-}/SO_3^{2-} 等）的电极电位的实测值与计算值差别较大。但是，对不可逆电对的电极电位尚没有更简便的理论公式和计算方法，故仍沿用能斯特方程来计算不可逆电对的电极电位，这在实际工作中仍有一定的参考价值。

在实际分析中，如果忽略离子强度的影响，以溶液中的实际浓度（[Ox] 和 [Red]）代替活度进行计算，则能斯特方程变为：

$$\varphi_{Ox/Red}=\varphi^{\ominus}_{Ox/Red}+\frac{0.059}{n}\lg\frac{[Ox]}{[Red]} \tag{5.53}$$

Ox/Red 电对的电极电位越大，其氧化态的氧化能力越强；电对的电极电位越小，其还原态的还原能力越强。因此，根据有关电对的电极电位大小，可以判断氧化还原反应进行的方向，电对的电极电位大的氧化态物质可以氧化电极电位小的还原态物质。

5.3.1.2　条件电极电位

条件电极电位与配位反应中的条件稳定常数 $K'_稳$ 和稳定常数 $K_稳$ 的关系相似，是考虑了外界因素影响时的电极电位。在实际工作中，溶液中的离子强度往往不能忽略。另外，当溶液组成改变时，电对的氧化态和还原态的存在型体往往随之改变，从而引起电对的电极电位的变化。因此，在用能斯特方程计算有关电对的电极电位时，必须考虑离子强度和氧化态或还原态的存在型体这两个因素，如果还采用该电对的标准电极电位来计算，其结果就会与实际情况发生较大偏差。

例如，在 Fe(Ⅲ) 和 Fe(Ⅱ) 体系中，考虑离子强度的影响：

$$\alpha_{Fe^{3+}}=\gamma_{Fe^{3+}}[Fe^{3+}] \qquad \alpha_{Fe^{2+}}=\gamma_{Fe^{2+}}[Fe^{2+}]$$

Fe(Ⅲ) 和 Fe(Ⅱ) 体系中，除了 Fe^{3+} 和 Fe^{2+} 型体外，还有 Fe^{3+} 和 Fe^{2+} 与溶剂和易于配位阴离子 Cl^- 发生反应而产生的其他多种型体，比如在 1mol/L HCl 溶液中，Fe(Ⅲ) 除 Fe^{3+} 外，还有 $Fe(OH)_2^+$、$FeCl_2^+$、$FeCl_2^+$ 等；Fe(Ⅱ) 除了 Fe^{2+} 外，还有 $FeOH^+$、$FeCl^+$、$FeCl_2$ 等。若用 $c_{Fe(Ⅲ)}$、$c_{Fe(Ⅱ)}$ 表示溶液中 Fe^{3+} 及 Fe^{2+} 的分析浓度，即总浓度，则有：

$$\alpha_{Fe^{3+}}=\frac{c_{Fe(all)}}{[Fe^{3+}]}[Fe^{3+}]=\frac{c_{Fe(Ⅲ)}}{\alpha_{Fe^{3+}}} \tag{5.54}$$

$$\alpha_{Fe^{2+}}=\frac{c_{Fe(all)}}{[Fe^{2+}]}[Fe^{2+}]=\frac{c_{Fe(Ⅱ)}}{\alpha_{Fe^{2+}}} \tag{5.55}$$

$\alpha_{Fe^{3+}}$ 和 $\alpha_{Fe^{2+}}$ 分别是 HCl 溶液中 Fe^{3+} 和 Fe^{2+} 的副反应系数 [与配位平衡中酸效应系数 $a_{Y(H)}$ 的关系类似]。

考虑了两个因素后的能斯特方程为：

$$\varphi_{\frac{Fe^{3+}}{Fe^{2+}}} = \varphi^{\ominus}_{\frac{Fe^{3+}}{Fe^{2+}}} + 0.059 \times \lg \frac{\gamma_{Fe^{3+}} \alpha_{Fe^{2+}} c_{Fe(III)}}{\gamma_{Fe^{2+}} \alpha_{Fe^{3+}} c_{Fe(II)}} \tag{5.56}$$

但是通常溶液中的离子强度较大，活度系数的计算本身就很麻烦，况且有时 γ 值不易求得；当副反应很多时，求副反应系数 α 值也很麻烦。为简化计算将公式变为：

$$\varphi_{\frac{Fe^{3+}}{Fe^{2+}}} = \varphi^{\ominus}_{\frac{Fe^{3+}}{Fe^{2+}}} + 0.059\lg \frac{\gamma_{Fe^{3+}} \alpha_{Fe(III)}}{\gamma_{Fe^{2+}} \alpha_{Fe(II)}} + 0.059\lg \frac{c_{Fe(III)}}{c_{Fe(II)}} \tag{5.57}$$

$$= \varphi^{\ominus'}_{\frac{Fe^{3+}}{Fe^{2+}}} + 0.059\lg \frac{c_{Fe(M)}}{c_{Fe(I)}}$$

一般通式为：

$$\varphi_{\frac{Ox}{Red}} = \varphi^{\ominus'}_{\frac{Ox}{Red}} + \frac{0.059}{n}\lg \frac{c_{Ox}}{c_{Red}} \tag{5.58}$$

$\varphi^{\ominus'}_{\frac{Ox}{Red}}$ 为条件电极电位，它是在特定条件下，氧化态和还原态的总浓度 $c_{Ox} = c_{Red} = 1mol/L$ [如 $c_{Fe(III)} = c_{Fe(II)} = 1mol/L$] 或 $c_{Ox}/c_{Red} = 1$ [如 $c_{Fe(III)}/c_{Fe(II)} = 1$] 时的实际电极电位，在条件不变时为一常数。显然，条件电极电位的大小与标准电极电位有关，因此也会受到温度的影响；条件电极电位与活度系数 γ 有关，因而又要受到离子强度的影响；还与副反应系数有关，因而也要受到溶液的 pH、配位剂浓度等其他因素的影响。条件电极电位的大小表示在某些外界因素影响下氧化还原电对的实际氧化还原能力。在氧化还原反应中，引入条件电极电位之后，可以在一定条件下，直接通过实验测得条件电极电位。

5.3.1.3 氧化还原反应的平衡常数

在分析化学中，尤其是水处理实践中，通常要求氧化还原反应进行得越完全越好，而反应的完全程度，由氧化还原反应的平衡常数的大小来判断。

氧化还原反应的平衡常数可根据能斯特方程从有关电对的标准电极电位或条件电极电位求得。以氧化还原反应的通式来讨论这个问题。例如：

$$n_2 Ox_1 + n_1 Red_2 \Longleftrightarrow n_2 Red_1 + n_1 Ox_2$$

式中　Ox——氧化态物质；

　　　Red——还原态物质。

平衡常数 K 计算公式如下：

$$K = \frac{\alpha^{n_2}_{Red_1} \alpha^{n_1}_{Ox_2}}{\alpha^{n_2}_{Ox_1} \alpha^{n_1}_{Red_2}} \tag{5.59}$$

Ox_1/Red_1 与 Ox_2/Red_2 两个电对的半反应和电极电位分别表示如下：

$$Ox_1 + n_1 e^- \Longrightarrow Red_1$$

$$\varphi_1 = \varphi^{\ominus}_1 + \frac{0.059}{n_1}\lg \frac{\alpha_{Ox_1}}{\alpha_{Red_1}}$$

$$Ox_2 + n_2 e^- \Longrightarrow Red_2$$

$$\varphi_2 = \varphi^{\ominus}_2 + \frac{0.059}{n_2}\lg \frac{\alpha_{Ox_2}}{\alpha_{Red_2}}$$

反应达到平衡时，两电对的电极电位相等，$\varphi_1 = \varphi_2$。

$$\varphi_1^{\ominus} + \frac{0.059}{n_1}\lg\frac{\alpha_{Ox_1}}{\alpha_{Red_1}} = \varphi_2^{\ominus} + \frac{0.059}{n_2}\lg\frac{\alpha_{Ox_2}}{\alpha_{Red_2}} \qquad (5.60)$$

两边乘以 n_1 与 n_2 的最小公倍数 n，整理后得：

$$\lg K = \frac{(\varphi_1^{\ominus} - \varphi_2^{\ominus})n}{0.059} \qquad (5.61)$$

式中　K——氧化还原反应的平衡常数；

$\varphi_1^{\ominus}$ 与 $\varphi_2^{\ominus}$——两电对的标准电极电位；

n_1 与 n_2——两电对的电子转移数；

n——n_1 和 n_2 的最小公倍数。

如果考虑溶液中各种副反应的影响，用条件电极电位代替标准电极电位，则：

$$\lg K' = \frac{(\varphi_1^{\ominus'} - \varphi_2^{\ominus'})n}{0.059} \qquad (5.62)$$

显然，比较两个有关电对的标准电极电位 $\varphi^{\ominus}$ 或条件电极电位 $\varphi^{\ominus'}$ 的差值，便可由平衡常数 K 或条件平衡常数 K' 的大小判断反应完成的程度。氧化还原滴定经常是在一定条件下进行的，且滴定剂和被滴定水样中物质的浓度均是以总浓度（c_{Ox} 或 c_{Red}）表示，用来比较两个电对的 $\varphi^{\ominus'}$，因此由 $\lg K$ 来判断氧化还原反应的完成程度更符合实际。

5.3.2　氧化还原滴定原理

5.3.2.1　氧化还原滴定曲线

氧化还原滴定曲线的形状与其他滴定曲线的形状十分相似，在计量点附近都有一个突跃。不同的是氧化还原滴定过程中电对的电极电位随着被滴定物质的氧化态和还原态的浓度变化而变化。正是滴定过程中氧化态和还原态物质浓度的改变，或者更确切地说是反应物的氧化态与还原态比值的改变，才使电对的电极电位在计量点附近产生了突跃。以滴定剂的体积（或滴定比例）为横坐标，以电对的电极电位为纵坐标绘制的曲线，即为氧化还原滴定曲线。

现以在 $1mol/L$ H_2SO_4 溶液中用 $0.1000mol/L$ $Ce(SO_4)_2$ 标准溶液滴定 $20.00mL$ $0.1000mol/L$ Fe^{2+} 溶液为例，讨论氧化还原滴定曲线的基本原理。

两个可逆电对 Ce^{4+}/Ce^{3+} 和 Fe^{3+}/Fe^{2+} 的半反应为：

$$Ce^{4+} + e^- \Longrightarrow Ce^{3+}$$
$$Fe^{3+} + e^- \Longrightarrow Fe^{2+}$$

滴定反应是：

$$Ce^{4+} + Fe^{2+} \Longrightarrow Ce^{3+} + Fe^{3+}$$

滴定之前，溶液中 Fe^{2+} 与空气中的 O_2 作用，会有少量的 Fe^{3+} 存在，但由于 Fe^{3+} 的量极少，又不知 Fe^{3+} 的准确浓度，所以此时的电极电位无法计算。但是滴定一旦开始，体系中就会同时有 Ce^{4+}/Ce^{3+} 和 Fe^{3+}/Fe^{2+} 两个电对存在。根据能斯特方程，两个电对的电极电位分别为：

$$\varphi_{\frac{Fe^{3+}}{Fe^{2+}}} = \varphi_{\frac{Fe^{3+}}{Fe^{2+}}}^{\ominus'} + 0.059\lg\frac{c_{Fe^{3+}}}{c_{Fe^{2+}}}, \varphi_{\frac{Fe^{3+}}{Fe^{2+}}} = 0.68V$$

$$\varphi_{\frac{Ce^{4+}}{Ce^{3+}}} = \varphi_{\frac{Ce^{4+}}{Ce^{3+}}}^{\ominus'} + 0.059\lg\frac{c_{Ce^{4+}}}{c_{Ce^{3+}}}, \varphi_{\frac{Ce^{4+}}{Ce^{3+}}} = 0.68V$$

在滴定过程中，体系达到平衡时，两个电对的电极电位相等，即 $\varphi_{\frac{Fe^{3+}}{Fe^{2+}}} = \varphi_{\frac{Ce^{4+}}{Ce^{3+}}}$。因此，溶液中各平衡点的电极电位可以选择其中比较方便的公式或同时利用上述两个公式来进行计算。

（1）滴定开始至计量点前

此时滴入的 Ce^{4+} 几乎全部转化为 Ce^{3+}，$C_{Ce^{4+}}$ 极小，不易求得，所以不宜采用 Ce^{4+}/Ce^{3+} 电对公式，而应采用 Fe^{3+}/Fe^{2+} 电对的公式来计算。

例如，滴入 $1.00mL\ Ce(SO_4)_2$ 时：

生成 Fe^{3+} 的物质的量 $= 1.00 \times 0.1000 = 0.100$（mmol）

剩余 Fe^{2+} 的物质的量 $= (20.00 - 1.00) \times 0.1000 = 1.900$（mmol）

此时，$\varphi_{\frac{Fe^{3+}}{Fe^{2+}}} = 0.68 + 0.059\ lg\ (0.1/1.900) = 0.61$（V）

当滴入 $19.98mL\ Ce(SO_4)_2$ 时：

生成 Fe^{3+} 的物质的量 $= 19.98 \times 0.1000 = 1.998$（mmol）

剩余 Fe^{2+} 的物质的量 $= (20.00 - 19.98) \times 0.1000 = 0.002$（mmol）

此时 $\varphi_{\frac{Fe^{3+}}{Fe^{2+}}} = 0.68 + 0.059\ lg(1.998/0.002) = 0.86$（V）

如此，可逐一计算计量点之前滴入任意体积的 $0.1000mol/L\ Ce(SO_4)_2$ 溶液时的 φ 值。

（2）计量点时

此时 Ce^{4+} 和 Fe^{2+} 都已全部定量反应完毕，它们的浓度都很小，且不易求得。因此单独用 Fe^{3+}/Fe^{2+} 电对或 Ce^{4+}/Ce^{3+} 电对的能斯特方程都无法求得 φ 值，可将两电对的方程式相加求得。

$$2\varphi_{sp} = (\varphi^{\Theta'}_{\frac{Fe^{3+}}{Fe^{2+}}} + \varphi^{\Theta'}_{\frac{Ce^{4+}}{Ce^{3+}}}) + 0.059\ lg\ \frac{c_{Fe^{3+},sp}\ c_{Ce^{4+},sp}}{c_{Fe^{2+},sp}\ c_{Ce^{3+},sp}}$$

计量点时，滴入的 Ce^{4+} 的物质的量与 Fe^{2+} 的物质的量相等，则有

$$c_{Ce^{3+},sp} = c_{Fe^{3+},sp}$$

$$c_{Ce^{4+},sp} = c_{Fe^{2+},sp}$$

$$\frac{c_{Fe^{3+},sp}\ c_{Ce^{4+},sp}}{c_{Fe^{2+},sp}\ c_{Ce^{3+},sp}} = 1$$

$$\varphi_{sp} = \frac{\left(\varphi^{\Theta'}_{\frac{Fe^{3+}}{Fe^{2+}}} + \varphi^{\Theta'}_{\frac{Ce^{4+}}{Ce^{3+}}}\right)}{2} = \frac{0.68 + 1.44}{2} = 1.06(V)$$

（3）计量点后

溶液中 Fe^{2+} 在计量点时就几乎全部被氧化成 Fe^{3+}，$c_{Fe^{2+}}$ 极小不易求得。因此计量点之后 Ce^{4+} 过量，只能采用 Ce^{4+}/Ce^{3+} 电对的公式来求得 φ 值。

$$\varphi_{\frac{Ce^{4+}}{Ce^{3+}}} = \varphi^{\Theta'}_{\frac{Ce^{4+}}{Ce^{3+}}} + 0.059\ lg\ \frac{c_{Ce^{4+}}}{c_{Ce^{3+}}}$$

如滴入 $20.02mL\ Ce(SO_4)_2$ 时，过量 Ce^{4+} 的物质的量 $= (20.02 - 20.00) \times 0.1000 = 0.002$（mmol），生成 Ce^{3+} 的物质的量 $= 20.00 \times 0.1000 = 2.00$（mmol）。

$$\varphi_{\frac{Ce^{4+}}{Ce^{3+}}}=1.44+0.059\lg\frac{0.002}{2.00}=1.263(V)$$

同样，继续滴入 $Ce(SO_4)_2$ 溶液，可分别求得对应的 $\varphi_{\frac{Ce^{4+}}{Ce^{3+}}}$。

5.3.2.2　氧化还原法的滴定指示剂

在氧化还原滴定中，能够在计量点附近发生颜色变化从而指示滴定终点的物质称为氧化还原指示剂。根据指示剂的性质可分为以下几类。

（1）自身指示剂

利用滴定剂或被滴定物质本身的颜色变化来指示滴定终点，这种滴定剂或被滴定物质起着指示剂的作用，因此叫自身指示剂。例如：在 $KMnO_4$ 法中，用 MnO_4^- 在酸性溶液中滴定无色或浅色的还原性物质时，计量点之前，滴入的 MnO_4^- 全部被还原为无色的 Mn^{2+}，整个溶液仍保持无色或浅色。达到计量点时，水中还原性物质已全部被氧化，再过量1滴 MnO_4^-（$2\times10^{-6}mol/L$ 的 MnO_4^-），溶液立即由无色或浅色变为稳定的浅红色，指示已达滴定终点，$KMnO_4$ 就是自身指示剂。

（2）专属指示剂

专属指示剂本身并没有氧化还原性质，但它能与滴定体系中的氧化态或还原态物质结合产生特殊颜色，从而指示滴定终点。例如：可溶性淀粉溶液本身无色，在氧化还原滴定中也不发生氧化还原反应，但在遇碘后变为蓝色，常用作碘量法的专属指示剂。

（3）氧化还原指示剂

这类指示剂是本身具有氧化还原性质的有机化合物。在氧化还原滴定中这类指示剂也发生氧化还原反应，且氧化态和还原态的颜色不同，利用指示剂由氧化态变为还原态或还原态变为氧化态的颜色突变指示滴定终点。

5.3.3　环境分析中常用的氧化还原滴定法及其应用

5.3.3.1　高锰酸钾法

高锰酸钾法（potassium permanganate process）：以高锰酸钾为滴定剂的方法。该方法主要用于测定水的高锰酸盐指数，该指数是水质有机污染的重要指标之一。

高锰酸钾化学式为 $KMnO_4$，暗紫色棱柱状闪光晶体，易溶于水，其水溶液具有强氧化性，遇还原剂时反应产物随溶液的酸碱性变化而有差异。

（1）$KMnO_4$ 标准溶液的配制

$KMnO_4$ 试剂中常含有少量的 MnO_2 和痕量的 Cl^-、SO_3^{2-} 或 NO_2^- 等，而且蒸馏水中也常含有微量的还原性物质，它们与 MnO_4^- 反应而析出 MnO_2 沉淀，故不能用 $KMnO_4$ 试剂直接配制标准溶液。通常先配制一近似浓度的溶液，然后再进行标定。配制方法如下：

① 称取稍多于理论量的 $KMnO_4$ 固体，溶解在一定体积的蒸馏水中。例如配制 $0.1000mol/L$（$1/5\ KMnO_4=0.1000mol/L$）时，首先称取 $KMnO_4$ 试剂 $3.3\sim3.5g$（$1mol$ $1/5\ KMnO_4$ 约为 $32g\ KMnO_4$），用蒸馏水溶解并稀释至 $1L$。将配制好的 $KMnO_4$ 溶液加热至沸，保持微沸约 $1h$，然后放置 $2\sim3d$，使溶液中可能存在的还原性物质完全氧化。用 G3 玻璃砂芯漏斗过滤除去析出的沉淀，将过滤后的 $KMnO_4$ 溶液贮存于棕色试剂瓶中，并存放于暗处以待标定。如果需要较稀的 $KMnO_4$ 溶液，则用无有机物的蒸馏水稀释至所需浓度。$KMnO_4$ 标准溶液不宜长期贮存。

② 无有机物蒸馏水：在蒸馏水中加入少量 $KMnO_4$ 的碱性溶液，然后重新蒸馏即得。在整个蒸馏过程中水应始终保持红色，否则应补加 $KMnO_4$。

（2）$KMnO_4$ 标准液的标定

标定 $KMnO_4$ 的基准物质主要有 $Na_2C_2O_4$、$H_2C_2O_4 \cdot 2H_2O$、$(NH_4)_2Fe(SO_4)_2 \cdot 6H_2O$、$As_2O_3$、纯铁丝等。由于 $Na_2C_2O_4$ 稳定、不含结晶水、易提纯，故常用 $Na_2C_2O_4$ 作基准物质。$Na_2C_2O_4$ 在 $105 \sim 110℃$ 烘约 2h，冷却后称重使用。标定时，必须严格控制反应条件。

① 温度控制在 $70 \sim 85℃$。温度低于 $70℃$，反应速度较慢；但若高于 $90℃$，部分 $H_2C_2O_4$ 会发生分解，导致结果偏高。通常用水浴加热控制反应温度。

② $[H^+]$ 控制在 $0.5 \sim 1.0 mol/L$。$[H^+]$ 过低，会有部分 MnO_4^- 还原为 MnO_2，并有 $MnO_2 \cdot H_2O$ 沉淀生成，反应不能按确定的反应式进行；$[H^+]$ 过高时，又会促进 $H_2C_2O_4$ 的分解。另外，控制 $[H^+]$ 宜使用 H_2SO_4；如用 HCl 或 HNO_3，则由于 Cl^- 有一定的还原性，可能被 MnO_4^- 氧化，NO_3^- 有一定的氧化性而干扰测定。

③ 滴定速度为先慢后快。开始滴定时，即使加热，$KMnO_4$ 与 $H_2C_2O_4$ 反应的速度仍较慢，溶液的浅红色可能数分钟不退，因此开始滴定时的速度一定要慢，否则加入的 $KMnO_4$ 溶液来不及与 $C_2O_4^{2-}$ 反应就在热的酸性溶液中发生分解，影响标定的准确度。

（3）高锰酸盐指数

高锰酸盐指数（permanganate index）是指在一定条件下，以高锰酸钾为氧化剂，处理水样时所消耗的量，以氧计，单位为 mg/L。水中的亚硝酸盐（NO_2^-）、亚铁盐（Fe^{2+}）、硫化物等还原性无机物和在此条件下可被氧化的有机物，均可消耗 $KMnO_4$。因此，高锰酸盐指数是水体中还原性有机物（含无机物）污染程度的综合指标之一。

我国规定环境水质的高锰酸盐指数的标准为 $2 \sim 15 mg/L$。

高锰酸盐指数曾称作高锰酸钾法的化学需氧量（过去用 COD_{Mn} 表示），现在国内外水质监测分析中均采用高锰酸盐指数这一术语。在规定条件下，水中有机物只能部分被 $KMnO_4$ 氧化，并不是理论上的化学需氧量，也不是反映水中总有机物含量的尺度，同时为了与重铬酸钾法的化学需氧量（COD）相区别，故采用高锰酸盐指数这一水质指标更符合实际。高锰酸盐指数的测定方法只适用于较清洁的水样，常用于表达净水中有机污染物的含量。高锰酸盐指数的测定可采用酸性高锰酸钾法和碱性高锰酸钾法。

① 酸性高锰酸钾法。在酸性条件下，向 10mL 水样中加入过量 $KMnO_4$ 标准溶液（一般加 10.00mL），在沸水浴中加热反应一定时间，然后加入过量的 $Na_2C_2O_4$ 标准溶液还原剩余的 $KMnO_4$，最后用 $KMnO_4$ 标准溶液返滴剩余的 $Na_2C_2O_4$，滴定至粉红色在 $0.5 \sim 1 min$ 内不消失为止。根据加入过量的 $KMnO_4$ 标准溶液的量（V_1，mL）和 $Na_2C_2O_4$ 标准溶液的量（V_2，mL）及最后 $KMnO_4$ 标准溶液消耗的量（V，mL），计算高锰酸盐指数。主要反应式如下，其中，C 代表有机物：

$$4MnO_4^- + 5C + 12H^+ \Longrightarrow 4Mn^{2+} + 5CO_2 \uparrow + 6H_2O$$

$$5C_2O_4^{2-}（过量）+ 2MnO_4^-（剩余）+ 16H^+ \Longrightarrow 2Mn^{2+} + 10CO_2 \uparrow + 8H_2O$$

$$2MnO_4^- + 5C_2O_4^{2-}（剩余）+ 16H^+ \Longrightarrow 2Mn^{2+} + 10CO_2 \uparrow + 8H_2O$$

后两个方程式虽然相同，但是表达的意义不同。

$$高锰酸盐指数(mg/L,以 O_2 计)=\frac{[V_1c_1-(V_2c_2-V_1c_1)]\times 8\times 1000}{V_水} \tag{5.63}$$

② 碱性高锰酸钾法。碱性高锰酸钾法与酸性高锰酸钾法的基本原理类似。不同的是在碱性条件下反应可加快 $KMnO_4$ 与水中有机物（含还原性无机物）的反应速度，Cl^- 的含量较高也不干扰测定。碱性高锰酸钾法还可用于甲醇等已知有机物的浓度测定。

在碱性条件下，向水样中加一定量 $KMnO_4$ 溶液，加热使 $KMnO_4$ 与水中的有机物和某些还原性无机物反应完全，剩余步骤同酸性高锰酸钾法，即加酸酸化，加入过量的 $Na_2C_2O_4$ 溶液还原反应后剩余的 $KMnO_4$，再以 $KMnO_4$ 溶液滴定至粉红色 0.5～1min 内不消失。高锰酸盐指数的计算方法同酸性高锰酸钾法。

5.3.3.2 重铬酸钾法

重铬酸钾法（potassium dichromate method）：以重铬酸钾（$K_2Cr_2O_7$）为滴定剂的方法，是氧化还原滴定法中的重要方法之一，在水质分析中常用于测定水中的化学需氧量（COD）。

重铬酸钾化学式为 $K_2Cr_2O_7$，橙红色晶体，溶于水。它的主要特点如下。

① $K_2Cr_2O_7$ 是固体试剂，易纯制并且很稳定。在 120℃干燥 2～4h，即可直接配制标准溶液，且不需标定。

② $K_2Cr_2O_7$ 标准溶液非常稳定，只要保存在密闭容器中，浓度可长期保持不变。

③ 滴定反应速度较快，通常可在常温下滴定，一般不需要加入催化剂。

④ 需外加指示剂。滴定过程中，$Cr_2O_7^{2-}$ 被还原为绿色的 Cr^{3+}，但因 $K_2Cr_2O_7$ 溶液浓度较小，颜色不是很深，所以不能根据自身颜色的变化来确定滴定终点，而要外加指示剂。如用 $K_2Cr_2O_7$ 法测定水中化学需氧量时，用试亚铁灵作指示剂；用 $K_2Cr_2O_7$ 法测定水中 Fe^{2+} 时，用二苯胺磺酸钠或试亚铁灵作指示剂。

化学需氧量是水体中有机污染的综合指标之一，指在一定条件下，水中能被 $K_2Cr_2O_7$ 氧化的有机物的总量，以 mg/L（以 O_2 计）表示。

水样在强酸性条件下，过量的 $K_2Cr_2O_7$ 标准液与水中有机物等还原性物质反应后，以试亚铁灵为指示剂，用硫酸亚铁标准溶液返滴剩余的 $K_2Cr_2O_7$，溶液由浅蓝色变为红色指示滴定终点，根据 $(NH_4)_2Fe(SO_4)_2$ 标准溶液的用量求出化学需氧量（COD，mg/L）。反应式如下，令 C 表示水中有机物等还原性物质：

$$2Cr_2O_7^{2-}+3C+16H^+\Longrightarrow 4Cr^{3+}+3CO_2\uparrow+8H_2O$$

$$6Fe^{2+}+Cr_2O_7^{2-}+14H^+\Longrightarrow 6Fe^{3+}+2Cr^{3+}+7H_2O$$

计量点时：$Fe(C_{12}H_8N_2)_3^{3+}$（蓝色）$\longrightarrow Fe(C_{12}H_8N_2)_3^{2+}$（红色）

由于 $K_2Cr_2O_7$ 溶液呈橙黄色，还原产物 Cr^{3+} 呈绿色，所以用 $(NH_4)_2Fe(SO_4)_2$ 溶液返滴过程中，溶液的颜色变化是逐渐由橙黄色到蓝绿色再到蓝色，滴定终点时立即由蓝色变为红色。

同时取无有机物的蒸馏水做空白试验。

$$COD(mg/L,以 O_2 计)=\frac{(V_0-V_1)\times c\times 8\times 1000}{V} \tag{5.64}$$

式中　V_0——空白试验消耗 $(NH_4)_2Fe(SO_4)_2$ 标准溶液的量，mL；

　　　V_1——滴定水样时消耗 $(NH_4)_2Fe(SO_4)_2$ 标准溶液的量，mL；

c—— $(NH_4)_2Fe(SO_4)_2$ 标准溶液的浓度，mol/L；

8——$1/2O$ 的摩尔质量，g/mol；

$V_水$——水样的量，mL。

在滴定过程中，所用 $K_2Cr_2O_7$ 标准溶液的浓度以 $1/6\ K_2Cr_2O_7$ 计。

化学需氧量 COD 的测定方法如下。

（1）回流法

取 20.0mL 水样、25.0mL $K_2Cr_2O_7$ 标准溶液（$1/6\ K_2Cr_2O_7$，0.2500mol/L）、75.0mL 浓 H_2SO_4 和 1g Ag_2SO_4（催化剂，加快反应速度）逐一放入 500mL 带有回流冷凝管的磨口锥形瓶中，加热回流 2h，冷却后，用 25mL 蒸馏水洗涤冷凝管壁，将水样稀释至 350mL 左右，加入试亚铁灵指示剂，用 $(NH_4)_2Fe(SO_4)_2$ 标准溶液（0.2500mol/L）滴定至溶液由橙黄色经蓝绿色渐变为蓝色，蓝色立即转为棕红色即为终点。由 $(NH_4)_2Fe(SO_4)_2$ 标准溶液的用量求出 COD 值。

水样中如有 Cl^- 产生 COD 值，其反应为：

$$Cr_2O_7^{2-}+6Cl^-+14H^+ \Longrightarrow 2Cr^{3+}+3Cl_2\uparrow+7H_2O$$

回流法所需药品量大、不经济、氧化率低、占空间大、不能批量分析；且汞盐、银盐用量多，既增加试剂费用，又带来环境污染。因此可用密封法测定 COD。

（2）密封法

密封法测定 COD 的原理同回流法。

准确吸取水样 250mL，放入 50mL 具塞磨口比色管中，加 25mL 消化液和 3.5mL 催化剂溶液，盖上塞并旋紧，用聚四氟乙烯生料带将管口密封好，然后置于固定支架上，恒温 150℃ 消化 2h（视水样中有机物种类可缩短消化时间）。取出冷却至室温，向消化液中加无有机物蒸馏水 30mL，加 2 滴试亚铁灵指示剂，然后用半微量滴定管以 0.1000mol/L $(NH_4)_2Fe(SO_4)_2$ 溶液返滴至终点；同时做空白试验，求得 COD 值。计算方法同回流法。

如果水样 COD 值 < 50mg/L，则取水样 50mL，消化液 25mL［其中 $K_2Cr_2O_7$ 溶液 0.0250mol/L（$1/6K_2Cr_2O_7$）］，催化剂溶液 7.5mL。返滴时 $(NH_4)_2Fe(SO_4)_2$ 溶液的浓度为 0.0100mol/L。

消化液：含 $HgSO_4$ 和 H_2SO_4 的 $K_2Cr_2O_7$ 标准溶液（$1/6K_2Cr_2O_7$，0.2500mol/L）。

催化剂溶液：含 Ag_2SO_4 的浓 H_2SO_4 溶液。

密封法测定 COD 的最大特点是用简单的比色管消化，摒弃了烦琐的回流程序和装置，省药、省电、省水、省设备，减少了环境污染，可批量分析 40 个样品，方法简单、准确、可靠。

密封法测定 COD，除可用返滴法测定外，还可用分光光度法测定。

（3）微波消解法

微波是频率在 300MHz～300GHz 即波长在 1m（不含 1m）～1mm 范围内的电磁波，处于红外辐射和无线电波之间。微波炉利用频率为 2450MHz（波长为 122.4mm）的微波加热。与常规加热相比，微波具有加热速度快、加热均匀、高效节能、有选择性、安全清洁等优点，是一种对环境友好的绿色技术。在分析化学领域，微波加热既可用于湿法消解和高温熔融，又可用于水样的干燥、浓缩、测湿、萃取、蛋白质水解、凯氏定氮和 COD 测定等。回流法和密封法分析一个水样的 COD 需 3.0～3.5h，而使用微波消解可以将时间缩短至 1h 左右。目前微波消解法已成为广泛应用的水样预处理技术。

微波消解设备由微波炉和消解容器组成。实验室专用微波炉具有防腐蚀的排放装置和耐各种酸腐蚀的涂料以保护炉腔，且带有压力或温度控制系统，能实时监控消解操作中的压力或温度。微波场强均匀，可以保证消解条件的稳定。消解所用容器为能承受一定压力的密封罐，选用聚四氟乙烯（PTFE）、石英等材料制成。近年来一些新材料，如复合纤维材料等也已应用在微波水样容器中，拓宽了密封罐的适用范围，提高了使用过程中的安全性。

目前美国环境保护署已将"水性样品及抽提物的微波消解方法"与"沉积物、淤泥、土壤和油的微波消解方法"列为标准，美国材料与试验学会则将测定水中全部回收金属的"各种水样的微波消解法"批准为标准。我国生态环境部也已发布《水质 金属总量的消解 微波消解法》《土壤和沉积物 金属元素总量的消解 微波消解法》等相关标准。

在进行 COD 测定时，微波消解法的原理同回流法。分别取水样、0.1000mol/L $K_2Cr_2O_7$ 标准溶液和 H_2SO_4-Ag_2SO_4 催化剂溶液（将 5g Ag_2SO_4 溶于 50mL 浓 H_2SO_4）各 5mL 加入消解罐中（同时做空白对照），摇匀，旋紧密封盖。将消解罐放入微波炉中，在 200～1800 W 微波功率下消解数分钟（参考说明书，视微波功率而定）。消解后将冷却的液体转移到锥形瓶中，用少量水冲洗罐帽和罐体内部。向锥形瓶中的水样中各加入 1～2 滴试亚铁灵指示剂，用 0.1000mol/L（NH_4）$_2$Fe（SO_4）$_2$ 标准溶液进行滴定。计算方法同回流法。

一般家用微波炉即可完成消解处理，但如果水样量较大，要求条件较高，建议选用专用设备。微波消解法适用于江河湖水、生活污水和工业废水中化学需氧量的测定。

5.4 沉淀滴定法

以沉淀反应为基础的滴定分析方法称为沉淀滴定法。沉淀滴定法除必须符合滴定分析的基本要求外，还应满足以下条件：沉淀反应形成的沉淀的溶解度必须很小；沉淀的吸附现象应不妨碍滴定终点的确定。沉淀滴定法主要用于水中 Cl^-、Ag^+ 等的测定。

5.4.1 沉淀滴定法原理

沉淀反应有很多，但是能用于沉淀滴定法的沉淀反应却很少，相当多的沉淀反应都不能完全符合沉淀滴定法对化学反应的基本要求，因而无法用于滴定。最有实际意义的是以生成银盐沉淀的反应为基础的滴定方法，即所谓银量法。银量法包括莫尔法、福尔哈德法和法扬斯法，主要用于水中 Cl^-、Br^-、I^-、Ag^+ 和 SCN^- 等的测定。

以 0.1000mol/L $AgNO_3$ 滴定 20.00mL 0.1000mol/L NaCl 为例说明沉淀滴定法的基本原理。

（1）计量点之前

滴定之前为 NaCl 溶液，$[Ag^+]=0$。滴定开始至计量点之前，由于同离子效应，AgCl 沉淀所溶解出的 Cl^- 极少，可忽略。因此，可根据溶液中某一时刻的 $[Cl^-]$ 和 $K_{sp,AgCl}$ 来计算此时的 $[Ag^+]$ 和 pAg（Ag^+ 浓度的负对数）。

例如，滴入 $AgNO_3$ 标准溶液 19.98mL 时，则：

$$[Cl^-]=\frac{0.1000\times(20.00-19.98)}{19.98+20.00}=5.0\times10^{-5}(mol/L)$$

$$[\mathrm{Ag^+}] = \frac{K_{\mathrm{sp,AgCl}}}{[\mathrm{Cl^-}]} = \frac{1.8 \times 10^{-10}}{5.0 \times 10^{-5}} = 3.6 \times 10^{-6} \ (\mathrm{mol/L})$$

$$\mathrm{pAg} = 5.44$$

采用同样方法计算出计量点之前滴入不同量 0.1000mol/L AgNO$_3$ 时的 pAg 值。

（2）计量点时

此时已滴入 20.00mL 0.1000mol/L AgNO$_3$ 溶液，可以认为 Ag$^+$ 与 Cl$^-$ 的量完全由 AgCl 溶解产生，且 $[\mathrm{Ag^+}] = [\mathrm{Cl^-}]$。所以：

$$[\mathrm{Ag^+}] = [\mathrm{Cl^-}] = \sqrt{K_{\mathrm{sp,AgCl}}} = 1.34 \times 10^{-5} \ (\mathrm{mol/L})$$

$$\mathrm{pAg} = 4.87$$

（3）计量点后

计量点之后，溶液中有 AgCl 沉淀和过量的 AgNO$_3$，同样由于同离子效应使 AgCl 沉淀溶解出的 Ag$^+$ 极少，可忽略不计。因此，只按过量 AgNO$_3$ 的量近似求得 $[\mathrm{Ag^+}]$。

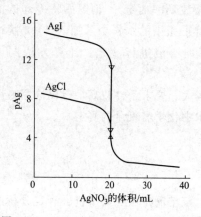

图 5.4　0.1000mol/L AgNO$_3$ 标准溶液滴定同浓度 NaCl 或 NaI 的滴定曲线

例如，滴入 20.02mL AgNO$_3$ 标准溶液，则：

$$[\mathrm{Ag^+}] = \frac{0.1000 \times (20.02 - 20.00)}{20.02 + 20.00} = 5.0 \times 10^{-5} \ (\mathrm{mol/L})$$

$$\mathrm{pAg} = 4.3$$

按类似方法求得计量点之后的 pAg 值。

以 0.1000mol/L AgNO$_3$ 标准溶液的滴入量（mL）为横坐标，以对应的 pAg 为纵坐标绘制的曲线为沉淀滴定曲线（图 5.4）。可见 AgNO$_3$ 标准溶液滴定水中 Cl$^-$ 到达计量点时 pAg=4.87，其突跃范围是 pAg=5.44～4.3。沉淀滴定的突跃范围与滴定剂和被沉淀物质的浓度有关，滴定剂的浓度越大，滴定突跃范围就越大；除此之外，还与沉淀的 K_{sp} 大小有关，沉淀的 K_{sp} 值越大，即沉淀的溶解度越大，滴定突跃范围就越小。

5.4.2　沉淀滴定法在环境样品分析中的应用

5.4.2.1　莫尔法

以铬酸钾（K$_2$CrO$_4$）为指示剂的银量法为莫尔法。

（1）莫尔法的原理

以 AgNO$_3$ 标准溶液为滴定剂，以 K$_2$CrO$_4$ 为指示剂，测定水中 Cl$^-$ 时，根据分步沉淀原理，首先生成的是白色 AgCl 沉淀（$K_{\mathrm{sp,AgCl}} = 1.8 \times 10^{-10}$），即：

$$\mathrm{Ag^+ + Cl^- \Longrightarrow AgCl\downarrow}$$

当达到计量点时，水中 Cl$^-$ 已全部被滴定完毕，稍过量的 Ag$^+$ 便与 CrO$_4^{2-}$ 生成砖红色 Ag$_2$CrO$_4$ 沉淀而指示滴定终点，即：

$$\mathrm{2Ag^+ + CrO_4^{2-} \Longrightarrow Ag_2CrO_4\downarrow}$$

根据 AgNO$_3$ 标准溶液的浓度和用量，便可求得水中 Cl$^-$ 的含量。

（2）滴定条件

首先，指示剂 K$_2$CrO$_4$ 的用量要合适。如果 K$_2$CrO$_4$ 加入量过多，即 $[\mathrm{CrO_4^{2-}}]$ 过高，

则 Ag_2CrO_4 析出偏早，使水中 Cl^- 的测定结果偏低，且 K_2CrO_4 的黄色也影响颜色观察。相反，如果 K_2CrO_4 加入量过少，即 $[CrO_4^{2-}]$ 过低，则 Ag_2CrO_4 沉淀析出偏迟，使测定结果偏高。因此，应控制指示剂 K_2CrO_4 的加入量，使沉淀的产生恰好在计量点时发生。如用 $0.1000mol/L$ $AgNO_3$ 溶液滴定同浓度的 Cl^-，在计量点时：

$$[Ag^+]_{sp}=[Cl^-]=\sqrt{K_{sp,AgCl}}=\sqrt{1.8\times10^{-10}}=1.34\times10^{-5}(mol/L)$$

$$[CrO_4^{2-}]=\frac{K_{sp,Ag_2CrO_4}}{[Ag^+]_{sp}^2}=\frac{1.1\times10^{-12}}{(1.34\times10^{-5})^2}=6.1\times10^{-3}(mol/L)$$

此时，CrO_4^{2-} 的浓度 $[CrO_4^{2-}]$ 刚好为析出 Ag_2CrO_4 沉淀时的浓度。

实际分析工作中，指示剂 K_2CrO_4 的浓度略低一点为好，一般 $[CrO_4^{2-}]$ 以 $5.0\times10^{-3}mol/L$ 为宜。这样，Ag_2CrO_4 沉淀时虽然比计量点略迟，即 $AgNO_3$ 标准溶液稍多消耗一点，但影响不大，而且还可用蒸馏水空白试验扣除。

其次，滴定应控制溶液的 pH。由于 pH 不同，如前所述可有 CrO_4^{2-} 和 $Cr_2O_7^{2-}$ 两种型体，并存在下列平衡：

$$2CrO_4^{2-}+2H^+\Longleftrightarrow Cr_2O_7^{2-}+H_2O$$

当 pH 减小，呈酸性时，平衡向右移动，$[CrO_4^{2-}]$ 减小，为了达到 K_{sp,Ag_2CrO_4}，就必须加过量 Ag^+ 才会有 Ag_2CrO_4 沉淀，导致终点拖后而引起滴定误差较大。

当 pH 增大，呈碱性时，Ag^+ 将生成 Ag_2O 沉淀：

$$2Ag^++2OH^-\Longleftrightarrow 2AgOH\downarrow\Longleftrightarrow Ag_2O+H_2O$$

所以莫尔法只能在中性或弱碱性溶液中进行，即在 $pH=6.5\sim10.5$ 范围内进行滴定。溶液中有 NH_4^+ 存在时，如果 pH 升高，NH_4^+ 将有一部分转化为 NH_3，而 NH_3 与 Ag^+ 形成银氨配合物 $[Ag(NH_3)_2^+]$，使水溶液中 AgCl 和 Ag_2CrO_4 沉淀的溶解度增大，影响滴定的准确度。因此，为防止配位效应，需在 $pH=6.5\sim7.2$ 范围内滴定。

最后，滴定时必须剧烈摇动。在用 $AgNO_3$ 标准溶液滴定 Cl^- 时，计量点之前，析出的 AgCl 会吸附溶液中过量的构晶离子 Cl^-，使溶液中 Cl^- 浓度降低，导致终点提前。所以滴定时必须剧烈摇动滴定瓶，防止 Cl^- 被 AgCl 吸附。采用莫尔法测定 Br^- 时，AgBr 对 Br^- 的吸附更严重，滴定时更要注意剧烈摇动，否则将造成较大误差。

5.4.2.2　福尔哈德法

以铁铵矾即硫酸铁铵 $NH_4Fe(SO_4)_2$ 为指示剂的银量法为福尔哈德法。其原理是用直接滴定法测定水中 Ag^+，以 NH_4SCN（或 KSCN、NaSCN）为标准液，$NH_4Fe(SO_4)_2$ 作指示剂，直接滴定水中 Ag^+，滴定反应为：

$$SCN^-+Ag^+\Longleftrightarrow AgSCN\downarrow（白色）\quad K_{sp}=1.07\times10^{-10}$$

计量点时，Ag^+ 已全部被滴定完毕，稍过量的 SCN^- 便与指示剂 Fe^{3+} 生成血红色配合物 $Fe(SCN)^{2+}$，指示滴定终点。

$$SCN^-+Fe^{3+}\Longleftrightarrow Fe(SCN)^{2+}（血红色）\quad K_1=200$$

根据 NH_4SCN 标准溶液的消耗量，求得水中 Ag^+ 的含量。

该方法可用于返滴定法测定水中卤素离子：加入过量 $AgNO_3$ 标准溶液，使水样中全部卤素离子都生成卤化银（AgX）沉淀。然后加入指示剂铁铵矾，以 NH_4SCN 标准溶液返滴定剩余的 Ag。

$$Ag^+（过量）+Cl^- \rightleftharpoons AgCl\downarrow（白色）\quad K_{sp}=1.8\times10^{-10}$$

$$SCN^-+Ag^+（剩余）\rightleftharpoons AgSCN\downarrow（白色）$$

计量点时，稍过量的 SCN^- 便与指示剂 Fe^{3+} 形成血红色配合物 $Fe(SCN)^{2+}$，指示滴定终点。根据所加入 $AgNO_3$ 标准溶液的总量和所消耗 NH_4SCN 标准溶液的量计算水中 Cl^- 的含量。

返滴定法测定水中 Cl^- 时，由于 $K_{sp,AgSCN}<K_{sp,AgCl}$，所以当用 NH_4SCN 标准溶液滴定 Ag^+ 至计量点时，稍过量的 SCN^- 便会置换 AgCl 中的 Cl^-，发生沉淀的转化，尤其是剧烈摇动会促进这种转化。这样会使已出现的红色又逐渐消失，从而得不到正确的终点。要想得到持久的红色，就必须继续滴入 NH_4SCN 标准溶液，直至 Cl^- 与 SCN^- 之间建立一定的平衡关系为止。这就必定多消耗一部分 NH_4SCN 标准溶液，从而造成较大误差。为了避免这种误差，通常可采用下列两种措施：①在加入过量 $AgNO_3$ 标准溶液，形成 AgCl 沉淀之后，加入少量有机溶剂 1～2mL，如硝基苯等，使 AgCl 沉淀表面覆盖一层硝基苯而与外部溶液隔开，防止 SCN^- 与 AgCl 发生转化反应，提高滴定的准确度；②加入过量 $AgNO_3$ 标准溶液之后，将水样煮沸，使 AgCl 凝聚，以减少 AgCl 沉淀对 Ag^+ 的吸附，滤去 AgCl 沉淀，并用稀 HNO_3 洗涤沉淀，然后用 NH_4SCN 标准溶液滴定滤液中的剩余 Ag^+。

福尔哈德法的滴定条件有以下三点。

① 在强酸性条件下滴定。一般溶液的 $[H^+]$ 控制在 0.1～1mol/L 之间。这时，指示剂铁铵矾中的 Fe^{3+} 主要以 $Fe(H_2O)_6^{3+}$ 形式存在，颜色较浅。如果 $[H^+]$ 较低，Fe^{3+} 将水解成棕黄色的羟基配合物 $Fe(H_2O)_3(OH)^{2+}$ 或 $Fe_2(H_2O)_4(OH)_2^{4+}$ 等，终点颜色不明显；如果 $[H^+]$ 极低，则可能产生 $Fe(OH)_3$ 沉淀，无法指示终点。因此，福尔哈德法应在酸性溶液中进行。在强酸性条件下滴定是福尔哈德法的最大优点，许多银量法的干扰离子，如 PO_4^{3-}、CO_3^{2-}、CrO_4^{2-}、AsO_4^{3-} 等许多弱酸根离子不会与 Ag^+ 反应。因此扩大了福尔哈德法的应用范围。

② 控制指示剂的用量。在含有 Ag^+ 的酸性溶液中，以铁铵矾为指示剂，用 NH_4SCN 标准溶液滴定至计量点时，SCN^- 的浓度为：

$$[SCN^-]_{sp}=[Ag^+]=\sqrt{K_{sp,AgSCN}}=\sqrt{1.07\times10^{-12}}=1.0\times10^{-6}(mol/L)$$

想要刚好能观察到 $Fe(SCN)^{2+}$ 的明显红色，要求 $Fe(SCN)^{2+}$ 的最低浓度应为 6×10^{-6} mol/L，则 Fe^{3+} 的浓度为：

$$[Fe^{3+}]=\frac{[Fe(SCN)^{2+}]}{200[SCN^-]}=\frac{6\times10^{-6}}{200\times1.0\times10^{-6}}=0.03(mol/L)$$

由于 Fe^{3+} 浓度较高会使溶液呈较深的橙黄色，影响终点的观察，所以通常保持 Fe^{3+} 的浓度为 0.015mol/L，此时引起的误差很小，可忽略不计。

③ 滴定时应剧烈摇动。由于用 SCN^- 标准溶液滴定 Ag^+ 生成 AgSCN 沉淀，它对溶液中过量的 Ag^+ 有强烈的吸附作用，使 Ag^+ 浓度降低，导致终点出现偏早，因此滴定时必须剧烈摇动，使被吸附的 Ag^+ 及时释放出来。

5.4.2.3 法扬斯法

用吸附指示剂指示滴定终点的银量法称为法扬斯法。其原理为：当用 $AgNO_3$ 标准溶液

滴定水中 Cl^- 时，以荧光黄作吸附指示剂，它是一种有机弱酸，可用 HFI 表示，在溶液中可解离为荧光黄阴离子 FI^-，呈黄绿色。

$$HFI \Longrightarrow H^+ + FI^- \text{（黄绿色）} pK_a \approx 7$$

当溶液的 pH 在 7～10.5 之间时，荧光黄主要以 FI^- 型体存在。在计量点之前，AgCl 沉淀胶体微粒吸附过量的 Cl^- 而带负电荷，不会吸附指示剂阴离子 FI^-，溶液呈黄绿色。而在计量点时，过量 1 滴 $AgNO_3$ 标准溶液即可使 AgCl 沉淀胶体微粒吸附 Ag^+ 而带正电荷。这时，带正电荷的胶体微粒极易吸附 FI^-，AgCl 表面可能吸附荧光黄银离子，使整个溶液由黄绿色变成淡红色，指示滴定终点。如果用 NaCl 标准溶液滴定水中 Ag^+，则颜色变化正好相反，由淡红色变为黄绿色。

法扬斯法的滴定条件有以下三点。

① 卤化银沉淀应具有较大的比表面积。由于吸附指示剂的颜色变化发生在沉淀胶体微粒的表面上，为使终点变色敏锐，应尽量使卤化银成为小颗粒沉淀，以保持较大的比表面积从而吸附更多的指示剂。所以，在滴定前将溶液稀释，并加入糊精、淀粉等作为保护剂，以防止 AgCl 凝聚为较大颗粒的沉淀。

② 控制溶液的 pH。吸附指示剂多是有机弱酸，被吸附变色的是其共轭碱阴离子型体。由于荧光黄的 $pK_a \approx 7$，所以在 pH＝7～10.5 范围内，可使指示剂在溶液中保持其共轭碱型体，在滴定中真正起指示剂的作用。

③ 吸附指示剂的吸附能力要适中。一些吸附指示剂和卤素离子的吸附能力强弱次序是：I^-＞二甲基二碘荧光黄＞Br^-＞曙红＞Cl^-＞荧光黄。

一般要求吸附指示剂在卤化银上的吸附能力应略小于被测卤素离子的吸附能力。因此用 $AgNO_3$ 标准溶液测定水中 Cl^- 时，在 pH＝7～10 条件下，应选用荧光黄，而不能用曙红作指示剂；如果测定水中 Br^-，在 pH＝2～10 条件下，应选用曙红，而不选用比 Br^- 吸附能力强的二甲基二碘荧光黄，也不能用吸附能力远小于 Br^- 的荧光黄；如果测定水中 I^-，在中性条件下，选用二甲基二碘荧光黄。

 习题

1. 水的酸度、碱度和 pH 有什么联系和差别？举例说明。

2. 强碱滴定弱酸的特点和准确滴定的最低要求是什么？

3. 什么是酸碱滴定的突跃范围？影响酸碱滴定突跃范围的因素有哪些？如何选择指示剂？

4. 取水样 100.0mL，用 0.1000mol/L HCl 溶液滴定至酚酞终点，消耗 13.00mL；再加甲基橙指示剂，继续用 HCl 溶液滴定至橙红色出现，消耗 20.00mL。水样中有何种碱度？含量（mg/L）为多少？

5. 取水样 150.0mL，首先加酚酞指示剂，用 0.1000mol/L HCl 溶液滴定至终点，消耗 11.00mL；接着加甲基橙指示剂，继续用 HCl 溶液滴定至终点，又消耗 11.00mL。该水样有何种碱度？其含量（mg/L）为多少？

6. 取某一天然水样 100.0mL，加酚酞指示剂时，未滴入 HCl 溶液，溶液已呈终点颜色；接着以甲基橙为指示剂，用 0.0500mol/L HCl 溶液滴定至刚好出现橙红色，用去 13.50mL。该水样中有何种碱度？其含量（mg/L）为多少？

7. EDTA 与金属离子形成的配合物有哪些特点？配合物的稳定常数与条件稳定常数有什么不同？两者之间有何关系？配位反应中哪些因素影响条件稳定常数的大小？

8. 比较酸碱滴定和配位滴定曲线的共性和特性。

9. 简要说明测定水中总硬度的原理及条件。

10. 计算 pH＝5 和 pH＝12 时，EDTA 的酸效应系数。此时 Y 在 EDTA 总浓度中所占比例是多少？计算结果说明了什么问题？

11. 用 EDTA 标准溶液滴定水样中的 Ca^{2+}、Mg^{2+}、Zn^{2+} 时的最小 pH 是多少？实际分析中 pH 应控制在多大？

12. pH＝10 时，以 10.0mmol/L EDTA 溶液滴定 2000mL 10.0mmo/L Mg^{2+} 溶液，计算计量点时 Mg^{2+} 的浓度和 pMg 值。

13. 何为标准电极电位和条件电极电位？两者关系如何？

14. 比较氧化还原指示剂的变色原理和选择与酸碱指示剂有何异同。

15. 碘量法的主要误差来源有哪些？

16. 为什么碘量法不适于在低 pH 或高 pH 条件下使用？

17. 判断一个氧化还原反应能否进行完全的依据是什么？

参考文献

[1] 孙毓庆. 分析化学 [M]. 北京：科学出版社，2003.

[2] 武汉大学. 分析化学：上 [M]. 6 版. 北京：高等教育出版社，2016.

[3] 胡育筑. 分析化学：上 [M]. 4 版. 北京：科学出版社，2015.

第六章
重量分析法

6.1 重量分析法简介

6.1.1 重量分析法的分类和特点

重量分析法指的是通过称量物质的质量从而确定待测物质组分含量的一种定量分析方法。重量分析法包括分离和称量两个主要过程，一般是先采用适当的分离方法将待测组分与样品中的其他组分分离，再转化成一定的称量形式，通过称量得到的质量计算该组分的含量。根据分离方法的不同，重量分析法分为沉淀法、挥发法、萃取法和电解法等。

（1）沉淀法

沉淀法又称沉淀重量法，是重量分析法中最主要的方法。该方法本质是利用沉淀反应使被测组分以微溶或难溶化合物的形式沉淀出来，再将沉淀过滤、洗涤、烘干、称重并计算其含量。

（2）挥发法

挥发法利用物质的挥发性质，通过加热或其他方法使样品中待测组分挥发逸出，再根据样品减少的质量计算待测组分的含量。例如，测量样品中含水量或结晶水时，可将样品加热烘干至恒重，样品减少的质量即为水分的质量。或者当待测组分逸出时，选择适当的吸收剂将其吸收，再根据吸收剂增加的质量计算该组分的含量。

（3）萃取法

该法利用待测组分与其他组分在互不相溶的两种溶剂中分配比不同的特点，加入萃取剂使待测组分从原来的溶剂中定量转移到萃取剂中从而与其他组分分离，再除去萃取剂，通过称量干燥提取物的质量来计算待测组分的含量。

（4）电解法

利用电解的方法使待测金属离子在电极上还原析出，再称量，电极上增加的质量即为待测金属的质量。

由于重量分析法可通过直接称量而获得物质的含量，因此其优点在于不需要像其他方法那样与标准试样或基准物质比较，因此引入误差的机会相对较少，分析结果较准确。对于硅、镍、硫等常量元素以及水分、灰分和挥发物等含量的测定多采用重量分析法。该方法的缺点是操作过程较烦琐，耗时且周期较长。

目前环境领域最为常用的重量法为沉淀法，因此这里仅对沉淀法进行详细介绍。

6.1.2 沉淀法对沉淀形式和称量形式的要求

沉淀法中，待测物质从溶液中析出的形式称为沉淀形式（precipitation form）。沉淀经过滤等操作处理后，供称量的形式称为称量形式（weighting form）。这两种形式可能相同，也可能不同。例如，利用重量法测量 Ba^{2+} 或 SO_4^{2-} 时，将其转化为 $BaSO_4$ 沉淀，这时沉淀形式和称量形式相同，都是 $BaSO_4$；而用草酸钙法测 Ca^{2+} 时，沉淀形式是 $CaC_2O_4 \cdot H_2O$，称量形式是灼烧后转化形成的 CaO，这时两种形式不同。因此，为保证测定有较高的准确度并便于操作，沉淀法对沉淀形式和称量形式有一定的要求。

对沉淀形式的要求：①沉淀的溶解度要尽可能小，从而保证待测组分完全沉淀。②沉淀要便于过滤和洗涤。大颗粒晶型易于沉淀，对于无定形沉淀，要控制沉淀条件，改善沉淀性质，减少沉淀过程中的损失。③沉淀的纯度要高，避免其他杂质的污染。④沉淀应易于转化为称量形式。

对称量形式的要求：①称量形式必须有确定形式的化学组成，才能保证计算结果。②称量形式要稳定，不受环境中水分、CO_2、O_2 等的影响。③称量形式的摩尔质量要尽可能大，才能增大待测组分称量形式的质量，减小称量的相对误差，提高测定结果的准确度。

6.1.3　沉淀溶解度及其影响因素

在重量分析法中，溶解损失是造成误差的主要原因之一。所以，应使沉淀反应进行完全，保证待测组尽可能全部沉淀，反应的完全程度用沉淀溶解度来衡量。通常要求沉淀溶解损失不超过分析天平的称量误差（0.1mg）即认为沉淀完全。即使如此，很多沉淀过程仍不能满足这个条件。若能控制好沉淀条件，则能降低由溶解损失带来的误差，因此必须了解沉淀溶解度及其影响因素。

6.1.3.1　溶解度与溶度积

沉淀物质在溶液中的溶解一般分为两个步骤，第一步是固相和液相间的平衡，第二步是溶液中未解离的分子和离子间的平衡。例如，溶液中存在 1∶1 型的难溶化合物 MA，当 MA 达到饱和溶解状态时，有以下平衡关系：

$$MA(固) \Longrightarrow MA(水) \Longrightarrow M^+ + A^-$$

由上可知，固体 MA 溶解到水中后，以 M^+、A^- 和 MA（水）三种形态存在。MA（水）既可以是分子状态，也可以是 $M^+ \cdot A^-$ 离子对化合物，例如：

$$AgCl(固) \Longrightarrow AgCl(水) \Longrightarrow Ag^+ + Cl^-$$

$$CaSO_4(固) \Longrightarrow Ca^{2+} \cdot SO_4^{2-}(水) \Longrightarrow Ca^{2+} + SO_4^{2-}$$

由 MA（固）与 MA（水）间的平衡，可得：

$$\frac{a_{MA(水)}}{a_{MA(固)}} = s^0 （平衡常数） \tag{6.1}$$

其中，$a_{MA(固)}$ 是纯固体活度，在 25℃ 时为 1，故 $a_{MA(水)} = s^0$。因此，MA 在溶液中的分子状态或离子对化合物的活度 $a_{MA(水)}$ 是一个常数（s^0）。s^0 是该物质的固有溶解度（intrinsic solubility）或分子溶解度，其含义是：在一定温度下，且有固相存在时，溶液中 MA 以分子或离子状态存在的活度。各种微溶或难溶化合物的固有溶解度差异较大，通常在 $10^{-9} \sim 10^{-6} mol/L$ 之间。

由物质 MA 在水溶液中的平衡关系，可得：

$$\frac{a_{M^+} a_{A^-}}{a_{MA(水)}} = K$$

将 s^0 代入得：

$$a_{M^+} a_{A^-} = s^0 K = K_{ap} \tag{6.2}$$

K_{ap} 是离子的活度积常数，又称活度积（activity product），浓度与活度的关系是：

$$a_{M^+} a_{A^-} = f_{M^+} [M^+] f_{A^-} [A^-] = K_{ap}$$

$$[M^+][A^-] = \frac{K_{ap}}{f_{M^+} f_{A^-}} = K_{sp}$$

式中，f 为活度系数；K_{sp} 为微溶化合物的溶度积常数，又称溶度积（solubility product）。

然而，由于许多微溶化合物的溶解度都很小，它们在溶液中的离子强度不大，所以通常不考虑离子强度的影响，一般溶度积表中所列的 K 均为活度积，应用时作为溶度积。但当溶液为强电解质溶液时，离子强度较大，不能忽略它的影响，除待测离子与沉淀剂形成沉淀的主反应外，还存在水解效应、酸效应和配位效应等副反应，这时应根据相应的活度系数计算 K_{sp}。

6.1.3.2　影响沉淀溶解度的因素

环境中影响沉淀溶解度的因素有很多，如同离子效应、盐效应、酸效应和配位效应等，除此之外，温度、介质、晶体结构和颗粒大小等因素也会对溶解度有影响。

（1）同离子效应

沉淀晶体是由构晶离子组成的。同离子效应（common ion effect）是指当沉淀反应达到平衡时，向其中加入适当且过量的含有某一构晶离子的溶液或试剂，使沉淀溶解度减小的现象。例如，25℃时，水中 $BaSO_4$ 的溶解度 s 为：

$$s = [Ba^{2+}] = [SO_4^{2-}] = \sqrt{K_{sp}} = \sqrt{1.1 \times 10^{-10}} \text{ mol/L} = 1.0 \times 10^{-5} \text{ mol/L}$$

此时，若向溶液中加入过量的 $BaCl_2$，使平衡状态时 $[Ba^{2+}] = 0.1$ mol/L，则 $BaSO_4$ 的溶解度为：

$$s = [SO_4^{2-}] = \frac{K_{sp}}{[Ba^{2+}]} = \frac{1.1 \times 10^{-10}}{0.1} \text{ mol/L} = 1.1 \times 10^{-9} \text{ mol/L}$$

即 $BaSO_4$ 的溶解度是原来的万分之一。

所以，实际中常用此原理，即加入过量的沉淀剂使待测组分的溶解度降低至完全沉淀。多数情况下，沉淀剂过量 50%～100%；若沉淀剂不易挥发，则过量 20%～30% 最为合适。沉淀剂不宜加入太多，否则可能会引起盐效应、酸效应和配位效应等副反应，反而会使溶解度增大。

（2）盐效应

沉淀溶解度随溶液中电解质浓度增大而增大的现象，称作盐效应（salt effect）。例如，当溶液中存在 KNO_3、$NaNO_3$ 等强电解质时，$PbSO_4$ 和 $AgCl$ 的溶解度比在没有电解质的纯水中大。主要是因为在一定温度下，K_{sp} 和活度系数 f 成反比，当活度系数减小时，K_{sp} 增大，溶解度随之增大。而高价离子的活度系数受离子强度的影响较大，因此形成沉淀的构晶离子所带的电荷越高，盐效应的影响越严重。但多数情况下，盐效应相比于其他效应（如同离子效应、酸效应等）对沉淀情况的影响较小，可以忽略。

例如，$AgCl$ 在纯水中的溶解度是 1.278×10^{-5} mol/L，而当溶液中存在强电解质 KNO_3，且其浓度为 0.01 mol/L 时，$AgCl$ 的溶解度为原来的 1.12 倍。同样的现象也发生在 $BaSO_4$ 中，$BaSO_4$ 在纯水中的溶解度是 0.96×10^{-5} mol/L，若溶液中 KNO_3 的浓度达到 0.036 mol/L，则此时 $BaSO_4$ 的溶解度是纯水中的 2.45 倍。表 6.1 和表 6.2 分别列出了不同浓度 KNO_3 溶液中 $AgCl$ 和 $BaSO_4$ 的溶解度。

表 6.1   不同浓度 KNO_3 溶液中 AgCl 的溶解度

KNO_3 的浓度/(mol/L)	AgCl 的溶解度/(10^{-5} mol/L)	KNO_3 的浓度/(mol/L)	AgCl 的溶解度/(10^{-5} mol/L)
0.000	1.278	0.005	1.385
0.001	1.325	0.010	1.427

表 6.2   不同浓度 KNO_3 溶液中 $BaSO_4$ 的溶解度

KNO_3 的浓度/(mol/L)	$BaSO_4$ 的溶解度/(10^{-5} mol/L)	KNO_3 的浓度/(mol/L)	$BaSO_4$ 的溶解度/(10^{-5} mol/L)
0.000	0.96	0.010	1.63
0.001	1.16	0.036	2.35
0.005	1.42		

（3）酸效应

溶液的酸度对沉淀溶解度的影响称为酸效应（acid effect）。酸效应对沉淀溶解度的影响较为复杂，主要是由于 H^+ 浓度对不同类型沉淀的影响程度不同。例如，若沉淀是弱酸盐（如 $CaCO_3$、CaC_2O_4、CdS 等），酸度对沉淀的影响较大，此时应在较低的酸度下进行沉淀；若沉淀本身是弱酸（如硅酸），易溶于碱，应在强酸条件下进行沉淀；而当沉淀是强酸盐（如 AgCl）时，酸度对其影响不大。因此，可由溶度积和弱电解质电离两种平衡关系调节溶液的 pH 值，使弱酸盐沉淀的溶解度降低。但若是硫酸盐沉淀，因为 H_2SO_4 的 K_{a_2} 不大，如果溶液的酸度较高，会因为盐效应导致硫酸盐沉淀的溶解度增大。

例如，Ca^{2+} 与 $(NH_4)_2C_2O_4$ 生成 CaC_2O_4 沉淀时，它在纯水中的溶解度要比在有一定酸度的酸溶液中小。在一定范围内，pH 越小，CaC_2O_4 的溶解度越大：当 pH＝2.0 时，溶解度为 $6.1×10^{-4}$ mol/L；当 pH＝4.0 时，溶解度为 $7.2×10^{-5}$ mol/L。由此可知，在 pH 为 2.0 的条件下，CaC_2O_4 的溶解度比 pH 为 4.0 时大了 7 倍，会导致误差超出质量分析要求，降低测量结果的准确性。因此，生成 CaC_2O_4 的沉淀反应应在 4～12 的 pH 范围内进行。

（4）配位效应

沉淀反应发生时，如果溶液中存在能和构成沉淀的构晶离子生成可溶性配位化合物的配体，使得沉淀的溶解度增大，影响形成沉淀的平衡状态和完全程度，这种现象称作配位效应（complex effect）。配位效应对沉淀溶解度的影响，主要归结于配体的浓度以及形成的配位化合物的稳定性。配体的浓度越大，配位化合物的稳定性越高，则沉淀的溶解度越大。

对于不同的沉淀反应，各效应对其影响程度不同。当沉淀剂是配位化合物时，同离子效应和配位效应都会对沉淀反应的平衡状态有影响，同离子效应会降低沉淀溶解度，而配位效应会增大沉淀溶解度。因此，可通过控制沉淀剂的量，使不同的效应占据主导地位，从而控制生成沉淀的量。若沉淀剂适当过量，则同离子效应的影响更大，使沉淀的溶解度降低；若沉淀剂超量，则配位效应主导反应进行的完全程度，此时沉淀的溶解度增大。表 6.3 列出了不同浓度 NaCl 溶液中 AgCl 的溶解度。

表 6.3   不同浓度 NaCl 溶液中 AgCl 的溶解度

过量 NaCl 的浓度/(mol/L)	AgCl 的溶解度/(mol/L)	过量 NaCl 的浓度/(mol/L)	AgCl 的溶解度/(mol/L)
0	$1.3×10^{-5}$	$8.8×10^{-2}$	$3.6×10^{-6}$
$3.9×10^{-3}$	$7.2×10^{-7}$	$3.5×10^{-1}$	$1.7×10^{-5}$
$9.2×10^{-3}$	$9.1×10^{-7}$		

由表 6.3 可知，AgCl 的溶解度随溶液中 Cl^- 浓度的增加，呈现出先减小后增大的趋势。可推断反应初期，同离子效应促进 AgCl 沉淀的生成；Cl^- 浓度继续增大，Cl^- 能和 AgCl 配位产生 $[AgCl_2]^-$ 和 $[AgCl_3]^{2-}$ 配合物，使 AgCl 沉淀溶解，此时配位效应发挥主要作用。

（5）影响沉淀溶解度的其他因素

① 温度的影响。溶解过程一般是吸热反应，因此沉淀溶解度随温度的升高而增大。但不同物质的溶解性对温度的敏感度不同，有些物质的溶解度随温度变化明显，有些物质的溶解度随温度的变化不明显。例如，AgCl 在 25℃ 时的溶解度是 1.93mg/L，在 100℃ 时的溶解度是其 10 倍多，AgCl 的溶解度随温度变化非常明显；而 $BaSO_4$ 的溶解度随温度变化不明显。由此可见，沉淀性质不同，温度对其影响程度也不同。

对 $Fe(OH)_3 \cdot nH_2O$、$Al_2O_3 \cdot nH_2O$ 等溶解度很小的无定形沉淀，或受温度影响小的物质，可以趁热过滤并用热洗涤液洗涤来加快沉淀的过滤速度。对溶解度不小的晶形沉淀，应在室温下过滤和洗涤。

② 溶剂的影响。大多数无机微溶或难溶盐是离子型晶体，它们的溶解度受溶剂的影响较大，溶剂极性愈强，它们的溶解度愈大。因此可利用此性质，通过改变溶剂的极性来改变沉淀的溶解度。对一些在水中溶解度较大的沉淀，可向其中加入适量与水互溶的有机溶剂，减小溶液的极性，从而降低沉淀的溶解度。例如，$PbSO_4$ 在纯水中的溶解度是 45mg/L，而它在 30% 的乙醇溶液中溶解度降为 2.3mg/L，溶解度比水中减小了约 95%。

③ 颗粒大小的影响。对于晶形沉淀，晶体内部的离子和分子都处于静电平衡状态，相互的吸引力大。但位于晶体表面的离子和分子，特别是处于棱角上的离子和分子，它们受原子核的吸引力较小，同时容易受溶剂分子的作用，这部分离子和分子易进入溶液，溶解度增大。同一种沉淀，质量相同时，颗粒粒径越小，比表面积越大，具有更多的棱角，物理化学反应的活性更强，溶解度也因此更大，所以小颗粒比大颗粒的溶解度更大。例如，当 $SrSO_4$ 沉淀的粒径为 0.05 μm 时，溶解度为 6.7×10^{-4} mol/L；当粒径减小为 0.01 μm 时，溶解度为 9.3×10^{-4} mol/L，溶解度增大了 38.8%。

④ 胶溶作用。对无定形沉淀，若反应过程中条件控制不好，极易形成胶体溶液，甚至已经形成的沉淀因为胶溶作用而重新分散在胶体溶液中。胶体微粒的粒径较小，在过滤操作时易透过滤纸而引起损失，所以常加入适当且适量的电解质破坏胶体，防止形成胶体溶液。例如，用 $AgNO_3$ 沉淀 Cl^- 时，要向溶液中加入适量的 HNO_3，洗涤 $Al(OH)_3$ 沉淀时，需要用 NH_4NO_3 溶液，都是利用此原理。

⑤ 水解作用。构成沉淀的有些晶体离子可发生水解作用，使难溶盐的溶解度增大。例如，在 $MgNH_4PO_4$ 的饱和溶液中，Mg^{2+}、NH_4^+ 和 PO_4^{3-} 这 3 种离子都能水解，使 $MgNH_4PO_4$ 的离子浓度积大于溶度积，从而使沉淀的溶解度增大。在沉淀时向溶液中加入适量的 $NH_3 \cdot H_2O$ 溶液可抑制水解反应的发生。

⑥ 沉淀析出形式的影响。多数沉淀在形成初期为亚稳态，而后逐渐转变为稳定态。亚稳态沉淀由于稳定性较差，易重新溶解于溶液中，因为此形态的溶解度比稳定态大，沉淀能自发地由亚稳态转变为稳定态。例如，初期生成的 CoS 沉淀是 α 型，K_{sp} 为 4×10^{-20}，放置后转化成 β 型，K_{sp} 为 7.9×10^{-24}。

6.1.4　沉淀的类型及形成

6.1.4.1　沉淀的类型

根据物理性质不同，沉淀可大致分为两类：晶形沉淀（crystalline precipitate）和无定形沉淀（amorphous precipitate），无定形沉淀又称胶状沉淀或非晶形沉淀。例如，$BaSO_4$ 是典型的晶形沉淀，而 $Fe(OH)_3 \cdot nH_2O$ 是典型的无定形沉淀。还有一种凝乳状沉淀（如 $AgCl$），其性质介于晶形沉淀和无定形沉淀之间。不同类型的沉淀间最大的区别是沉淀颗粒的大小不同。晶形沉淀的颗粒粒径最大，直径在 $0.1 \sim 1\mu m$ 之间；无定形沉淀的颗粒粒径最小，通常直径小于 $0.02\ \mu m$；凝乳状沉淀的颗粒粒径介于二者之间。

晶形沉淀相较于无定形沉淀更易沉降到容器底部，易于洗涤过滤，且沉淀的纯度更高。原因是粒径较大的晶形沉淀由较大的颗粒构成，颗粒在其内部排布规则、结构紧凑，所以整个沉淀占据的体积较小，密度较大，易沉降到容器底部。而无定形沉淀是由很多结构疏松的小颗粒聚集在一起形成的，颗粒在沉淀物内部的排布杂乱无章，且在颗粒和颗粒之间存在大量数目不确定的水分子，导致无定形沉淀是疏松的絮状沉淀，体积较大，密度较小，较难沉降至容器底部。

因此，在重量分析中，为了使待测物质能尽快沉降到底部，更希望获得晶形沉淀。晶形沉淀又分为粗晶形沉淀（如 $MgNH_4PO_4$）和细晶形沉淀（如 $BaSO_4$）。对于无定形沉淀，应控制好沉淀反应的条件，改善沉淀的物理性质，使沉淀颗粒的结构尽可能紧凑，以加速沉淀。

沉淀颗粒的大小与进行沉淀反应时的构晶离子浓度、沉淀本身的溶解度和溶液的相对过饱和度等有关。例如，多数情况下，当溶液为稀溶液时，获得的是 $BaSO_4$ 晶形沉淀；但若溶剂是乙醇和水的混合物，将 $MnSO_4$ 和 $Ba(SCN)_2$ 的浓溶液混合，得到的是凝乳状的 $BaSO_4$ 沉淀。溶液的相对过饱和度越大，沉淀颗粒的分散度越大，形成的晶核数目越多，易得到小晶形沉淀；溶液的相对过饱和度较小时，分散度减小，形成晶核的速度降低，晶核数目较少，得到的是大晶形沉淀。同时，了解沉淀的形成过程和反应条件对颗粒大小的影响，能更好地控制条件，得到符合重量分析要求的待测物质。

6.1.4.2　沉淀的形成

沉淀的形成是个复杂的过程，目前对它的理论研究还不充足，在此只做定性分析解释和经验公式的描述。沉淀的形成主要包括晶核的形成和晶核长大两个过程，大致流程如图 6.1 所示。

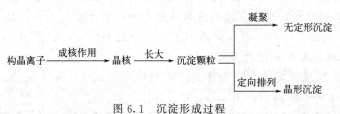

图 6.1　沉淀形成过程

晶核的形成通常分为均相成核和异相成核。在过饱和溶液中，组成沉淀的构晶离子通过静电作用而缔合，从溶液中自发地形成晶核的过程称为均相成核。在均相成核过程中，最重要的是溶质过饱和，溶液的相对过饱和度越大，均相成核的数目越多。但在实际沉淀过程中，沉淀的介质和容器中不可避免地存在一些微小的不可见的固体微粒，这些微粒促进晶核的形成，当构晶离子或离子群扩散到这些固体微粒表面时，可诱导构晶离子形成晶核，这个过程称作异相成核。例如，1g 化学试剂溶解于溶剂后，仍有 10^{10} 个不溶微粒，容器壁上会附着 $5 \sim 10nm$ 大的颗粒。固体微粒越多，异相成核的数目越多。

晶核形成后，溶液中的过饱和溶质向晶核表面扩散，并在晶核上沉积下来，晶核逐渐成长起来形成沉淀颗粒。沉淀颗粒的大小由聚集速率和定向速率的相对大小决定。溶质在晶核表面聚集形成沉淀颗粒的速率称为聚集速率。聚集速率主要与溶液的相对过饱和度有关，相对过饱和度越大，聚集速率越大。在聚集的同时，构晶离子在晶核内部按照一定的顺序排布在晶格内，这样晶核才逐步长大，这种定向排布的速率称为定向速率。定向速率主要与溶质的性质有关，一般情况下，极性较强的盐类（如 $BaSO_4$ 和 $MgNH_4PO_4$）定向速率较大。在沉淀过程中，若聚集速率大于定向速率，此时晶核数目较多，但来不及排列在晶格内，会形成无定形沉淀；定向速率大于聚集速率时，构晶离子有足够的时间在晶核内排列，会得到晶形沉淀。

由于聚集速率的大小与相对过饱和度相关，因此如果沉淀的溶解度较大，短时间内生成的沉淀颗粒浓度较低，则溶液的相对过饱和度小，聚集速率低，此时易得到颗粒较大的晶形沉淀；反之，形成无定形沉淀。例如，沉淀 $BaSO_4$ 时，通常要在溶液中加入适量的稀盐酸，利用酸效应使 $BaSO_4$ 的溶解度增大，可获得大颗粒的 $BaSO_4$ 晶形沉淀。

金属氧化物或氢氧化物的沉淀速率与金属离子的价态有关。二价金属离子的水合氧化物沉淀的定向速率一般大于聚集速率，通常得到晶形沉淀。而价数较高的金属离子的水合氧化物沉淀［如 $Al(OH)_3$ 和 $Fe(OH)_3$］，由于它们的溶解度很小，沉淀时溶液的相对过饱和度大，且溶液中大量的水分子阻碍构晶离子的定向排列，所以定向速率较小，一般形成结构疏松、体积较大的无定形沉淀。金属硫化物以及钨、钽和硅的水合氧化物一般也是无定形沉淀。

总的来说，沉淀的类型和多种因素有关，不仅取决于沉淀物质本身的性质，也与进行沉淀反应时的条件密切相关。晶核的形成和晶核长大这两个过程都会对沉淀颗粒的大小产生影响。在进行重量分析时，可通过合理改善沉淀条件从而控制溶液的相对过饱和度来获得易于沉降的大颗粒晶形沉淀。

6.1.5 影响沉淀纯度的因素

在进行重量分析时，要尽量保证沉淀物质的溶解度小，更应确保沉淀的纯度。但在待测物质从溶液中析出的过程中，总会或多或少地将其他溶质析出，使沉淀受到污染，影响待测物质的纯度。为此，要了解影响沉淀纯度的因素以及相应措施，以提高测量结果的准确度。

6.1.5.1 共沉淀

当一种沉淀从溶液中析出时，溶液中在该条件下本应溶解的其他组分被该沉淀带下来而混杂在沉淀中，这种现象称为共沉淀（coprecipitation）。共沉淀使沉淀的纯度下降，是重量分析中造成误差的主要原因之一。例如，利用 $BaCl_2$ 沉淀剂与 SO_4^{2-} 反应生成 $BaSO_4$ 从而测定 SO_4^{2-} 的含量时，若溶液中还存在 Fe^{3+}，则在析出 $BaSO_4$ 沉淀的过程中，原先可溶的 $Fe_2(SO_4)_3$ 有可能被夹杂在沉淀中，影响分析结果。共沉淀主要有以下三种。

（1）表面吸附

在沉淀颗粒内部，正负离子按一定顺序排列，晶格内部的离子都被带有异电荷的离子包围，处于稳定的平衡状态。但位于颗粒表面的一层离子，由于靠近溶液一侧有静电引力，可以吸引带异电荷离子。沉淀颗粒的粒径越小，比表面积越大，其静电引力越大，能够吸附溶液中相反电荷离子的能力越强。沉淀表面吸附的第一层离子有选择性，一般情况下，由于沉淀剂过量，所以优先吸附溶液中的构晶离子。表面吸附还遵从如下规律。

① 优先吸附与构晶离子形成溶解度较小的化合物的离子。例如，过量的 $BaCl_2$ 溶液和含有 SO_4^{2-} 的溶液相互作用时，生成的 $BaSO_4$ 沉淀表面的第一层先吸附 Ba^{2+}，之后 Ba^{2+} 再利用静电作用吸附带相反电荷的 Cl^- 形成第二层，这样沉淀表面包裹着电中性的双电层，

$BaCl_2$ 会在沉淀的过程中被共沉淀下来。若溶液中同时存在 NO_3^-，则 $Ba(NO_3)_2$ 先被共沉淀下来，因为 $Ba(NO_3)_2$ 的溶解度比 $BaCl_2$ 的小。同理，若溶液中 SO_4^{2-} 过量，则 $BaSO_4$ 沉淀表面第一层先吸附 SO_4^{2-}，当向溶液中同时加入 Ca^{2+} 和 Hg^{2+} 时，$CaSO_4$ 先被共沉淀下来，因为 $CaSO_4$ 的溶解度比 $HgSO_4$ 的小。

② 浓度相同时，离子带的电荷越多，静电力越强，越容易被吸附。

③ 电荷相同的离子，浓度越大，越易被表层离子吸附。

④ 沉淀的总表面积越大，越易发生共沉淀现象。相同量的沉淀，颗粒粒径越小，比表面积越大，和溶液接触的面积越大，吸附的杂质就越多。无定形沉淀由于具有絮状结构，比晶形沉淀具有更大的比表面积，因此表面吸附现象更严重。

⑤ 温度越低，越易发生表面吸附。由于吸附作用是放热过程，因此当温度降低时，吸附的杂质量会增加。

综上，可通过洗涤沉淀操作减少或消除由于吸附造成的共沉淀现象。

（2）形成混晶或固溶体

任何晶形沉淀都有一定的晶体结构。若被吸附的杂质和构晶离子有相同的晶格、电荷或离子半径，杂质可进入晶格内参与排列，形成混晶（mixed crystal），这种混晶是同形混晶（如 $BaSO_4$-$PbSO_4$ 和 AgCl-AgBr）。但在一些混晶中，杂质离子或原子不位于正常晶格的离子或原子位置上，而是在晶格的空隙中，这些是异形混晶。混晶的形成严重影响沉淀的纯度。对沉淀进行陈化或者减慢在反应过程中加入沉淀剂的速度可以减少或避免混晶的形成。

（3）吸留或包埋

在沉淀过程中，若沉淀生成太快，则沉淀表面吸附的杂质离子还未来得及离开就被新生成的沉淀覆盖，这些杂质因此被包藏在沉淀内部，引起共沉淀，这种现象称为吸留（occlusion）。有些母液也有可能被包埋在沉淀中，导致共沉淀。可通过陈化或重结晶减少此现象的发生。

6.1.5.2 后沉淀

沉淀析出后，溶液中原先溶解的难以析出的组分也在沉淀表面沉积出来，这样的现象称为后沉淀（postprecipitation）。后沉淀现象本质是由沉淀表面的吸附作用造成的，大多发生在杂质组分的过饱和溶液中。例如，在同时含有 Cu^{2+} 和 Zn^{2+} 的酸性溶液中通入 H_2S，刚开始先形成 CuS 沉淀，且沉淀中不掺杂 ZnS，但将沉淀放置一段时间后，便会有 ZnS 在 CuS 沉淀表面析出。这是因为当 CuS 沉淀与溶液长时间放置后，溶液中的 S^{2-} 会在沉淀表面聚集，当 S^{2-} 浓度使 $[S^{2-}][Zn^{2+}]$ 浓度积大于 ZnS 的溶度积 K_{sp} 时，ZnS 会在 CuS 沉淀表面析出，且沉淀在溶液中放置时间越长，析出的杂质越多，后沉淀现象也越严重。同样，当用草酸盐沉淀分离 Ca^{2+} 和 Mg^{2+} 时，也会发生后沉淀现象，CaC_2O_4 沉淀表面会有 MgC_2O_4 析出，影响沉淀的纯度。温度升高或经过放置后，后沉淀现象会更严重。

后沉淀与共沉淀的区别在于：

① 后沉淀现象会随溶液放置时间的增加而加重，但共沉淀量受放置时间的影响小。因此可通过缩短沉淀与母液的接触时间来减少或避免后沉淀现象的发生。

② 后沉淀现象有时会随温度的升高而加重。

③ 后沉淀引入的杂质量有时会比共沉淀多，甚至引入的杂质量会和待测组分的量相当。

④ 不管杂质是沉淀前就存在，还是在沉淀过程中加入的，或是在沉淀形成后引入的，后沉淀引入的杂质量基本一致。

6.1.5.3　提高沉淀纯度的方法

共沉淀和后沉淀现象的存在，使待测物质的沉淀表面有沾污而不纯净。为了提高沉淀的纯度，可采取以下操作。

① 选择适当的分析步骤。例如，当希望沉淀待测样品中含量较少的组分时，不要先沉淀主要组分，否则在沉淀过程中会因为共沉淀和后沉淀现象的存在，而让含量较少的组分掺杂在主要组分的沉淀中，在测定少量组分含量时会引起较大的误差。

② 选择合适的沉淀剂。例如，为了减少共沉淀现象的发生，可采用合适的有机沉淀剂代替无机沉淀剂。

③ 改善沉淀反应的条件。溶液的浓度、试剂加入的速度和顺序、反应温度、放置时间、陈化与否等对沉淀纯度的影响各不相同。

④ 改善杂质的存在形态。例如，当 $BaSO_4$ 沉淀时，将溶液中存在的 Fe^{3+} 还原为 Fe^{2+}，或利用配位剂（如 EDTA）与其进行配位，可大大减少 Fe^{3+} 的共沉淀量。

⑤ 再沉淀。若沉淀中杂质含量较多，可将已得到的沉淀过滤后溶解，再进行第二次沉淀，再次沉淀时，杂质量会大大减少，共沉淀和后沉淀现象减少。该措施对于除去吸留和包埋的杂质效果较好。

在沉淀的重量分析中，共沉淀或后沉淀现象对分析结果的影响程度随条件变化。例如，通过沉淀 $BaSO_4$ 测定溶液中的 Ba^{2+} 浓度时，沉淀表面吸附的 $Fe_2(SO_4)_3$ 等不能通过灼烧除去，则会使测量结果偏大，引起正误差。若沉淀中有 $BaCl_2$，计算时会按 $BaSO_4$ 计，会引起负误差。若沉淀吸附的杂质可通过灼烧去除，如挥发性的盐类，则不会产生误差。

6.1.6　沉淀条件的选择

在沉淀重量法中，为了获得准确的分析结果，待测组分要尽可能沉淀完全、纯净、易于过滤和洗涤，同时要降低沉淀的溶解损失。所以，要根据不同的沉淀类型选择适合的沉淀条件，以满足重量分析的要求。

6.1.6.1　晶形沉淀的沉淀条件

① 应在适当的稀溶液中进行沉淀。稀溶液相对饱和度不大，均相成核现象少，构晶离子成核数量减少，使其定向排序速率大于聚集速率，有利于大颗粒晶形沉淀的形成，从而便于过滤和洗涤。同时，由于沉淀颗粒的粒径较大，比表面积相对较小，也降低了表面吸附现象带来的杂质，沉淀的纯度可进一步提高。但应注意，若沉淀的溶解度较高，可能会引起溶解损失而造成误差，所以溶液不能太稀。

② 应在热溶液中进行沉淀。大多数微溶和难溶化合物的溶解度随温度的升高而增大，待测组分沉淀吸附的杂质量随温度的升高而减少。因此在热溶液中进行沉淀，既能降低溶液的相对过饱和度，减少成核数量，使构晶离子的聚集速率降低，获得颗粒粒径大的晶形沉淀，又能减少沉淀表面吸附的杂质量，获得纯净的沉淀。但对于少数在热溶液中溶解度较大的沉淀，应放置冷却后再过滤，以减少损失。

③ 应缓慢加入沉淀剂并在充分搅拌下进行沉淀。缓慢加入可以防止溶液短时间内局部过浓；充分搅拌让溶质均匀地分布在整个溶液中，也可避免局部过浓。这两个措施都可让构晶离子在溶液中的相对过饱和度不至过高，从而得到纯度高的大颗粒晶形沉淀。

④ 应对沉淀进行陈化。将沉淀与母液一起放置一段时间的过程称为陈化（aging）。在

同样情况下，大结晶的溶解度要比小结晶的低，若在平衡状态下溶液对大结晶是饱和的，则此时对小结晶是未饱和的，于是小结晶溶解，溶解达到一定程度后，大结晶已经过饱和，溶液中的离子就在大结晶上沉淀。这样小结晶不断溶解，大结晶逐渐长大，结果使晶粒不断变大直至小结晶达到饱和。所以陈化使吸附、吸留和包埋在沉淀内部的杂质重新溶解进入溶液，可以提高沉淀的纯度，同时也可获得更完整的大颗粒沉淀。在陈化过程中加热和搅拌，会加快沉淀的溶解速率以及离子在溶液中的扩散速率，同时可以缩短陈化时间并取得更好的陈化效果。

⑤ 均匀沉淀。在搅拌的情况下缓慢加入沉淀剂还是不能避免沉淀剂局部过浓现象。为了改善沉淀结构，也会采用均匀沉淀法。它是利用化学反应缓慢而均匀地从溶液中产生沉淀剂，当沉淀剂达到一定浓度时会和构晶离子作用，生成结构紧密、纯净且易于过滤和洗涤的大颗粒沉淀。采用此法可使溶液的过饱和度小，同时又可长时间维持溶液过饱和，没有局部过浓现象，而且沉淀剂是均匀地分布在整个环境中。例如，在含有 Ca^{2+} 的酸性溶液中加入草酸铵，再加入尿素并加热煮沸，这样产生的 CaC_2O_4 沉淀是颗粒较大的晶形沉淀。原因是尿素在热环境中先水解生成 NH_3，中和溶液中的 H^+，使 $C_2O_4^{2-}$ 缓慢增加并和 Ca^{2+} 结合产生 CaC_2O_4 沉淀，pH 达到 $4\sim4.5$ 时沉淀完全，且杂质少，纯度高。

也可利用有机化合物的水解、氧化还原反应，配位化合物的分解或能逐步产生沉淀剂的反应进行均匀沉淀。

⑥ 采用有机沉淀剂。有机沉淀剂的选择性较高，生成的沉淀溶解度小、吸附杂质少、纯净且分子量较大，待测组分所占质量分数小，可提高分析结果的准确度。

6.1.6.2　无定形沉淀的沉淀条件

无定形沉淀的溶解度通常很小，溶液的相对过饱和度很大，且沉淀颗粒本身粒径较小，其疏松的结构导致吸附的杂质多，易产生胶溶，不易过滤和洗涤。所以，对无定形沉淀主要是设法破坏胶体，防止胶溶，从而加剧沉淀的聚集。

① 应在浓度较高的热溶液中进行沉淀。高浓度和高温都可降低沉淀的水化程度，沉淀中的水分蒸发从而使含水量减少，有利于沉淀的凝聚，形成较原先紧密的结构，易于过滤。同时，高温还可减少表面吸附的共沉淀现象，提高沉淀的纯度。

② 加入大量的电解质。电解质可防止胶体的形成，降低粒子间的水化程度，促进沉淀凝聚成大颗粒。用挥发性较大的电解质（如盐酸、铵盐和氨水）洗涤沉淀，可防止胶溶，也能将吸附层中难挥发的杂质交换出来。

③ 适当加快沉淀剂的加入速度并搅拌。这样的操作可生成结构紧密的沉淀，有利于过滤。但同时有可能吸附杂质，因此在反应完成后，应立刻加入大量热溶液稀释并搅拌，以减少表面吸附的杂质。

④ 不用陈化。沉淀完成后趁热过滤，不必陈化。否则，放置一段时间后，无定形沉淀中的水分逐渐丧失，沉淀颗粒易黏附在一起不易过滤，吸附的杂质也难以去除。

6.1.7　沉淀的过滤、洗涤、干燥和恒重

沉淀的过滤是指将待测组分的沉淀与母液分开，以便其与共存组分、沉淀剂和其他杂质分离，从而获得纯净的沉淀。对需要通过灼烧得到称量形式的沉淀，一般使用无灰滤纸（每张滤纸灰分小于 $0.2mg$），可根据沉淀的性质选用不同的滤纸。由于无定形沉淀结构疏松、体积较大，不易过滤，因此选择疏松滤纸以加快过滤速度；对于晶形沉淀以及细小颗粒的沉

淀应用紧密滤纸，防止沉淀颗粒穿过滤纸造成损失。同时，应注意过滤时滤纸要紧贴漏斗，防止颗粒从漏斗和滤纸的缝隙中穿过；并应采用倾斜法，防止滤纸被堵塞。若只需要烘干就可得到称量形式的沉淀，通常用玻璃砂芯坩埚或玻璃砂芯漏斗过滤。当沉淀的溶解度随温度变化不明显时，可趁热过滤。

沉淀的洗涤是为了洗去沉淀表面的杂质和残留在表面的母液，在这个过程中应注意减少待测组分沉淀的溶解损失并防止胶溶，所以要选择合适的洗涤液。对于溶解度较小且不易形成胶体的沉淀，可用纯水洗涤。晶形沉淀的溶解度一般较大，可用浓度低的稀沉淀剂洗涤，但沉淀剂应是易挥发或易分解的，可通过烘干加热等操作去除。无定形沉淀易形成胶溶，可用易挥发的电解质稀溶液洗涤。洗涤过程要遵循少量多次的原则，以减少损失并获得纯净的产物。

沉淀的灼烧或干燥是为了去除其中的水分和挥发性的杂质，从而得到待测组分的称量形式。干燥和灼烧的区别主要是温度不同，干燥一般是在 $110\sim120℃$ 进行 $40\sim60min$，灼烧是在 $800℃$ 以上除去沉淀中难挥发的杂质，使沉淀分解为称量形式。例如，若想要得到 $MgNH_4PO_4 \cdot 6H_2O$ 沉淀的称量形式 $MgNH_4PO_4$，则需在 $1100℃$ 灼烧。

沉淀的恒重是指沉淀经连续两次干燥或灼烧后称量的质量差小于 $0.2mg$。

6.1.8　称量形式和结果计算

在沉淀的重量分析中，通常情况下待测组分的存在形式和称量形式不同，所以需要将称量形式的质量转化为待测组分的质量。引入重量因数（gravimetric factor）或换算因数 F，如式（6.3），它是指待测组分的摩尔质量与称量形式的摩尔质量之比，为常数。

$$换算因数(F) = \frac{a \times 待测组分的摩尔质量}{b \times 称量形式的摩尔质量} \tag{6.3}$$

式中，为了让分子、分母中欲测成分的分子数或原子数相等，设置 a 和 b 两个系数。表 6.4 是部分待测组分和称量形式的换算因数。

表 6.4　部分待测组分和称量形式的换算因数

待测组分	称量形式	换算因数 F	待测组分	称量形式	换算因数 F
Fe	Fe_2O_3	$2M_{Fe}/M_{Fe_2O_3}$	MgO	$Mg_2P_2O_7$	$2M_{MgO}/M_{Mg_2P_2O_7}$
Na_2SO_4	$BaSO_4$	$M_{Na_2SO_4}/M_{BaSO_4}$	Cl^-	AgCl	M_{Cl}/M_{AgCl}

根据称得的称量形式的质量 m' 和试样的质量 m 以及换算因数 F，按照式（6.4）求出被测组分的质量分数。

$$\omega = \frac{m'F}{m} \tag{6.4}$$

6.2　重量分析法在环境样品分析中的应用

在环境工程领域，重量分析法大多用在无机物的分析中，在水质检测中一般采用沉淀法。在水质检测中，重量分析法常用于残渣的测定及水处理相关的滤层中含泥量的检测。例如，地表水、地下水、生活污水和工业废水中悬浮物的测定常采用重量法。水中悬浮物是指水样通过孔径 $0.45\mu m$ 的滤膜，截留在滤膜上并在 $103\sim105℃$ 上烘干至恒重的固体物质。

（1）样品的采集及贮存

利用硬质玻璃瓶或聚乙烯瓶采集水样。采样瓶要用洗涤剂洗净，再依次用自来水和蒸馏水冲洗残留的洗涤剂，采样前再用待测水样清洗三次。采集 500～1000mL 具有代表性的水样，盖严瓶塞。

采集的水样应尽快分析测定，若需放置，应贮存在 4℃的冷藏箱中，且贮存时间不能超过 7 天。

（2）操作步骤

准备滤膜：用镊子夹取 0.45μm 的微孔滤膜放于事先恒重的称量瓶内，将其移入烘箱中并在 103～105℃下烘干 0.5h，取出置于干燥器内冷却至室温后，称其质量。重复烘干、冷却和称量操作，直至两次称量的质量差≤0.2mg。再将滤膜放在滤膜过滤器的滤膜托盘上，加盖配套的漏斗，用蒸馏水润湿滤膜并不断吸滤。

测定：将 100mL 混合均匀的水样抽吸过滤，使水分全部通过滤膜，再以 10mL/次的蒸馏水连续清洗三次，继续吸滤以除去残留的痕量水分。停止吸滤后，将载有悬浮物的滤膜放在原恒重的称量瓶内，移入烘箱中于 103～105℃烘干 1h 后放入干燥器内，冷却至室温，称其质量。反复烘干、冷却、称量，直至两次称量的质量差≤0.4mg。

（3）结果计算

悬浮物含量 ρ（mg/L）计算公式如下：

$$\rho = \frac{(A-B) \times 10^6}{V} \tag{6.5}$$

式中　ρ——水中悬浮物的浓度，mg/L；

　　　A——悬浮物、滤膜和称量瓶的质量，g；

　　　B——滤膜和称量瓶的质量，g；

　　　V——水样体积，mL。

 习题

1. 称取在空气中干燥的石膏试样 1.2023g，经烘干后得吸附水分 0.0208g，再经灼烧又得结晶水 0.2424g，计算分析试样换算成干燥物质时的 $CaSO_4 \cdot 2H_2O$ 的质量分数。

2. 计算下列各组的换算因数。

① 称量形式：Al_2O_3；待测组分：Al。

② 称量形式：Fe_2O_3；待测组分：Fe_3O_4。

③ 称量形式：$PbCrO_4$；待测组分：Cr_2O_3。

3. 晶形沉淀与无定形沉淀的条件有什么不同？为什么？

4. 要获得纯净而易于过滤、洗涤的沉淀，需要采取哪些措施？为什么？

 参考文献

[1]　孙毓庆. 分析化学 [M]. 北京：科学出版社，2003.

[2]　武汉大学. 分析化学：上册 [M]. 6 版. 北京：高等教育出版社，2016.

[3]　胡育筑. 分析化学：上册 [M]. 4 版. 北京：科学出版社，2015.

第七章
电化学分析法

7.1 电化学分析法简介

电化学分析法（electrochemical analysis）是应用电化学原理进行物质成分分析的方法。此类方法通常是将被测物制成溶液，根据其电化学性质，选择适当电极组成化学电池，通过测量电池的某些电化学参数（电导、电压、电流、电阻、电量等）的强度或变化情况，对待测组分进行定性或定量分析。

电化学分析法通常建立在电化学学科的基础上，是仪器分析的一个重要分支，也是最早的仪器分析技术之一。该法分析速度快，选择性好，灵敏度高，所需仪器品种多样，设备简单，操作方便，能直接得到电信号，不受试样颜色、浊度等因素的干扰，易实现自动化和连续分析。随着技术的发展，电化学分析法在医药卫生、生命科学、环境监测等领域均有较大的发展，应用前景广阔。

针对分析应用的特性和需求，通常将电化学分析法根据测量的电化学参数进行划分，国际纯粹与应用化学联合会（IUPAC）推荐将电化学分析法分为三类：①不涉及双电层，也不涉及电极反应的方法，如电导分析；②涉及双电层，但不涉及电极反应，如电位分析；③涉及电极反应，如电解、库仑、极谱、伏安分析等。鉴于环境样品测定的需要，本章主要介绍常见电化学分析法的原理及其在环境样品分析中的应用。

7.2 电导分析法

7.2.1 电导分析法原理

电导分析法（conductometry）是通过测量分析溶液的电导，以确定待测物含量的分析方法。电解质导体的导电能力用电导 G 表示，其计算见式（7.1），它与电阻 R 互为倒数，单位为西门子（S）。对于同一导体，其电阻 R 与导体的长度 l 成正比，与截面积 A 成反比；电阻率 ρ 的倒数为电导率 κ，其国际单位为 S/m，常用单位为 S/cm。电解质溶液体系的电导率与电解质的本性、温度、溶剂的性质和溶液的浓度等有关，其物理意义为对于单位面积的两电极，距离为单位长度时溶液的电导。

$$G = \frac{1}{R} = \frac{1}{\rho} \times \frac{A}{l} = \kappa \times \frac{A}{l} \tag{7.1}$$

为方便比较各种电解质的导电能力，引入摩尔电导率 Λ_m，其代表含 1mol 电解质的溶液在间隔为 1cm 的两块面积相等且平行的电极之间的电导，单位为 $S \cdot cm^2/mol$。若 1 mol 电解质溶液的体积为 V（cm^3），电导率为 κ，溶液的物质的量浓度为 c（mol/L），则其摩尔电导率 Λ 为：

$$\Lambda_m = \kappa V = \kappa \times \frac{1000}{c} \tag{7.2}$$

合并式（7.1）和式（7.2），可得到式（7.3）：

$$G = \frac{\Lambda_m c}{1000} \times \frac{A}{l} \tag{7.3}$$

在电解质溶液的电导测量中，对于固定的两电极，其表面积 A 和距离 l 是固定的，因此 l/A 为常数，称作电导池常数，用 θ 表示，则：

$$G = \frac{\Lambda_m c}{1000} \times \frac{1}{\theta} \tag{7.4}$$

当溶液无限稀释时，摩尔电导率达到极值，此值称为极限摩尔电导，它在一定程度上反映了离子导电能力的大小。电解质溶液中存在多种离子时，溶液中极限摩尔电导值为其中正、负离子分别对应的极限摩尔电导之和。需注意的是，正、负离子的电导都只取决于离子的本性，不受其他共存离子影响。

根据工作原理的不同，电导分析法可分为直接电导法（direct conductometry）和电导滴定法（conductometric titration）。

直接电导法是直接测量溶液的电导，根据电导值确定待测物质含量的方法，可利用溶液电导与溶液中离子浓度成正比的关系进行定量分析，理论基础为式（7.5）：

$$G = kc \tag{7.5}$$

式中，k 与电极和温度等实验条件相关，当实验条件一定时为常数；c 为溶质的浓度。利用直接电导法进行定量分析时，常用的方法有标准曲线法、直接比较法和标准加入法。标准曲线法是通过配制一系列已知浓度的溶液，分别测量其电导，绘制电导 G 与浓度 c 关系的标准曲线，随后在相同实验条件下测定待测溶液的电导 G，根据标准曲线获得待测溶液的浓度 c。直接比较法是在相同条件下同时测定待测溶液和某一标准溶液的电导 G 和 G_s，根据式（7.5）的定量关系计算比例可得到待测样品的浓度。标准加入法是先测定体积为 V_1 的待测溶液的电导 G_1，再向待测溶液中加入体积为 V_2 的标准溶液（V_2 约为 V_1 的 1/100），标准溶液的浓度为 c_2，随后测量混合溶液的电导 G_2，根据式（7.5）可获得式（7.6）所示的方程组，由此方程组可计算出待测溶液的浓度 c_x。

$$\begin{cases} G_1 = kc_x \\ G_2 = k \times \dfrac{V_1 c_x + V_2 c_2}{V_1 + V_2} \end{cases} \tag{7.6}$$

电导滴定法是根据滴定过程中溶液电导的变化确定滴定终点的方法。由于滴定剂与反应产物电导的差别，被滴定溶液的电导会随着滴定剂和反应产物浓度的变化而变化，在化学计量点时滴定曲线出现的转折点为滴定终点，因此在滴定过程中逐渐滴入与待测离子反应的滴定剂，测定滴定过程中溶液电导的变化，可通过到达滴定终点时所滴入的滴定溶液的浓度和体积确定待测物质浓度，反应产物一般为水、沉淀或者难解离的物质。

7.2.2　电导分析法在环境样品分析中的应用

电导分析法具有仪器简单、测量方便、灵敏度高等优势，但由于溶液的电导是存在于溶液中的所有离子的共同贡献，其选择性较差、使用范围有限。尽管如此，电导分析法在与离子有关的分析中还是有一定的应用，并且常与其他技术相结合，选择性可极大地提高，应用范围也更广。

近年来直接电导法在环境样品的分析中主要应用于大气监测和水质分析两方面。在大气监测中，由于各种污染源排放的大气污染气体主要有 SO_2、CO、CO_2 及 N 的各种氧化物等，可以利用气体吸收装置，使这些气体通过一定的吸收液，通过测量反应前后溶液的电导率变化来间接反映气体的浓度。该法灵敏度高，操作简便，可获得连续读数。比如在测定大气中的 SO_2 时，可将空气通过 H_2O_2 吸收液，SO_2 被氧化成 H_2SO_4，气体被吸收后，溶液的电导率明显增大，据此计算出大气中 SO_2 的含量。可在气体进口处设净化装置来消除其他气体的干扰，如用 Ag_2SO_4 固体除去 H_2S、$KHSO_4$ 及 HCl 等。

在水质分析中，直接电导法的应用包括以下几方面。①检验水质纯度。由于纯水的电导率很小，当水被污染而溶解各种盐类时，水的电导率增大，通过测定其电导率可以间接推测水中离子成分的总浓度，了解水体矿物质污染的程度。比如 25℃ 时，绝对纯水的理论电导率为 $0.055\mu S/cm$，电解质含量增加，电导率随之增大。②判断水质状况。通过电导率的测定可初步判断天然水和工业废水被污染的情况，例如饮用水、清洁河水、天然水、海水等的电导率分别为 $50\sim1500\mu S/cm$、$100\mu S/cm$、$50\sim500\mu S/cm$、$30000\mu S/cm$。③估算水中溶解氧含量。某些化合物和水中溶解氧发生反应而产生能导电的离子成分，由此可测定溶解氧含量，常用于锅炉管道水中溶解氧含量的估算。例如金属铊与水中溶解氧反应生成 Tl^+ 和 OH^-，使电导率增大。一般电导率每增大 $0.035\mu S/cm$ 相当于 $0.001mg/L$ 的溶解氧。④估算水中可滤残渣。水体中所含各种溶解性矿物盐类的总量称为水的总含盐量或总矿化度。水中所含溶解盐种类越多，水中离子数目越多，水的电导率越高。对于多数天然水而言，可滤残渣与电导率之间的关系见式（7.7）。其中，FR 表示水中可滤残渣量（mg/L）；K 表示 25℃ 时的电导率（$\mu S/cm$）；$0.55\sim0.70$ 为系数，随水质不同而异，一般估算取 0.67。

$$FR=(0.55\sim0.70)\times K \tag{7.7}$$

电导滴定法可用于大部分反应物与产物电导有差异的反应，通常作为滴定分析的终点监测方法。以强碱 NaOH 滴定强酸 HCl 的过程为例，在滴定过程中，Na^+ 不断取代溶液中的 H^+，由于 Na^+ 的导电能力小于 H^+，因此溶液的电导逐渐下降，当 H^+ 完全被 Na^+ 取代时，电导达到最小值，随着 NaOH 的过量加入，OH^- 和 Na^+ 浓度增大，溶液电导逐渐增大。如以电导对 NaOH 滴定体积作图，可得电导滴定曲线，滴定曲线的最低点即为滴定终点。

对于滴定突跃很小或有几个滴定突跃的滴定反应，电导滴定法可以发挥很大的作用，如弱酸弱碱的滴定、混合酸碱的滴定、多元弱酸的滴定以及非水介质的滴定等。这些在普通滴定分析或电位滴定中均无法实现，是电导滴定法的突出优势之一。但该法一般适用于酸碱反应和沉淀反应，不太适用于氧化还原反应和配位反应，因为氧化还原反应和配位反应一般需要加入大量其他试剂以调控溶液的酸度，导致滴定过程中电导变化不太明显，不易确定滴定终点。

电导法还有很多其他应用，比如测定物理化学常数如介电常数和电解质的解离常数、对生产中间流程的控制及自动分析、测定土壤中可溶性盐分的总量从而了解土壤中盐分的微域分布及动态变化等。

7.3 电位分析法

7.3.1 电位分析法原理

电位分析法（potentiometry analysis）是电化学分析法的重要分支，以测量原电池的电动势为基础，通常由一个参比电极和一个指示电极共同浸入被测溶液构成一个原电池。电位分析法的实质是在电路的电流接近于零的条件下，通过测定化学电池中两电极间的电动势或电极电位值来确定被测物质的含量。对任一电对的电极反应 $Ox + ne^- \rightleftharpoons Red$，其中电极电位可用能斯特方程表示：

$$\varphi = \varphi_{Ox/Red}^{\ominus} + \frac{RT}{nF} \ln \frac{a_{Ox}}{a_{Red}} \tag{7.8}$$

式中　　φ——化学电池中需测定的两电极间的电动势，V；

$\varphi_{Ox/Red}^{\ominus}$——标准电极电势，V；

R——摩尔气体常数，8.3145J/(mol·K)；

T——热力学温度，K；

n——参与电极反应的电子数；

F——法拉第常数，96485 C/mol；

a_{Ox}，a_{Red}——电极反应平衡时氧化态 Ox 和还原态 Red 的活度。

能斯特方程反映了一定温度下电解质溶液的活度与电极电位或电池电动势之间的定量关系，也是电极反应动力学特征的一种表达形式，但需注意，能斯特方程的应用前提是电池必须为可逆电池。

电位分析法可分为直接电位法（direct potentiometry）和电位滴定法（potentiometric titration）两大类。直接电位法是直接通过测量电池电动势，根据能斯特方程计算出待测物质的含量。电位滴定法是通过测量滴定过程中电池电动势的突变来确定滴定终点，由滴定终点时所消耗的滴定剂体积和浓度求出待测物质的含量。在通常情况下，应用直接电位法测定电解质溶液，共存离子干扰很小，灵敏度较高，并且对组成复杂的试样无须经过任何分离处理，就可直接进行测定。与直接电位法相比，电位滴定法不需要准确地测量电极电位，因此温度、液体接界电位的影响并不重要，其准确度优于直接电位法。

7.3.2 电极分类

7.3.2.1 参比电极

在电位分析中，参比电极是指在一定条件下，电极电位恒定不变的电极，是测量电极电位的相对标准。这类电极必须具备以下基本性质：可逆性，即当有微电流通过时，电极电位基本上保持不变；重现性，即在溶液的浓度、温度改变时，电极按能斯特方程响应，无滞后现象；稳定性好，使用寿命长，且装置简单。目前常用的参比电极有饱和甘汞电极和银-氯化银电极。

饱和甘汞电极（saturated calomel electrode，SCE）由金属汞、甘汞（Hg_2Cl_2）和饱和 KCl 溶液组成，其电极组成、电极反应和电极电位（25℃）如下所示：

电极组成　　　　　　　　$Hg \mid Hg_2Cl_2(固) \mid KCl(溶液)$

电极反应 $$Hg_2Cl_2 + 2e^- \Longrightarrow 2Hg + 2Cl^-$$

电极电位（25℃） $$\varphi = \varphi^{\ominus}_{Hg_2Cl_2/Hg} - 0.059 \lg \alpha_{Cl^-} \text{ 或 } \varphi = \varphi^{\ominus'}_{Hg_2Cl_2/Hg} - 0.059 \lg c_{Cl^-} \qquad (7.9)$$

温度一定时，甘汞电极的电极电位取决于 KCl 溶液的活（浓）度，KCl 溶液活（浓）度一定时，其电极电位为固定值。饱和甘汞电极的结构如图 7.1 所示，电极由内、外两个玻璃套管组成，内管上端封接一根铂丝，铂丝与电极线相连，插入纯 Hg 中，下置一层 Hg-Hg_2Cl_2 的糊状混合物，并用浸有 KCl 溶液的石棉类多孔物堵塞。外玻璃管中装有饱和 KCl 溶液，其下端与被测溶液的接触部分是石棉、素烧陶瓷等多孔物质，用以阻止电极内外溶液相互混合，以及提供离子通道，起盐桥作用。饱和甘汞电极构造简单，电位稳定，使用方便，是最常用的参比电极。

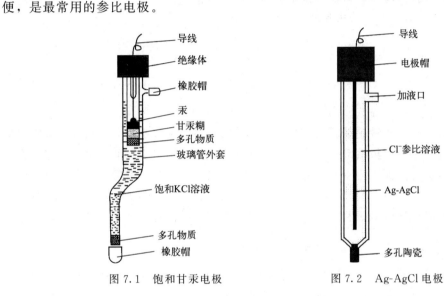

图 7.1　饱和甘汞电极　　　　　图 7.2　Ag-AgCl 电极

银-氯化银电极（silver-silver chloride electrode，SSE）是由银丝镀上一层 AgCl，浸在 AgCl 饱和的一定浓度的 KCl 溶液中构成的，结构如图 7.2 所示，其电极组成、电极反应和电极电位（25℃）如下所示：

电极组成 $$Ag \mid AgCl(固) \mid KCl(溶液)$$

电极反应 $$AgCl + e^- \Longrightarrow Ag + Cl^-$$

电极电位（25℃） $$\varphi = \varphi^{\ominus}_{AgCl/Ag} - 0.059 \lg \alpha_{Cl^-} \text{ 或 } \varphi = \varphi^{\ominus'}_{AgCl/Ag} - 0.059 \lg c_{Cl^-} \qquad (7.10)$$

银-氯化银电极构造简单，稳定性和重复性均较好，常用作玻璃电极和其他离子选择电极的内参比电极，以及复合电极的内、外参比电极。

7.3.2.2　指示电极

指示电极（indicator electrode）是指电极电位随待测组分活（浓）度变化而变化的电极。指示电极的电极电位与待测组分活（浓）度间的关系符合能斯特方程。电位分析法中常用的指示电极可分为金属基电极和膜电极两大类。

（1）金属基电极

① 金属-金属离子电极：金属浸入该金属离子的溶液中达到平衡后即组成金属-金属离子电极，可表示为 $M \mid M^{n+}$。这类电极的电极电位取决于金属离子的活度，其电极反应和电极电位为：

$$M^{n+} + ne^- \Longrightarrow M$$

$$\varphi_{M^{n+}/M} = \varphi^{\ominus}_{M^{n+}/M} + \frac{0.059}{n}\lg\alpha_{M^{n+}} \tag{7.11}$$

② 金属/金属难溶盐电极：金属和该金属的难溶盐溶液组成的电极体系，可表示为 M，MX(固)｜X^{n-}，如参比电极 Ag，AgCl(固)｜Cl^-。这类电极的电极电位取决于溶液中与金属离子生成难溶盐的阴离子的活度，可用于测定难溶盐阴离子的浓度。

③ 惰性金属电极：由惰性金属（Pt 或 Au）浸入含有同一元素不同氧化态电对的溶液中组成，又叫零类电极或均相氧化还原电极。惰性金属电极中的惰性金属本身不参与反应，仅作为物质的氧化态和还原态电子交换的场所。这类电极的电极电位随溶液中氧化态和还原态活（浓）度比值的变化而改变，可用于测定溶液中两者的活（浓）度及其比值。该电极可表示为 $Pt(Au)｜M^{a+}$，$M^{(a-n)+}$，其电极反应和电极电位为：

$$M^{a+} + ne^- \Longrightarrow M^{(a-n)+}$$

$$\varphi = \varphi^{\ominus}_{M^{a+}/M^{(a-n)+}} - \frac{0.059}{n}\lg\frac{\alpha_{M^{a+}}}{\alpha_{M^{(a-n)+}}} \tag{7.12}$$

（2）膜电极

膜电极是由对待测离子敏感的膜制成，以固体膜或液体膜为传感器，对溶液中某特定离子产生选择性响应，用于测量溶液中离子活度（或浓度）的指示电极。膜电极的薄膜上没有电子交换反应，电极电位被认为主要是基于响应离子在膜上交换和扩散等作用的结果，各种离子选择电极（ion selective electrode，ISE）属于此类电极，常用的膜电极有 pH 玻璃电极、钙电极、氟电极、气敏电极和酶电极等。膜电位和离子的活度符合能斯特方程：

$$\varphi = K \pm \frac{2.303RT}{nF}\lg\alpha_i \tag{7.13}$$

式中，K 为电极常数；α_i 为待测离子的活度，响应离子为阳离子时取＋号，为阴离子时取－号。基于此，可由电动势值求得待测离子的浓度。以氟离子选择电极测定水样中的氟离子为例，原电池的电动势在 25℃时为：

$$E_{电池} = \varphi_{甘汞} - \varphi_{离} \tag{7.14}$$

将式（7.13）代入式（7.14）可得：

$$E_{电池} = K' - 0.059\lg\alpha_F \tag{7.15}$$

由此可获得 F^- 的活度，F^- 的活度 α 与浓度 c 之间满足下列关系：

$$\alpha = c\gamma \tag{7.16}$$

γ 为离子活度系数，在实际分析中溶液的离子强度一般保持相对稳定，从而使离子活度系数稳定，在相同的实验条件下对标准溶液与被测溶液进行测量，根据 E-$\lg c$ 的标准曲线计算离子浓度。

测定水样的 F^- 时：

$$E = K' - 0.059\lg\gamma_{F^-}c_{F^-} = K'' - 0.059\lg c_{F^-} \tag{7.17}$$

式中，K'' 为并入活度系数后的新常数。

7.3.3　pH 计和自动电位滴定仪简介

pH 计又称酸度计，是使用玻璃电极测定溶液 pH 的一种电位计。随着现代电子数字技术的飞速发展，pH 计发展出了多种类型，但仪器仍主要由三部分构成：指示电极（玻璃电极）、参比电极（饱和甘汞电极）、电位计。用电位计测量电极与试液组成的工作电池的电动势。因此，测量溶液的 pH 的原电池可表示为：

$$(-)玻璃电极｜待测溶液(\alpha_{H^+})$$

在 25℃时，其电池电动势为：

$$E=\varphi_{SCE}-\varphi_{玻}=\varphi_{SCE}-(K-0.059pH)=K'+0.059pH \qquad (7.18)$$

式中，K 与玻璃电极的性能有关，φ_{SCE} 和 $\varphi_{玻}$ 分别为参比电极和玻璃电极的电极电位。由式（7.18）可知，在一定条件下，工作电池的电动势与待测试液的 pH 成线性关系，测定溶液电动势，即可求出待测溶液的 pH。为了方便使用，pH 计内部安装的电子线路可将电池输出的电动势直接转换为 pH 读数，在 pH 计的读数器上直接标示 pH。由于温度对溶液 pH 有影响，在 pH 计上装有温度调节器，调节它可使每一 pH 间隔的电动势改变值正好相当于测量温度时应有的变动值，以补偿由温度的变化而引起的 pH 变化带来的误差。

此外，pH 计上还有读数标度定位调节器，其作用是在电池电动势上附加以适当电压，使 pH 读数与测定溶液的 pH 一致。因此在测定之前必须用标准缓冲溶液进行校正，使标度值与标准缓冲溶液的 pH 值相一致，然后测定样品溶液的 pH 值。标准缓冲溶液的 pH 的可靠性是测量溶液 pH 的关键，为了减小误差，应选用与被测溶液 pH 相近的标准缓冲溶液，并保持温度恒定。实际测定方法有单标准 pH 缓冲溶液法和双标准 pH 缓冲溶液法，后者具有更高的准确度。目前，我国所建立的 pH 标准溶液体系有 7 个缓冲溶液。利用单标准 pH 缓冲溶液法测量溶液 pH 时，一般要求待测溶液的 pH 与标准缓冲溶液的 pH 之差小于 3 个 pH 单位。首先测量标准缓冲溶液的 pH，调节 pH 计读数为该溶液的标准 pH，以此校正仪器后再测量未知样品溶液。为了获得更高精度的 pH，通常选用双标准 pH 缓冲溶液校正仪器。首先，测量其中一个标准缓冲溶液对仪器进行定位；再选用另一个标准缓冲溶液调节斜率，使仪器显示的 pH 读数为该标准溶液的 pH；最后，对未知样品进行测定，但要求未知样品溶液的 pH 尽可能落在这两个标准缓冲溶液的 pH 之间。

此外，在 pH 计的使用过程中，还应注意规范操作，比如开机后应预热一段时间，待电子元件达到稳定状态后开始使用，每次更换标准缓冲溶液或待测溶液前应用纯净水充分洗涤电极并将水吸尽，标准缓冲溶液出现浑浊或沉淀等现象时应及时更换。目前常用的 pH 计有 pH-25 型、pHS-2 型、pHS-3 型、pHS-10 型、pHS-300 型等，这些 pH 计的读数精度和功能有细微区别，比如 pH-25 型、pHS-2 型最小分度分别为 0.1 和 0.02 个 pH 单位，而 pHS-10 型的读数精度为 0.001 个 pH 单位。随着电子科学技术的发展，这些 pH 计可与记录仪及微机联用，也装有毫伏计换挡键，可作为电位计直接测量电池电动势。

电位滴定法作为一种重要的滴定分析方法，应用广泛，优势突出，但一般在操作过程中需用人工操作进行确定并随时测量、记录滴定电池的电位，分析时间较长，烦琐且费时，还需离子计、搅拌器等。随着电子技术和自动化技术的发展，出现了以仪器代替人工滴定的自动电位滴定仪。自动电位滴定仪在滴定过程中可以自动绘出滴定曲线，自动找出滴定终点，自动给出体积，滴定快捷方便。

自动电位滴定仪有两种工作方式：自动记录滴定曲线方式和自动终点停止方式。自动记录滴定曲线方式是在滴定过程中自动绘制滴定体系中 pH（或电位值）-滴定体积变化曲线，然后由计算机找出滴定终点，给出消耗的滴定体积。自动终点停止方式是预先设置滴定终点的电位值，电位值达到预定值后，滴定自动停止。自动滴定仪有多种型号，如 ZD-2 型自动电位滴定仪、ZDJ-4A 型自动电位滴定仪、ZDW-3A 型全自动电位滴定仪等，其中 ZD-2 型自动电位滴定仪是化学实验室广泛使用的一种理想的容量分析仪器，其工作原理如图 7.3 所示，属于自动终点停止方式。ZD-2 型自动电位滴定仪适用于环境分析、化工、冶金、制药等行业的各种成分分析，也可作为精密 pH 计使用，其精度与 pHS-3C 型 pH 计一致。

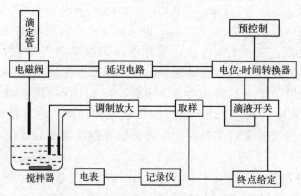

图 7.3　ZD-2 型自动电位滴定仪的工作原理

7.3.4　电位分析法在环境样品分析中的应用与示例

随着科学技术的发展，电位分析法在环境保护、医药卫生、食品、农业、工业生产等众多领域有了更加广泛的应用。

7.3.4.1　电位分析法在环境样品分析中的应用

（1）直接电位法

直接电位法有较好的选择性，一般样品可不经分离或掩蔽处理直接进行测定，而且测定过程中不破坏试液。同时，仪器设备比较简单，操作方便，易于实现连续和自动分析，分析速度快，一般用于微量及痕量组分的测定。最典型的应用就是利用 pH 电位计测定水溶液的 pH，此外目前用直接电位法可测定的离子有几十种，包括 Na^+、K^+、Ca^{2+}、NO_3^-、BF_4^-、ClO_4^- 等。

在肥料、土壤、水、矿物有效 K^+ 的测定中，用中性载体的钾离子选择电极作指示电极，甘汞电极作参比电极，将试样加水搅拌，浸提 0.5h 后进行预处理，调节 pH 至 6～10 后进行测定，根据 K^+ 标准系列溶液所得到的电动势 E 作出 E-pK 图，获得试样中 K^+ 的浓度。

在溶液中气体含量的测定中，选择气敏电极。气敏电极作为一种气体传感器，对被测气体敏感。比如常用的氨气敏电极，可测定水中的氨氮，不受水样色度和浊度的影响，水样不必进行预蒸馏，最低检出浓度为 0.03mg/L，测定上限可达 1400mg/L。除氨气敏电极外，还有用于测定 SO_2、NO_2、CO_2、H_2S、HCN、Cl_2、HF 等的气敏电极。

需要注意的是，分析化学中测定的通常是浓度而不是活度，需要在溶液中加入总离子强度调节缓冲液（TISAB）。TISAB 通常由惰性电解质、配位掩蔽剂和 pH 缓冲液组成。TISAB 的加入使溶液的离子强度保持相对稳定，从而使离子活度系数基本相同，在尽可能一致的条件下对标准溶液和被测溶液进行测定，同时还可控制溶液 pH、掩蔽干扰离子。另外测定电位时应注意控制搅拌速度和选择合适的参比电极，搅拌速度会影响电极的平衡时间，参比电极的内参比溶液可能会干扰测定。

（2）电位滴定法

电位滴定法用电位突跃来指示终点，准确度较高，易实现自动化，用于常量组分的测定，包括对有色及浑浊试液的测定，不受水样的浑浊、有色或缺乏合适的指示剂等条件的限制，不仅适用于酸碱、沉淀、配位、氧化还原及非水等各类滴定分析，还可用于测定一些化学常数，如酸碱的解离常数、配合物的稳定常数及氧化还原电对的条件电极电位等。

在酸碱滴定中，一般采用玻璃电极作为指示电极，饱和甘汞电极作为参比电极。常用于有色或浑浊试样溶液的测定，尤其适用于弱酸、弱碱的测定。许多弱酸、弱碱或不易溶于水而溶于有机试剂的酸和碱，可用非水滴定法，用电位滴定指示终点。如在乙酸介质中用 $HClO_4$ 溶液滴定吡啶，在丙酮介质中滴定 $HClO_4$、HCl 和水杨酸的混合物，在乙二胺介质中滴定苯酚和其他弱酸，在乙醇介质中用 HCl 溶液滴定三乙醇胺，在异丙醇和乙二醇的混合介质中可滴定苯胺和生物碱，等等。

在沉淀滴定中，可根据不同的沉淀反应，选用不同的指示电极。用 $AgNO_3$ 标准溶液滴定 Cl^-、Br^-、I^-、S^{2-} 和 CN^- 等离子时，可选用银电极作为指示电极；当用汞盐如 $Hg(NO_3)_2$ 标准溶液滴定 Cl^-、I^-、CN^- 等离子时，可用汞电极作为指示电极；用 $K_4Fe(CN)_6$ 溶液滴定 Pb^{2+}、Cd^{2+}、Zn^{2+}、Ba^{2+} 等离子时，可选用铂电极作指示电极；用 $Pb(NO_3)_2$ 标准溶液滴定 S^{2-} 时，还可用硫离子选择电极作为指示电极，双桥饱和甘汞电极作为参比电极，该方法对 S^{2-} 的测定范围为 $10^{-3}\sim10^{-1}$ mol/L，方法最低检出限为 0.2mg/L。滴定剂与数种待测离子生成的沉淀溶度积差别较大时，可不经分离进行连续测定。

在配位滴定中多选用离子选择电极指示配位滴定的终点。例如用氟离子选择电极作为指示电极，以氟化物滴定 Al^{3+}；用钙离子选择电极作为指示电极，以 EDTA 测定 Ca^{2+}；以铂电极作为指示电极，以 EDTA 测定 Fe^{3+}。

氧化还原滴定中通常用惰性电极如铂电极作指示电极，以甘汞电极或钨电极作为参比电极。电极本身不参与电极反应，仅作为交换电子的导体，用以显示被滴定溶液的平衡电位。例如，用 $KMnO_4$ 溶液可滴定 I^-、NO_2^-、Fe^{3+}、V^{4+}、Sn^{2+}、$C_2O_4^{2-}$ 等离子，用 K_2CrO_7 溶液可滴定 I^-、Fe^{2+}、Sn^{2+}、Sb^{3+} 等离子，用 $K_3Fe(CN)_6$ 溶液可滴定 Co^{2+} 等离子。

7.3.4.2 电位分析法在环境分析中的应用示例

在天然水和饮用水中，常用氟离子选择电极法测定氟含量。实验原理和参考操作步骤如下。

（1）原理

离子选择电极的氟化镧单晶膜可对氟离子产生选择性的对数响应。将氟电极和饱和甘汞电极插入被测溶液中组成原电池，其电位差可随溶液中氟离子活度的变化而改变，电位变化规律符合能斯特方程，电动势与溶液中 F^- 浓度的对数成线性关系。测量溶液的酸度为 pH＝5～6。氟离子与铁、铝等离子形成配合物，测定时加入 TISAB，使离子强度足够大，以维持溶液 pH 恒定，并消除 Fe^{3+}、Al^{3+} 及 SiO_3^{2-} 等离子的干扰。pH 过低时 F^- 部分形成 HF 或 HF_2^-，降低了氟离子浓度；pH 过高会导致 OH^- 与 LaF_3 敏感膜发生离子交换形成 $La(OH)_3$，同时释放氟离子，干扰测定。

（2）仪器和试剂

仪器：氟电极、酸度计或离子计、磁力搅拌器、甘汞电极。

试剂：氟化钠标准溶液（0.1000mol/L）、TISAB。取 29g 硝酸钠和 0.2g 二水合柠檬酸钠，溶于 50mL 1∶1 的乙酸与 50mL 5mol/L 氢氧化钠的混合溶液中，测量溶液 pH，若不在 5.0～5.5 范围内，可用 5mol/L 氢氧化钠或 6mol/L 盐酸调节至所需 pH 范围。

（3）实验步骤

① 氟离子标准溶液的配制。准确移取 10.00mL 0.1000mol/L 氟化钠标准溶液于 100mL 容量瓶中，加入 10.0mL TISAB，用去离子水稀释至标线，摇匀。用逐级稀释法配成浓度为 10^{-2} mol/L、10^{-3} mol/L、10^{-4} mol/L、10^{-5} mol/L、10^{-6} mol/L 的标准溶液系列。逐级稀释时，仅需加入 9mL TISAB。

② 标准曲线的绘制。用滤纸吸去悬挂在电极上的水滴，把电极插入盛有 10^{-6} mol/L 氟化钠标准溶液的烧杯中，打开磁力搅拌器，用合适的速度搅拌 2~3min，至读数稳定后读取各溶液的电位值。记录测量结果。

③ 水样的测定。用移液管移取 50.00mL 水样于 100mL 容量瓶中，加入 10.0mL TIS-AB，用去离子水稀释至标线，摇匀。将该未知试样溶液倒入小烧杯中，待测。

清洗氟电极，使其在纯水中的电位值大于氟离子选择电极说明书中规定的空白值。

用滤纸吸去清洗后的电极上悬挂着的水滴，插入盛有上述未知试样溶液的烧杯中，搅拌数分钟，读取稳定的电位值。

7.4　电重量分析法和库仑分析法

7.4.1　电解的原理

在电解池的两个电极上加上一直流电压，使溶液中有电流通过，则在两电极上发生电极反应而引起物质的分解，这个过程称为电解。电解装置一般由正极（阳极）、负极（阴极）和电解液组成（图7.4）。当在电解池的两极施加很小的电压时，几乎没有电流通过溶液。调节电阻（R）使外加电压增加，则电流略有增加，当电压达到一定值时，通过电解池的电流明显增加，两电极上产生连续不断的电极反应，之后电流随电压的增加而直线上升。被电解的物质在两极上迅速产生连续不断的电极反应时所需的最小外加电压，称为分解电压（见图7.5）。对可逆过程而言，电解质的理论分解电压从数值上等于它本身所构成的原电池的电动势。在电解池中，该电动势称为反电动势，其方向与外加电压的方向相反，会阻止电解的进行。只有当外加电压能克服反电动势时，电解才会发生。

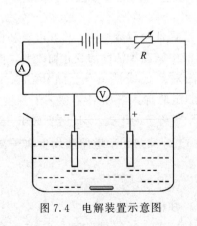

图7.4　电解装置示意图

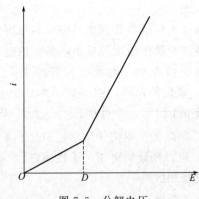

图7.5　分解电压

外加电压（$E_外$）与分解电压（$E_分$）、电解电流（i）、回路中的总电阻（R）有下列关系：

$$E_外 - E_分 = iR \tag{7.19}$$

116

分解电压包括理论分解电压、计划产生的超电位、电解回路的 iR 降及液体接界电位等。在实际工作中，多不用分解电压，而用析出电位。对于可逆过程来说，某一物质的析出电位等于其平衡时的电极电位。

以硫酸铜溶液的电解为例，说明电极电位与析出电位的关系。将两个铂电极插入溶液中，接通电源，当外电压从零开始逐渐增加时，没有明显的电流，直到铂电极两端电压达到足够大时，发生电极反应，通过溶液的电流随之增大。在电解池中发生如下过程：溶液中带正电荷的 Cu^{2+} 在电场作用下移向阴极，从阴极上获得电子还原成金属铜；同时带负电荷的阴离子移向阳极，并释放电子，OH^- 比 SO_4^{2-} 更容易释放电子，因此在阳极上是 OH^- 发生电极反应，释放电子并产生反应。电解池的阴极和阳极反应为：

阴极反应 $\qquad\qquad\qquad Cu^{2+} + 2e^- \!=\!=\!= Cu$

阳极反应 $\qquad\qquad 2H_2O \!=\!=\!= 4H^+ + O_2 + 4e^-$

其中阴极的平衡电位为：

$$E_{平} = E^{\ominus} + \frac{RT}{2F}\ln[Cu^{2+}] \tag{7.20}$$

若外加电压恰好使阴极电位 $E_{阴}$ 等于平衡电位 $E_{平}$，则电极反应处于平衡状态。若 $E_{阴}$ 比 $E_{平}$ 稍负一点，则上述电极反应平衡破坏。为了达到新的阴极电位下的反应平衡，必须减小溶液中铜离子的浓度，使之符合能斯特方程的要求，即发生铜离子还原为金属铜的电极反应。因此，析出电位就是平衡时的电极电位。

由上可知，分解电压是针对整个电解池而言，析出电位则是相对电极而言的。对电化学分析来说，一般只需考虑某一工作电极的情况，因此析出电位更具有实际意义。

对于可逆过程来说，分解电压等于电解池的反电动势，而反电动势等于阳极平衡电位与阴极平衡电位之差，所以有：

$$E_{分} = E_{析(阳)} - E_{析(阴)} \tag{7.21}$$

式中，$E_{析(阳)}$、$E_{析(阴)}$ 分别为阳极析出电位和阴极析出电位，也就是电极的平衡电位，可以用能斯特方程计算。

7.4.2　电重量分析法及其在环境样品分析中的应用

电重量分析法（electrogravimetry）是建立在电解基础上的电化学分析法，也是最早出现的电化学分析方法，又称电解分析法（electrolytic analysis）。该法利用外电源对被测溶液进行电解，使被测物质在电极上析出，然后称量析出物的质量。

电重量分析法可采用恒电流电重量分析法和控制电位电重量分析法。

恒电流电重量分析法是在恒定电流条件下进行电解，然后称量电极上析出的物质的质量来进行分析测定的一种电重量分析法。电解时，电解电流一般控制在 0.5～2 A，电解过程中可通过调节电压保持电流基本恒定不变。该方法仪器装置简单，测定速度快，准确度较高，相对误差小。GB/T 12689.4—2004 关于锌及锌合金中铜含量的测定采用了恒电流电解法。合金用硝酸溶解，在硝酸和硫酸介质中于恒定电流（2.0A）下电解，通过称量电解前后阴极的质量，计算合金中的铜含量。

但该法选择性较差，一般仅适用于溶液中只含一种金属离子的情况，如钴、镍、锡、铅、锌、镉、汞、铋、铜及银等的分析测定。如果存在析出电位相差不大的两种或两种以上的金属，就会产生干扰。在实际使用中可加入去极化剂来克服恒电流电解选择性差的问题。

如在电解 Cu^{2+} 时，为防止 Pb^{2+} 同时析出，选择优先于 Pb^{2+} 析出的 NO_3^- 作为去极化剂。

控制电位电重量分析法是在控制阴极或阳极电位为一恒定值的条件下进行电解的方法。当溶液中存在两种以上金属离子时，随着外加电压的增大，第二种离子可能被还原，为了分别测定或分离可采用控制电位电重量分析法。通常采用三电极系统，可自动调节外电压，阴极电位保持恒定，选择性好。在电解过程中，阴极电位的变化可用电位计或电子毫伏计准确测量，电阻会在阴极电位变化过程中有电流流过并给出信号，根据信号大小调节加于电解池的电压，将阴极电位控制在某一合适的电位值或某一特定的电位范围内，从而确保待测离子在工作电极上析出，而干扰离子则留在溶液中，达到分离和测定的目的。

在控制电位电解过程中，仅有一种物质被电解，随着电解进行，该物质在电解液中的浓度逐渐减小，电解电流也随之降低。当该物质被电解完全时，电流趋近于零，可以此作为完成电解的标志。该法选择性高，用途广泛，常用于从含少量不易还原的金属溶液中分离大量的易还原金属离子，比如用于分离并测定银（与铜分离）、铜（与铋、铅、银、镍等分离）、铋（与铅、锡、锑等分离）、锑（与铅、锡等分离）、铅（与镉、镍、锌等分离）、镉（与锌分离）、镍（与锌、铝、铁分离）等。但随着电解的进行电极反应的速率会逐渐变慢，完成电解所需的时间较长，并且三电极体系的实验装置略显复杂。

除了采用铂作阴极外，还可将上述电解分析的阴极改为汞，构成汞阴极分离法。该法在使用中，许多金属元素可以与 Hg 形成汞齐（合金），其次由于氢在 Hg 上的超电位变大，可扩大电解分析的电压范围，并且 Hg 的相对密度大，易挥发除去，导致汞阴极不易称量、干燥和洗涤，上述特点使得该法更适用于分离。

7.4.3　库仑分析法及其在环境样品分析中的应用

库仑分析法（coulometry）是于 1940 年左右在电解的基础上建立起来的电化学分析法。它通过测量电解过程中所消耗的电量，依据法拉第电解定律进行定量分析。法拉第电解定律定量揭示了电解过程中电极上所析出的物质的质量与通过电解池的电量之间的正比关系，数学表达式为：

$$m = \frac{QM}{nF} = \frac{M}{nF} \times it \tag{7.22}$$

式中　m——电极上析出物质的质量，g；

　　　M——参与电极反应物质的分子量或原子量；

　　　n——参与电极反应的电子数；

　　　F——法拉第常数，96485C/mol；

　　　Q——通过的电量，C；

　　　i——电解电流，A；

　　　t——电解时间，s。

库仑分析法测量的是电量，因此要求电极的反应必须是单一的，无其他副反应发生，电量必须全部被待测物质所消耗，保证电流效率达到 100%。为了满足此条件，可选用控制电位库仑分析法和恒电流库仑分析法两种方法。

控制电位库仑分析法是指在电解过程中，控制工作电极的电极电位保持恒定，完成待测物质的全部电解，测量电解所需要的总电量，根据被测物质所消耗的电量求出其含量的方法。其使用的基本装置（图 7.6）构造中，电解池除工作电极和对电极外还包括参比电极，它们共同组成电位测量和控制系统，维持工作电极的电位稳定，使被测物质以 100％ 的电流效率进行电解，当电解电流趋近于零时，指示该物质已电解完全。常用的工作电极有铂、银、汞、碳电极等。库仑计用来测量电量，是控制电位库仑分析装置的重要组成部分，常用的库仑计有重量库仑计（如银库仑计）和气体库仑计（如氢氧库仑计）。

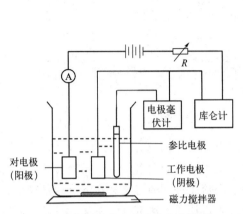

图 7.6　控制电位库仑法的基本装置

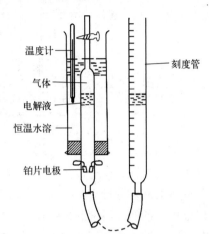

图 7.7　氢氧库仑计

氢氧库仑计的结构如图 7.7 所示，图中左侧为一支带有活塞和底部焊接两片铂电极的玻璃管，同右侧的一支刻度管相连接。在实验过程中，电解管置于恒温水浴中，内部装有 0.5mol/L 的 K_2SO_4 或 Na_2SO_4 溶液，当电流通过时，阳极铂片上析出 O_2，阴极铂片上析出 H_2，两种气体均收集在左侧玻璃管中，从电解前后右侧刻度管的刻度差可读出气体总体积。在标准状况下，每库仑电量相当于产生 0.1741mL 的氢氧混合气体。若实验中氢氧库仑计测得的混合气体体积为 V（mL），则电解消耗的电量 Q 为 $V/0.1741$，代入式（7.22）即可求得析出物质的质量。

控制电位库仑分析法不需要标准溶液，不要求被测物质在电极上沉积为金属或难溶化合物，选择性高，因此应用广泛，可进行金属离子混合物溶液的直接分离和分析，可用于无机化合物中 50 多种元素的测定和有机化合物的分析与合成，还可用于电极过程反应机理的研究，如确定电极反应中电子转移数目和分步反应情况等。但在实际操作过程中，需要注意选择适当的电解电位，并且先预电解，以消除电活性杂质，同时向溶液中通入惰性气体（如氮气）除去溶液中的溶解氧，以保证电流效率为 100％。

恒电流库仑分析法又叫恒电流库仑滴定法，该法在特定的电解液和恒定电流条件下进行电解，以工作电极（阴极或阳极）上产生的反应产物作为滴定剂，该试剂与待测物质进行定量化学反应，反应的化学计量点可借助指示剂或其他仪器方法（如电化学方法、分光光度法等）来指示。由于电流恒定，因而电解产生滴定剂消耗的电量容易测量，根据式（7.23）即可获得，其中 t 为电解进行的时间，i 为电流强度。

$$Q=it \tag{7.23}$$

恒电流库仑分析法的装置如图 7.8 所示，包括电解系统和指示系统两部分。电解系统由恒电流发生器、电解池、电位计和计时器等组成。指示系统可指示滴定终点从而控制电解的结束。该法的滴定终点指示可根据溶液的性质选择合适的方法，如化学指示剂法、电化学方法（电位法、永停法）、光度法等。

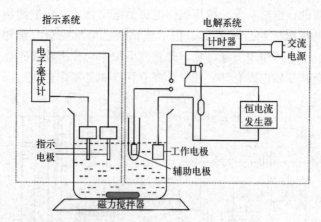

图 7.8　恒电流库仑滴定的基本装置

该法必须保证在恒电流条件下维持 100％的电流效率，这是它的先决条件。除此之外，该法与一般的滴定分析方法不同，它所用的滴定剂不是由滴定管加入，不需要化学滴定和其他滴定分析中的标准溶液和体积计量，而是在恒电流条件下通过电解在溶液内部产生，因此凡是与电解时所产生的试剂能迅速反应的物质都可以用该方法准确、快速、灵敏地测定。该法适用面广，一些在化学滴定方法中应用比较困难、不稳定的滴定剂，如 Cl_2、Br_2、Cu^+、Ag^+ 等均可在恒电流库仑分析法中使用。该法不仅可用于常量分析，还可以用于微量分析，相对标准偏差＜0.5％；若采用计算机控制的精密库仑滴定装置，相对标准偏差可低至 0.01％。

目前，恒电流库仑分析法在组分单纯的样品测定中应用广泛，如半导体材料，也适用于酸碱、沉淀、氧化还原等各种类型的化学滴定法，可用来测定土壤、肥料、水质及生物材料等试样中的多种有机和无机物质。化学需氧量（COD）是评价水质污染的重要指标之一，也是环境监测的一个重要项目，目前已有各种根据库仑滴定法设计的 COD 测定仪，由于可对 COD 实现自动在线监测而被广泛使用。

水样中有机污染物在硫酸介质中可被重铬酸钾氧化，因此在用恒电流库仑分析法测定 COD 时，可采用 10.2mol/L H_2SO_4、$K_2Cr_2O_7$、$Fe_2(SO_4)_3$ 混合溶液为电解液，回流消解 15min，通过 Pt 阴极电解产生的 Fe^{2+} 与过量的重铬酸钾作用，按照法拉第电解定律计算 COD 值，公式为：

$$COD_{Cr} = \frac{Q_s - Q_M}{96485} \times \frac{8 \times 1000}{V}$$

（7.24）

式中　Q_s——标定重铬酸钾所消耗的电量，C；

　　　Q_M——测定过量重铬酸钾所消耗的电量，C；

　　　V——水样体积，mL；

　　　8——$\frac{1}{2}$氧（$\frac{1}{2}$O）的摩尔质量，g/mol；

　96485——法拉第常数，C/mol。

随着现代电子技术的发展，微库仑分析法作为一种微量和超微量的新型库仑分析法出现。微库仑分析法滴定过程中，通过电极的电流随被测物质的量变化，通过指示系统的信号大小变化自动调节，具有分析速度快、准确度高、选择性好等特点，更适合微量和痕量分析，目前已在天然气、液化石油气中硫含量，化工产品、石油产品中氯含量，可吸附有机卤化物等的测定中得到应用。

7.5 伏安法和极谱法

7.5.1 常见伏安法和极谱法的种类和原理

伏安法（voltammetry）和极谱法（polarography）是特殊的电解方法，是在小面积的工作电极上形成浓差极化，根据电解过程中得到的电流-电压关系曲线进行分析的方法。两种方法没有本质的区别，但所采用的电极不同。极谱法采用的是表面能够周期性更新的液体电极（如滴汞电极），而伏安法采用的是表面不能周期性更新的固体或液体电极（如悬汞电极、玻碳电极、石墨电极等）。下面介绍几种常见的极谱法和伏安分析法。

7.5.1.1 极谱法

极谱法由捷克化学家海罗夫斯基（Heyrovsky）于 1922 年以滴汞电极为工作电极首先发现，早期的极谱法称为直流极谱法或经典极谱法。经典极谱法的基本装置主要由极谱仪和电解池两部分组成，如图 7.9 所示。

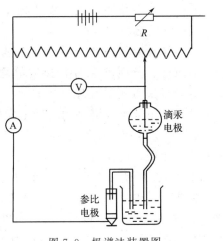

图 7.9 极谱法装置图

图 7.10 滴汞电极

电解池由滴汞电极和甘汞电极组成。滴汞电极结构如图 7.10 所示，作为工作电极（阴极），上部为储汞瓶，下连厚壁塑料管，塑料管下端连长度约为 10cm、内径约为 0.05mm 的毛细管，汞滴从毛细管中有规则地滴落进电解池溶液中。滴汞电极面积较小，电流密度大，其电极电势完全受外加电压控制，是极化电极，无限小的电流便引起电极电势发生明显变化。饱和甘汞电极为参比电极（阳极），面积比滴汞电极大 100 倍以上，在电解时电流密度较小，不易出现浓差极化，电极电势恒定，也称去极化电极。

极谱仪部分包括直流电源、滑线电阻、电压表和电流表等。直流电源施于滑线电阻两端，通过移动触点调节施加于电解池两电极上的电位差。在电解池的滴汞电极和饱和甘汞电极两端连续变化的电压、电流可分别由连接在电路中的电压表和电流表记录，从而得到电流-电压曲线图，即为极谱分析时采用的极谱图。

经典极谱法的测定原理以测定水样中 Cd^{2+} 含量为例具体说明。在分析时，将一定浓度

的 $CdCl_2$ 溶液注入电解池中,加入浓度约为 0.1mol/L 的 KCl 溶液,通入氮气除去溶液中的氧。KCl 溶液作为支持电解质,可用于消除迁移电流,常用的支持电解质还有 NH_4Cl、KNO_3、NaCl 等。获得的极谱图如图 7.11 所示。外加电压未达到 Cd^{2+} 的分解电压时,仅有微小电流通过检流计,该电流称为残余电流(图 7.11 ab 段)。外加电压达到 Cd^{2+} 分解电压后,电解作用开始,Cd^{2+} 迅速在滴汞电极上还原并形成镉汞齐,电解电流急剧上升(图 7.11 bd 段)。外加电压持续增加至一定数值后,电流达到一个极限值不再上升,此时的电流称为极限电流(图 7.11 d 处)。此时电极表面 Cd^{2+} 浓度趋近于零,电流不随外加电压增加而增加,受 Cd^{2+} 从溶液本体扩散到电极表面的速度控制。极限电流(i_1)扣除残余电流(i_r)后称为极限扩散电流 i_d,它与被测物质的浓度 c 成正比,即:

$$i_d = Kc \tag{7.25}$$

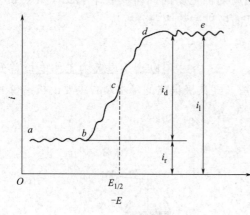

图 7.11 极谱图

这就是极谱法定量分析的基础。常用的定量方法包括直接比较法、标准曲线法和标准加入法。图 7.11 c 处电流处于极限扩散电流的一半,其所对应的电极电位称为半波电位($E_{1/2}$)。不同物质的半波电位不同,并且当溶液的组分和温度一定时,每种电活性物质的半波电位不随其浓度变化而改变,这是极谱定性分析的依据。

经典极谱法由于受到电容电流的限制,灵敏度、分辨率和分析速度等均有待提高。随着极谱分析法在理论研究和实际应用中的发展,在经典极谱法的基础上发展出了新的极谱方法,如单扫描极谱法、方波极谱法、脉冲极谱法等近代极谱法。

单扫描极谱法也称示波极谱法,与经典极谱法相似,同样是根据电流-电压曲线进行分析,但加到电解池两电极上的电压扫描速度不同。单扫描极谱法是指在一个汞滴形成的最后时刻,在其上迅速只加一次锯齿波脉冲扫描的方法,其电压扫描速率一般为 250mV/s,为经典极谱法的 50~80 倍,同时灵敏度比经典极谱法高 2~3 个数量级,分辨率更高。

方波极谱法是在向电解池均匀而缓慢地加入直流电压时,同时将一个电压振幅为 10~30mV、频率为 50~250Hz 的方波叠加在线性变化的电位上的方法。通过电解池的电流,除了直流成分,还有金属离子还原产生的法拉第电流。在方波半周后期的充电电流很小时进行电流采样,根据得到的呈峰形的电流-电位曲线进行定量分析。

脉冲极谱法是在汞滴即将滴下的很短时间内,施加一个矩形脉冲电压,然后记录脉冲电解电流与电位的关系曲线。根据施加脉冲电压和记录电解电流方式的不同,脉冲极谱法可分为常规脉冲极谱法和微分脉冲极谱法。常规脉冲极谱法是在不发生电极反应的某一起始电位上,用时间控制器在每个汞滴生长的后期叠加一个振幅随时间线性增长的矩形脉冲电压。采用这种形式的脉冲电压,每一个脉冲提供的电解电流都是受扩散过程控制的扩散电流。常规脉冲极谱法的灵敏度是直流极谱法的 7 倍。微分脉冲极谱法是将一个缓慢变化的直流电压加到滴汞电极上,用时间控制器控制,在每个汞滴生长后期同步叠加一个等振幅的脉冲电压。微分脉冲极谱法在每滴汞生长期间记录两次电流,分别在施加脉冲前 20ms 和脉冲结束前 20ms 的瞬间,两次电流取样值的差值作为所得的电流数据。该方法消除了电容电流,灵敏度很高，检出限可达 $10^{-8}\,\mathrm{mol/L}$。

7.5.1.2　伏安分析法

伏安法是基于极谱法的理论基础发展起来的一类方法，根据指示电极电位与通过电解池的电流之间的关系进行分析。伏安图上电流的变化主要由工作电极表面的电极反应过程决定，施加电压的方式不同，得到的电流曲线、方法的灵敏度及相应的应用都有所不同。下面介绍几种常用的伏安法。

线性扫描伏安法也称线性电位扫描计时电流法，是将线性电位扫描施加于电解池的工作电极和辅助电极之间，其工作电极的电位随时间变化而发生线性变化的一种方法，扫描曲线如图 7.12 所示。线性扫描伏安法中电位变化速率很快，使用的是固体电极或表面积不变的悬汞滴电极，其电极电位与扫描速率和时间的关系为：

$$E = E_i - vt \tag{7.26}$$

式中　E_i——起始扫描电位，V；

　　　v——电位扫描速率，V/s；

　　　t——扫描时间，s。

若电解池中有电活性物质，在开始扫描至电极上发生电化学反应的电位之前，被测物质不足以在电极上还原，电流无明显变化；待扫描至电化学反应电位后，物质在电极上被快速还原，电流急剧上升，在达到电流最大值后，溶液中可还原物质从更远处向电极表面扩散，电流逐渐下降，从而在该过程中形成一种峰形的电流-电位曲线，见图 7.13。

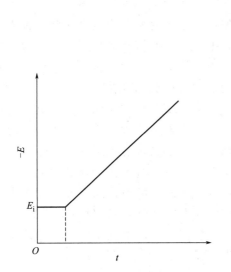

图 7.12　线性电位扫描曲线

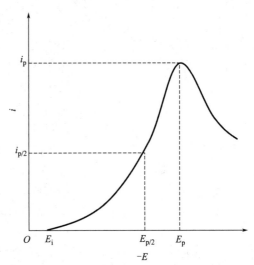

图 7.13　线性扫描伏安图电流-电位曲线

循环伏安法与单扫描极谱法相似，均以快速线性扫描的方式施加电压，区别在于单扫描极谱法施加的为锯齿波电压，而循环伏安法施加的为三角波电压。该法通过控制电极电势以不同的速率随时间以三角波形一次或多次反复扫描，使电极上发生不同的还原-氧化反应，得到如同三角形的电位-时间曲线，如图 7.14 所示。

对于可逆的电化学反应，当电位从正向负线性扫描时，溶液中的氧化态物质 O 在电极上还原生成还原态物质 R，反应式为：

$$O + ne^- \longrightarrow R \tag{7.27}$$

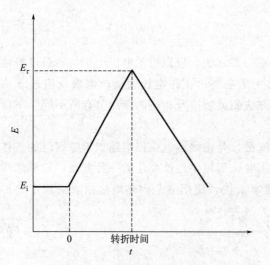

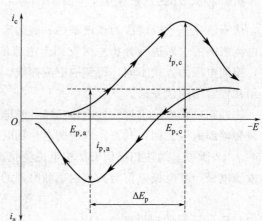

图 7.14　三角波电位扫描曲线　　　图 7.15　循环伏安法的电流-电位曲线

当电位逆向扫描时，R 则在电极上氧化为 O，反应式为：

$$R \longrightarrow O + ne^-$$ (7.28)

在可逆反应中，其电流-电位的曲线中心对称，如图 7.15 所示，上半部分为物质氧化态还原产生的电流-电位曲线，下半部分为还原的产物在电位回扫过程中重新被氧化产生的电流-电位曲线，由此也可判断电极过程的可逆性。

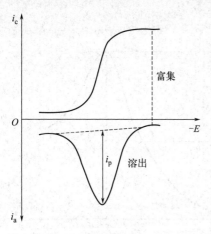

图 7.16　阳极溶出伏安法的
富集和溶出过程

溶出伏安法包括富集和溶出两个过程。首先将待测物质在一定电位下电解沉积到电极上，然后反向扫描改变电极电位，使电极上的沉积物电解溶出回到溶液中，记录溶出过程中的伏安曲线，如图 7.16 所示，根据曲线的峰电位（E_p）和峰电流（i_p）进行定性和定量分析。曲线中峰电流的大小在一定条件下与待测离子的浓度成正比，这也是溶出伏安法的定量分析基础。溶出伏安法按照溶出时工作电极发生氧化反应或还原反应，可以分为阳极溶出伏安法和阴极溶出伏安法。如果工作电极上发生的是氧化反应，就称为阳极溶出伏安法；如果工作电极上发生的是还原反应，就称为阴极溶出伏安法。

溶出伏安法的灵敏度高达 $10^{-7} \sim 10^{-1}$ mol/L，但在实验过程中，电解沉积过程中富集物质的量与电解电位、电解富集时间、电极面积及搅拌速率有关。在电解富集过程中可使电极旋转或搅拌溶液以提高富集效率，但在电解溶出过程中应保持溶液静止。

7.5.2　伏安法和极谱法在环境样品分析中的应用

7.5.2.1　伏安法在环境样品分析中的应用

作为一种重要的电化学测试技术，伏安法既是分析学科中最常用的分析方法之一，也是科学研究中不可或缺的辅助手段，在食品、环境、材料、能源和生物医学等诸多领域具有非常广泛的应用。

线性扫描伏安法可用于定量分析、吸附性研究和电极反应机理研究，如美国材料与试验协会将线性扫描方法作为测量无锌涡轮机油中受阻酚和芳香胺抗氧化剂含量的标准试验方法（ASTM D6810—2013），我国类似的标准有《工业润滑油残留原始抗氧化剂含量的测定 线性扫描伏安法》（SN/T 4368—2015）。

循环伏安法可以获得电极表面物质与电极反应的有关信息，比如可用于测定电极电位、估算电极反应的动力学参数等，也可对有机化合物、金属化合物及生物活性物质等的氧化还原机理做出准确的判断，还可用来推测某些物质的界面行为。

阳极溶出伏安法可分析的元素有 30 余种，特别是能与汞形成汞齐的金属元素，美国环境保护署等权威机构已将阳极溶出伏安法检测重金属离子作为一种标准方法，我国《化学试剂 阳极溶出伏安法通则》（GB/T 3914—2008）中也规定了用阳极溶出伏安法测定化学试剂产品中杂质铅、铜、锌、镉、银等的标准方法。目前该法在饮用水、地表水和地下水中的 Cd^{2+}、Cu^{2+}、Pb^{2+}、Zn^{2+} 等离子的测定中被广泛应用，检出范围为 $1\sim1000\mu g/L$，富集时间达 6min，方法的检出限可达 $0.5\mu g/L$。详细操作步骤见后续应用示例。

此外，阳极溶出伏安法也可用于测定其他环境介质中的金属离子，比如基于酸浸提-阳极溶出伏安法可对大米中镉含量实现快速准确测定，设备简单，结果准确度高，是保障粮食安全和重金属管控中的一种有效重金属测试方法。由于阳极溶出伏安法测定的浓度比较低，在实验过程中需特别注意实验污染给实验结果带来的误差，要求汞的纯度为 99.99% 以上。

阴极溶出伏安法利用待测物与汞生成难溶化合物进行分析，可测定的阴离子和有机生物分子有 20 多种，当汞电极作为阳极电解时，与卤素离子形成难溶性汞盐沉积于电极上，可实现氯、溴、碘等元素的测定。

苯胺是一种常见的环境污染物，对人体有一定的毒害作用和致癌性。可以用示波极谱法测定空气中的苯胺，也可据此建立测定苯胺的吸附溶出伏安法。当富集时间为 1min 时，吸附溶出峰电流与苯胺的浓度在 $2\times10^{-8}\sim5\times10^{-7}mol/L$ 范围内成良好的线性关系，方法检测下限达 $5\times10^{-9}mol/L$。

7.5.2.2 极谱法在环境样品分析中的应用

极谱法具有灵敏度高、相对误差小、可重复测定、可同时测定多组分等特点，用途十分广泛，目前已成为环境保护、生物分析、化学化工等领域常见的分析方法和研究手段。

在无机分析中，分析对象包括 Cr、Mn、Fe、Co、Ni、Cu、Zn、Cd、In、Sn、Pb、As、Sb、Bi 等，在纯金属、合金、矿物、工业制品、食物、动物体和海水的微量及痕量金属测定中均得到广泛应用，如测定钢铁中微量 Cu、Ni、Co、Mn、Cr，铅及铅合金中的微量锡，矿石中微量 Cu、Pb、Zn、Mo、Se 等元素。另外，卤素离子及 S^{2-}、CN^-、OH^- 等阴离子可形成汞盐而产生阳极还原波，也可利用极谱法测定。阳极还原波还可用于很多含氧酸根离子的测定，如 BrO_3^-、IO_3^-、TeO_3^{2-}、$S_2O_3^{2-}$、SeO_3^{2-}、高碘酸盐、亚硫酸盐的测定。

在有机分析中，凡是能在电极上发生氧化还原反应的有机物均可用极谱分析法测定，如醛、酮、醌、不饱和酸类、硝基及亚硝基化合物、偶氮及重氮化合物等。在某些对位、间位、邻位化合物的鉴别中，由于这三种化合物的半波电位存在差异，也可使用极谱分析法。在药物和农药分析中，极谱分析法也得到广泛应用。比如硫柳汞是一种有机汞消毒防腐剂，为广谱抑菌剂，对革兰氏阳性菌、革兰氏阴性菌及真菌均有较强的抑制能力，可用极谱法测定硫酸软骨素滴眼液中硫柳汞的含量。四环素类抗生素在畜牧业和水产养殖业中应用广泛，在水体、土壤中均存在污染风险，其分子中含有酮基和烯醇的共轭双键结构，容易在电极上发生还原反应。利用极谱分析法可准确测定四环素分子，检出限低，测定浓度范围广。环境中的硝基呋喃类药物、毒死蜱等有机磷农药残留、吡虫啉杀虫剂及苯酚等有机物，均可采用极谱分析法进行分析测定。

除此之外，极谱分析法在理论研究中也发挥着重要作用，可用于测定一些物理或化学物理常数如解离常数、稳定常数和配位数等，也可用于研究各类电极过程、氧化过程、表面吸附过程及配合物组成。

7.5.2.3 伏安法与极谱法在环境样品分析中的应用示例

（1）阳极溶出伏安法测定水样中 Cu^{2+}、Pb^{2+} 和 Cd^{2+}

① 原理。本实验采用阳极溶出伏安法测定水中金属离子，根据溶出电位，可以进行定性分析。在一定实验条件下，氧化峰电流的大小与对应被测金属离子的浓度成正比，从而可以进行定量分析。定量分析可采用标准曲线法或标准加入法。标准加入法的公式如下：

$$C_x = \frac{hV_sC_s}{(V+V_s) \times H - Vh} \tag{7.29}$$

式中　h——水样峰高；

　　　H——水样中标准溶液加入后的峰高；

　　　C_s——加入标准溶液的浓度，$\mu g/L$；

　　　V_s——加入标准溶液的体积，mL；

　　　V——测定所取水样的体积，mL。

② 仪器与试剂。仪器：电化学工作站，电解池，滴汞工作电极、铂丝辅助电极、Ag-AgCl 或饱和甘汞电极为参比电极组成的三电极系统。

试剂：HAc-NaAc 缓冲溶液（0.1mol/L），$HgSO_4$ 溶液，Cu^{2+}、Pb^{2+} 和 Cd^{2+} 标准溶液。

③ 实验步骤。在电解池中加入 $100\mu L$ 0.02mol/L $HgSO_4$ 溶液和 10mL 水。将三电极系统插入电解液中，连接电化学工作站。控制电极电位为 $-0.1V$，通氮气除氧 15min，搅拌条件下电解 5min 即可。根据需求设置好电化学工作站的使用参数。

在电解池中加入 1.0mL 0.1mol/L HAc-NaAc 缓冲溶液和 10mL 水。将三电极系统插入电解液中，通氮气，搅拌，扫描记录空白溶出曲线。然后在空白溶液中加入 $20\mu L$ 1.0mmol/L Cu^{2+} 标准溶液、1.0mmol/L Pb^{2+} 标准溶液和 1.0mmol/L Cd^{2+} 标准溶液。扫描记录溶出伏安曲线。测量结束后，将三电极系统在 0.1V 电位下清洗 30s。增加金属离子的浓度，改变实验参数，如富集电位、富集时间、扫描速度等，观察溶出伏安曲线的变化。

准确移取 10.00mL 水样于电解池中，加入 1.0mL 0.1mol/L HAc-NaAc 缓冲溶液，搅拌，扫描记录溶出伏安曲线，重复两次。然后在电解液中加入 $10.0\mu L$ 1.0mmol/L Cu^{2+} 标准溶液、1.0mmol/L Pb^{2+} 标准溶液和 1.0mmol/L Cd^{2+} 标准溶液，再次扫描记录溶出伏安曲线，并重复两次。

④ 数据与结果。可通过讨论溶出伏安曲线上氧化峰的变化，以及实验条件对峰高的影响，确定 Cu^{2+}、Pb^{2+} 和 Cd^{2+} 的溶出峰电位。若扫描电位范围为 $-0.9 \sim +0.05V$，得到如图 7.17 所示 Cu^{2+}、Pb^{2+}、Cd^{2+} 的阳极溶出伏安曲线，Cu^{2+}、Pb^{2+}、Cd^{2+} 分别在

−0.25V、−0.47V、−0.65V 处产生峰电流，根据各离子峰电流的值，采用标准曲线法或标准加入法计算各离子的含量。

可将水样及标准溶液加入后的峰高值代入式 (7.29) 计算水样中 Cu^{2+}、Pb^{2+}、Cd^{2+} 的离子浓度。

（2）单扫描极谱法测定水样中的铅

① 原理。单扫描极谱法的扫描速度比经典极谱法更快，一般大于 0.2V/s，具有测量灵敏度高、操作方便、简单等特点。在 0.88mol/L KBr-0.72mol/L HCl 底液中，铅的浓度在 $0\sim5\mu g/mL$ 范围内峰高和浓度成正比。加入铁粉和抗坏血酸还原可去除复杂水样中铁、锌、镁等元素的干扰。

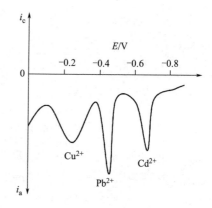

图 7.17　金属离子的阳极溶出伏安曲线

② 仪器和试剂。仪器：JP-IA 型或 JP-2 型示波极谱仪。

试剂：$50\mu g/mL$ 铅标准工作液，1∶1 盐酸，铁粉，10％抗坏血酸，4mol/L KBr 溶液。

③ 实验步骤。标准系列的配制：准确移取 $50\mu g/mL$ 的铅标准工作液 0.00、1.00、2.00、3.00、4.00、5.00mL 于 50mL 容量瓶中，加入 1∶1 盐酸 6mL、10％抗坏血酸 3mL、4mol/L KBr 溶液 10mL，定容，获得浓度为 0.00、1.00、2.00、3.00、4.00、$5.00\mu g/mL$ 的标准系列。

水样处理时，准确移取水样 5.00mL 于 50mL 容量瓶中，其余步骤同标准系列配制。

将标准系列溶液及水样分别倒入小电解杯中，依次置于仪器电极下，使电极浸入溶液中（注意电极不能碰到杯壁），在 −0.25V 左右观测峰高。在测定不同样品时，注意更换样品中间要清洗电极，并在测试完成后清理回收测定产生的废汞。

④ 数据处理。根据实验数据绘制峰高-电流曲线，随后根据测试峰高在标准曲线上查得浓度，并计算水样中铅的浓度（$\mu g/mL$）。

 习题

1. 电导和电导率分别是指什么？两者之间存在什么关系？水样电导率的大小一般反映了什么？

2. 参比电极和指示电极的常用种类及主要作用分别是什么？

3. 在使用 pH 计时，应如何选择标准缓冲溶液？有哪些注意事项？

4. 在用离子选择电极直接电位法测定离子浓度如 F^- 时，为什么要加入总离子强度调节缓冲液？

5. 电位滴定法的基本原理是什么？与普通滴定法相比，电位滴定法有何特点？

6. 分解电压和析出电位分别是指什么？二者之间存在怎样的关系？

7. 常见的库仑分析法包括哪两种？试比较两种库仑分析法的特点。

8. 极谱分析法的定量分析依据是什么？常用的定量分析方法有哪几种？

9. 电导电极的面积为 $1.25cm^2$，极间距离为 1.50cm，插入某溶液中后，测得其电阻为 1092Ω，求该溶液的电导率和电导池常数。

10. 将钙离子选择电极和另一参比电极插入浓度为 0.010mol/L 的 Ca^{2+} 标准溶液中，以钙离子选择电极作负极，测得电池的电动势为 0.250V。用未知浓度的 Ca^{2+} 试液代替 Ca^{2+} 标准溶液，测得电池电动势为 0.314V，若两种溶液离子强度相同，试计算未知溶液中的 Ca^{2+} 浓度。

11. 用下列电池测量溶液 pH：

$$玻璃电极 | 待测溶液(\alpha_{H^+}) \| SCE$$

用 pH＝4.0 的缓冲溶液时，在 25℃测得的电动势为 0.209V。改用未知 pH 缓冲溶液，测得的电池电动势分别为 0.425V 和 0.156V，计算未知溶液的 pH。

12. 将 8g 某含 As 试样处理成 As（Ⅲ）溶液后，置于电解池中，利用弱碱介质中用 100mA 的恒定电流电解产生的 I_2 对 $HAsO_3^{2-}$ 进行库仑滴定，发生反应：$HAsO_3^{2-} + I_2 + 2HCO_3^- \longrightarrow HAsO_4^{2-} + 2I^- + 2CO_2 \uparrow + H_2O$。电解 15min 后达到滴定终点，试计算试样中 As_2O_3 的含量。已知，$M(As_2O_3) = 197.84g/mol$。

13. 在 0.1mol/L 的 NaOH 溶液中，用阴极溶出伏安法测定 S^{2-}，以悬汞电极作为工作电极，在 $-0.4V$ 时电解富集，然后溶出，请分别写出富集和溶出时的电极反应式，并画出溶出伏安图。

 参考文献

[1] 陈浩. 仪器分析 [M]. 4 版. 北京：科学出版社，2022.

[2] 陈怀侠. 仪器分析 [M]. 北京：科学出版社，2022.

[3] 高晓松，张惠，薛富. 仪器分析 [M]. 北京：科学出版社，2009.

[4] 梁冰. 分析化学 [M]. 2 版. 北京：科学出版社，2009.

[5] 刘约权. 现代仪器分析 [M]. 北京：科学出版社，2021.

[6] 孙毓庆，胡育筑. 分析化学 [M]. 2 版. 北京：科学出版社，2006.

[7] 王国惠. 水分析化学 [M]. 2 版. 北京：化学工业出版社，2009.

[8] 夏淑梅. 水分析化学 [M]. 北京：北京大学出版社，2012.

[9] 徐溢，穆小静. 仪器分析 [M]. 北京：科学出版社，2022.

[10] 曾元儿，陈丰连，曹骋. 仪器分析 [M]. 北京：科学出版社，2021.

[11] 张志军. 水分析化学 [M]. 2 版. 北京：中国石化出版社，2019.

第八章
原子吸收光谱法

8.1 原子吸收光谱法的基本原理

原子吸收光谱法（atomic absorption spectrometry，AAS）是一种基于待测元素的基态原子蒸气对其发射的特征谱线进行吸收，依据吸收程度来测定样品中该元素含量的方法。该方法具有选择性强、分析速度快、灵敏度和准确度高等优点，但是也存在一定的局限性，如不能同时测量多种元素、测量每种元素需要更换相应的空心阴极灯、只能用间接测量法测量卤素等非金属元素等。

8.1.1 原子吸收光谱的产生

原子核外的电子按其能量的高低分层分布形成不同的能级，因此一个原子核可以具有多种能级状态。处于最低能量的原子叫作基态原子。基态原子的电子吸收能量后，电子会跃迁到较高能级，变为激发态原子。当入射光的能量等于原子由基态跃迁到激发态所需要的能量（即两个能级的能量差为 $\Delta E = h\upsilon$）时，则会引起原子对辐射的吸收，产生吸收光谱。由于原子结构不同，ΔE 也不相同，因此不同原子具有不同的特征吸收光谱。

原子吸收的能量与所对应的辐射波长的关系为：

$$\Delta E = E_i - E_o = h\upsilon = \frac{hc}{\lambda} \qquad (8.1)$$

$$\lambda = \frac{hc}{\Delta E} \qquad (8.2)$$

式中　E_o——基态的能量，J；

　　　E_i——激发态的能量，J；

　　　h——普朗克常量，6.626×10^{-34} J·s；

　　　λ——发射光的波长，nm；

　　　c——光速，3×10^5 km/s。

原子吸收光谱法中常将电子从基态跃迁到能量最低激发态时产生的吸收谱线（即第一共振吸收线，又称主共振吸收线）作为分析线，但是此法不适用于第一共振吸收线处于真空紫外区的元素。由于不同元素的原子结构不同，到达激发态所需要的能量不同，因此各种元素的共振线也各有特征，这种共振线被称为元素的特征谱线。

8.1.2 基态原子与激发态原子分布

原子吸收光谱法通过测量元素的基态原子在蒸气状态下对其特征谱线的吸收程度来实

现。在原子吸收条件（如高温）下，气态基态原子可以成为激发态原子。根据热力学原理，在一定温度下达到热平衡时，激发态原子的数目 N_i 与基态原子的数目 N_o 遵守玻尔兹曼（Boltzmann）分布定律：

$$\frac{N_i}{N_o} = \frac{g_i}{g_o} e^{-\frac{E_i}{kT}} \tag{8.3}$$

式中　g_i——激发态统计权重；

g_o——基态统计权重；

E_i——激发能，J；

k——玻尔兹曼常数，1.38×10^{-23} J/K；

T——热力学温度，K。

在原子吸收光谱分析中，对于一定波长的光谱，g_i/g_o 与 E_i 都为已知数值，所以在一定温度下可以确定 N_i/N_o 的数值。表 8.1 给出了部分元素共振线在不同温度下对应的 N_i/N_o 数值。

表 8.1　部分元素共振线在不同温度下对应的 N_i/N_o 数值

元素	共振线波长/nm	g_i/g_o	激发能/eV	N_i/N_o		
				2000K	2500K	3000K
Na	589.0	2	2.104	0.99×10^{-5}	1.44×10^{-4}	5.83×10^{-4}
Ba	553.5	3	2.239	6.38×10^{-6}	3.19×10^{-5}	5.19×10^{-4}
Ca	422.7	3	2.932	1.22×10^{-7}	3.67×10^{-6}	3.55×10^{-5}
Co	352.7	1	3.664	5.85×10^{-10}	4.11×10^{-8}	6.99×10^{-7}
Cu	324.8	2	3.817	4.82×10^{-10}	4.04×10^{-8}	6.65×10^{-7}
Mg	285.2	3	4.346	3.35×10^{-11}	5.20×10^{-9}	1.50×10^{-7}
Pb	283.3	3	4.375	2.83×10^{-11}	4.55×10^{-9}	1.34×10^{-7}
Zn	213.9	3	5.795	7.45×10^{-15}	6.22×10^{-12}	5.50×10^{-10}

从式（8.3）与表 8.1 可以看出，热平衡状态时，低能级的原子数目要高于高能级的原子数目，并且随着温度的升高，N_i/N_o 增大，即激发态原子数目升高，基态原子数目减少；温度相同时，N_i/N_o 随着激发能 E_i 的增加而降低。

在原子吸收光谱分析中，原子化温度一般低于 3000K，并且大多数待测元素共振线的波长 λ 都小于 600nm，激发能 E_i 小于 1.62eV，所以 N_i 一般小于原子总数的 1%。因此与 N_o 相比，N_i 在总原子数中可忽略不计，即 N_o 近似为原子总数，所以原子吸收测定的吸光度与原子总数成正比。

8.1.3　谱线轮廓与谱线变宽

原子吸收谱线用吸收线的波长、形状、强度来表征，具有相当窄的频射范围，有一定的宽度，但并不是严格的几何线。如图 8.1 所示，以基态原子对频率为 v 的光的吸收系数 K_v（单位长度内光强的衰减率，cm^{-1}）对频率 v 作图，得到的曲线为原子吸收线轮廓。其中，K_o 为最大吸收系数（或峰值吸收系数）；v_o 为吸收线的中心频率，对应最大吸收系数。原子吸收光谱的轮廓以原子吸收谱线的中心频率（或中心波长）和半宽度来表征。中心频率

（波长）由原子能级决定，半宽度是指在中心频率（波长）的地方，极大吸收系数一半处，吸收光谱线轮廓上两点之间的频率差（Δv_0）或波长差（$\Delta \lambda_0$）。原子吸收光谱法是通过测量基态原子蒸气对特征波长（或频率）的吸收强度来实现的。

影响半宽度的因素主要包括：自然变宽、多普勒（Doppler）变宽、压力变宽、自吸变宽及场致变宽。

① 自然变宽。谱线在不受外界影响时所固有的宽度，受激发态原子平均寿命的影响，寿命越短，谱线越宽，反之则越窄。自然宽度与其他原因引起的谱线宽度相比要小得多，且不同谱线的自然宽度不同，一般为 10^{-5} nm 数量级，大多数情况下可以忽略。

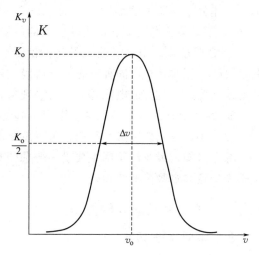

图 8.1 原子吸收谱线轮廓

② 多普勒（Doppler）变宽。谱线变宽中的一种主要形式，由原子无规则的热运动产生，又称热变宽。物理学中已知，从一个无规则运动着的原子发出的光，如果运动方向背离检测方向，则检测到其频率较静止原子所发出光的频率低，反之，则其频率较静止原子所发出光的频率高，这就是多普勒效应。在原子吸收分析中，气态原子处于无规则热运动中，各发光原子相对于检测器而言具有不同的运动分量，因此检测器所接收的光的频率略有不同，从而引起谱线变宽。

谱线的多普勒宽度 Δv_D 的计算公式为：

$$\Delta v_D = \frac{2v_0}{c}\sqrt{\frac{2RT\ln 2}{A_r}} = 7.16 \times 10^{-7} v_0 \sqrt{\frac{T}{A_r}} \tag{8.4}$$

式中　v_0——谱线的中心频率；

c——光速，3×10^5 km/s；

R——气体常数，8.314J/(mol·K)；

T——热力学温度，K；

A_r——吸光质点的原子量。

由式（8.4）可知，多普勒宽度 Δv_D 随温度的升高和吸光质点原子量的减小而增大。一般多普勒宽度在 10^{-3} nm 数量级，不能引起中心频率 v_0 的变化。

③ 压力变宽。在原子蒸气中，大量粒子的相互碰撞不能忽略。将由于原子之间的相互碰撞造成激发态原子平均寿命降低从而引起的谱线变宽称为压力变宽（原子相互碰撞频率与气体的压力相关）。压力变宽分为两种，即赫鲁兹马克（Holtsmark）变宽和洛伦茨（Lorentz）变宽。其中，由同种原子碰撞引起的变宽称为赫鲁兹马克变宽，又称共振变宽，与被测元素的浓度相关，当浓度高时才起作用，否则其影响可以忽略不计；而由被测原子与其他不同原子碰撞引起的变宽称为洛伦茨变宽，是压力变宽的主要部分，并随着吸收区内气体压力的增大和温度的升高而增大。原子的碰撞除了造成谱线变宽，还会引起中心频率偏移，吸收峰变得不对称，使得辐射线与吸收线中心错位，从而影响光谱分析的灵敏度。

在通常的原子吸收分析实验条件下，吸收线的轮廓主要受多普勒变宽和洛伦茨变宽的影响。气体分子、原子的浓度较高时，在 $2000\sim3000K$ 原子化温度和一个大气压（1.013×10^5Pa）下，多普勒变宽和洛伦茨变宽的数量级相同。

④ 自吸变宽。由自吸现象引起的谱线变宽称为自吸变宽。空心阴极灯在使用过程中，其发射的共振线被灯内同种基态原子所吸收产生自吸现象，从而使吸光度降低，影响工作曲线的线性关系，且灯的电流越大，自吸现象越严重。

⑤ 场致变宽。由电场及磁场作用引起的谱线变宽称为场致变宽。在空心阴极光源中电场强度较小，场致变宽影响较小，可以忽略不计。

综上可知，吸收线轮廓主要受多普勒变宽和压力变宽的影响，而光源发射线轮廓主要受多普勒变宽和自吸变宽的影响。

8.1.4 测量原子吸收的方法

8.1.4.1 积分吸收

在吸收轮廓的频率范围内，吸收系数 K_v 对频率 v 的积分称为积分吸收系数（A）。它实际上表示了吸收的全部能量。积分吸收系数与产生吸收的原子数之间具有一定关系：

$$A=\int K_v dv=\frac{\pi e^2}{mc}\times N_o f \tag{8.5}$$

式中　e——元电荷，其值约为 $1.602\times10^{-19}C$；

　　　c——光速，$3\times10^5km/s$；

　　　m——电子质量，其值约为 $9.1\times10^{-31}kg$；

　　　N_o——单位体积原子蒸气中产生吸收的原子数；

　　　f——振子强度，表示为被入射光线激发的每个原子的平均电子数。

特定元素在一定条件下的振子强度可视为定值，电子结构简单的原子可以从理论上计算出振子强度，而结构复杂原子的振子强度可以通过实验测得。

将式（8.5）中所有已知参数用字母 k 代替，可得：

$$A=\int K_v dv=kN_o \tag{8.6}$$

式（8.6）表明积分吸收系数与单位体积原子蒸气中产生吸收的原子数成线性关系，是原子吸收光谱分析的重要理论依据。因此若能测量出积分吸收系数，则可以求出 N_o，从而算出被测物质的浓度。但是由于原子吸收线的半宽度非常窄，即使包含可能的变宽，也很难测定积分吸收系数。

8.1.4.2 峰值吸收

由于积分吸收测定困难，难以实际应用，因此需要寻求新的测量途径。1955 年澳大利亚物理学家沃尔什（Walsh）提出以锐线光源为激发光源，通过测量峰值吸收系数（K_o）来确定物质浓度。所谓锐线光源是指发射线宽度很窄的光源，并且满足发射线的半宽度（Δv_e）小于吸收线的半宽度（Δv_a），发射线与吸收线的中心频率一致（如图 8.2 所示），如空心阴极灯。

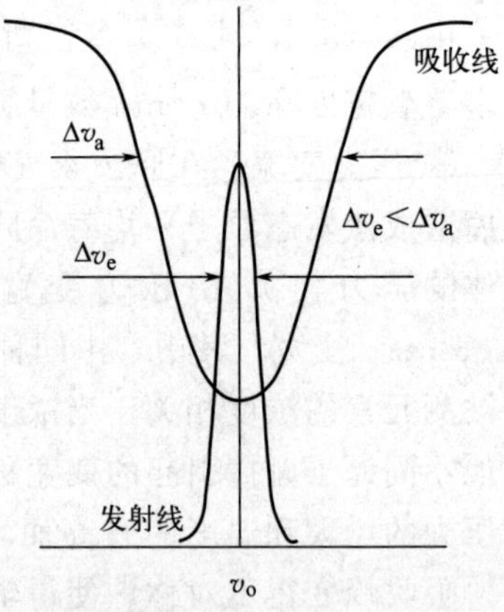

吸收线轮廓中心波长处的吸收系数 K_o，称为峰值吸收系数，简称峰值吸收。在温度不太高的稳定火焰下，峰

图 8.2　峰值吸收系数测量示意图

值吸收系数 K_o 与火焰中被测元素的原子浓度成正比。当原子吸收线轮廓主要取决于多普勒变宽时，吸收系数为：

$$K_v = K_o \times \exp\left\{-\left[\frac{2(v-v_o)\sqrt{\ln 2}}{\Delta v_D}\right]^2\right\} \tag{8.7}$$

积分后得：

$$\int_0^\infty K_v \mathrm{d}v = \frac{1}{2}\sqrt{\frac{\pi}{\ln 2}} K_0 \Delta v_D \tag{8.8}$$

由式（8.5）和式（8.8）可得：

$$K_o = \frac{2}{\Delta v_D}\sqrt{\frac{\ln 2}{\pi}} \times \frac{\pi e^2}{mc} N_o f \tag{8.9}$$

由式（8.9）可知，峰值吸收系数 K_o 与单位体积中产生吸收的原子数目 N_o 成正比，测出 K_o 就可以得出 N_o。

8.1.4.3　原子吸收光谱定量分析

当频率为 v、强度为 I_o 的平行光束射入长为 l 的原子蒸气中时，被气态原子吸收后的透射光强 I_v 可表示为：

$$I_v = I_o e^{-K_v l} \tag{8.10}$$

式中　K_v——吸收系数。

由吸光度 A 的定义可得：

$$A = \lg\frac{I_o}{I_v} = K_v l \times \lg e = 0.434 K_v l \tag{8.11}$$

当中心频率与测量原子的吸收频率一致，且发射线半宽度远比吸收线半宽度窄时，K_v 可用 K_o 代替，即：

$$A = 0.434 K_o l \tag{8.12}$$

已知在一定的实验条件下 l 为常数，由式（8.9）和式（8.12）可得：

$$A = 0.434 \frac{2}{\Delta v_D}\sqrt{\frac{\ln 2}{\pi}} \times \frac{\pi e^2}{mc} f l N_o = k N_o \tag{8.13}$$

式（8.13）中 k 代表已知参数的总量。由前面所述可知，原子蒸气中基态原子数 N_o 约等于原子总数 N。当实验条件一定时，被测元素的浓度 c 与原子蒸气中的原子总数 N 成正比，即 $N=ac$（a 为常数）。故吸光度 A 为：

$$A = Kc \tag{8.14}$$

该式为原子吸收光谱定量分析的关系式。式中 K 为已知参数的总量，已知吸光度 A 与待测物质的浓度 c 成正比，通过测定吸光度便可计算出样品中待测元素的含量。

8.2　原子吸收分光光度计的主要结构

原子吸收分光光度计的主要结构包括光源、原子化器、分光系统和检测系统，图 8.3 为原子吸收分光光度计结构示意图。

由光源（空心阴极灯）发射的待测元素谱线，在原子化器中被基态原子吸收后，进入分光系统分光并进入检测系统进行测量，最后由测出的吸光度求得待测元素的含量。

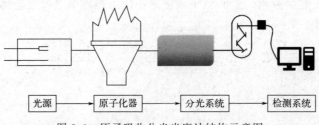

图 8.3　原子吸收分光光度计结构示意图

8.2.1　光源

光源的功能是发射待测元素的特征共振辐射（特征谱线）。光源要符合以下要求：①发射谱线半宽度足够窄，有利于分析灵敏度的提高及标准曲线线性关系的改善；②辐射强度大、背景吸收小，可以提高信噪比、改善检出限；③谱线的稳定性高，可以提高测量精度。

目前应用于原子吸收光谱分析的光源主要有空心阴极灯、无极放电灯、蒸气放电灯等，其中应用最广泛的是空心阴极灯。

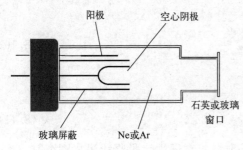

图 8.4　空心阴极灯示意图

空心阴极灯是一种特殊形式的低压气体放电光源，放电集中于阴极空腔内，满足原子吸收光谱法的条件。图 8.4 为空心阴极灯的示意图。其外壳为硬质玻璃管，内部充入惰性气体（通常为氩气或氖气）。前端为透明窗口，材质为玻璃或石英。阳极是钨、镍、钛等金属；阴极为空心圆柱形，是集中放电的区域。当只测量一种元素时，将由被测元素的金属或合金制成的阴极灯称为单元素灯，其优点是发射谱线强度大、干扰小；当测量多种元素时，将由几种被测元素的混合金属或合金制成的阴极灯称为多元素灯，其发射强度较低，易产生光谱干扰。为防止阴阳极的击穿，使发光集中在阴极凹陷区域，阴阳极间常设有屏蔽层。

在电极的两端施加适当的电压，电子从空心阴极灯内壁流向阳极，并与灯内充入的惰性气体发生碰撞，使气体电离产生正电荷。在电场作用下，正电荷猛烈轰击阴极内壁，使阴极表面的元素从晶格中溅射出来。溅射出来的原子大量积聚在阴极表面，并与电子、惰性气体原子及离子发生碰撞从而激发出原子光谱。因此，用不同的待测元素作为阴极可测量不同的元素。

灯电流的变化会影响谱线强度，灯电流过大会引起多普勒变宽和自吸变宽，因此进行原子吸收光谱分析时，要保持灯电流恒定。

8.2.2　原子化器

原子化器的功能是提供能量，使被测物质干燥、蒸发和原子化。入射光束在这里被基态原子吸收，可把它当作"吸收池"。原子化器的基本要求是：具有足够高的原子化效率；具有良好的稳定性和重现性；操作简单；干扰水平低；等等。

常用的有火焰原子化器和非火焰原子化器，其中非火焰原子化器包括石墨炉原子化器、氢化物发生原子化器和冷原子化器。

8.2.2.1 火焰原子化器

火焰原子化器由化学火焰的燃烧热提供能量，使被测元素原子化。火焰原子化器应用最早，至今仍在广泛应用。其主要结构包括雾化器和燃烧器。

（1）雾化器

雾化器主要起到将试样雾化的作用，使之形成直径为微米级的气溶胶（变成细雾），均匀进入燃烧器。通常来说雾粒越细、越多，在火焰中生成的基态自由原子就越多。雾化器要满足雾化效率高、雾滴细且均匀、喷雾稳定等条件。

目前应用最广的是气动同心型喷雾器。雾化器的原理为：一定压力下，助燃气从喷嘴高速喷出，在毛细管上端产生负压，试液沿着毛细管被吸提上来，被高速气流分散成细碎的雾粒，并高速吹到撞击球上被进一步细化。雾滴粒度和试液的吸入率影响测定的灵敏度、精密度和化学干扰的大小。

与喷雾器相连的雾化室起到进一步细化雾粒、使燃气和助燃气充分混合的作用，以便在燃烧时获得稳定的火焰。雾化室材料一般为聚四氟乙烯或不锈钢金属。毛细管多为铂、铱、铑等惰性金属的合金制成。置于喷嘴前方的撞击球多为玻璃或金属制成。

（2）燃烧器

燃烧器的主要作用是形成火焰，使试样原子化。试样的细雾粒进入燃烧器，在火焰中经过干燥、熔融、蒸发和离解等过程后，产生大量的基态自由原子及少量的激发态原子、离子和分子。目前广泛使用的是预混合型燃烧器，即试样雾化后进入雾化室与燃气（乙炔、氢气等）充分混合，较大的雾滴在室壁或扰流片凝结后经废液管排出，细小雾粒进入火焰原子化。其优点为火焰稳定性好、产生原子蒸气多，缺点是样品利用率低，约为 10%。

（3）火焰

火焰主要为原子化提供能量，试样的干燥、蒸发、原子化及电离化合过程都在火焰中进行。依据燃料气体与助燃气体的比例，火焰可分为三类：中性火焰、富燃火焰和贫燃火焰。

中性火焰又称化学计量火焰，火焰的燃气与助燃气的比例与它们之间的化学反应计量关系接近。优点是温度高、干扰小、稳定等，适用于多种元素的测定。

富燃火焰又称还原焰，火焰中燃气与助燃气的比例大于化学计量值。这种火焰燃烧不完全、温度低、具有还原性，适用于易形成难离解氧化物的元素（如 Cr）的测定。

贫燃火焰又称氧化焰，指燃气与助燃气比例小于化学计量值的火焰。这种火焰的氧化性较强、温度较低，适用于易分解易电离元素（如碱金属）的测定。

表 8.2 列出了几种常见火焰的组成和燃烧性质。

表 8.2 几种常见火焰的组成和燃烧性质

燃气-助燃气	燃助比	最高温度/℃	燃烧速度/(m/s)	适合元素
乙炔-空气	1：4（中性火焰）	2300	160	适用于 35 种元素，对 W、V、Mo 灵敏度低
乙炔-空气	大于 1：4（富燃火焰）	稍低于 2300	160	对 W、V、Mo 灵敏度高
乙炔-空气	小于 1：4（贫燃火焰）	2300	160	适合碱金属、有机溶剂喷雾
氢气-空气	（2：1）～（3：1）	2050	320	易回火，对 Cd、Pb、Sn、Zn 灵敏度高
丙烷-空气	（1：20）～（1：10）	1925	82	适用于 Ag、Au、Bi、Fe、In、Pb、Ti、Cd，干扰小

表 8.2 中，燃烧速度是指单位时间内火焰由着火点向可燃混合气体其他点传播的距离，

影响火焰燃烧的稳定性。为使火焰稳定燃烧，可燃混合气体的供气速度应大于燃烧速度，但要注意供气速度不宜过大，否则可能会使火焰离开燃烧器，变得不稳定。若供气速度过小，将引起回火。

在原子吸收光谱分析中，火焰温度会影响原子化效果，温度过高会使激发态原子增加，基态原子数减少，造成测量误差偏大。因此，要选择使待测元素恰能离解成基态自由原子的火焰温度，并在此前提下尽可能采用低温火焰。

火焰原子化器具有结构简单、操作简便、造价低廉、分析精度高等优点，但其也存在样品利用率低、火焰过程不易控制等缺点。

8.2.2.2　石墨炉原子化器

石墨炉原子化器是非火焰原子化器中应用最为广泛的一种，主要由石墨管、炉体、电源三部分组成。图 8.5 为电热高温石墨炉原子化器简图。

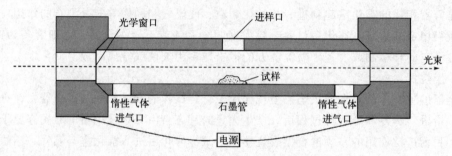

图 8.5　电热高温石墨炉原子化器简图

石墨管主要有普通石墨管（GT）和热解石墨管（PGT）两种。普通石墨管升华点低，易氧化；热解石墨管具有很好的耐氧化性能，升华温度高，具有良好的惰性，不易与高温元素形成碳化物，具有较好的机械强度，使用寿命比普通石墨管长。

炉体用来安放石墨管，炉体上有水冷装置和惰性气体保护装置。水冷装置是为了保护炉体，确保切断电源 20～30s 后，炉子降至室温。惰性气体保护装置中的保护气体常为氩气。氩气在外气路中沿石墨炉外壁流动，保护石墨炉管不被烧蚀；在内气路中常从石墨管两端流向中心，并由进样孔流出，既可以有效地去除干燥和灰化过程中产生的基体蒸气，又可以保护原子化后的原子不再被氧化。

加热电源供给原子化器能量，一般采用低压、大电流的供电装置。为保证炉温恒定，要求提供的电流稳定，并可以快速升至 2000℃以上。

石墨炉原子化器工作过程一般分为四个阶段，即干燥、灰化（热解）、原子化和净化（除残）。干燥阶段的目的是去除溶剂，防止样品在原子化过程中因温度骤升发生飞溅或在石墨炉中流散面积太大。干燥温度应根据溶剂沸点和含水情况来确定，一般稍高于溶剂的沸点，干燥时间由样品体积而定。灰化（热解）主要是去除挥发性的基体和有机物，减轻或消除原子化时产生烟雾的干扰。原子化阶段的作用是在一定的温度下使灰化阶段剩余的物质分解、蒸发，形成气态自由原子。原子化温度取决于被测元素的挥发性。净化（除残）是指结束一个样品的测定后，用比原子化阶段稍高的温度加热石墨炉达到除去样品残渣的目的，净化时间一般为 3～5s。石墨管经过净化处理后，可进行下一个样品的分析。

与火焰原子化器相比，石墨炉原子化器具有原子化效率高、灵敏度高、检出限低、用样量少等优点。其缺点是测定重现性差、基体效应大、化学干扰严重、背景吸收高等。

8.2.2.3　氢化物发生原子化器

氢化物发生原子化是一种利用还原剂将被测元素转化为氢化物气体，由载气送入石英管后被加热分解产生气态原子的方法，主要用于砷、锗、铅、镉、硒、锡、锑等元素的测定。一般采用硼氢化钠（钾）-酸还原体系。如砷在氢化物发生原子化器中的反应为：

$$AsCl_3 + 4NaBH_4 + HCl + 8H_2O \Longrightarrow AsH_3 + 4NaCl + 4HBO_2 + 13H_2$$

氢化物发生原子化法具有提高样品利用率和纯度、检出限较低、干扰少、选择性好等优点，但是也存在操作烦琐、精确度较低等问题。

8.2.2.4　冷原子化器

冷原子化器主要应用于各种试样中 Hg 元素的测定。将试样中的汞离子用 $SnCl_2$ 或盐酸羟胺、硼氢化钠完全还原为金属汞后，用气流将汞蒸气带入具有石英窗的气体测量管中，汞蒸气对汞灯发出的特征波长辐射进行吸收，测量吸光度即可得到试样中汞的含量。其特点为常温测量、灵敏度高、准确度好、干扰小。

8.2.3　分光系统

分光系统（单色器）主要是将被测元素的共振线与其他谱线分离开来，仅使被测元素共振线进入检测系统。如图 8.6 所示，它主要由色散元件如棱镜或光栅、凹面镜、入射和出射狭缝等组成。为了防止非检测谱线进入检测系统，单色器通常放在原子化器之后。

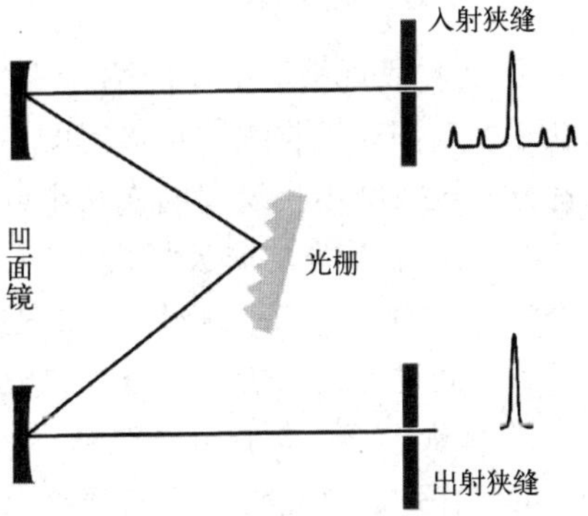

图 8.6　分光系统结构示意图

8.2.4　检测系统

检测系统由光电倍增管、放大器、对数转换器、指示器（表头、数显器、记录仪及打印机等）和自动调节、自动校准等部分组成。常用光电倍增管作检测器，把经过单色器分光后的微弱光信号转换成电信号，再经过放大器放大，在读数器装置上显示出来。

图 8.7 为光电倍增管示意图，m 个倍增极可产生 $2^m \sim 5^m$ 倍于阴极的电子。若阴极在入射光下产生一个电子，则在第 11 个倍增极上产生 $2^{11} \sim 5^{11}$ 个电子，相当于将微电流放大了

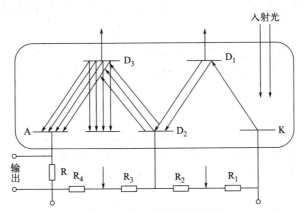

图 8.7　光电倍增管示意图

K—光阴极；D_1、D_2、D_3—倍增极；A—阳极；R_1、R_2、R_3、R_4、R—电阻

$2^{11} \sim 5^{11}$ 倍。光电倍增管对电流的放大作用主要是由倍增极的个数及倍增极之间的电压决定的。倍增极数目越多，放大倍数越大；倍增极的电压越高，放大倍数越大，灵敏度越高，因此要保证供电电压稳定。此外，光电倍增管具有线性响应范围宽、响应时间短、灵敏度高等优点。

8.3 样品分析中的常见干扰及其抑制方法

原子吸收分析法采用锐线光源，准确度较高，且与发射光谱分析法相比干扰较少，但在实际工作中仍存在一些干扰。按照干扰产生原因可以分为光谱类干扰（影响待测元素的表观吸收强度）和非光谱类干扰（影响待测元素的原子化率，主要包括物理干扰、化学干扰和电离干扰）。

8.3.1 光谱类干扰

① 吸收线重叠干扰。待测元素分析线与共存元素吸收线的波长接近时，两谱线重叠，相互干扰，例如吸收线波长接近的 Co（253.649nm）对 Hg（253.652nm）的干扰。可通过另选分析线或减小狭缝宽度来减小或消除干扰。

② 光谱通带内的非吸收线干扰。光源不仅发射被测元素的共振线，还发射与其邻近的非吸收线，如 Ni 空心阴极灯，在发射分析用的 232.0nm 谱线时还发射 231.6nm 的非吸收谱线。可通过另选分析线、减少狭缝宽度与减小灯电流来减小或消除干扰。

③ 背景干扰。包括分子吸收、光散射。分子吸收是原子化过程中生成的气体分子，碱金属的卤化物、氧化物、氢氧化物及盐类等对光源发射共振辐射的吸收，是一种带状光谱，会在一定波长范围内产生干扰。光散射是原子化过程中的固体颗粒使光产生散射，造成吸光度增加，形成"假吸收"效应，波长越短，散射影响越大。消除干扰的方法主要是氘灯背景扣除法和塞曼效应校正背景法。

8.3.2 物理干扰

样品在处理过程中由物理因素（如溶液的黏度、表面张力、密度，溶剂的蒸汽压，雾化气体的压力）变化引起的干扰效应称为物理干扰，主要影响样品喷入火焰的速度、进样量、雾化效率、原子化效率、雾滴大小等，造成吸收强度的变化。物理干扰属于非选择性干扰，对各种元素的影响基本一致。

消除方法包括配制与待测样品相同或相似组分的标准溶液或采用标准加入法。应尽量避免用黏度大的溶剂（如硫酸、磷酸）来处理样品；当样品浓度较高时，应适当稀释样品。

8.3.3 化学干扰

化学干扰是指待测元素与共存组分之间发生化学反应，造成原子化程度发生变化的干扰。化学干扰主要影响待测元素的原子化率，是光谱吸收分析法中的主要干扰源。影响化学干扰的因素主要有：待测元素与共存元素的性质、温度、喷雾器性能、火焰温度等。

消除方法主要包括：①提高火焰温度，使难离解的化合物完全基态原子化；②加入释放剂，与干扰元素生成更稳定或更难挥发的化合物，使待测元素释放出来，如加入 $LaCl_3$ 释放剂，La^{3+} 与 PO_4^{3-} 生成热更稳定的 $LaPO_4$，抑制磷酸根对钙测定的干扰；③加入保护剂，与待测元素形成稳定的配合物，防止待测元素与干扰物质生成难离解的化合物，如加入 ED-TA，生成更易原子化的 EDTA-Ca 配合物，避免磷酸根对钙测定的干扰；④加入基体改进剂，改变基体或被测元素的热稳定性，避免化学干扰，如测定海水中 Cu、Fe、Mn 时，加入基体改进剂 NH_4NO_3，使 NaCl 基体转变成易挥发的 NH_4Cl 和 $NaNO_3$，使其在原子化之前低于 500℃ 的灰化阶段除去；⑤加入缓冲剂（干扰物质），有些干扰在干扰物质达到一定浓度时趋于稳定，可在样品和标样中加入足够的干扰物质，使干扰稳定以消除干扰；⑥采用化学分离法（萃取法、离子交换法、沉淀法等）将待测元素与干扰元素分离，以消除干扰。

8.3.4　电离干扰

某些易电离的元素在火焰中发生电离，使基态原子数减少、元素测定灵敏度降低，这种干扰称为电离干扰。电离干扰的程度与原子化温度和被测元素种类有关，消除方法包括选择低温火焰或加入过量的消电离剂。消电离剂是比被测元素电位低的元素，相同条件下消电离剂首先电离，产生大量的电子，从而抑制被测元素的电离。例如测钙时可加入过量的 KCl 溶液消除电离干扰。钙的电离电位为 6.1eV，钾的电离电位为 4.3eV。钾电离产生大量电子，使钙离子得到电子而生成原子。

8.4　原子吸收光谱法的分析方法

8.4.1　定量分析方法

原子吸收光谱的定量分析方法主要有标准曲线法和标准加入法两种。

8.4.1.1　标准曲线法

根据朗伯-比尔定律 $A=Kc$（吸光度 A 与浓度 c 成正比），配制一组标准溶液，从低浓度到高浓度依次测定吸光度，绘制 A-c 标准曲线，然后在相同实验条件下测定待测元素吸光度，代入标准曲线可计算出待测元素的浓度。

在实际测量分析中，会出现标准曲线弯曲的现象，出现这种现象的原因如下。

① 发射线半宽度相对于吸收线半宽度（即 $\Delta v_e/\Delta v_a$）较大。研究表明，当 $\Delta v_e/\Delta v_a <1/5$ 时，标准曲线是线性的；当 $1/5<\Delta v_e/\Delta v_a<1$ 时，标准曲线上部向浓度轴弯曲；当 $\Delta v_e/\Delta v_a>1$ 时，标准曲线出现严重的弯曲，不成线性关系。

② 吸收线中心波长发生偏移。吸收线与发射线中心波长发生偏移后，测出的不是峰值吸收系数，从而影响峰值吸收与原子数之间的线性关系。

另外，各种干扰（光谱类和非光谱类干扰）也可能导致曲线变弯。

为保证结果的准确性，使用标准曲线法时需注意：①所配制标准溶液的浓度，在吸光度与浓度成线性的范围内；②标准溶液与试样溶液都用相同的试剂处理；③应以空白溶液作参比；④整个分析过程中的操作条件保持不变；⑤每次测定前用标准溶液对吸光度进行校正。

8.4.1.2　标准加入法

标准加入法也称标准增量法、直线外推法。当待测样品的确切组分不明或组分浓度很

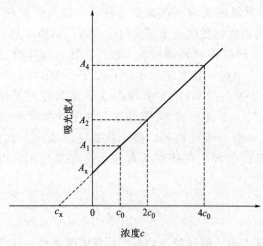

图 8.8 标准加入法的标准曲线

高、变化大，难以配制出类似的标准溶液时，可以使用标准加入法。将不同量的标准溶液分别加入几份等体积的待测试样中，其中一份待测试样不加标准溶液，均稀释至相同体积。若待测元素的浓度为 c_x，则加入标准溶液后的试样含量分别为 c_x+c_0、c_x+2c_0、c_x+3c_0、$c_x+4c_0\cdots$，在相同条件下分别测量吸光度。如图 8.8 所示，以外加标准物质后的浓度为横坐标，吸光度为纵坐标作图，将直线延长使之与浓度轴相交，交点对应的浓度值即为试样溶液中待测元素的浓度。

使用标准加入法时需注意以下几点：①加入标准溶液量要适中，应与待测元素的含量在同一数量级内，且使测定浓度与相应的吸光度在线性范围内；②不能消除背景吸收的干扰；③斜率太小的曲线（灵敏度差）容易引起较大的误差。

8.4.2 灵敏度、特征量及检出限

8.4.2.1 灵敏度

一定浓度时，测定值（吸光度）的增量（ΔA）与对应待测元素浓度（或质量）增量（Δc 或 Δm）的比值，称为灵敏度，用 S 表示，其公式为：

$$S_c=\frac{\Delta A}{\Delta c},S_m=\frac{\Delta A}{\Delta m} \tag{8.15}$$

灵敏度 S 也是校准曲线的斜率。

8.4.2.2 特征量

特征量可以用特征浓度 c_0 和特征质量 m_0 来表示。

特征浓度是指获得 1% 吸收（吸光度 $A=0.0044$）信号时所对应的被测元素的浓度，单位为（μg/mL）/1%，表示为：

$$c_0=\frac{0.0044c_x}{A_x} \tag{8.16}$$

式中 A_x——多次测量吸光度的平均值；

c_x——待测元素的浓度，μg/mL。

特征浓度是一个重要性能指标，经常用于判别一台分析仪器的灵敏度的指标。

特征质量是指在石墨炉原子吸收法中，被测元素产生 1% 吸收（吸光度 $A=0.0044$）时所需要的质量，单位为 g/1%，表示为：

$$m_0=\frac{0.0044m_x}{A_x} \tag{8.17}$$

特征量可以用来估算最适宜的测量浓度和取样量，还可以用来检查仪器的性能。表 8.3 列出了几种元素的特征量。

表 8.3 元素特征量

元素	分析线波长/nm	火焰法/[(μg/mL)/1%]	石墨炉法/(g/1%)	元素	分析线波长/nm	火焰法/[(μg/mL)/1%]	石墨炉法/(g/1%)
Ag	328.1	0.05	1.3×10^{-12}	Mo	313.3	0.2	1.1×10^{-11}
Al	309.3	0.8	1.3×10^{-11}	Na	589.0	0.01	1.4×10^{-12}
As	193.7	0.6	1.9×10^{-11}	Ni	232.0	0.1	1.7×10^{-11}
Au	242.8	0.18	1.2×10^{-11}	Pb	283.3	0.20	5.3×10^{-12}
B	249.8	35	7.5×10^{-8}	Pd	247.6	0.5	1.0×10^{-10}
Ba	553.6	0.4	5.8×10^{-11}	Pt	265.9	2.5	3.5×10^{-10}
Be	234.9	0.05	2.5×10^{-13}	Rb	780.0	0.5	5.6×10^{-12}
Ca	422.7	0.06	5.0×10^{-12}	Re	346.0	15	1.0×10^{-9}
Cd	228.8	0.01	3.6×10^{-13}	Rh	343.5	0.15	6.7×10^{-11}
Co	240.7	0.08	3.3×10^{-11}	Ru	349.9	2.0	1.4×10^{-10}
Cr	357.9	0.05	8.8×10^{-12}	Sb	217.6	0.5	1.2×10^{-11}
Cu	328.4	0.04	7.0×10^{-12}	Se	196.0	0.1	2.3×10^{-11}
Fe	248.3	0.08	3.8×10^{-11}	Sn	286.3	10	4.7×10^{-11}
Ga	287.4	2.3	5.6×10^{-9}	Te	214.3	0.5	3.0×10^{-11}
Ge	265.2	1.5	1.5×10^{-10}	Ti	365.4	—	1.8×10^{-10}
Hg	253.7	5	3.6×10^{-8}	Tl	276.8	0.2	1.2×10^{-12}
In	303.9	0.9	2.3×10^{-11}	U	358.4	120	5.0×10^{-8}
K	766.5	0.03	1.0×10^{-12}	V	318.4	1.0	5.0×10^{-11}
Li	670.8	0.01	1.0×10^{-11}	Y	410.2	3.0	3.6×10^{-10}
Mg	285.2	0.005	6.0×10^{-14}	Yb	398.8	0.25	2.4×10^{-12}
Mn	279.5	0.025	3.3×10^{-12}	Zn	213.9	0.01	8.8×10^{-13}

8.4.2.3 检出限

检出限（DL）表示在适当置信水平下，能检测出的待测元素的最小浓度或最小量。用接近于空白值的溶液，经若干次重复测定所得吸光度的标准偏差的3倍求得。

$$DL = \frac{3s_0}{S} = \frac{3cs_0}{\overline{A}} \tag{8.18}$$

式中　c——待测溶液浓度，mol/L；

s_0——空白溶液标准偏差；

S——灵敏度；

$\overline{A}$——吸光度平均值。

灵敏度和检出限是衡量分析方法和仪器性能的重要指标。

8.5　原子吸收光谱法在环境样品分析中的应用

原子吸收光谱法是环境分析中的一种重要化学方法，主要应用于分析环境样品中的金属离子含量，为环境保护工作提供指导。该方法可用于对水、土壤、大气、固体废物进行分析，可测定铁、铜、锌、锰、铅、镉、硒、砷、锑、汞等近70种元素。通常来说，若样品中待分析元素含量较高，如大于0.1mg/L，选用火焰原子吸收光谱法；若样品中待分析元素含量较低，如小于0.1mg/L，选用石墨炉原子吸收光谱法。原子化器的条件选择应参考相应的国家标准。

8.5.1 水分析中的应用

水体一般分为地下水、地表水、工业废水、生活污水等，在相应的水体分析中，金属离子含量是一类重要指标，原子吸收光谱法可对这一指标进行分析，如分析水中的砷、硒、汞、钾、钠、钙、镁、铅、铜、锌等金属含量。检测工业废水时，一般推荐使用火焰原子吸收光谱法，取样时一般采用萃取浓缩法来满足仪器可检测水平，如测定工业废水中的镁。检测地下水及饮用水时，由于饮用水中可直接测定的元素不多，各类微量元素含量一般较低，使用石墨炉原子吸收光谱法更简单、便捷，如测定水中的硒。原子吸收光谱法不仅能够应用于水中金属元素含量的分析，还能分析其中一些盐类的含量，例如用于水中可溶性硫酸盐的测定。环境水样中硫酸盐与铬酸钡悬浊液反应，通过火焰原子吸收光谱法在359.3nm波长下测定释放出的铬酸根中的铬含量，间接计算硫酸盐的含量。

8.5.2 土壤分析中的应用

土壤中的重金属如砷、镉等含量超标导致环境污染问题，这些重金属可以通过食物链对人体健康造成极大危害。因此，准确检测土壤中的重金属离子含量对土壤修复和环境保护具有至关重要的意义。目前，我国颁布的国家或行业标准中大部分都是采用原子吸收光谱法测定土壤重金属含量。石墨炉原子吸收光谱法可以测定土壤中的铅、镉。火焰原子吸收光谱法可以直接测定土壤中的钼。微波消解-原子吸收光谱法可以测定土壤中的锌、铜、铅、镉等物质。

8.5.3 大气分析中的应用

大气中存在一定含量的重金属，其进入人体后容易富集且不易排出体外，超剂量摄入会对人体造成损害，因此大气中重金属含量的检测能够为环境评价及治理提供强有力的数据支撑。原子吸收光谱法是检测大气中重金属含量的重要方法，应用范围除环境空气外，还包括固定污染源气体、废气等。大气中重金属主要是以气溶胶颗粒的形式存在，因此采集样本时需要采集大气中的气溶胶颗粒。采样通常选择中流量采样器，流量一般为100mL/min，用滤筒或者滤膜采样，之后选择合适的方法进行处理。火焰原子吸收光谱法可测定环境空气中的铅，冷原子吸收光谱法可测定居住区大气中的汞。

8.5.4 固体废物分析中的应用

原子吸收光谱法越来越广泛地应用于固体废物中重金属含量的检测，是监测固体废物中重金属含量的成熟且可靠的方法。若分析固体废物，应该准确称取10g（精确至0.01g）的固体废物或可干化半固态废物样品，经自然风干或冻干后再次称重研磨，随后过100目筛备用。对于固体废物的测定结果应注意：当测定结果＜100mg/kg时，保留至小数点后一位；当测定结果≥100mg/kg时，保留三位有效数字。若固体废物浸出液不能及时分析，可加硝酸酸化至 pH<2。对于固体废物浸出液，当测定结果<1.00mg/L 时，保留至小数点后两位；当测定结果≥1.00mg/L 时，保留三位有效数字。

原子吸收光谱法除了水、大气、土壤、固体废物等方面的应用，还有很多其他方面的应用。原子吸收光谱法可以测定食品中铁、铜、铅等金属的含量，间接原子吸收光谱法能够测定茶叶中维生素 C、茶多酚等有机物的含量。

8.5.5　原子吸收光谱法的实际应用

8.5.5.1　火焰原子吸收光谱法测定矿样中的锌含量

矿石中锌元素含量的测定方法有很多，其中火焰原子吸收分光光度法测定的结果精确度较高，并且操作简单易行。

（1）实验材料

主要仪器：火焰原子吸收分光光度计、锌单元素空心阴极灯、石墨消解炉、分析天平、烧杯、药匙、消解管、容量瓶、移液管、滴管。

试剂：锌标准溶液（1000mg/L）、盐酸、硝酸、超纯水，所用试剂均为优级纯。

（2）仪器条件

波长：213.90nm；狭缝：0.6nm；灯电流：3mA；燃气流量：1L/min。

（3）实验步骤

预处理矿样。用分析天平准确称取 0.1g 磨碎的矿样，将样品移入 50mL 消解管中，用少量蒸馏水湿润样品。王水消解矿样。向消解管中加入 10mL 王水（盐酸∶硝酸＝3∶1），冷消解 24h。再在 95℃下，加热至待测样品完全溶解（2h），取下稍冷。定容至 20mL，过滤。同时做三组空白样。

标准溶液配制。用锌的标准溶液配制一组浓度梯度为 0、1、2、4、6、8、10mg/L 的标准溶液。

测量。将标准溶液和试样在仪器性能最好的条件下进行测量分析。

8.5.5.2　石墨炉原子吸收光谱法测定大米中的镉含量

镉作为一种重金属元素，可以随着食物链进入人体，严重危害人体健康，从而引发骨痛病、心力衰竭、动脉硬化等多种疾病。大米中的镉含量可采用石墨炉原子吸收光谱法测量，该方法具有简单便捷、准确度高、可大量处理样品等优点。样品经酸消解后，取适量的试样注入石墨炉原子吸收分光光度计中。原子化的样品吸收 228.8nm 共振线，在一定浓度范围内，其吸光度与镉含量成正比。

（1）实验材料

仪器：石墨炉原子吸收分光光度计、石墨消解炉、镉空心阴极灯、消解管、分析天平、烧杯、容量瓶、滴管、移液管等。

试剂：优级纯硝酸（HNO_3）、过氧化氢（H_2O_2，30％）、镉标准溶液（1mg/L）。

（2）仪器条件

波长：228.8nm；狭缝：0.5nm；灯电流：4.0mA；灰化温度：250℃；原子化温度：1800℃。

（3）实验步骤

首先称取 0.03～0.05g（精确至 0.0001g）磨碎的大米样品到 50mL 消解管中，用 EPA Method 3050A 方法将大米消解，直到消解液呈无色透明或略带微黄色，冷却后过滤。同时做 2 个以上空白试验。然后用镉标准溶液配制 0、0.2、0.6、1.2、1.8、2.4、3ng/mL 系列标准溶液。最后将标准溶液和处理好的试样在对应的石墨炉原子吸收分光光度计条件下进行测量。

此方法的检测结果可靠性较高。

8.6 原子荧光光谱法

8.6.1 原子荧光光谱的基本原理

原子荧光光谱是蒸气相中基态原子受到具有特征波长的光源辐射后，一些原子被激发跃迁到较高能级，再跃迁回某一较低能级（基态）时，将吸收的能量以辐射的形式发射出来形成的特征波长的原子荧光谱线。不同元素具有不同的原子荧光光谱，因此根据原子荧光强度可测出试样中待测元素的含量，即为原子荧光光谱法。

当气态原子受到强特征辐射时，外层电子被激发从基态跃迁到激发态，约在 10^{-8} s 后，再由激发态跃迁回基态，辐射出与吸收波长相同或不同的荧光，即为原子荧光。

受激发原子与其他粒子碰撞，能量以热运动或其他非荧光的形式消耗后回到基态，因此产生非辐射激发，使荧光减弱乃至消散，称为荧光猝灭。这种现象会降低荧光量子效率，减弱荧光强度。其中，荧光猝灭程度在氩气氛围中较小。

8.6.2 原子荧光光谱的类型

原子荧光光谱分为三种类型：共振荧光、非共振荧光与敏化荧光。其中，共振荧光的强度最大，也最为常用。

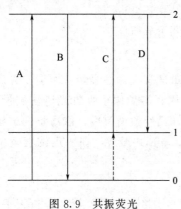

图 8.9　共振荧光

① 共振荧光。气态原子吸收共振线被激发后，激发态原子回到基态时发射出的波长与共振线波长相同，称为共振荧光，如图 8.9 中的 A、B。原子受热激发处于亚稳态时，再吸收辐射被激发，之后回到亚稳态过程中发射出的与吸收波长相同波长的共振荧光，称为热共振荧光，如图 8.9 中的 C、D。

② 非共振荧光。当返回基态时发射的荧光与激发光的波长不同时，产生非共振荧光。非共振荧光又分为直跃线荧光（斯托克斯荧光）、阶跃线荧光、反斯托克斯荧光三种，如图 8.10 所示。

直跃线荧光是指原子从低能级跃迁到高能级，回到中间能级时所发射的荧光，见图 8.10(a)。

阶跃线荧光有两种，如图 8.10(b) 所示。一种是光激发的原子，以非辐射的方式（碰撞、放热等）释放部分能量回到较低能级后，再返回基态时产生的原子荧光，其荧光波长大于激发波长；另一种是光激发后的原子再次发生热激发到更高能级后，返回中间能级时产生的原子荧光。

反斯托克斯荧光的特点是荧光波长小于激发波长，即荧光光子的能量大于激发光子的能量。先热激发再光照激发（或反之），再发射荧光返回基态或较低能级，如图 8.10(c) 所示。

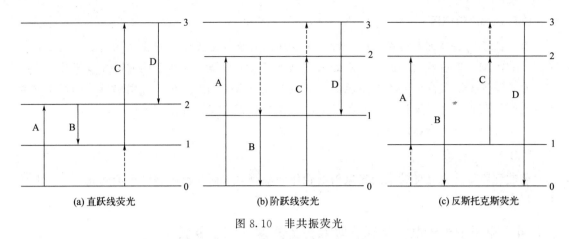

| (a) 直跃线荧光 | (b) 阶跃线荧光 | (c) 反斯托克斯荧光 |

图 8.10　非共振荧光

③ 敏化荧光。受光激发的原子与另一种原子碰撞时，把激发能传递给另一个原子使其激发，后者再以辐射形式去激发而发射的荧光称为敏化荧光。

8.6.3　原子荧光光度计的主要结构

与原子吸收分光光度计的主要结构类似，原子荧光光度计主要由光源、原子化器、单色器和检测器组成，如图 8.11 所示。

8.6.3.1　光源

光源用来激发原子使其产生原子荧光，一般要满足以下要求：光强足够大，荧光强度与激发光源光强成正比，只有高强度的激发光源，才能提高测量灵敏度；稳定性高，有利于提高分析的精密度；同种元素锐线光源有利于共振荧光的激发；寿命长、耐用；等等。

在原子荧光光谱分析中，可以使用连续光源和锐线光源。连续光源一般采用高压氙

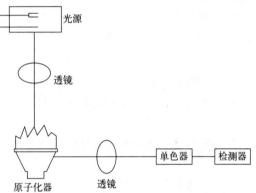

图 8.11　原子荧光分光光度计结构示意图

灯，功率可高达数百瓦。这种灯测定的灵敏度较低，光谱干扰较大，但操作简便、寿命长，可做多元素分析。常用的锐线光源为脉冲供电的高强度空心阴极灯，其具有足够窄的特征辐射，选择性好，较稳定，可得到更好的检出限。

8.6.3.2　原子化器

原子化器将待测元素转化成原子蒸气。对原子化器的要求是有稳定、较高的原子化效率。可以分为火焰原子化器和非火焰原子化器。

火焰原子化器是使用火焰将物质溶解并形成原子蒸气的装置。常用的火焰类型为空气-乙炔焰、氩氢焰等。采用氩气稀释的火焰可以减少火焰中的其他颗粒，可以减少荧光猝灭。

常用的非火焰原子化器包括：①电加热原子化器，是运用电磁能来产生原子蒸气的装置，可以选择猝灭效应小的气体，使荧光分析的检出限很低；②电感耦合等离子体原子化器，具有原子化温度高、透射影响小、荧光效率高的特性，并且可以同时测定多种元素；③低温原子化器，可用于汞元素的测量，与冷原子荧光法结合测汞，检出限可达 pg/mL 级。

8.6.3.3 单色器

单色器是制造高纯度可见光的装置，主要作用是筛选出要检测的荧光光谱线，防止其他光谱线的影响。单色器由间隙、色散元器件（光栅尺或棱镜）和多个反射镜片或镜片构成。

原子荧光不需要高分辨率的单色器，甚至可以不需要色散系统。应用单色器的设备称为色散型原子荧光分光光度计，而非色散型原子荧光分光光度计并没有单色器，一般仅配备滤光器用于分离出分析线和附近光谱线，减少干扰。

8.6.3.4 检测器

色散型原子荧光光度计采用光电倍增管作为检测器，而非色散型原子荧光光度计一般使用日盲光电倍增管。

8.6.4 原子荧光光度计与原子吸收分光光度计的主要区别

原子荧光光度计与原子吸收分光光度计的主要区别有以下几个方面。

① 光路不同。原子吸收分光光度计的光源、原子化器和检测器在一条光路上，原子荧光光光度计为垂直光路。

② 原理不同。原子吸收分光光度计是通过原子蒸气对空心阴极灯发射的特征辐射进行选择性吸收（特征吸收光谱）来测量待测元素的含量。而原子荧光光度计是通过测量待测元素的原子蒸气在辐射能激发下产生的荧光发射强度（荧光光谱）来确定待测元素含量。

③ 灵敏度不同。对于原子吸收分光光度计来说，提高光源强度的同时会增加背景吸收，而原子荧光光度计的信号强度与激发光源强度成正比，故可以极大提高灵敏度。

④ 测量元素种类不同。原子吸收分光光度计检测元素种类多，而原子荧光光度计测量元素种类具有局限性，能检测的元素种类较少。

8.7 原子荧光光谱法在环境样品分析中的应用

8.7.1 元素总量测量应用

原子荧光光谱法具有灵敏度高、稳定性好、操作方便等优点，是检测砷、汞等重金属元素的优选分析仪器。表 8.4 为目前实验室中原子荧光光谱法所涉及的标准。

表 8.4 原子荧光光谱法的测量标准

种类	标准
水	《水质 汞、砷、硒、铋和锑的测定 原子荧光法》(HJ 694—2014)
	《再生水水质 总砷的测定 原子荧光光谱法》(GB/T 39306—2020)
大气	《环境空气和废气 颗粒物中砷、硒、铋、锑的测定 原子荧光法》(HJ 1133—2020)
土壤和沉积物	《土壤质量 总汞、总砷、总铅的测定 原子荧光法 第 2 部分：土壤中总砷的测定》(GB/T 22105.2—2008)
	《土壤质量 总汞、总砷、总铅的测定 原子荧光法 第 1 部分：土壤中总汞的测定》(GB/T 22105.1—2008)
	《土壤和沉积物 汞、砷、硒、铋、锑的测定 微波消解/原子荧光法》(HJ 680—2013)
固体废物	《固体废物 汞、砷、硒、铋、锑的测定 微波消解/原子荧光法》(HJ 702—2014)

由上述标准可以看出，原子荧光光谱法可测量水样、大气颗粒物、土壤和沉积物及固体废物等中的元素总量。对于水样，还可以采用氢化物发生-原子荧光光谱法（HG-AFS）对水体中的砷、镉、汞、铋、锑、锡、锌等元素进行测量，从而监测水体重金属污染现状。例如为准确测定水中的硒元素，选择氢化物发生-原子荧光光谱法，首先将硒转化为硒的氢化物，使用盐酸溶液作为介质，在高温下将硒原子化并辐射出荧光。对于大气颗粒物中重金属元素的含量，尤其是可挥发性气态汞的监测，也可以采用原子荧光光谱法。在土壤和沉积物方面，主要利用原子荧光光谱法测量其中的汞、砷、硒、铋、锑、铅等元素总量。固废方面，还可以对矿石及合金固体中的元素组分进行检测。

8.7.2　元素形态测量应用

在原子荧光分析中，由于不同价态和形态的元素产生的原子蒸气不同，因此通过分离、富集、联用技术等方法，可以对元素进行形态分析。在环境检测中，涉及较多形态分析的元素有砷、锑、汞、硒等。有研究利用吹扫捕集-原子荧光光谱法测量水体中甲基汞和乙基汞的含量，检出限为 $0.01 \sim 6.43 \times 10^{-3}$ ng/L。利用高效液相色谱-原子荧光光谱法联用技术，可在 15min 内对无机汞、甲基汞、乙基汞和苯基汞四种汞化合物进行形态分离，通过优化参数可提高对四种化合物的检测灵敏度，检出限达纳克数量级。此外，还可用原子荧光光谱法测定大气颗粒物、天然水体及海水中 As（Ⅲ）和 As（Ⅴ）、Sb（Ⅲ）和 Sb（Ⅴ）及 Se（Ⅳ）和 Se（Ⅵ）的含量。

8.7.3　氢化物发生-原子荧光光谱法测定海水中的砷

氢化物发生-原子荧光仪器的测量原理为：首先，将被测元素的酸性溶液引入氢化物发生器中，加入还原剂后发生氢化反应，生成被测元素的氢化物；然后，被测元素氢化物进入原子化器后被解离成被测元素的原子；最后，原子受特征辐射的照射产生荧光，荧光信号通过光电监测器被转变为电信号，由检测器检出。

（1）实验材料

仪器：氢化物发生-原子荧光仪器、砷空心阴极灯。

试剂：超纯水；HCl（10.2mol/L，优级纯）；硫脲、$NaBH_4$、NaOH（均为分析纯）；砷标准溶液（1000μg/mL）；砷海水标准溶液（1000μg/L）。

（2）仪器条件

光电倍增管负高压：285V；原子化器高度：8mm；灯电流：80mA；载气流量：200mL/min；屏蔽气流量：600mL/min。

（3）实验步骤

标准曲线的绘制。砷的质量浓度在 $0 \sim 10.0$ μg/L 范围内，建立标准曲线。

海水样品的预处理。取 5mL 海水样品于 10mL 比色管中，加入 1mL 100g/L 硫脲溶液，用 HCl 溶液（1+9）定容至 10mL，混匀后室温下还原 100min 以上。

测量。将标准系列溶液和试样在仪器性能最好的情况下进行测量分析。

 习题

1. 原子吸收光谱法中，火焰类型对不同元素的原子化过程有什么影响？

2. 比较火焰原子吸收光谱法与石墨炉原子吸收光谱法的优缺点。

3. 原子吸收光谱法和原子荧光光谱法的原理分别是什么？

4. 原子吸收分光光度计和原子荧光光度计两者在光源选择方面有何区别？为什么？

5. 原子吸收光谱法的干扰有哪些？是怎么造成的？

6. 原子荧光是怎样产生的？有哪些类型？

参考文献

[1] 韩长秀，毕成良，唐雪娇. 环境仪器分析［M］. 2版. 北京：化学工业出版社，2018.

[2] 钱沙华，韦进宝. 环境仪器分析［M］. 2版. 北京：中国环境科学出版社，2011.

[3] 张宝贵，韩长秀，毕成良. 环境仪器分析［M］. 北京：化学工业出版社，2008.

[4] 陈玲，郜洪文. 现代环境分析技术［M］. 北京：科学出版社，2008.

[5] 张营. 现代仪器分析技术及其在环境领域中的应用［M］. 沈阳：辽宁大学出版社，2019.

第九章
原子发射光谱法

9.1 原子发射光谱法的基本原理

9.1.1 原子发射光谱法简介

原子发射光谱法（atomic emission spectrometry，AES），是依据物质在热激发或电激发下，待测元素原子或离子发射的特征光谱来判断物质的组成，并对元素进行定性与定量分析的一种方法。

原子发射光谱法是产生与发展最早的一种光谱分析方法。1859 年，德国学者基尔霍夫（Kirchhoff）和本生（Bunsen）合作，制造了第一台用于光谱分析的分光镜，并用本生灯作为光源，系统地研究了一些元素光谱与原子性质之间的关系，奠定了光谱定性分析的基础。此后的 30 年间，科学家们先后发现了铷（Rb）、铯（Cs）、稀有分散元素、稀有气体和稀土元素等，逐渐确立了光谱定性分析方法。1925 年，格拉赫（Gerlach）为解决光源不稳定的问题，提出了内标法，奠定了发射光谱定量分析的基础。1930 年，罗马金（Lomakin）和赛伯（Scheibe）通过实验方法建立了谱线强度（I）与分析物浓度（c）之间的经验式——罗马金-赛伯公式，从而建立了发射光谱定量分析法。20 世纪 60 年代，电感耦合等离子体（ICP）光源的引入，大大推动了发射光谱分析的发展。近年来，随着电荷耦合器件（CCD）等多道检测器的使用，多元素同时分析能力大大提高，原子发射光谱分析获得了新的发展，成为仪器分析中最重要的方法之一。

原子发射光谱分析包括三个主要过程：首先，由光源提供能量使试样蒸发，形成气态原子，并进一步使气态原子激发而产生光辐射；然后，光源发出的复合光经分光系统分解成按波长顺序排列的谱线，形成发射光谱；最后，通过检测器检测光谱中谱线的波长和强度。发射谱线的波长取决于待测元素原子的能级结构，据此可对试样进行定性分析；发射谱线的强度取决于待测元素原子的浓度，因此可实现试样中元素的定量测定。

原子发射光谱法对科学发展起着重要作用，在建立原子结构理论的过程中，其提供了大量的、最直接的实验数据。科学家们通过观察和分析物质的发射光谱，逐渐认识了组成物质的原子结构。在元素周期表中，有不少元素是利用原子发射光谱法发现的或通过原子发射光谱法鉴定而被确认的，如金属元素铷（Rb）、铯（Cs）、镓（Ga）、铟（In）、铊（Tl），惰性气体氦（He）、氖（Ne）、氩（Ar）、氪（Kr）、氙（Xe）及一部分稀土元素，等等。同时，在近代各种材料的定性、定量分析中，原子发射光谱法都发挥了重要作用。

原子发射光谱分析具体以下优点。①具有多元素同时检测能力。可同时测定一个样品中的多种元素。②分析速度快。可在几分钟内同时对几十种元素进行定量分析。③选择性好。每种元素因其原子结构不同，发射不同的特征光谱。这种谱线的差异，对于分析一些化学性质极为相似的元素具有极其重要的意义。例如，铌（Nb）和钽（Ta）、锆（Zr）和铪（Hf），用其他方法都很难分析，而原子发射光谱分析可以轻松地将它们区分开来，并分别加以测定。④检出限低。一般光源可达 $0.1 \sim 10 \mu g / g$（或 $\mu g / mL$），绝对值可达 $0.01 \sim 1 \mu g / g$，电感耦合等离子体（ICP）光源可达 ng/mL 级。⑤准确度较高。一般光源相对误差约为 $5 \% \sim 10 \%$，ICP 相对误差可达 1% 以下。⑥应用范围广。气体、固体和液体样品都可以直接激发，试样消耗少。⑦校准曲线线性范围宽。一般光源只有 $1 \sim 2$ 个数量级，ICP 光源可达 $4 \sim 6$ 个数量级。

原子发射光谱是由原子外层电子在能级间跃迁产生的线状光谱，反映的是元素原子和离子的性质，与原子或离子来源的分子状态无关。因此原子发射光谱只能用来确定物质的元素组成与含量，并不能给出物质分子结构、价态和状态等信息。此外，一些非金属元素和有机物不能用原子发射光谱分析。

9.1.2 原子发射光谱的产生

原子的外层电子由高能级向低能级跃迁，多余能量以电磁辐射的形式发射出去，这样就得到了发射光谱。原子发射光谱是线状光谱。

通常情况下，原子处于基态，在激发光源作用下，基态原子获得足够的能量，外层电子由基态跃迁到较高的能量状态即激发态。处于激发态的原子是不稳定的，其寿命小于 10^{-8} s。外层电子从高能级向较低能级或基态跃迁，多余能量以电磁辐射的形式发射出来，就得到了一条光谱线。谱线波长与能量的关系为

$$\lambda = \frac{hc}{E_2 - E_1} \tag{9.1}$$

式中　E_1——低能级的能量，J；

　　　E_2——高能级的能量，J；

　　　λ——波长，nm；

　　　h——普朗克（Planck）常量，6.626×10^{-34} J·s；

　　　c——光速，3×10^5 km/s。

原子中某一外层电子由基态激发到高能级所需要的能量称为激发能，以 eV（电子伏）表示。原子光谱中每一条谱线的产生各有其相应的激发能，这些激发能在元素谱线表中可以查到。由激发态向基态跃迁所发射的谱线称为共振线。由第一激发态向基态跃迁所发射的谱线称为第一共振线，第一共振线具有能量最小的激发能，因此最容易被激发，也是该元素最强的谱线。

在激发光源作用下，原子获得足够的能量发生电离，电离所必需的能量称为电离能。原子失去一个电子称为一次电离，一次电离的原子再失去一个电子称为二次电离，依此类推。

离子也可能被激发，其外层电子跃迁也发射光谱，由于离子和原子具有不同的能量，所以离子发射的光谱与原子发射的光谱不同。每一条离子线也都有其激发能，这些离子线激发能的大小与电离能高低无关。

在元素谱线表中，用罗马数字Ⅰ表示中性原子发射的谱线，Ⅱ表示一次电离离子发射的谱线，Ⅲ表示二次电离离子发射的谱线，依此类推。例如，MgⅠ285.21nm 为原子线，MgⅡ280.27nm 为一次电离离子线。

9.1.3 原子能级与原子能级图

原子光谱是由于原子的外层电子（或称价电子）在两个能级之间跃迁产生的。原子的能级通常用光谱项符号来表示：

$$n^{2S+1}L_J$$

式中，n 为主量子数；L 为总角量子数；S 为总自旋量子数；J 为内量子数。

原子中核外电子的运动状态可以用四个量子数 n、l、m、m_s 来描述。

主量子数 n 决定了电子的能量和电子离原子核的远近；角量子数 l 决定了电子角动量的大小和电子轨道的形状，还影响着多电子原子中电子的能量；磁量子数 m 决定了当磁场中的电子轨道在空间中的伸展方向不同时，电子运动的角动量分量的大小；自旋量子数 m_s 决定了电子自旋的方向。电子自旋在空间的取向只有两个，一个顺着磁场，另一个逆着磁场。因此，自旋角动量在磁场方向上有两个分量。

电子的每一种运动状态都与一定的能量有关。主量子数 n 决定了电子的主要能量。具有相同半长轴的各种轨道电子具有相同的 n，可以认为分布在同一个壳层上。由于主量子数不同，可以分为许多壳层。$n = 1$ 的壳层离原子核最近，被称为第一壳层；$n = 2，3，4，\cdots$ 的壳层分别称为第二、三、四…壳层，用符号 K、L、M、N…表示。角量子数 l 决定了各椭圆轨道的形状，不同的椭圆轨道具有不同的能量。因此，每个主量子数 n 相同的壳层可以根据角量子数 l 分为 n 个支壳层，分别用符号 s、p、d、f、g…表示，原子中的电子按照一定的规则填充到每个壳层中。首先，它们被填充到具有最小量子数的量子态中，当电子逐渐填满同一主量子数的壳层时，就完成一个闭合壳层，形成一个稳定的结构，下一个电子再填充新的壳层，这就形成了原子的壳层结构。元素周期表中同一族的元素具有相似的壳层结构。

一个具有多个价电子的原子，其每个价电子都可以跃迁产生光谱。这些核外电子之间存在相互作用，包括电子轨道之间的相互作用、电子自旋运动之间的相互影响以及轨道运动和自旋运动之间的相互作用等。因此，原子核外电子的排布不能准确地表征原子的能量状态。原子的能量状态需要用以 n，L，S，J 四个量子数为参数的光谱项来表征。

① n 为主量子数。

② L 为总角量子数，其数值为外层价电子角量子数 l 的矢量和。其值可取 $L = 0，1，2，3，\cdots$，相应的光谱符号为 S，P，D，F，$\cdots$。

③ S 为总自旋量子数，自旋与自旋之间的作用较强，多个价电子总自旋量子数是单个价电子自旋量子数 m_s 的矢量和。其值可取 $S = 0，\pm 1/2，\pm 1，\pm 2/3，\cdots$。

④ J 为内量子数，是由轨道运动与自旋运动的相互作用即轨道磁矩与自旋磁矩的相互影响而得出的，是原子中各个价电子组合得到的总角量子数 L 与总自旋量子数 S 的矢量和，即 $J = L+S$。

光谱项符号左上角的（$2S+1$）称为光谱项的多重性。当用光谱项符号 $3^2S_{1/2}$ 表示钠原子的能级时，表示钠原子的电子处于 $n=3$，$L=0$，$S=1/2$，$J=1/2$ 的能级状态，这是钠原子的基本光谱项，$3^2P_{3/2}$ 和 $3^2P_{1/2}$ 是钠原子的两个激发态光谱项符号。

由于一条谱线是由原子的外层电子在两个能级之间跃迁产生的，故原子的能级可用两个光谱项符号表示。例如，钠原子的双线可表示为

Na 588.996nm $3^2S_{1/2} \rightarrow 3^2P_{3/2}$

Na 589.593nm $3^2S_{1/2} \rightarrow 3^2P_{1/2}$

把原子中所有可能存在状态的光谱项、能级及能级跃迁用图解的形式表示出来，称为能级图。通常用纵坐标表示能量 E，基态原子的能量 $E=0$，以横坐标表示实际存在的光谱项。图 9.1 为钠原子的能级图。图中的水平线表示实际存在的能级，能级的高低用一系列水平线表示。理论上，每个原子能级的数目应该是无限多的，但实际上产生的谱线是有限的。能级跃迁发射的谱线为连接两个能级的斜线。

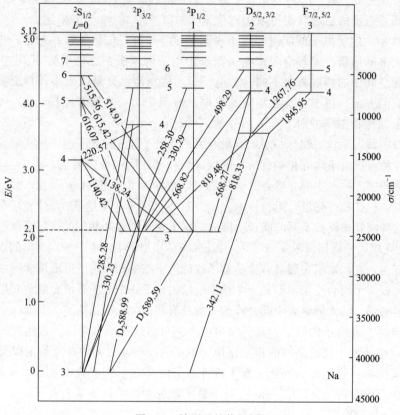

图 9.1　钠原子的能级图

必须指出的是，在原子内不是任意两个能级之间都能产生跃迁。根据量子力学的原理，跃迁是遵循一定的选择规则的。只有符合下列规则，才能发生跃迁。

① $\Delta n = 0$ 或任意正整数；

② $\Delta L = \pm 1$，跃迁只允许在 S 项与 P 项、P 项与 S 项或 D 项之间、D 项与 P 项或 F 项之间等；

③ $\Delta S = 0$，即单重项只能跃迁到单重项、三重项只能跃迁到三重项等；

④ $\Delta J = 0, \pm 1$。但当 $J = 0$ 时，$\Delta J = 0$ 的跃迁是禁戒的。

也有个别例外的情况，这种不符合光谱选择规则的谱线称为禁戒跃迁线。例如，Zn 307.59nm，是由光谱项 4^3P_1 向 4^1S_0 跃迁的谱线，因为 $\Delta S \neq 0$，所以是禁戒跃迁线。这种谱线产生的机会很少，谱线的强度也很弱。

9.1.4　谱线强度

设 i，j 两能级之间的跃迁所产生的谱线强度用 I_{ij} 表示，则

$$I_{ij} = N_i A_{ij} h \nu_{ij} \tag{9.2}$$

式中　N_i——单位体积内处于高能级 i 的原子数；

　　　A_{ij}—— i ， j 两能级间的跃迁概率；

　　　h——普朗克（Planck）常量；

　　　ν_{ij}——发射谱线的频率。

若激发处于热力学平衡状态下，分配在各激发态和基态的原子数目 N_i 和 N_0，应遵循统计力学中麦克斯韦-玻尔兹曼（Maxwell-Boltzmann）分布定律：

$$N_i = N_0 g_i / g_0 e^{(-E/kT)} \tag{9.3}$$

式中　N_i——单位体积内处于激发态的原子数；

　　　N_0——单位体积内处于基态的原子数；

　　g_i, g_0——激发态和基态的统计权重；

　　　E——激发能，J；

　　　k——玻尔兹曼（Boltzmann）常量；

　　　T——激发温度，K。

可以看出，影响谱线强度的因素如下。

① 统计权重。谱线强度与激发态和基态的统计权重之比 g_i / g_0 成正比。

② 跃迁概率。谱线强度与跃迁概率成正比，跃迁概率是一个原子于单位时间内在两个能级间跃迁的概率，可通过实验数据计算得出。

③ 激发能。谱线的强度与激发能成负指数关系。在一定温度下，激发能越高，处于激发态的原子越少，谱线强度越低。具有最低激发能量的共振线通常是具有最高强度的谱线。

④ 激发温度。温度升高，谱线强度增大。但温度过高，电离的原子数目也会增多，而相应的原子数会减少，致使原子谱线强度减弱，离子的谱线强度增强。图9.2为原子/离子谱线强度与激发温度的关系图。由图可知，不同谱线各有其最合适的激发温度，在最佳温度时，谱线强度最大。

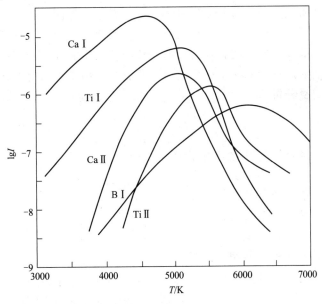

图 9.2　原子/离子谱线强度与激发温度的关系

⑤ 基态原子数。谱线的强度与基态原子的数量成正比。在一定条件下，基态原子数与样品中元素的浓度成正比。因此，在一定的实验条件下，谱线的强度与被测元素的浓度成正比，这是定量光谱分析的基础。

9.1.5　谱线的自吸与自蚀

在实际工作中，发射光谱是通过物质的蒸发、激发、迁移和射出弧层而得到的。而弧焰具有一定的体积，温度与原子浓度分布不均匀，中心区域温度高，激发态原子多，边缘处温度较低，基态与较低能级的原子较多。激发原子从中心发射某一波长的电磁辐射，必然要通过边缘到达检测器，这样所发射的电磁辐射就可能被处在边缘的同一元素的基态或较低能级的原子吸收，接收到的谱线强度就减弱了。这种原子在高温区发射某一波长的辐射，被处在边缘低温状态的同种原子所吸收的现象称为自吸（self-absorption）。

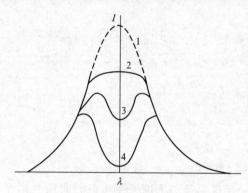

图 9.3　不同情况下的谱线轮廓
1—无自吸；2—有自吸；3—自蚀；4—严重自吸

弧层越厚，弧焰中被测元素的原子浓度越大，自吸现象越严重。自吸对谱线中心处强度影响较大。当元素的含量很小时，不表现自吸；当含量增大时，自吸现象增加，当达到一定含量时，由于自吸严重，谱线中心强度被全部吸收，几乎完全消失，看起来好像两条谱线，这种现象称为自蚀（self-reversal），如图 9.3 所示。

基态原子对共振线的自吸最为严重，并常产生自蚀。不同类型光源的自吸情况不同。由于自吸现象严重影响谱线强度，在光谱定量分析中必须注意此问题。

9.2　原子发射光谱分析仪器

原子发射光谱分析仪器通常包括激发系统、分光系统和检测系统三部分。激发系统利用激发光源使试样蒸发，解离成原子或电离成离子，然后使原子或离子得到激发，发生电离辐射；分光系统利用光谱仪将发射的各种波长的光按波长顺序展开为光谱；检测系统对分光后得到的不同波长的辐射进行检测，由所得光谱线的波长对物质进行定性分析，由所得光谱线的强度对物质进行定量分析。

9.2.1　激发光源

光源的作用是提供足够的能量使样品蒸发、原子化、激发，产生光谱。光源的特性在很大程度上影响光谱分析的精度、准确性和检出限。用于原子发射光谱分析的光源有很多种，主要包括直流电弧、交流电弧、电火花和电感耦合等离子体等，其中电感耦合等离子体最为常用。

9.2.1.1　直流电弧

直流电弧发生器的基本电路如图 9.4 所

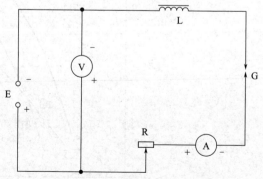

图 9.4　直流电弧发生器线路原理图
E—直流电源；V—直流电压表；L—电感；
R—镇流电阻；A—直流电流表；G—放电间隙

示。E是直流电源,电源电压为220～380V,电流为5～30A。镇流电阻R的功能是稳定和调节电流的大小。电感L用于减少电流波动。G表示放电间隙(或分析间隙),上箭头和下箭头表示电极。

直流电弧引燃有两种方法:一种是接通电源后,将上下电极短路引燃;另一种类型是高频引燃。引燃后,阴极产生热电子发射,在电场的作用下,电子通过放电间隙高速射向阳极。在放电间隙中,电子会与分子、原子、离子等碰撞,导致气体电离。电离产生的阳离子高速射向阴极,引起阴极的二次电子发射,也使气体电离。这种情况重复发生,电流持续,电弧不会熄灭。

由于电子轰击,阳极表面很热,产生亮点,形成"阳极斑点"。阳极斑点的温度很高,可达4000K(石墨电极)。因此,样品通常被放置在阳极上,在这种高温下,样品蒸发并原子化。在电弧中,原子与分子、原子、离子、电子等碰撞,被激发而发射光谱。当阴极温度低于3000K时,也会形成"阴极斑点"。

直流电弧由弧柱、弧焰、阳极点、阴极点组成。电弧温度约为4000～7000K,电弧温度取决于电弧柱中元素的电离能和浓度。

直流电弧的优点是设备简单。由于持续放电,电极头温度高,蒸发能力强,大量样品进入放电间隙,直流电弧绝对灵敏度高,适合定性和半定量分析;其还适用于矿石和矿物等难熔样品以及稀土、铌、钽、锆和铪等难熔元素的定量分析。缺点是电弧不稳定,容易漂移,再现性差,电弧层厚,自吸现象严重。

9.2.1.2 交流电弧

交流电弧发生器的电路图如图9.5所示,由两部分组成:低压电弧电路和高频引燃电路。低压电弧电路由交流电源(220V)、可变电阻R_2、电感线圈L_2、放电间隙G_2和旁路电容C_2组成,与直流电弧发生器电路基本相同。高频引燃电路由可变电阻R_1、变压器T_1、放电盘G_1、高压振荡电容C_1和电感L_1组成。这两个电路使用L_1、L_2(变压器T_2)进行耦合。

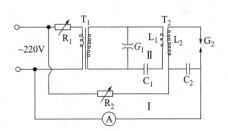

图9.5 交流电弧发生器线路原理图

低压交流电弧,不能像直流电弧那样一经点燃即可持续放电。电极间隙需要周期性地点燃,因此必须使用一个引燃装置。高频引燃电路接通以后,变压器T_1在次级线圈上可得到约3000V的高电压,并向电容器C_1充电,放电盘G_1与C_1并联,C_1电压增高,G_1电压也增高,当G_1电压高至引起火花击穿时,G_1、C_1、L_1构成一个振荡回路,产生高频振荡,得到高频电流。这时在变压器T_2的次级线圈L_2上产生的高频电压可达10kV,旁路电容C_2对高频电流的阻抗很小,L_2的高电压将放电间隙G_2击穿,引燃电弧。引燃后,低压电路沿着导电气体通道产生电弧放电。在放电的瞬间,电压会降低,直到电弧熄灭。在下一次高频引燃下,电弧再次被点燃,并重复此过程以维持交流电弧。

交流电弧除了具有电弧放电的一般特征外,还有其自身的特点:①交流电弧的电流是脉冲性的,比直流电弧的电流大,因此电弧温度高,激发能力强;②电弧稳定性好,分析的再现性和精度好,适合定量分析;③电极温度相对较低,这是由于交流电弧放电具有间歇性以及蒸发能力略低。

9.2.1.3 电火花

高压火花发生器线路见图 9.6。220V 交流电压经变压器 T 升压至 8000～12000V 高压，通过扼流线圈 D 向电容器 C 充电。当电容器 C 两端的充电电压达到放电间隙的击穿电压时，通过电感 L 向放电间隙 G 放电，G 被击穿产生火花放电。同时电容器 C 又重新充电、放电。这一过程不断重复，维持火花放电而不熄灭。要获得稳定性好的火花放电，需要在放电电路中串联一个由同步电机带动的断续器 M，同步电机以 50r/s 的速度旋转，每旋转半周，放电电路接通放电一次，从而保证高压火花的持续与稳定性。

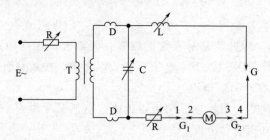

图 9.6　高压火花发生器线路原理图

E—电源；R—可变电阻；T—升压变压器；D—扼流线圈；C—可变电容；L—可变电感；

G—放电间隙；G_1、G_2—断续控制间隙；M—同步电机带动的断续器

火花光源的特点如下。①由于在放电瞬间释放出大量能量，放电间隙中的电流密度高，温度高（高达 10000K 以上），激发能力强，一些难以激发的元素可以被激发，其中大多数为离子线。②放电稳定性良好，因此具有良好的再现性，可用于定量分析。③电极温度相对较低，并且由于放电时间歇时间略长和放电通道狭窄，容易对熔点较低的金属和合金进行分析。④被测对象可以用作分析的电极，例如炼钢厂中的钢铁分析。不足之处是：灵敏度较差，但可用于高含量分析；运行时噪声较大；进行定量分析时，需要有预燃时间。

9.2.1.4 电感耦合等离子体

电感耦合等离子体（inductively coupled plasma，ICP）光源是 20 世纪 60 年代研制的一种新型光源，由于性能优异，70 年代迅速发展并被广泛应用。

ICP 光源是由高频感应电流产生的火焰状激发光源。仪器主要由高频发生器、等离子体炬管和雾化器三部分组成，如图 9.7 所示。高频发生器的功能是产生高频磁场来提供等离子体能量。频率大多为 27～50MHz，最大输出功率通常为 2～4kW。

ICP 的主体部分是放置在高频线圈内的等离子体炬管。在图 9.7 中，等离子体炬管（图中的 G）是三层同心石英管，高频感应线圈 S 是 2～5 匝的空心铜管。

等离子体炬管分为三层：最外层通 Ar 作为冷却气体，沿切线方向引入，以保护石英管不被烧毁；中层管通入辅助气体 Ar，以点燃等离子体；中心层以 Ar 作为载气，将通过雾化器的样品溶液以气溶胶的形式引入等离子体。

当高频发生器通电时，高频电流 I 通过线圈，在炬管内产生交变磁场 B。炬管内若有导体便会产生感应电流。这种电流呈闭合涡流状，电阻很小，电流很大（可达几百安），释放出大量的热能（温度达 10000K）。电源接通时，石英炬管内为 Ar，其不导电，可用高压火花点燃使炬管内气体电离。由于电磁感应和高频交变磁场 B，石英管中产生电场。电子和离子被电场加速，与气体分子、原子等碰撞，导致更多的气体电离。电子和离子在炬管内各自

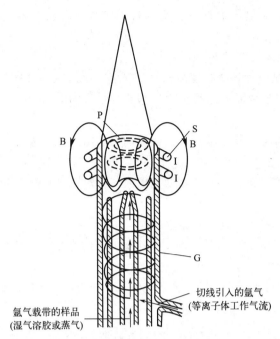

图 9.7　电感耦合等离子体（ICP）光源

B—交变磁场；I—高频电流；P—涡电流；S—高频感应线圈；G—等离子体炬管

沿着闭合同路流动，形成涡流，并在管口形成稳定的等离子体焰炬。

等离子体焰炬外观像火焰，但不是化学燃烧的火焰而是气体放电。其分为三个区域：焰心区、内焰区、尾焰区。ICP 的温度分布如图 9.8 所示。

① 焰心区：感应线圈区域内白色不透明的焰心，高频电流形成的涡流区，温度最高达 10000K，电子密度也很高。其发射强烈的连续光谱，光谱分析应避开这个区域。试样气溶胶在此区域被预热、蒸发，因此也被称为预热区。

② 内焰区：在感应线圈上方约 10~20mm 处，浅蓝色半透明的炬焰，温度为 6000~8000K。试样在此被原子化和激发，发射强烈的原子线和离子线。这是用于光谱分析的区域，称为测光区。测光时，在感应线圈上的高度称为观测高度。

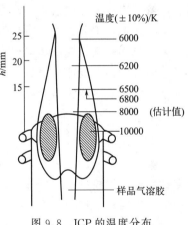

图 9.8　ICP 的温度分布

③ 尾焰区：在内焰区上方，无色透明，温度低于 6000K，只能发射激发能较低的谱线。

高频电流具有"趋肤效应"，在 ICP 中，绝大多数高频感应电流流经导体外围，越靠近导体表面，电流密度就越大。涡流主要集中在等离子体的表面层，形成环状结构，造成一个环形加热区。环的中心是一个进样的中心通道，气溶胶能顺利地进入等离子体，使得等离子体焰炬具有很高的稳定性。试样气溶胶可在高温焰心区经历较长时间加热，在测光区平均停留时间可达 2~8ms，比经典光源的停留时间（约 $10^{-3}~10^{-2}$ms）长得多。高温与长的平均停留时间使样品充分原子化，并有效地消除了化学干扰。周围是加热区，通过热传导与辐射间接加热，使组分的变化对 ICP 的影响较小，加之溶液进样量又少，因此基体效应小，试样不会扩散到 ICP 焰炬周围而形成自吸的冷蒸气层。环状结构是 ICP 性能优异的根本原因。

综上所述，ICP 光源具有以下优点。

① 检出限低。这是因为气体温度高，可达 7000～8000K，试样气溶胶在等离子体的中心通道中停留时间长。各种元素的检出限一般在 $10^{-5}\sim10^{-1}\mu g/mL$ 范围内，可以测量 70 多种元素。

② 自吸效应与基体效应小。分析校准曲线动态范围宽，可达 4～6 个数量级，因此可以分析高含量元素。

③ 稳定性好，精密度高。在分析浓度范围内，相对标准偏差约为 1%。

④ 准确度高，相对误差约为 1%。

⑤ 选择合适的观测高度，光谱背景小。

⑥ 可以同时对样品进行多元素分析。ICP 使用光电测量，在几分钟内可以快速准确地确定试样中含量从高到微量的各种组成元素的含量。

ICP 的局限性在于对非金属测量的灵敏度低、仪器价格昂贵以及维护成本高。

9.2.1.5　微波诱导等离子体

微波是频率在 300MHz 到 300GHz 之间的电磁波，波长在 1m 到 1mm 之间，位于红外辐射和无线电波之间。微波诱导等离子体（microwave-induced plasma，MIP），类似于 ICP，是由微波电磁场与工作气体（氢气或氦气）相互作用产生的等离子体。微波发生器（通常产生 2450MHz 的微波）将微波能量耦合于石英管或铜管，管中心通有氩气与试样的气流，使气体电离并放电，在管的顶部形成等离子体炬。

MIP 具有高激发能力，可以激发绝大多数元素，尤其是非金属元素，其检出限低于其他光源。较小的载气流量和相对简单的系统使其成为一种高性能光源。然而，这种光源的缺点是气体温度相对较低（约 2000～3000K），被测组分难以充分原子化。MIP 的等离子体炬非常小，微波发生器的功率很小（50～500W），过量的注入体积也会造成影响。

9.2.1.6　辉光放电光源

前面所述的光源都是常压下的辐射光源，而辉光放电光源是一种低气压光源。其有多种类型，以格里姆（Grimm）辉光放电管为例，其结构示意图见图 9.9。

阴极和阳极被密封在一个玻璃管中，管内抽真空并充满惰性气体，压力为几百帕。样品被制成易于插入光源的平面阴极。当两极之间施加几百伏的电压时，产生放电。在放电过程中，载气原子被电离，产生的正离子被电场大大加速，获得足够的能量。当轰击阴极表面时，被测元素的原子可以被轰击出去，形成原子蒸气云。这种正离子从阴极

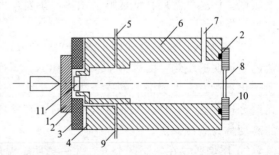

图 9.9　Grimm 辉光放电管结构示意图
1—试样；2—密封圈；3—阴极体；4—绝缘片；
5—阳极区抽气口；6—阳极体；7—载气入口；
8—石英窗；9—阴极区抽气口；
10—石英窗压固圈；11—负辉区

表面轰击出原子的现象称为"阴极溅射"。溅出的原子与高速离子、原子和电子碰撞，成为激发态原子，然后发射原子光谱。辉光放电发生在阴极附近的负辉区，此区域辐射强度

最大。

Grimm 辉光放电光源的主要特点是具有较高的发光稳定性和良好的分析精度；能够分层、均匀地进行溅射取样，可做表层、逐层分析。缺点是对样品制备有很高的要求。

9.2.2 试样引入激发光源的方式

试样引入激发光源的方式，对方法的分析性能影响极大，一般依试样的性质与光源的种类而定。

9.2.2.1 溶液试样

将溶液试样引入原子化器，通常采用气动雾化、超声雾化和电热蒸发等方法。其中，前两种方法需要事先雾化。雾化是通过压缩气体的气流，将试样转化为极细的雾状颗粒（气溶胶）的过程。雾化的试样被流动的气体带入原子化器进行原子化。

气动雾化器进样是一种利用动力学原理将溶液试样转化为气溶胶并将其转移到原子化器中的进样方法。当高速气流从雾化器喷口的环形截面喷出时，在喷口毛细管的末端形成负压，并将测试溶液从毛细管中抽出。运动速率远大于液流的气流强烈冲击液流，导致其破裂并形成小雾滴。气动雾化器有多种类型，大致可分为三类：同心型、直角型和特殊型（Babington 型雾化器）。

超声雾化器进样是一种基于超声波振动的空化效应将溶液雾化成气溶胶，由载气传输到火焰或等离子体中的进样方法。与气动雾化器相比，超声雾化器具有雾化效率高、产生高密度均匀气溶胶、不易堵塞等优点。

电热蒸发进样是将蒸发器放在一个有惰性气体（氩气）流过的密闭室内。当有少量的液体或固体试样放在碳棒或钽丝制成的蒸发器上时，电流迅速地将试样蒸发并被惰性气体携带进入原子化器。与一般雾化器不同，电热蒸发产生的是不连续的信号。

9.2.2.2 气体试样

气体试样可以直接引入激发光源中进行分析。一些元素可以通过转化为相应的挥发性化合物（如氢化物发生法）来采用气体进样，例如，砷、锑、铋、锗、锡、铅、硒和碲等元素可以通过转化为挥发性氢化物而进入原子化器，这种进样方法便是氢化物发生法。目前常用的是硼氢化钠（钾）-酸还原体系，典型反应如下：

$$3BH_4^- + 3H^+ + 4H_3AsO_3 \longrightarrow 3H_3BO_3 + 4AsH_3\uparrow + 3H_2O$$

氢化物发生法可以将这些元素的检测灵敏度提高 $10\sim100$ 倍。由于这些物质的毒性很高，在低浓度下对其进行检测尤为重要。同时，操作人员也需要使用安全有效的方法来去除原子化器中的气体。

9.2.2.3 固体试样

固体进样是将粉末、金属或微粒形式的固体直接引入等离子体和火焰原子化器中进行测定的分析方法，具有无须添加化学试剂，省去试样溶解、分离或富集等化学处理，减少污染源和试样损失，测定灵敏度高等特点。然而，由于固体进样技术存在取样的均匀性差、严重的基体效应以及难以制备均匀可靠的固体标准样品等问题，严重影响了测定的准确性和精密度。因此，固体进样是一种既有应用前景又存在许多问题的进样技术。

固体直接进入原子化器有以下形式。

① 试样直接插入进样：该技术是将试样磨成粉体，放在探针上直接插入原子化器。当

使用电弧和火花作为原子化器时，通常使用金属试样作为一个或两个电极来形成电弧或火花。

② 电弧和火花熔融法：常用各种放电方法将固体试样引入原子化器。固体试样的表面放电产生由微粒和蒸气组成的烟雾，然后通过惰性气体将其转移到原子化器中。电弧和火花熔融法通常在惰性气氛中进行，试样必须导电或与某种导体混合。电弧和火花不仅是一种试样引入技术，还常在原子发射光谱分析中作激发光源。火花可产生大量的离子，故可通过质谱分析测定。

③ 电热蒸发进样：与液体电热蒸发进样相类似，该技术是将固体试样放在用导体加热的石墨或钽棒等中蒸发，然后用惰性气体将其带入原子化器。固体试样以粉末或匀浆形式引入蒸发器中。

④ 激光熔融法：将激光束聚焦，产生足够的能量，直接照射在固体试样表面。被激光照射的部分试样转化为由蒸气和微粒组成的烟雾，被带入原子化器。激光熔融法可应用于导体和非导体、无机和有机试样、粉体和金属材料，是一种通用的方法。除分析块状试样外，激光聚焦光束还可以对小范围的固体表面进行微区分析或表面分析。

9.2.3 光谱仪

光谱仪的功能是色散光源发射的电磁辐射，获得按波长顺序排列的光谱，检测和记录不同波长的辐射。光谱仪根据使用的色散元件分为棱镜光谱仪和光栅光谱仪，根据光谱记录和测量方法可分为照相式摄谱仪和光电直读光谱仪。光电光谱仪也可以分为顺序扫描型、多通道型和傅里叶变换型。目前，傅里叶变换型的应用相对有限。

顺序扫描型光电光谱仪通常使用两个接收器来接收光谱辐射。一个接收器接收内标线的光谱辐射，另一个接收器采用扫描方式接收分析线的光谱辐射。它属于间歇式测量，其程序是利用一个元素的谱线移到另一个元素时几秒钟的间歇，获得每个谱线满意的信噪比。大多数顺序扫描型光谱仪使用全息光栅和光电倍增管作为单色器和检测器。这种类型的光谱仪，或使用数控步进电机旋转光栅，按照不同的波长顺序准确地调整出射狭缝；或固定光栅并沿着焦面移动光电倍增管。还有一类光谱仪具有两组狭缝和光电倍增管，一组用于紫外光区扫描，另一组用于可见光区扫描。

多通道型光谱仪的出射狭缝是固定的。通常情况下，出射通道不易改变。每个通道具有接收器，该接收器接收与通道本身相对应谱线的辐射强度，即一个通道可以测量一条谱线，因此可能被分析的元素取决于接收器。多通道型光谱仪可以同时测量 60 条谱线。其有两种接收方法：一种是使用一系列光电倍增管作为检测器，另一种是采用二维电荷注入器件或电荷耦合器件作为探测器。

9.2.4 检测器

原子发射光谱法常用的检测方法包括目视法、摄谱法和光电法。

9.2.4.1 目视法

用眼睛观测谱线强度的方法称为目视法（看谱法）。其只适用于可见光波段。常用的仪器是看谱镜。看谱镜是一种小型光谱仪，专门用于钢铁和有色金属的半定量分析。

9.2.4.2 摄谱法

摄谱法是用感光板记录光谱。将光谱感光板置于摄谱仪焦面上，接受被分析试样的光谱作用而感光，再经过显影、定影等过程，制得光谱底片，其上有许多黑度不同的光谱线。然后用影谱仪观察谱线位置及大致强度，进行光谱定性及半定量分析。用测微光度计测量谱线的黑度，进行光谱定量分析。感光板上谱线的黑度与作用在其上的总曝光量有关。曝光量等于感光层所接受的照度和曝光时间的乘积：

$$H = Et \tag{9.4}$$

式中　H——曝光量；

　　　E——照度；

　　　t——时间。

感光板上的谱线黑度，一般用测微光度计测量。设测量用光源强度为 a，通过感光板上没有谱线部分的光强为 i_0，通过谱线部分的光强为 i，则透射比 T 为

$$T = i/i_0 \tag{9.5}$$

黑度 S 定义为透射比倒数的对数，故

$$S = \lg(1/T) = \lg(i_0/i) \tag{9.6}$$

利用感光板上感光层的黑度 S 与曝光量 H 之间的关系，完成光谱定量分析。

9.2.4.3　光电法

光电转换器件是光电光谱仪接收系统的核心部件，主要利用光电效应将不同波长的辐射能量转换为光电流信号。光电转换器件主要分为两类：一类是光电发射器件，如光电管和光电倍增管，当辐射作用在器件中的光敏材料上时，发射的电子进入真空或气体并产生电流，这被称为外光电效应；另一种类型是半导体光电子器件，包括固态成像器件，当辐射能量作用在器件中的光敏材料上时，产生的电子通常不会从光敏材料上脱离，而是依靠吸收光子后产生的电子-空穴对在半导体材料中自由移动，以获得光电导性（即吸收光子后半导体的电阻降低，电导增加）并产生电流，这被称为内光电效应。

光电转换元件有多种类型，但在光电光谱仪中，光电转换元件需要在从紫外到可见光谱（160～800nm）的宽波长范围内具有高灵敏度和信噪比、宽线性响应范围和快速响应时间。

目前，有两种类型的光电转换元件可以应用于光电光谱仪：光电倍增管和固态成像器件。

（1）光电倍增管

由外光电效应释放的电子在撞击物体时可以释放更多电子的现象被称为二次电子倍增。光电倍增管是根据二次电子倍增现象制成的。其由一个光阴极、多个倍增极（dynode）和一个阳极组成，每个电极都保持比前一个电极高得多的电压（如 100V）。当入射光射在光阴极上并释放电子时，电子被高真空中的电场加速，并撞击第一倍增极。一个入射电子的能量被赋予倍增极中的多个电子，导致每一个入射电子使倍增极表面平均发射几个电子。二次发射的电子又被加速并撞击到第二倍增极上，电子的数量通过二次发射过程再次倍增，从而逐级倍增，直到电子聚集到阳极为止。通常光电倍增管具有 12 个倍增极，电子放大系数（或增益）可以达到 10^8，特别适合弱光强条件，通常用于光电直读光谱仪。光电倍增管的窗口可分为侧窗型和端窗型。使用光电倍增管接收和记录谱线的方法称为光电直读法。光电倍增管既是光电转换元件，又是电流放大元件。

（2）固态成像器件

固态成像器件是新一代的光电转换检测器，是一类以半导体硅片为基材的光敏元件制成的多元阵列集成电路式的焦平面检测器。这一类成像器件中，目前比较成熟的主要有电荷注

入器件（CID）和电荷耦合器件（CCD）。

9.2.5 干扰及消除方法

原子发射光谱分析受到的干扰可分为光谱干扰与非光谱干扰两大类。

9.2.5.1 光谱干扰

发射光谱中最重要的干扰是背景干扰。带光谱、连续光谱以及光学系统的杂散光等，都会引起光谱的背景干扰。光源中未解离的分子所产生的带光谱是传统光源背景的主要来源，光源温度越低，未解离的分子就越多，因而背景干扰就越强。在电弧光源中，最严重的背景干扰是空气中的 N_2 与碳电极挥发出来的 C 所产生的稳定化合物 CN 分子的三条带光谱，其波长范围分别是 $353\sim359nm$、$377\sim388nm$ 和 $405\sim422nm$，可以干扰许多元素的灵敏线。此外，来自仪器光学系统的杂散光在到达探测器时也会产生背景干扰。

由于背景干扰的存在，校准曲线弯曲或偏移，从而影响光谱分析的准确度，故必须进行背景校准。校准背景的基本原理是谱线的表观强度 I_{1+b} 减去背景强度 I_b。常用校准背景的方法包括背景校准法和等效浓度法。

背景校准法的原理是测量被测谱线附近两侧的背景强度，取其平均值作为被测谱线的背景强度 I_b。若是均匀背景，以谱线任一侧的背景强度作为被测谱线的背景强度。对于光电记录光谱法，离峰位置可由置于光路中的往复移动的石英折射板来控制。对于照相记录光谱法，离峰位置可通过移动谱板来调节。

等效浓度法的原理是在分析线波长处分别测量含有与不含被测元素的试样的谱线强度 I_1 和 I_b 的方法，若被测元素和干扰元素的浓度分别为 c 与 c_b，有

$$I_1 = Ac \tag{9.7}$$

$$I_b = A_b c_b \tag{9.8}$$

$$I_{1+b} = I_1 + I_b = Ac + A_b c_b \tag{9.9}$$

实验中测得分析线的表观强度为

$$I' = A(c + A_b c_b / A) = Ac' \tag{9.10}$$

式中，c' 是表观浓度；$A_b c_b / A$ 称为背景等效浓度，以 c_{eq} 表示。则真实浓度 c 为

$$c = c' - c_{eq} \tag{9.11}$$

式中 c' 与 c_{eq} 可由被测元素与干扰元素在分析波长的校准曲线求得，进而求得 c。

9.2.5.2 非光谱干扰

非光谱干扰主要来源于试样组成对谱线强度的影响，这与试样在光源中的蒸发和激发过程有关，也被称为基体效应。

（1）试样激发过程对谱线强度的影响

物质蒸发进入等离子体内并原子化，原子或离子在等离子体温度下被激发。根据光谱选择定则，激发态原子或离子跃迁到较低的能级或基态，同时发射特定波长的特征辐射。激发温度与光源等离子体中主体元素的电离能有关，当等离子体区中含有大量低电离能的成分时，激发温度较低。电离能越高，光源的激发温度就越高。所以，激发温度也受试样基体组成的影响，进而影响谱线的强度。

（2）基体效应的抑制

在实际分析过程中，由于标准试样与试样的基体组成存在显著差异，因此存在基体效

应，导致测量误差。所以，应尽量采用与试样基体一致的标准试样，以减少测定误差。但由于实际试样千差万别，很难做到这一点。

在实际工作中，特别是采用电弧光源时，常常向试样和标准试样中加入一些添加剂，以减小基体效应，提高分析的准确度，这些添加剂有时也被用来提高分析的灵敏度。添加剂主要有光谱缓冲剂和光谱载体。

9.3 原子发射光谱法的分析方法

9.3.1 光谱定性分析

发射光谱的定性分析是基于元素的特征谱线来确定的。元素辐射的特征谱线有多有少，多的可达几千条。进行定性分析时，不需要将所有的谱线全部检出，只需检出几条合适的谱线就可以。如果只见到某元素的一条谱线，还不能断定该元素是否确实存在于试样中，因为这一条谱线有可能是其他元素谱线的干扰线。要确定某元素存在，必须存在至少两条未受干扰的最后线与灵敏线。可以采用光谱比较法和波长测定法。

9.3.1.1 元素的灵敏线、最后线及分析线

发射光谱的定性分析通常根据元素电磁辐射的灵敏线和最后线来判断该元素是否存在，并可以大致估计这些元素的含量水平。

① 灵敏线：元素的灵敏线一般是指强度较大的一些谱线，通常具有较低的激发能和更高的跃迁概率。灵敏线多为共振线，而激发能最低的共振线通常是理论上的最灵敏线。

② 最后线：最后线是指当样品中某元素含量逐渐减小时，最后仍能观察到的谱线，也是该元素的灵敏线。

③ 分析线：在进行光谱定性分析时，并不需要找出元素的所有谱线。一般来说，只需要找到一条或几条灵敏线即可，所用的灵敏线称为分析线。每种元素的灵敏线或特征谐线组可从有关图书中查出。在分析手册中，有按元素符号排列的元素灵敏线及其强度和按波长排列的元素灵敏线及其强度的表，便于查找。

9.3.1.2 光谱比较法

光谱比较法是一种对试样光谱与标样光谱进行比较，从而确定试样中元素是否存在的方法。常用的方法包括标样光谱比较法和光谱图片比较法。

标样光谱比较法是将标样光谱与试样光谱摄在感光板上，直接进行比较。光谱图片比较法是把标样光谱预先制成光谱图片，试样光谱摄在感光板上，然后在光谱投影仪上观察，对谱片的光谱放大像与图片的光谱图像进行比较，以确定试样中元素是否存在。

铁光谱比较法是目前最通用的定性分析方法。其采用铁光谱作为波长的标尺，来判断其他元素的谱线。标准光谱图是在相同条件下，将 68 种元素的谱线按波长顺序插在铁光谱的相应位置上制成的。铁光谱比较法实际上是与标准光谱图进行比较，因此又被称为标准光谱图比较法。

在进行光谱定性分析时，通常采用直流电弧光源，并通过摄谱法记录谱线进行分析。为了避免谱线重叠，尽可能减小背景干扰，有时会采用"分段曝光法"，即先用小电流激发光源，以摄取易挥发元素的光谱；然后调节光栅，改变摄谱的相板位置，加大电流以摄取难挥发元素的光谱。这样一个试样可在不同电流条件下摄取多条谱线，可以保证易挥发与难挥发

元素都能很好地被检出。定性分析通常采用狭缝宽度较小（约 $5\sim7\mu m$）、分辨率高的分光器，以避免谱线重叠。

9.3.1.3　波长测定法

波长测定法：未知谱线处于两条已知波长的铁谱线中间，这些谱线的波长很接近，谱片上谱线间的距离与谱线间的波长差可看作成正比，因而谱线的波长可由线间距的精确测量来确定，再依据波长值由谱线表中查出该谱线所属元素。

9.3.2　光谱半定量分析

光谱半定量分析介于定性分析和定量分析之间，可以提供近似的含量值。半定量分析基于谱线数目或谱线强度，常用的光谱半定量分析方法包括谱线强度比较法、谱线呈现法、均称线对法和加权因子法等。

① 谱线强度比较法：将试样中某元素的谱线强度与已知的参考强度进行比较，以确定该元素的含量。根据所采用的参考强度，比较法可分为标样光谱比较法、标准黑度比较法和内标光谱比较法。

② 谱线呈现法：谱线呈现法是基于被测元素的谱线数目随着样品中待测元素含量的增加而增加的事实，在固定的工作条件下，用递增标样系列摄谱，把相应的谱线编成谱线呈现表。在测定时，按同样条件摄谱，利用谱线呈现表，估计出试样中元素的含量。

③ 均称线对法：选用一条或数条分析线与一些内参比线组成若干个均称线对，在一定条件下将分析样品摄谱后，观察所得光谱中分析线与内参比线的黑度（或强度），找出黑度（或强度）相等的均称线对，即可确定样品中分析元素的含量。

④ 加权因子法：由于某元素的谱线强度与蒸气云中该元素的原子浓度成正比，而后者又由试样中该元素的相对含量所决定，因此，在相同的工作条件下，某元素的谱线强度是试样中该元素相对含量的函数，可用经验式表示为：

$$c_i = F_i(R_i^2)/\sum_{i=1}^{n} R_i \tag{9.12}$$

式中　c_i——试样中元素 i 的相对含量；

　　R_i——元素 i 的特征谱线的相对强度；

$\sum_{i=1}^{n} R_i$——所有待测元素谱线相对强度的总和；

　　F_i——分析元素的加权因子。

在确定的条件下，元素谱线的加权因子为一常数。通过预先对标样进行实验，可以确定各个待测元素的加权因子。在分析试样时，只需测出试样光谱中各元素分析线的相对强度，利用已确定的加权因子，即可计算出各元素的相对含量。

随着现代光谱仪器特别是全谱型仪器的出现，可以很方便地进行光谱分析的定性、半定量工作，由仪器的扫描功能或全谱直读软件直接记录相关谱线，并显示相应元素的大致含量。

9.3.3　光谱定量分析

9.3.3.1　光谱定量分析的基本关系式

元素的谱线强度与元素含量的关系是光谱定量分析的依据，可用如下经验式表示：

$$I = Kc^B \tag{9.13}$$
$$\lg I = B \lg c + \lg K$$

式中　I——谱线强度；

　　　c——元素含量；

　　　K——发射系数；

　　　B——自吸系数。

以 $\lg I$ 对 $\lg c$ 作图，在一定浓度范围内为线性关系。

直读光谱法通过光电元件测光并由电子线路进行对数转换，显示浓度与谱线强度的线性关系，可直接读出元素的含量。

9.3.3.2　内标法光谱定量分析的原理

为了提高定量分析的准确度，通常测量谱线的相对强度。即在被分析元素中选一根谱线为分析线，在基体元素或定量加入的其他元素谱线中选一根谱线为内标线，分别测量分析线与内标线的强度，然后求出它们的比值。该比值不受实验条件变化的影响，只随试样中元素含量变化而变化。这种测量谱线相对强度的方法称为内标法。

分析线和内标线的强度分别为：

$$\lg I = B \lg c + \lg A \tag{9.14}$$
$$\lg I_0 = B_0 \lg c_0 + \lg A_0 \tag{9.15}$$

因内标元素的含量 c_0 是固定的，两式相减得：

$$\lg R = B \lg c + \lg A' \tag{9.16}$$

式中　$R = I/I_0$——线对的相对强度；

$A' = A/(A_0 c_0^B)$——新的常数。

这便是内标法定量关系式，用标样系列摄谱，可绘制 $\lg R\text{-}\lg c$ 校准曲线。在分析时测得试样中线对的相对强度，即可由校准曲线查得分析元素含量。

9.3.3.3　光谱定量分析的测定方法

（1）校准曲线法

该法是光谱定量分析中最基本和最常用的一种方法，即采用含有已知分析物浓度的标准样品制作校准曲线，然后由该曲线读出分析结果。标准样品与试样的光谱测量在同一条件下进行，避免了光源、检测器等一系列条件变化给分析结果带来的系统误差，从而保证分析的准确度。

（2）标准加入法

在试样中加入一定量的待测元素进行测定，以求出试样中的未知含量。该法无须制备标准样品，可最大限度避免标准样品与试样组成不一致造成的光谱干扰，适用于微量元素的测定。

由光谱定量公式 $R = Kc^B$ 可知，当自吸系数 $B \approx 1$ 时，$R = Kc$，设样品中原始浓度为 c_x，加入量 Δc 为 cK_1、cK_2、$cK_3\cdots$，故加入"标准"后：

$$R = \frac{I_x}{I_k} = Kc = K(c_x + \Delta c) = Kc_x + K\Delta c \tag{9.17}$$

以 R 对 Δc 作图，可得一条直线，将其外推与 c 轴相交（$R=0$ 处），则其截距的绝对值即为 c_x。

此法仅适用于纯物质中低含量组分的测定。对高含量组分的测定，因存在自吸收，B 不等于 1，外推法的结果不够准确。

（3）浓度直读法

在光电光谱分析中，通过光电转换元件，将谱线强度转换为电信号，根据其相关方程式，直接计算出待测物浓度。通过采用三个以上标准样品建立谱线强度与待测元素浓度的校准曲线方程，由计算机系统确定，直接读出分析物的浓度，并由打印机自动打印分析结果。此法的主要特点是分析速度快、精密度好和自动化程度高。

9.4　原子发射光谱法在环境样品分析中的应用

原子发射光谱法具有多元素同时测定、灵敏度高以及测定方法简便快速等特点，已被广泛应用于水体、土壤、沉积物、大气、矿石、植物和高纯度试剂等环境样品和材料的分析中。下面着重介绍其在环境样品分析中的应用。

① 大气样品：已有研究用直流电弧激发的原子发射光谱（AES）法测定铜冶炼尾气烟灰中的砷、锑、铋、钒、铅、碲六种元素的含量，用电感耦合等离子体发射光谱法（ICP-AES）测定空气中的镍、铁、银、铅、锰、镉、锌等金属含量以及大气颗粒物中的铬、铜、铅、锰、锌、镍和铁的含量。

② 水样：可用 ICP 新型激发源的原子发射光谱法测定各种类型水体中重金属元素和碘、磷等非金属元素的含量，测定的水样包括饮用水、地表水、地下水、海水、城市污水和工业废水等。测定的元素包括饮用水中的碘（$I^- + IO_3^-$）、铅、砷、铜、铁、锌、锰、银、铝、硒、钙、镁、钾、钡、磷、锶、镉、铬、钒、钴等，地表水中的总砷、磷、铬、镉、铜、镍、铅、锌以及微污染水中的 Cr（Ⅵ）和有机 Cr（Ⅲ），城市污水中的铅、镉、铜、锌、铬、镍、铁、锰、硒、锑、砷以及农药和活性炭行业废水中的总磷。

③ 土壤、水体沉积物、底泥及飞灰：对样品进行适当处理后，利用 ICP-AES，测定土壤和水体沉积物、底泥及垃圾焚烧飞灰中的铜、铅、铁、锰、镍、锌、锡、镉、铍、铈、汞、金等元素含量，测定效果良好。

ICP-AES 也被广泛应用于地质和矿石分析。利用 ICP-AES 可以测定地质样品中镧、铈、钇、硼、铍、镓、锆以及金、银、铂、钯等过渡金属和稀有金属的含量。

9.4.1　ICP-AES 测定饮用水中的微量重金属 As、Ba、Cu、Se、Zn、Mn、Cd、Cr、Pb

（1）概述

我国对饮水安全十分重视。1955 年，国家组织有关部门研究生活饮用水水质卫生标准，制定并印发《自来水水质暂行标准》；1985 年，发布《生活饮用水卫生标准》（GB 5749—85）；2022 年 3 月 15 日，《生活饮用水卫生标准》（GB 5749—2022）再次修订发布，2023 年 4 月 1 日正式实施。标准包括了生活饮用水水质常规指标和限值、消毒剂常规指标和要求、水质扩展卫生指标和限值等，其中对 As、Ba、Cu、Se、Zn、Mn、Cd、Cr、Pb 等微量元素进行了限度规定。因此，建立水中这几种微量元素的简便、快速、有效、灵敏的分析方法至关重要。

电感耦合等离子体原子发射光谱法（ICP-AES）测定元素具有预处理步骤少、成本低、化学干扰和电离干扰少、检出限低、线性范围宽等优势，可用于痕量和常量分析，可实现多种元素的同时测定。

（2）试剂

1%硝酸溶液为空白溶剂，用超纯水配制；As、Ba、Cu、Se、Zn、Mn、Cd、Cr、Pb单元素国家标准溶液（1000mg/L），中国计量科学研究院生产；水样品为当地自来水。

混合贮备液：分别精密量取As、Ba、Cu、Se、Zn、Mn、Cd、Cr、Pb元素标准溶液（均为1000mg/L）1mL，置于100mL容量瓶中，加1%硝酸溶液稀释至标线，摇匀，作为混合贮备液。

线性标准溶液：浓度分别为0.00mg/L、0.10mg/L、0.20mg/L、0.50mg/L、1.00mg/L、2.00mg/L、5.00mg/L、10.00mg/L，利用混合贮备液稀释配制，介质为1%硝酸溶液。

（3）仪器与工作条件

iCAP-7200电感耦合等离子体发射光谱仪，赛默飞世尔科技（Thermo Fisher）生产。激发功率为1150W，雾化压力为0.2MPa，光室温度为38℃，相机（Camera）温度为−46.6℃，样品冲洗时间为30s，循环水制冷功率为1500W，泵速45r/min，辅助气流量为0.5L/min，氩气纯度为99.999%。

（4）分析步骤

选择灵敏度高、光谱干扰小、谱线线性与峰形较好的谱线进行分析，检测波长选择结果如表9.1所示。

表9.1 不同元素的检测波长

元素	As	Ba	Cu	Se	Zn
检测波长/nm	189.042	493.409	327.39	196.090	206.20
元素	Mn	Cd	Cr	Pb	
检测波长/nm	257.610	226.502	267.72	220.353	

取标准溶液测定，得到标准曲线；另取样品测定，利用线性回归法计算元素含量。

（5）说明

常量元素Ca、Mg对测定有影响，当Ca、Mg总量不超过100mg/L时，干扰可忽略。方法回收率、检出限和相对标准偏差见表9.2。

表9.2 方法回收率、检出限与相对标准偏差

元素	回收率/%	检出限/(mg/L)	RSD/%
As	113.6	0.0039	3.7
Ba	101.4	0.0009	3.4
Cu	90.7	0.0020	3.6
Se	108.5	0.0077	4.1
Zn	89.0	0.0016	2.1
Mn	100.7	0.0002	3.6
Cd	91.2	0.0002	3.4
Cr	101.0	0.0008	3.8
Pb	90.7	0.0036	3.9

9.4.2 ICP-AES 同时测定土壤中的 Cu、Zn、Ni、Cr

（1）概述

随着城市工业化发展，大气、水、固体废物中的重金属不断在土壤中积累，使土壤重金属污染日益严重。土壤中的重金属会在农作物体内富集，通过食物链进入人体，对人体健康造成危害。近年来，我国开展了土壤污染物普查项目，准确测定土壤中重金属的种类和含量，为有效防治重金属污染提供了科学依据和数据支撑。

采用电感耦合等离子体原子发射光谱法（ICP-AES），通过筛选合适的固体土壤标准物质与样品一同进行前处理，绘制标准曲线，可实现进样一次同时绘制多个元素的标准曲线，既消除了土壤基体效应带来的误差，又缩短了检测时间，减少了数据再处理量，为批量土壤样品的快速检测提供了一种简便高效的方法。

（2）试剂

1‰硝酸溶液为空白溶剂，用超纯水配制；Cu、Zn、Ni、Cr 单元素国家标准溶液（1000mg/L），中国计量科学研究院生产；盐酸、硝酸、氢氟酸均为优级纯。

混合贮备液：分别精确量取 Cu、Zn、Ni、Cr 元素标准溶液（均为 1000mg/L）1mL，置于 100mL 容量瓶中，加 1‰硝酸溶液稀释至标线，摇匀，作为混合贮备液。

线性标准溶液：浓度分别为 0.00mg/L、0.10mg/L、0.20mg/L、0.50mg/L、1.00mg/L、2.00mg/L、5.00mg/L、10.00mg/L，利用混合贮备液稀释配制，介质为 1‰硝酸溶液。

（3）仪器与工作条件

电热消解仪：DigiBlock 型；电感耦合-等离子体发射光谱仪：Optima 8000 型。

等离子体射频功率：1100W；等离子体气流量：12L/min；辅助气流量：0.3L/min；雾化气流量：0.65L/min；进样体积：1.50mL/min；观测方向：径向；分析波长：Cu 327.39nm，Zn 206.20nm，Ni 231.60nm，Cr 267.72nm。

（4）分析步骤

准确称取 0.2500g（精确至 0.0001g）风干过筛后的土壤样品置于 50mL 塑料管中，加入少量水润湿。分步加入 1mL 盐酸、1mL 硝酸、2mL 氢氟酸，旋紧塑料管盖，在电热消解仪上于 120℃消解 2h。开盖，在 120℃下，将氢氟酸与土壤中硅酸盐产生的 SiF_4 赶出，剩余液体约 1mL 时，停止加热。冷却至室温，用超纯水定容至 50mL，摇匀静置，取上清液过 0.45μm 滤膜，待测。

土壤标准物质与样品采用相同方法消解，并设置空白试剂消解样作为校准空白。取标准溶液测定，得到标准曲线；测定消解样品，利用线性回归法计算元素含量。

（5）说明

方法回收率、检出限和相对标准偏差见表 9.3。

表 9.3 方法回收率、检出限与相对标准偏差

元素	回收率/%	检出限/(mg/kg)	RSD/%
Cu	95.5	0.4	1.7
Zn	94.8	0.5	4.7
Ni	101.8	0.3	1.7
Cr	102.8	0.6	2.8

习题

    1. 原子发射光谱是怎样产生的？

    2. 原子发射光谱法的特点是什么？

    3. 内量子数 J 是如何得出的？

    4. 简述几种常用光源的工作原理，比较其特性以及适用范围，并阐述具备这些特性的原因。

    5. 简述 ICP 光源的优缺点。

    6. 比较顺序扫描型光电光谱仪与多通道型光谱仪的工作原理及特点。

    7. 什么是元素的灵敏线、最后线及分析线？

    8. 光谱定量分析为什么要用内标法？简述其原理，并说明如何选择内标元素与内标线，写出内标法的基本关系式。

    9. 在下列情况下，应选择什么激发光源？

    a. 对某经济作物植物体进行元素的定性全分析；

    b. 对炼钢厂炉前 12 种元素进行定量分析；

    c. 对铁矿石进行定量全分析；

    d. 对头发中各元素进行定量分析；

    e. 对水源调查中的元素进行定量分析。

    10. 设计一个实验方案，利用 ICP-AES 测定环境水样中的微量重金属 Cd、Cr、Cu、Ni、Pb、Zn 的含量。

    11. 设计实验方案，利用原子发射光谱法，实现对制革、化工、各类电镀厂混合工业废水样品与场区土壤、降尘样品中 As、Cd、Cr、Cu、Hg、Pb、P、S 元素含量的同时测定。

参考文献

［1］ 郑国经，罗倩华，余兴. 原子发射光谱分析技术及应用［M］. 2 版. 北京：化学工业出版社，2021.

［2］ 郑国经. 分析化学手册：3A：原子光谱分析［M］. 3 版. 北京：化学工业出版社，2016.

［3］ 邓勃. 实用原子光谱分析［M］. 北京：化学工业出版社，2013.

［4］ 张宝贵，韩长秀，毕成良. 环境仪器分析［M］. 北京：化学工业出版社，2008.

［5］ 武汉大学. 分析化学［M］. 5 版. 北京：高等教育出版社，2007.

第十章
紫外-可见吸收光谱法

紫外-可见吸收光谱法或紫外-可见分光光度法（UV-visible absorption spectrum，UV-Vis）是使用紫外-可见分光光度计测量物质的紫外-可见光吸收程度（吸光度）和紫外-可见吸收光谱，以确定物质组成、含量并推测其结构的分析方法。在该方法中，使用紫外-可见光区域（通常为 200～800nm）电磁波连续光谱作为光源照射样品，并研究物质分子的相对光吸收强度，物质中的分子或基团吸收入射紫外-可见光的能量后，电子之间的能级跃迁会产生特征紫外-可见光谱，可用于确定化合物的结构和表征其性质。

紫外-可见吸收光谱属于电子光谱，由于电子光谱的强度高，故紫外-可见分光光度法灵敏度较高，一般可达 10^{-6}～10^{-4}g/mL。紫外-可见吸收光谱的应用不仅可以定性地鉴定具有不同官能团和化学结构的化合物，而且可以鉴别具有相似结构的不同化合物；在定量方面，其不仅可以测定单一组分，而且可以在不经分离的情况下同时对多种混合组分进行测定。此外，根据吸收光谱的特性，紫外-可见吸收光谱法可以与其他分析方法相结合，用以推断有机化合物的分子结构。总之，紫外-可见吸收光谱具有易操作、设备简单以及灵敏度高等特点，是最早应用的有机结构鉴定的物理方法之一，在环境、化学、食品等领域都有着广泛的应用。

10.1 紫外-可见吸收光谱的产生和影响因素

10.1.1 紫外-可见吸收光谱的产生机理

当一束紫外-可见光穿过透明物质且光子的能量等于电子能级的能量差时，则此能量的光子被吸收，电子由基态跃迁到激发态。物质对光的吸收特征可以用吸收曲线来描述，以波长 λ 为横坐标，吸光度 A 为纵坐标，可以得到 A-λ 曲线即紫外-可见吸收光谱（或紫外-可见吸收曲线），见图 10.1。

其中，末端吸收指吸收光谱中在短波长一端表现出强烈吸收而呈现不同峰值形状的部分；吸收峰是曲线上高于两侧相邻点的点；λ_{max} 指最大吸收波长（在曲线的最大峰

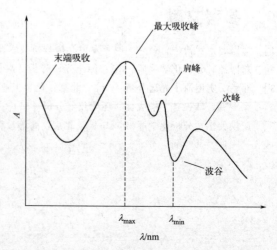

图 10.1 紫外-可见吸收光谱

值处）；肩峰是位于峰和谷之间的弱吸收峰，形状像肩；波谷是曲线上比两侧相邻点低的点；λ_{min} 指对应最低谷值的波长；次峰是低于高吸收峰的峰。当同一物质浓度不同时，吸收曲线形状相同且 λ_{max} 不变，只是其对应的吸光度会产生变化。

物质不同，对应的吸收光谱曲线不同且 λ_{max} 不同，故可根据紫外-吸收光谱以及光的吸收定律对物质进行定性及定量分析。

10.1.1.1 分子吸收光谱

（1）分子吸收光谱的产生

物质分子内部有三种运动形式：电子相对于原子核的运动、原子核在其平衡位置附近的相对振动以及分子本身围绕其重心的旋转。后两者为组成分子的原子的原子核之间相对位移引起的分子振动和转动。分子中的电子处于相对于核的不同运动状态会有不同的能量，代表不同的能级，由此分子有三种能级（图10.2）：电子能级（E）、振动能级（V）和转动能级（R）。当分子吸收电磁辐射能量时可引起能级跃迁，能级之间的跃迁总是伴随着振动能级和转动能级之间的跃迁，即电子光谱包含由振动能级和转动能级之间的跃迁产生的若干谱线。分子吸收光谱一般包含若干谱带系，不同的谱带系相当于不同电子能级的跃迁；一个谱带系含有若干谱带，不同谱带相当于不同的振动能级的跃迁；同一谱带内又含有若干光谱线，每条光谱线相当于转动能级的跃迁。这些光谱线聚集在一起形成分子吸收光谱，因为谱线间间距较小，观察到的为合并成的较宽的吸收带，称为带状光谱，这便是产生宽谱带的原因。最简单的双原子分子的光谱，也要比原子光谱复杂得多，双原子分子能级跃迁示意图如图10.3所示。

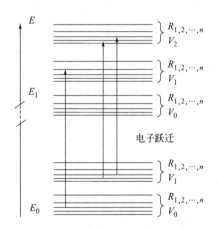

图 10.2　分子电子能级、振动能级和
转动能级示意图

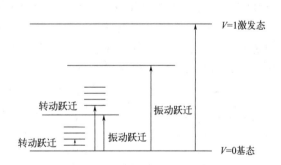

图 10.3　双原子分子能级跃迁示意图

以上所述三种能级都是量子化的，每个能级都有相应的能量。分子总的能量可以认为是以上三种能量之和。即：

$$E = E_e + E_v + E_r \tag{10.1}$$

式中，E_e 为电子能量；E_v 为振动能量；E_r 为转动能量。

分子吸收一个具有一定能量的光量子后，从基态能级 E_1 跃迁到激发态能级 E_2，光子的能量只有与分子跃迁前后的能量差 ΔE 恰好相等才能被吸收。即：

$$\Delta E = E_2 - E_1 = \varepsilon_{光子} = h\nu = h \times \frac{c}{\lambda} = \Delta E_e + \Delta E_v + \Delta E_r \tag{10.2}$$

式中，$\varepsilon_{光子}$ 为被吸收光子的能量；h 为普朗克常量；υ 为被分子吸收的光的频率；c 为光速；λ 为转换波长；ΔE_e 为电子能级能量差，一般最大为 $1\sim20\mathrm{eV}$，跃迁产生的吸收光谱在紫外-可见光区；ΔE_v 为振动能级的能量差，一般为 $0.05\sim1\mathrm{eV}$，跃迁产生的吸收光谱位于红外区；ΔE_r 为转动能级间的能量差，一般最小为 $0.005\sim0.050\mathrm{eV}$，能级跃迁一般吸收远红外光。

吸收光谱的波长分布是由产生谱带的跃迁能级间的能量差所决定的，反映了分子内部能级分布状况，是物质定性的依据。摩尔吸光系数 ε 用来反映吸收介质对光吸收的程度（具体见 10.2 节），通常将在最大吸收波长处测得的摩尔吸光系数 ε_{max} 也作为定性的依据。不同物质的 λ_{max} 可能相同，但 ε_{max} 不一定相同。吸收谱带的强度与分子偶极矩变化、跃迁概率有关，与该物质分子吸收的光子数成正比，可作为定量分析的依据。

（2）吸收曲线

吸收曲线即吸收光谱，一般通过实验获得，具体方法是：将不同波长的光依次通过某一固定浓度和厚度的有色溶液，分别测出物质对各种波长光的吸收程度（用吸光度 A 表示），以入射光波长（λ）为横坐标、吸光度（A）为纵坐标所绘制的光谱曲线，称为吸收曲线。其描述了物质对不同波长光的吸收程度（如图 10.1 所示），其中吸光度最大处所对应的吸收峰为最大吸收峰，对应的波长称为最大吸收波长（λ_{max}，nm），该波长具有最大摩尔吸光系数 $[\varepsilon_{max}, \mathrm{L/(mol \cdot cm)}]$，一般以该波长作为定量测试波长，在分析中可获得较高的灵敏度。

吸收光谱的特征（包括形状和 λ_{max}）是紫外-可见吸收光谱定性分析的主要依据，而 λ_{max} 在紫外-可见光谱定量分析中具有重要意义。

10.1.1.2 有机化合物紫外-可见吸收光谱产生机理

有机化合物的紫外-可见吸收光谱，是其分子中外层价电子跃迁的结果：σ 电子、π 电子及 n 电子。通过分子轨道理论可知，一个成键轨道必定有一个相应的反键轨道。通常外层电子均处于分子轨道的基态，即成键轨道或非键轨道上，当外层电子吸收紫外或可见辐射后，就从基态向激发态（反键轨道）跃迁。

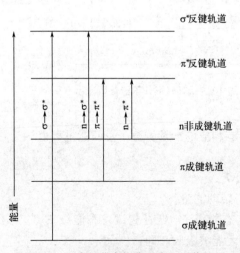

图 10.4　有机化合物分子中电子能级和跃迁类型示意图

（1）跃迁类型

许多有机化合物能吸收紫外-可见光辐射。有机化合物的紫外-可见吸收光谱主要是由分子中价电子的跃迁产生的。

分子中的价电子有：成键电子（σ 电子、π 电子），轨道上能量低；未成键电子（n 电子），轨道上能量较低。这三类电子都可以吸收一定的能量跃迁到能级较高的反键轨道上，这些跃迁所需要的能量大小为 $\sigma\to\sigma^*>n\to\sigma^*\geqslant\pi\to\pi^*>n\to\pi^*$，具体如图 10.4 所示。

① $\sigma\to\sigma^*$ 跃迁：分子中 σ 成键轨道中的一个电子通过吸收辐射被激发到相应的反键轨道。这类跃迁需要的能量最大，一般发生在真空紫外光区，σ 电子只有吸收远紫外光的能量才能发生跃

迁。饱和烷烃的分子吸收光谱出现在远紫外光区（吸收波长 $\lambda < 200nm$），如饱和烃中的 —C—C— 键属于这类跃迁，乙烷的最大吸收波长 λ_{max} 为 135nm，甲烷中 C—H 键 λ_{max} 为 125nm。由 $\sigma \rightarrow \sigma^*$ 跃迁引起的吸收不在通常能观察的紫外范围内，以上跃迁只能被真空紫外分光光度计检测到。因此在紫外-可见光谱分析中，一般把饱和烃类化合物用作溶剂。

② $n \rightarrow \sigma^*$ 跃迁：分子中含有未成键孤对电子（非键电子）原子的饱和有机化合物中，可发生 $n \rightarrow \sigma^*$ 跃迁。通常这类跃迁所需的能量比 $\sigma \rightarrow \sigma^*$ 跃迁要小，一般吸收波长为 $150 \sim 250nm$，且大部分吸收峰出现在低于 200nm 处，即远紫外光区，近紫外光区不易观察到。含非键电子的饱和烃衍生物（含 S、N、O、Cl、Br、I 等原子）均存在 $n \rightarrow \sigma^*$ 跃迁，如饱和脂肪族氯化物 $n \rightarrow \sigma^*$ 一般在 $170 \sim 175nm$，CH_3Cl、CH_3OH 的 λ_{max} 分别为 173nm、184nm。$n \rightarrow \sigma^*$ 跃迁也属于高能量跃迁，跃迁所需能量与 n 电子所属原子性质关系密切，其电负性越小，电子越容易被激发，激发波长越长，如 CH_3NH_2 的 $\lambda_{max} = 215nm$，$(CH_3)_2S$ 的 $\lambda_{max} = 229nm$，CH_3I 的 $\lambda_{max} = 258nm$，等等。

③ $\pi \rightarrow \pi^*$ 跃迁：发生于有不饱和键的有机化合物中，需要的能量低于 $\sigma \rightarrow \sigma^*$ 跃迁，吸收波长处于远紫外光区的近紫外端或近紫外光区，一般 λ_{max} 在 200nm 左右。$\pi \rightarrow \pi^*$ 跃迁概率大，是强吸收带，其吸收峰多为强吸收峰，摩尔吸光系数较大，一般情况下在 $10^4 L/(mol \cdot cm)$ 以上，属于强吸收。不饱和烃、共轭烯烃和芳烃类均可发生该类跃迁。如乙烯蒸气的最大吸收波长 λ_{max} 为 162nm，ε_{max} 为 $10^4 L/(mol \cdot cm)$。随着共轭双键数增加，吸收峰向长波长方向移动。

④ $n \rightarrow \pi^*$ 跃迁：发生于分子中含有孤对电子的原子和 π 键同时存在并共轭时，这类跃迁发生在近紫外光区和可见光区，所需能量最低，吸收波长 $\lambda > 200nm$。如羰基、硝基中的孤对电子向反键轨道跃迁。这类跃迁概率较小，是弱吸收带，其特点是谱带强度弱，摩尔吸光系数小，通常小于 $10^2 L/(mol \cdot cm)$，吸收谱带强度较弱。如丙酮 $n \rightarrow \pi^*$ 跃迁的 λ_{max} 为 275nm，ε_{max} 为 $22L/(mol \cdot cm)$。

⑤ 电荷迁移跃迁：电荷迁移跃迁是指使用电磁辐射照射化合物时，电子会从供体向与受体相联系的轨道上跃迁。因此电荷迁移跃迁实质是内氧化还原过程，其相应的吸收光谱称为电荷迁移吸收光谱，例如某些取代芳烃可以产生分子内电荷迁移跃迁吸收带。电荷迁移跃迁吸收带的谱带较宽，吸收强度较大，最大波长处的摩尔吸光系数 ε_{max} 一般大于 $10^4 L/(mol \cdot cm)$。

（2）常用术语

① 生色团：在近紫外及可见光区波长范围内产生特征吸收带的具有一个或多个不饱和键和非键电子对的基团，产生 $\pi \rightarrow \pi^*$ 或 $n \rightarrow \pi^*$ 跃迁。以上两种跃迁产生的紫外-可见光谱利用范围较广，均要求有机物分子中含有不饱和基团，这类含有 π 键的不饱和基团称为生色团。广义上说，生色团是指分子中可以吸收光子而产生电子跃迁的原子基团。简单的生色团由双键或三键体系组成，如乙烯基、羰基、乙炔基等。

② 助色团：带有非键电子对（n 电子）的基团，如—OH、—OR、—NH_2、—SH、—X 等。其本身不能吸收大于 200nm 的光，即没有生色功能，但引进这些基团与生色团相连时，就会发生 $n \rightarrow \pi^*$ 共轭作用，能增加生色团的生色能力，会使其吸收带的最大吸收波长 λ_{max} 发生移动，且吸收强度增加。这样的基团便称为助色团。

③ 红移和蓝移：在有机化合物中，取代基的变更或溶剂改变，常使其吸收带的最大吸收波长 λ_{max} 发生变化。λ_{max} 向长波方向移动称为红移，向短波方向移动称为蓝移（或紫

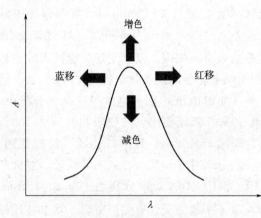

图 10.5　红移与蓝移

移），而最大吸收带的摩尔吸光系数 ε 增大或减小的现象分别称为增（浓）色效应或减（浅）色效应，如图 10.5 所示。

（3）吸收带的类型

在紫外-可见吸收光谱中，吸收峰的谱带位置称为吸收带，根据电子及分子轨道的种类，吸收带通常分为以下四种。

① R 吸收带：R 吸收带是与双键相连接的杂原子（如 $C=O$、$C=N$、$S=O$ 等）上未成键电子的孤对电子向 π^* 反键轨道跃迁的结果，可简单表示为 $n \rightarrow \pi^*$。其特点是强度较弱，一般 $\varepsilon_{max} < 10^2 L/(mol \cdot cm)$；吸收峰位于 $200 \sim 400nm$。

② K 吸收带：K 吸收带是两个或两个以上双键共轭时，π 电子向 π^* 反键轨道跃迁的结果，可简单表示为 $\pi \rightarrow \pi^*$。其特点是吸收强度较大，通常 $\varepsilon_{max} > 10^4 L/(mol \cdot cm)$；跃迁所需能量大，吸收峰通常在 $218 \sim 280nm$。K 吸收带的波长及强度与共轭体系数目和位置、取代基的种类有关，其波长随共轭体系的加长而向长波方向移动，吸收强度也随之加强。K 吸收带是紫外-可见吸收光谱中应用最多的吸收带，用于判断化合物的共轭结构。

③ B 吸收带：B 吸收带是由芳香族化合物苯环上三个双键共轭体系中的 $\pi \rightarrow \pi^*$ 跃迁和苯环的振动相重叠引起的精细结构吸收带，相对而言，该吸收带强度较弱。吸收峰在 $70 \sim 230nm$，$\varepsilon_{max} \approx 200 L/(mol \cdot cm)$。B 吸收带的精细结构常用来判断芳香族化合物，但苯环上有取代基且与苯环共轭或在极性溶剂中测定时，这些精细结构会简单化或消失。

④ E 吸收带：E 吸收带是由芳香族化合物苯环上三个双键共轭体系中的 π 电子向 π^* 反键轨道发生 $\pi \rightarrow \pi^*$ 跃迁所产生的，是芳香族化合物的特征吸收，分为 E_1 带和 E_2 带。E_1 带最大吸收波长出现在 $184nm$ 处，吸收强度大，$\varepsilon_{max} > 10^4 L/(mol \cdot cm)$；$E_2$ 带出现在 $204nm$ 处，为较强吸收，$\varepsilon_{max} \approx 10^3 L/(mol \cdot cm)$。当苯环上有生色团取代而且与苯环共轭时，$E_2$ 带常和 K 带合并，吸收峰向长波移动，即最大吸收波长红移。例如苯和苯乙酮的紫外-可见吸收光谱。

表 10.1 列出了跃迁类型、吸收带类型与吸收光谱的特性，最大吸收波长为 $200 \sim 780nm$ 的吸收光谱可用紫外-可见分光光度计测定，常用于有机化合物的结构解析和定量分析。

表 10.1　跃迁类型与吸收光谱的特性

跃迁类型	吸收带	特征	摩尔吸光系数/[L/(mol·cm)]
$\sigma \rightarrow \sigma^*$	—	远紫外光区测定	—
$n \rightarrow \sigma^*$	端吸收	紫外光区短波长端至远紫外光区的强吸收	—
$\pi \rightarrow \pi^*$	E_1	芳香环的双键吸收	>200
	$E_2(K)$	共轭多烯等的吸收	>10000
	B	芳香环、芳香杂环化合物的芳香环吸收，部分具有精细结构	>100
$n \rightarrow \pi^*$	R	含—CO、—NO₂ 等 n 电子基团的吸收	<100

（4）有机化合物的紫外-可见吸收光谱

① 饱和烃及其取代衍生物：饱和烃类分子中只含有 σ 键，因此只能产生 $\sigma \rightarrow \sigma^*$ 跃迁，

即 σ 电子从成键轨道（σ）跃迁到反键轨道（σ*）。饱和烃的最大吸收峰一般小于 150nm，超出了紫外-可见分光光度计的测量范围。

饱和烃的取代衍生物如卤代烃、醇、胺等，其杂原子上存在 n 电子，可产生 $n \rightarrow \sigma^*$ 的跃迁，$n \rightarrow \sigma^*$ 跃迁能量低于 $\sigma \rightarrow \sigma^*$ 跃迁，其吸收峰可以落在远紫外光区和近紫外光区。例如：氯甲烷、溴甲烷、碘甲烷的 $n \rightarrow \sigma^*$ 跃迁最大吸收波长为 173nm、204nm 和 258nm。这说明氯、溴和碘原子引入甲烷后，其相应的吸收波长发生了红移，显示了助色团的助色作用。

直接用烷烃及其取代衍生物的紫外吸收光谱来分析这些化合物的实用价值并不大。但是，其是进行紫外-可见吸收光谱测定时的良好溶剂。

② 不饱和烃及共轭烯烃：在不饱和烃类分子中，除含有 σ 键外，还含有 π 键，可以产生 $\sigma \rightarrow \sigma^*$ 和 $\pi \rightarrow \pi^*$ 两种跃迁。$\pi \rightarrow \pi^*$ 跃迁所需能量小于 $\sigma \rightarrow \sigma^*$ 跃迁。例如，在乙烯分子中，$\pi \rightarrow \pi^*$ 跃迁最大吸收波长 λ_{max} 为 180nm。

在不饱和烃中，当有两个以上的双键共轭时，随着共轭系统的延长，$\pi \rightarrow \pi^*$ 跃迁的吸收带将明显向长波移动，吸收强度也随之加强，当有五个以上双键共轭时，吸收带已落在可见光区。在共轭体系中，$\pi \rightarrow \pi^*$ 跃迁产生的吸收带，即为 K 带。部分不饱和烃的吸收波长及强度变化见表 10.2。

表 10.2　共轭体系对不饱和烃的吸收波长及强度的影响

化合物	溶剂	λ_{max}/nm	ε_{max}/[L/(mol·cm)]
1,3-丁二烯	己烷	217	21000
1,3,5-己三烯	异辛烷	268	43000
1,3,5,7-辛四烯	环己烷	304	—
1,3,5,7,9-癸五烯	异辛烷	334	121000
1,3,5,7,9,11-十二烷基六烯	异辛烷	364	138000

③ 羰基化合物：羰基化合物含有羰基基团，主要可以产生 $n \rightarrow \sigma^*$、$n \rightarrow \pi^*$ 和 $\pi \rightarrow \pi^*$ 三个吸收带。$n \rightarrow \pi^*$ 吸收带为 R 带，落于近紫外光区或紫外光区。醛、酮、羧酸及羧酸的衍生物，如酯、酰胺、酰卤等，都含有羰基。由于醛和酮这两类物质与羧酸及其衍生物在结构上存在差异，因此其 $n \rightarrow \pi^*$ 吸收带的光区稍有不同。醛、酮的 $n \rightarrow \pi^*$ 吸收带出现在 270~300nm 附近，强度低，ε_{max} 一般为 10~20L/(mol·cm)，并且谱带略宽。

当醛、酮的羰基与双键共轭时，就形成了 α,β-不饱和醛、酮类化合物。由于羰基与乙烯基共轭，即产生共轭作用，使两吸收带分别移至 220~260nm 和 310~330nm：前一吸收带强度高，$\varepsilon_{max} > 10^4 L/(mol·cm)$，为 K 带；后一吸收带强度低，$\varepsilon_{max} < 10^2 L/(mol·cm)$，为 R 带。这一特征可以用来识别 α,β-不饱和醛、酮。

羧酸及羧酸的衍生物虽然也有 $n \rightarrow \pi^*$ 吸收带，但是羧酸及羧酸衍生物的羰基上的碳原子直接连接含有未共用电子对的助色团，如—OH、—Cl 等，由于这些助色团上的 n 电子与羰基双键的 π 电子产生 $n \rightarrow \pi$ 共轭，导致 π* 轨道的能级有所提高，但这种共轭作用并不能改变 n 轨道的能级，因此实现 $n \rightarrow \pi^*$ 跃迁所需的能量变大，使 $n \rightarrow \pi^*$ 吸收带蓝移至 210nm 左右。

④ 苯及其衍生物：苯有三个吸收带，都是由 $\pi \rightarrow \pi^*$ 跃迁引起的，即 E_1 带、E_2 带及具有精细结构的 B 带。E_1 带出现在 180nm，E_2 带出现在 204nm，B 带出现在 255nm。在气态或非极性溶剂中，苯及其许多同系物的 B 带有许多精细结构，这是由振动跃迁在基态电子

跃迁上叠加而引起的。在极性溶剂中，这些精细结构会消失。

当苯环上有取代基时，苯的三个特征谱带都将发生显著变化，其中影响较大的是 E_2 带和 B 带。当苯环上引入—NH_2、—OH、—CHO、—NO_2 等基团时，苯的 B 带显著红移，并且吸收强度增大。例如，硝基苯、苯甲酸的 $\pi \rightarrow \pi^*$ 吸收带分别位于 330nm 和 328nm。

⑤ 稠环芳烃及杂环化合物：稠环芳烃，如萘、蒽、菲、芘等，均显示苯的三个吸收带。但是与苯本身相比较，这三个吸收带均发生红移，且强度增大。苯环数目越多，吸收波长红移越多，吸收强度越强。

芳环上的—CH 基团被氮原子取代后，相应的氮杂环化合物（如吡啶、喹啉）的吸收光谱，与相应的碳环化合物极为相似，即吡啶与苯相似、喹啉与萘相似。此外，由于引入含有 n 电子的 N 原子，这类杂环化合物还可能产生 $n \rightarrow \pi^*$ 吸收带，如吡啶在非极性溶剂中的吸收带出现在 270nm 处，ε_{max} 为 450L/(mol·cm)。

10.1.1.3 无机化合物紫外-可见吸收光谱产生机理

产生无机化合物紫外-可见吸收光谱的电子跃迁形式，一般分为两大类：电荷迁移跃迁和配位场跃迁。

（1）电荷迁移跃迁

与某些有机化合物相似，许多无机配合物也有电荷迁移吸收光谱。若 M 和 L 分别表示配合物的中心离子和配体，吸收紫外-可见辐射后，分子中金属 M 轨道上的电荷转移到配体 L 的轨道上，或按相反方向转移，这种跃迁称为电荷迁移跃迁，所产生的吸收光谱称为荷移光谱。当电子由配体的轨道跃迁到与中心离子相关的轨道上时，中心离子为电子受体，配体为电子供体。电荷迁移跃迁本质上属于分子内氧化还原反应，跃迁概率较大，其摩尔吸光系数一般较大，适用于检出和测定微量金属。荷移光谱的最大吸收波长及吸收强度与电荷转移的难易程度有关，一般来说，在配合物的电荷迁移跃迁中，金属是电子的受体，配体是电子的供体。电荷迁移跃迁可以表示为：

$$M^{n+} + L^{b-} \xrightarrow{h\nu} M^{(n-1)+} + L^{(b-1)-} \tag{10.3}$$

例如 Fe^{3+} 与 SCN^- 形成血红色配合物，在 490nm 处有强吸收峰。其实质是发生了如下反应：

$$Fe^{3+} + SCN^- \xrightarrow{h\nu} [FeSCN]^{2+} \tag{10.4}$$

其中，Fe^{3+} 为电子受体，SCN^- 为电子供体。

不少过渡金属离子与含生色团的试剂反应所生成的配合物以及许多水合无机离子均可产生电荷迁移跃迁。如 Fe^{2+} 与 1,10-邻二氮菲的配合物，可以产生电荷迁移吸收光谱。此外，一些具有 d^{10} 电子结构的过渡元素形成的卤化物以及硫化物，例如 AgBr、HgS 等，也是由于这类跃迁而产生颜色。一些含氧酸在紫外-可见光区有较强吸收，也属于电荷迁移跃迁。

电荷迁移吸收光谱出现的波长位置，取决于电子供体和电子受体相应电子轨道的能量差。若中心离子的氧化能力愈强，或配体的还原能力愈强，则发生电荷迁移跃迁时所需能量愈小，吸收光波长会产生红移。

电荷迁移吸收光谱谱带最大的特点是摩尔吸光系数较大，一般 $\varepsilon_{max} > 10$L/(mol·cm)。因此许多显色反应可应用这类谱带进行定量分析，检测灵敏度得到提高。

（2）配位场跃迁

配位场跃迁包括 d-d 跃迁和 f-f 跃迁两种类型。周期表中第四、五周期的过渡金属元素分别含有 3d 和 4d 轨道，镧系和锕系元素分别含有 4f 和 5f 轨道。根据配位场理论，无配位场存在时，d 轨道和 f 轨道的能量是简并的，即分布在各个方位（轨道）上的能量相等。配体存在时，过渡元素五个能量相等的 d 轨道及镧系和锕系元素七个能量相等的 f 轨道分别分裂成几组能量不等的 d 轨道及 f 轨道。其离子吸收光能后，低能态的 d 或 f 电子可以分别跃迁至高能态的 d 或 f 轨道。这两类跃迁分别称为 d-d 跃迁和 f-f 跃迁。这两类跃迁由于必须在配体的配位场作用下才有可能产生，因此被称为配位场跃迁。

由于选择规则的限制，与电荷迁移比较，配位场跃迁吸收谱带的摩尔吸光系数小，一般 $\varepsilon_{max} < 10^2 L/(mol \cdot cm)$，这类光谱一般位于可见光区。虽然配位场跃迁不及电荷迁移跃迁在定量分析中适用范围广，但其可用于研究配合物的结构，为现代无机配合物键合理论的建立提供研究信息。

10.1.2　影响紫外-可见吸收光谱的因素

紫外-可见吸收光谱主要取决于分子中价电子的能级跃迁，但分子的内部结构和外部环境都会对紫外-可见吸收光谱产生影响。了解影响紫外-可见吸收光谱的因素，对解析紫外-可见光谱、鉴定分子结构有十分重要的意义。

10.1.2.1　分子内部结构影响

（1）共轭效应

共轭效应使共轭体系形成大 π 键，导致各能级间能量差降低，跃迁所需能量减小，π→π* 跃迁概率增大。因此共轭效应使吸收的波长向长波方向移动（λ_{max} 红移），最大摩尔吸光系数 ε_{max} 也随之增大。随着共轭体系的加长，吸收峰的波长和吸收强度呈现规律改变。

（2）助色效应

助色效应使助色团的 n 电子与生色团的 π 电子共轭，吸收峰的波长向长波方向移动，吸收强度随之加强。

（3）超共轭效应

超共轭效应是由烷基的 σ 键与共轭体系的 π 键共轭而引起的，其效应同样使吸收峰向长波方向移动，吸收强度加强。但超共轭效应对紫外-可见吸收光谱的影响远远小于共轭效应。

10.1.2.2　外部因素影响

（1）溶剂效应

溶剂对紫外-可见光谱的影响较为复杂。紫外吸收光谱中有机化合物的测定往往需要溶剂，而溶剂尤其是极性溶剂，常会对溶质的吸收波长、强度及形状产生较大影响。在极性溶剂中，紫外光谱的精细结构会完全消失，其原因是极性溶剂分子与溶质分子的相互作用限制了溶质分子的自由转动和振动，从而使转动和振动的精细结构消失。改变溶剂的极性，会引起吸收带形状的变化。例如，当溶剂的极性由非极性改变到极性时，由于精细结构消失，吸收带变得平滑。

溶剂极性能影响紫外-可见吸收光谱的最大吸收峰位置及其强度，但对于不同的跃迁类型其影响不同。溶剂极性对 π→π* 与 n→π* 跃迁的影响见图 10.6。一般来说，溶剂对于产生 π→π* 跃迁

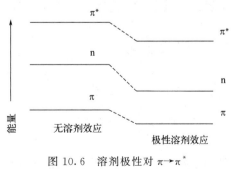

图 10.6　溶剂极性对 π→π* 与 n→π* 跃迁的影响

谱带的影响为：溶剂的极性越强，谱带越向长波方向位移，即发生红移。这是由于大多数能发生 $\pi \rightarrow \pi^*$ 跃迁的分子，激发态的极性总是比基态极性大，因而激发态与极性溶剂之间发生相互作用而导致的能量降低程度就比极性小的基态与极性溶剂发生作用而降低的能量大，所以要实现这一跃迁的能量也就减小。另外，溶剂也可对 $n \rightarrow \pi^*$ 跃迁谱带产生影响：溶剂的极性越强，$n \rightarrow \pi^*$ 跃迁的谱带越向短波方向位移，即发生蓝移。这是由于非成键的 n 电子会与极性溶剂相互作用形成氢键，从而较多地降低了基态的能量，使跃迁的能量增大，紫外-可见吸收光谱就发生了向短波方向的位移。表 10.3 为溶剂效应对异亚丙基丙酮的紫外吸收光谱的影响。

表 10.3 溶剂效应对异亚丙基丙酮的紫外吸收光谱的影响

项目		正己烷	氯仿	甲醇	水
$\pi \rightarrow \pi^*$	λ_{max}/nm	230nm	238nm	237nm	243nm
	影响	向长波移动			
$n \rightarrow \pi^*$	λ_{max}/nm	329nm	315nm	309nm	305nm
	影响	向短波移动			

由表 10.3 可以看出，随着溶剂极性增大（正己烷→水），由 $n \rightarrow \pi^*$ 跃迁产生的吸收带发生蓝移，而由 $\pi \rightarrow \pi^*$ 跃迁产生的吸收带发生红移。

由于溶剂对紫外-可见吸收光谱影响很大，因此在吸收光谱图上或数据表中必须注明所用的溶剂，与已知化合物紫外吸收光谱对照时也应注明所用的溶剂是否相同。在利用紫外光谱法分析，选择测定吸收光谱曲线的溶剂时，需注意如下几点原则：①在溶解度允许的范围内，尽量选用非极性或低极性溶剂；②溶剂应能很好地溶解被测物，并且形成的溶液具有良好的化学和光化学稳定性，即溶剂对溶质具有较好的溶解性和化学惰性；③溶剂在样品的吸收光谱区无明显吸收。

（2）酸度的影响

酸度的变化会使有机化合物的存在形式发生变化，从而导致谱带的位移，例如苯酚，随着 pH 的升高，谱带就会红移，吸收峰分别从 211nm 和 270nm 位移到 236nm 和 287nm。

另外，酸度的变化还会影响到配位平衡，从而造成有色配合物的组成发生变化，使得吸收带发生位移。例如 Fe（Ⅲ）与磺基水杨酸的配合物，在不同 pH 时会形成不同的配位比，从而产生紫红、橙红、黄色等不同颜色的配合物。

此外，仪器的性能，如仪器的单色性（即仪器的分辨率）、仪器的波长精度（在选定波长下运行的能力）等也会对紫外-可见吸收光谱产生影响。

10.2 吸收定律

10.2.1 朗伯-比尔定律

布格（Bouguer）和朗伯（Lambert）先后于 1729 年和 1760 年阐明了光的吸收程度与吸收层厚度的关系。1852 年比尔（Beer）又提出了光的吸收程度和吸收物浓度之间也具有类似的关系。二者的结合称为朗伯-比尔定律。朗伯-比尔定律是吸光光度法的理论基础和定量测定的依据，应用于各种光度法的吸收测量。朗伯-比尔定律表述为：当一束平行的单色光通过单一均匀的、非散射的吸光物质溶液时，溶液的吸光度与溶液浓度和液层厚度的乘积成正比，数学表达式为：

$$A = Kbc \tag{10.5}$$

式中，A 为吸光度，用于描述溶液对光的吸收程度；b 为液层厚度（吸光光程），cm；c 为溶液的浓度，g/L；K 为吸光系数，在一定条件下为常数，L/(g·cm)。吸光系数相当于浓度为 1g/L、液层厚度为 1cm 时该溶液在某一波长下的吸光度。

当浓度单位取 mol/L 时，此时的吸光系数叫作摩尔吸光系数，改用 ε 来表示，其单位为 L/(mol·cm)，此时朗伯-比尔定律表示为：

$$A = \varepsilon bc \tag{10.6}$$

ε 是吸光物质在特定波长、溶剂和温度条件下的一个特征常数，即摩尔吸光系数，其在数值上为 1mol/L 的吸光物质在 1cm 长的吸光光程中的吸光度，是吸光物质吸光能力大小的量度。摩尔吸光系数 ε 不随浓度 c 和光程长度 b 的改变而改变。在温度和波长等条件一定时，ε 仅与吸收物质本身的性质有关，可作为定性鉴定的参数；同一吸收物质在不同波长下的 ε 是不同的，在最大吸收波长 λ_{max} 处的摩尔吸光系数常以 ε_{max} 表示。ε_{max} 表明了该吸收物质最大限度的吸光能力，也反映了光度法测定该物质可能达到的最大灵敏度。

ε_{max} 越大表明该物质的吸光能力越强，用分光光度法测定该物质的灵敏度越高。一般 $\varepsilon > 10^5$ L/(mol·cm) 为超高灵敏；$\varepsilon = (6 \sim 10) \times 10^4$ L/(mol·cm) 为高灵敏；$\varepsilon < 2 \times 10^4$ L/(mol·cm) 为不灵敏。

如果溶液是多组分共存体系，且各吸光组分的浓度都比较低，可以忽略它们之间的相互作用，这时体系的总吸光度等于各组分的吸光度之和，即吸光度的加和性。表达式为：

$$A = \sum_{i=1}^{m} \varepsilon_i b c_i \tag{10.7}$$

式中，ε_i 为 i 组分的摩尔吸光系数；c_i 为 i 组分的浓度；m 为吸光物质组分数。

10.2.2　朗伯-比尔定律的适用性

朗伯-比尔定律成立的条件是待测物质为均一的稀溶液、气体等，无溶质、溶剂及悬浊物引起的散射，且入射光为单色平行光。在紫外-可见吸收光谱法中，吸光度与浓度间的标准曲线应该是直线，但使用标准曲线法测定未知溶液的浓度时发现，标准曲线常会发生弯曲（尤其当溶液浓度较高时），如图 10.7 所示，这种现象称为对朗伯-比尔定律的偏离。

若标准曲线弯曲，则测定结果必然产生较大误差，非单色光、试液化学因素及

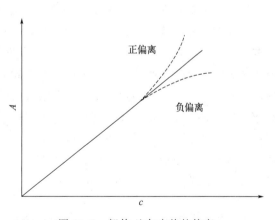

图 10.7　朗伯-比尔定律的偏离

溶液本身性质改变等都会引起朗伯-比尔定律偏离。故应找出导致该结果的原因，并加以校正，一般影响朗伯-比尔定律的因素有以下几种。

（1）与样品溶液有关的因素

① 朗伯-比尔定律假定所有的吸光质点之间不发生相互作用，且只有在稀溶液时才基本

符合。当吸收物质在溶液中的浓度较高时，由于吸收质点之间的平均距离缩小，邻近质点彼此的电荷分布会产生相互影响，以致改变其对特定辐射的吸收能力，即改变了吸光系数，导致朗伯-比尔定律的偏离。通常只有在吸光物质浓度小于 10^{-2} mol/L 的稀溶液中，吸收定律才成立，当溶液浓度大于 10^{-2} mol/L 时，吸光质点间可能产生相互作用，直接影响对光的吸收。

② 推导吸收定律时，吸光度的加和性假定测定溶液中各组分之间没有相互作用。但实际上，随着溶液浓度的增大，各组分甚至同组分的吸光质点之间的相互作用是不可避免的。溶液中可能会发生缔合、解离、光化学反应、互变异构及配合物配位数的变化等，使被测组分的吸收曲线发生明显变化，吸收峰的位置、强度及光谱精细结构都会有所不同，从而破坏原来的吸光度与浓度之间的函数关系，导致朗伯-比尔定律的偏离。

③ 溶剂及介质条件对吸收光谱的影响十分重要。溶剂及介质条件（如 pH）经常会影响被测物质的性质和组成，影响生色团的吸收波长和吸收强度，导致吸收定律的偏离。例如 I_2 在 CCl_4 和 C_2H_5OH 中分别呈紫色和棕色，不同溶剂中应改变实验条件进行测量；铬酸盐或重铬酸盐溶液中存在下列平衡：

$$2CrO_4^{2-} + 2H^+ \rightleftharpoons Cr_2O_7^{2-} + H_2O \tag{10.8}$$

溶液中 CrO_4^{2-}、$Cr_2O_7^{2-}$ 的颜色不同，吸光性质也不相同，故此时溶液 pH 对实验结果的测定有重要影响。

④ 若测定溶液中有胶体、乳状液或悬浮物质存在，入射光通过溶液时，有一部分光会因散射而损失，造成"假吸收"，使吸光度偏大，导致朗伯-比尔定律的正偏离。一般在紫外光区测量时，散射光的影响更大。

⑤ 摩尔吸光系数与折射率有关，溶液浓度增加，折射率变大，摩尔吸光系数减小，产生对朗伯-比尔定律的偏离。

（2）仪器因素

从理论上说，朗伯-比尔定律的前提条件之一是入射光为单色光（单一波长的光）。但真正的纯单色光难以获得，实际测量中需要有足够的光强，入射光狭缝必须有一定的宽度。因此，从光源发出的连续光经单色器分光后，再由出射光狭缝投射到被测溶液的光束并不是理论要求的严格单色光，而是一小段波长范围的复合光，复合光可导致对朗伯-比尔定律的正或负偏离。由于分子吸收光谱是一种带状光谱，吸光物质对不同波长光的吸收能力不同，在峰值位置，吸收能力最强，ε 最大，其他波长处 ε 都变小，因此当吸光物质吸收复合光时，吸光度比理论吸光度低，导致朗伯-比尔定律的负偏离。对于比较尖锐的吸收带，在满足一定灵敏度的要求下，尽量避免用吸收峰的波长作为测量波长；投射被测溶液的光束单色性越差，引起的偏离也越大，所以在保证足够光强的前提下，采用较窄的入射光狭缝，以减小谱带宽度，可以降低朗伯-比尔定律的偏离。

10.3 紫外-可见分光光度计的主要结构和类型

在紫外及可见光区用于测定溶液吸光度的分析仪器称为紫外-可见分光光度计，紫外-可见分光光度计的型号较多，但其仪器组成相似，都由光源、单色器、吸收池、检测器和显示器等五大部件组成。

10.3.1 紫外-可见分光光度计的主要结构

10.3.1.1 光源

紫外-可见分光光度计对光源的要求是：在仪器工作波长范围内，即整个紫外光区或可见光谱区，光源应能提供具有足够发射强度且波长连续变化的复合光，同时发射光的强度稳定，不随波长的变化而明显变化，具有较长的使用寿命。

可见光区常用钨丝灯和碘钨灯作为光源，发射光波长范围为 $320\sim2500nm$，其中最适宜的适用范围为 $320\sim1000nm$。为保证光源的发射光强度稳定，一般采用稳压器严格控制灯源电压。紫外光区常采用氢灯和氘灯作为光源，发射光波长范围为 $160\sim500nm$，其中最适宜的适用范围为 $180\sim350nm$。在相同的条件下，氘灯的辐射强度比氢灯大 $3\sim5$ 倍。

10.3.1.2 单色器

单色器是将光源发射的复合光分解成单色光并可从中选出任一波长单色光的光学系统。其由入射狭缝、准光装置、色散元件、聚焦装置和出射狭缝构成，不同组成的功能如下。

① 入射狭缝：光源的光由此进入单色器，用于限制杂散光进入单色器；

② 准光装置：将入射光束变为平行光束后进入色散元件；

③ 色散元件：关键部件，将复合光分解成单色光，如棱镜或光栅；

④ 聚焦装置：透镜或凹面反射镜，将分光后所得单色光聚焦至出射狭缝；

⑤ 出射狭缝：用于限制通带宽度。

在色散元件中，棱镜有玻璃和石英两种材质，由于玻璃会吸收紫外光，所以只适用于可见光波长范围。光栅由于分辨率比棱镜高（可达 $\pm0.2nm$），且作用波长范围比棱镜宽，因此目前紫外-可见分光光度计常采用光栅作为色散元件。其他光学元件中，狭缝宽度过大时，谱带宽度太大，入射光单色性差；狭缝宽度过小时，又会减弱光强度。

10.3.1.3 吸收池

紫外-可见分光光度计中的吸收池也称为样品池或比色皿，形状随着仪器不同而变化，一般为方柱形，有毛面和光面之分，毛面为手持操作面，光面为光线透过面。

吸收池有石英和玻璃两种材质，石英池可覆盖紫外-可见光全波段光谱范围，而玻璃池只能用于可见光区。吸收池的规格从 $0.1cm$ 到 $10cm$ 不等，根据被测样品的浓度和吸收情况来选择合适规格的吸收池，常用的为 $1cm$ 的吸收池。在使用时，为保证测量结果的准确性，吸收池要配对使用，使其性能基本一致，不能随意互换。

10.3.1.4 检测器

检测器是一种光电转换元件，是利用光电效应将透过吸收池的光信号变成可测的电信号的装置，其响应信号的大小与透过光的强度成正比，常用的检测器有光电池、光电管和光电倍增管等。检测器应在测量的光谱范围内具有高灵敏度，对辐射能量的响应快、线性关系好、线性范围宽，对不同波长的辐射响应性能相同且可靠，有好的稳定性和低的噪声水平，等等。光电管在紫外-可见分光光度计中应用广泛。光电倍增管亦为常用的检测器，其灵敏度比一般的光电管高 200 倍。

现代光谱仪器中，多采用光电二极管阵列代替单个检测器，它具有平行采集数据以及电子扫描功能，有着测定速度快、重复性好及结果可靠等优势。

10.3.1.5 显示器

显示器的作用是放大检测器的输出信号并以适当的方式指示或记录结果。常用的显示器有检流计、微安表、记录器和数字显示器。随着电子技术的飞速发展，目前许多光度计已采用自动记录或数字显示装置，有的应用微型电子计算机对仪器进行控制，并对数据进行采集和处理。

10.3.2 紫外-可见分光光度计的主要类型

紫外-可见分光光度计的主要类型如图 10.8 所示。

① 单光束：单光束分光光度计中，单色器分光后的单色光交互经过吸收池和参比池（分光光度计中作为参照）进行测量。这种仪器结构简单，适用于在给定波长处测定光吸收强度，进行样品定量分析，一般不能作全波段光谱扫描，要求光源和检测器有很高的稳定性。

② 双光束：双光束分光光度计中，从光源发出的光分成频率和强度相同的两束光，分别通过吸收池和参比池，测得的是透过样品溶液和参比溶液的光信号强度之比，可以快速对全波段进行扫描，绘制连续的吸收光谱曲线，可消除光源不稳定、检测器灵敏度变化等因素的影响，适用于结构分析，但仪器复杂，价格较高。

③ 双波长：由两个单色器分出不同波长 λ_1 和 λ_2 的两束光（$\Delta\lambda = 1\sim2\text{nm}$），并束后在同一光路交替通过吸收池，由光电倍增管检测信号，无需参比池，利用吸光度差值进行定量分析，可降低杂散光干扰和吸收池与参比池不匹配引起的误差。两波长同时扫描可获得导数光谱。

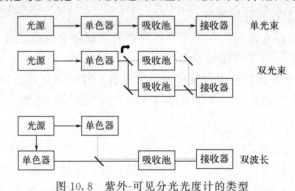

图 10.8 紫外-可见分光光度计的类型

10.4 紫外-可见吸收光谱法在环境样品分析中的应用

利用紫外-可见分光光度法可以测定有机物、金属离子及无机离子（或离子团）的含量。对于在紫外-可见光区有吸收的物质，可直接进行测定；大多数无机物在此区域无吸收，不能直接测定，需选择合适的显色剂与之发生显色反应，生成在此区域有吸收的配合物后进行测定。但在实际应用中，更多的是利用被测物质对某些指示剂氧化或还原反应的催化作用，依据待测物质的量与吸光度变化值（ΔA）之间的关系进行测定。

虽然紫外光谱可以与红外吸收光谱、核磁共振波谱、质谱以及其他物化方法共同配合，对未知物进行定性和结构分析，但是紫外-可见分光光度法在环境中的应用更多还是定量分析。不管待测试样是大气、水还是土壤、沉积物，经过适当处理，建立合适的分析体系都可用紫外-可见分光光度法进行分析。如其可以测定试样中的赖氨酸、色氨酸、蛋白质、葡萄糖、叶绿素等许多有机物，也可以测定硝态氮、全磷、速效磷等营养元素，Cu、Zn、Cr、Al、Mn、As 等金属、（类）金属元素，以及许多无机物，涉及的测定对象有土壤、农药、植物、食品、大气、粉尘等。

10.4.1　环境土壤和植物分析

农业和林业上的一些有重要意义的元素（如 N、P、K、Ca、Mg）以及一些微量元素（Fe、Mn、Cu、Zn 等）都可用此法进行定量分析。

例如，利用酚二磺酸法 $[\lambda_{max}=410nm，\varepsilon_{max}=9.4\times10^3 L/(mol\cdot cm)]$ 测定硝态氮；利用 NH_4^+ 在强碱性介质中与次氯酸盐和苯酚反应生成水溶性的靛酚蓝 $[\lambda_{max}=625nm，\varepsilon_{max}=4.3\times10^3 L/(mol\cdot cm)]$ 测定铵态氮；利用红菲罗啉（4,7-二苯基-1,10-菲罗啉）与 Fe^{2+} 形成橙红色配合物 $[\lambda_{max}=535nm，\varepsilon_{max}=2.2\times10^4 L/(mol\cdot cm)]$ 测定铁；利用钼锑抗法形成"钼锑蓝"$(\lambda_{max}=882nm)$ 测定磷；等等。

10.4.2　环境污染物的成分及含量测定

紫外-可见吸收光谱法广泛用于水、土壤、空气、植物、粮食中污染物的鉴定和定量分析。如分析测定农药残留量、大气中污染物等。

以测定废水中的二苯胺（DPA）为例说明该方法的应用。二苯胺是一种用量很大的化工原料，主要用于染料、抗氧剂、药品、炸药以及农药的合成。DPA 毒性与苯胺相似，能损伤神经系统、心血管系统及血液系统，其在紫外光区有特征吸收 $(\lambda_{max}=270nm)$，测定废水中 DPA 含量的方法有气相色谱法、三维荧光光谱法、高效液相色谱法以及紫外-可见吸收光谱法等，与紫外-可见分光光度法相比，其他方法操作较复杂、烦琐，而紫外-可见吸收光谱法测定不使用显色剂、无引入误差，使得定量更为准确，试剂稳定性相对较好，测定过程简单易行，用于实际样品的测定效果更好。紫外-可见吸收光谱法具体应用过程如下。

（1）仪器与试剂

UV-Vis 分光光度计，10mm 石英比色皿，25mL 具塞比色管以及 DPA 标准试剂，废水样品，容量瓶，电子天平，浓硫酸。

（2）分析步骤

① 二苯胺标准溶液的配制（40.0mg/L）：准确称取 0.0400g 优级纯二苯胺，溶于 3mL 浓 H_2SO_4 中，缓慢加水溶解后，移入 1000mL 容量瓶中，用水稀释至标线。

② 最大吸收波长的确定：稀释二苯胺标准溶液至 10mg/L，装入 10mm 光程的比色皿，以纯水为参比，用紫外-可见分光光度计在 190～600nm 波长范围内进行扫描。标样在 270nm 处的吸光度最大，选取 270nm 为测定波长。

③ 标准曲线绘制：以纯水为参比，用 10mm 石英比色皿，在 270nm 处，稀释二苯胺标准溶液，测定浓度为 0.1mg/L、1.0mg/L、5.0mg/L、10.0mg/L、20.0mg/L、40.0mg/L、50.0mg/L 标准溶液的吸光度，绘制标准曲线。

④ 水样测定：DPA 废水样品为微浊溶液，先用中速定量滤纸过滤两次，去除杂质，使其成为透明溶液。处理后的水样直接测定。

（3）测试说明

① 溶液 pH 值的影响：配制一系列 pH 值不同的 DPA 标准溶液，测定吸光度，绘制 A-pH 图。结果表明，当溶液 pH 值在 3～11 的范围内时，pH 值的改变对测定结果无明显影响。

② 标准曲线在 0.1～40mg/mL 范围内线性良好。

③ 废水中可能含有苯胺等，实验表明这些物质基本无干扰。

10.4.3 环境生物成分分析

紫外-可见吸收光谱法广泛用于动、植物脂肪酸的分析，蛋白质、氨基酸、核酸的测定，等等。

以测定鸡肝中维生素 A 为例，使用紫外-可见吸收光谱法操作简便、分析速度快、结果可靠且重现性好。其具体分析步骤如下。

（1）分析方法

用乙醚将试样中的脂肪及维生素 A 提取出来，除去溶剂后进行皂化以除去脂肪，皂化后再进行萃取以便将维生素 A 转入有机相中，然后经色谱柱除去干扰物质，最后用紫外-可见分光光度计进行吸光度测定，用标准曲线法求出试样中维生素 A 的含量。

（2）分析条件

① 提取与皂化：将试样洗净、处理后用 $C_2H_5OC_2H_5$ 振荡提取，将提取液中的 $C_2H_5OC_2H_5$ 蒸干后，加入 80% KOH 溶液、乙醇和焦性没食子酸，置于（83±1）℃的水浴中回流皂化。

② 萃取、洗涤、浓缩：将皂化后的混合液在一定条件下用 $C_2H_5OC_2H_5$ 萃取。然后加 KOH 溶液于 $C_2H_5OC_2H_5$ 提取液中，弃去下层碱液，再用水洗涤，直至洗液与酚酞无颜色反应为止，弃去水层。将上述 $C_2H_5OC_2H_5$ 提取液经过无水 Na_2SO_4 滤入锥形瓶，置于水浴上，把 $C_2H_5OC_2H_5$ 蒸干后，加入石油醚溶解锥形瓶中的内容物，备用。

③ 色谱分离：将上述石油醚试样溶液移入 Al_2O_3 及无水 Na_2SO_4 的色谱柱中，用不同比例的乙醚-石油醚洗脱液进行梯度洗脱，在 12% 洗脱液前后洗出的第一个黄色色谱带为 β-胡萝卜素，可供测定 β-胡萝卜素用（至流出洗脱液不显黄色为止）。维生素 A 一般在 50% 洗脱液中洗出，用石油醚定容，制得试样溶液备用。

④ 制备维生素 A 标准系列溶液。

⑤ 用紫外-可见分光光度计，1cm 石英吸收池，以石油醚为参比，于波长 325nm 处，分别测定标准系列溶液和试样溶液的吸光度。

（3）分析结果

① 绘制标准曲线（以吸光度 A 为纵坐标，维生素 A 含量为横坐标）。

② 根据试样溶液的吸光度在标准曲线上查出相应的质量浓度 ρ（单位为 $\mu g/mL$）。

③ 按下式计算试样中维生素 A 的质量分数：

$$\omega = \rho V/m_s \tag{10.9}$$

式中，V 为测定时容量瓶的容积，mL；m_s 为测定时所用试样的质量，μg。

 习题

1. 分子吸收光谱是如何产生的？其与原子光谱的主要区别是什么？

2. 有机化合物紫外吸收光谱中的主要吸收带类型及特点是什么？

3. 何为溶剂效应？为何溶剂的极性增强，$\pi \rightarrow \pi^*$ 跃迁的吸收峰发生红移，而 $n \rightarrow \pi^*$ 跃迁的吸收峰发生蓝移？

4. 为什么电荷迁移跃迁常用于定量分析，而配位场跃迁在定量分析中很少用到？

5. 朗伯-比尔定律的物理意义是什么？其产生偏离的原因有哪些？

6. 用框图表示紫外-可见分光光度计的组成及构造，并解释各个部件的作用。

7. 举例说明紫外-可见吸收光谱法在环境样品分析中的应用。

8. NO_2^- 在波长 355nm 处的 $\varepsilon_{355}=23.3 L/(mol \cdot cm)$，$\varepsilon_{355}/\varepsilon_{302}=2.5$；$NO_3^-$ 在波长 355nm 处的吸收可忽略，在波长 302nm 处 $\varepsilon_{302}=7.24 L/(mol \cdot cm)$。在含有 NO_2^- 和 NO_3^- 的溶液中，用 1cm 的吸收池测得结果 $A_{302}=1.010$，$A_{355}=0.730$。请计算溶液中 NO_2^- 和 NO_3^- 的总含量。

9. 在采用碱性过硫酸钾消解紫外分光光度法测量水体中的总氮含量时，得到如下数据：

含量/μg	0	5.0	10.0	20.0	30.0	50.0	70.0	80.0	水样
A_{220}	0.049	0.102	0.149	0.246	0.353	0.525	0.733	0.833	0.376
A_{275}	0.010	0.009	0.011	0.009	0.011	0.017	0.013	0.010	0.010

其中校正吸光度值按 $A=A_{220}-2A_{275}$ 计算，水样取 5mL，试求水样中的总氮含量。

10. K_2CrO_4 的碱性溶液在 372nm 处有最大吸收，若其溶液的浓度为 3.00×10^{-5} mol/L，吸收池厚度为 1cm，在此波长下测得透射率是 71.6%，计算：①该溶液的吸光度；②摩尔吸光系数；③吸收池厚度为 2cm 时的透射率。

11. 取钢样 0.500g 溶解后定量转入 100mL 容量瓶中，用水稀释至标线。移取 10.0mL 试液置于 50mL 容量瓶中，其中的 Mn^{2+} 氧化为 MnO_4^-，用水稀释至标线，摇匀。于 520nm 处用 2.0cm 吸收池测得吸光度为 0.50，求钢样中锰的质量分数 [$\varepsilon_{520}=2.3 \times 10^3 L/(mol \cdot cm)$]。

📖 参考文献

［1］ 武汉大学. 分析化学：下册 ［M］. 北京：高等教育出版社，2007.

［2］ 方惠群，于俊生，史坚. 仪器分析 ［M］. 北京：科学出版社，2002.

［3］ 胡坪. 仪器分析实验 ［M］. 3版. 北京：高等教育出版社，2016.

［4］ 姚开安，赵登山. 仪器分析 ［M］. 2版. 南京：南京大学出版社，2017.

［5］ 张宝贵，韩长秀，毕成良. 环境仪器分析 ［M］. 北京：化学工业出版社，2008.

［6］ 沈静茹，李春涯，王献，等. 分析化学 ［M］. 北京：科学出版社，2019.

［7］ 刘约权. 现代仪器分析 ［M］. 3版. 北京：高等教育出版社，2015.

［8］ 高向阳. 新编仪器分析 ［M］. 北京：科学出版社，2009.

［9］ 叶宪曾，张新祥. 仪器分析教程 ［M］. 2版. 北京：北京大学出版社，2009.

［10］ 白玲，郭会时，刘文杰. 仪器分析 ［M］. 北京：化学工业出版社，2013.

第十一章
红外吸收光谱法

11.1 红外吸收光谱法的基本原理

11.1.1 红外吸收光谱法简介

11.1.1.1 红外光谱的形成

当物质接受红外光辐射，且红外光的能量与分子能级跃迁的能量相匹配时，物质的分子可以通过吸收红外辐射发生振动和转动能级间的跃迁，该过程中产生的分子吸收光谱被称为红外吸收光谱（infrared absorption spectrum），又称为分子振动-转动光谱。不同的化学键和官能团的吸收频率不同，在红外光谱上处于不同位置。利用红外吸收光谱进行定性、定量和结构分析的方法称为红外吸收光谱法或红外分光光度法（infrared spectrophotometry，IR），简称红外光谱法。目前红外光谱法在化学领域中的应用主要包括分子结构的基础研究和物质化学组成分析两个方面。

11.1.1.2 红外光谱的划分

红外光谱位于可见光区和微波光区之间，波长范围为 $0.75 \sim 1000\mu m$。根据红外线波长，一般将红外光谱分为三个区域，如表 11.1 所示，即近红外光区（$0.75 \sim 2.5\mu m$）、中红外光区（$2.5 \sim 25\mu m$）和远红外光区（$25 \sim 1000\mu m$），其中中红外光区是研究和应用最多的区域，绝大多数的有机化合物和无机化合物的化学键振动和基频吸收带都出现在此区域。通常所说的红外光谱即指中红外光谱，本章主要对此进行讨论。

表 11.1　红外光谱的分区

名称	$\lambda/\mu m$	σ/cm^{-1}	能级跃迁类型
近红外光区	$0.75 \sim 2.5$	$13333 \sim 4000$	O—H、N—H 以及 C—H 键的倍频、合频吸收
中红外光区	$2.5 \sim 25$	$4000 \sim 400$	分子振动、转动
远红外光区	$25 \sim 1000$	$400 \sim 10$	分子转动、晶格振动

11.1.1.3 红外吸收光谱的表示方法

使用连续改变频率的红外光照射某物质，由于该物质中分子对不同频率红外光的吸收存在差异，通过该物质的红外光在一些波长范围内被吸收（变弱），而在一些波长范围内不吸收（较强）。将该红外光的变化情况用仪器记录下来，就得到该物质的红外吸收光谱。

红外吸收光谱一般以波数（σ，cm^{-1}）或波长（λ，μm）为横坐标，透过率（T，%）

为纵坐标，有时也采用吸光度（A）为纵坐标。σ 和 λ 之间的关系为 $\sigma(\text{cm}^{-1}) = 10^4/\lambda(\mu\text{m})$。$T\text{-}\sigma$ 或 $T\text{-}\lambda$ 曲线的"谷"为红外光谱的吸收峰。但 $T\text{-}\sigma$ 和 $T\text{-}\lambda$ 之间也存在一定差异，一般表现为 $T\text{-}\sigma$ 曲线"前疏后密"而 $T\text{-}\lambda$ 曲线"前密后疏"，这是因为 $T\text{-}\lambda$ 曲线是波长等距，而 $T\text{-}\sigma$ 曲线是波数等距。由于用波数描述吸收谱带较为简单，且便于与拉曼光谱比较，所以目前的红外光谱多采用波数为横坐标。图 11.1 为苯酚的红外吸收光谱图。

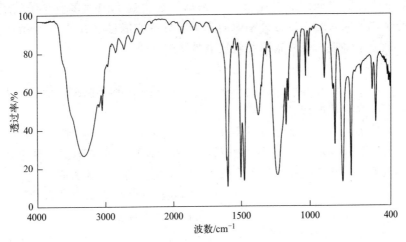

图 11.1　苯酚的红外吸收光谱

11.1.1.4　红外吸收光谱的特点

（1）由分子振动-转动能级跃迁引起

与紫外线和可见光相比，红外线的波长更长，因而光子能量更低，只能引起分子的振动能级以及转动能级的跃迁，而不是分子外层电子的能级跃迁，因此红外吸收光谱的本质是分子的振动-转动光谱。

（2）适用范围更广

紫外吸收光谱只适用于芳香族或具有共轭结构的不饱和脂肪族化合物及部分无机物的定性及定量分析，不适用于饱和有机化合物。而红外吸收光谱法不受限制，可适用于所有有机化合物及部分无机物，且特征性极强。此外，红外吸收光谱法对被测物质的物态没有限制，气体、液体及固体样品均可适用，其中以固体样品最为简便。

（3）特征性更强

由于红外吸收光谱的本质为分子的振动-转动光谱，所以谱图中吸收峰的位置、强度及数目等特征均取决于物质中分子的振动形式，因此光谱较复杂，且特征性强。除了单原子（如 He、Ne 等）、同核分子（如 O_2、H_2 等）、光学异构体、某些高分子量的高聚物以及在分子量上仅有微小差异的化合物外，几乎所有的化合物（或基团）均有对应的特征红外吸收光谱。

11.1.2　红外吸收光谱的产生条件

11.1.2.1　红外辐射应具有能满足分子跃迁所需的能量

红外吸收光谱是分子振动能级跃迁产生的。以双原子分子的纯振动光谱为例，介绍红外吸收光谱产生的这一条件。双原子分子可近似看作谐振子，两个原子间的伸缩振动可近似地看作沿键轴方向的简谐振动。根据量子力学，其振动能量 E_v 计算公式如下。

$$E_v = \left(v + \frac{1}{2}\right)h\nu \tag{11.1}$$

式中　v——振动量子数（0，1，2，3，…）；

　　　h——普朗克常量；

　　　ν——分子振动频率。

分子不同振动能级之间的能量差 $\Delta E_v = \Delta v h \nu$。在常温下绝大多数分子处于基态（$v = 0$），当分子受到红外辐射时，若红外辐射的光子所具有的能量（$h\nu_a$）恰好等于分子振动能级的能量差，则分子将吸收红外辐射并跃迁至激发态，即

$$\nu_a = \Delta v \nu \tag{11.2}$$

实际上有时基态分子的振动能级差不止一个，可能激发到不同振动能级，因此产生不同的吸收光谱，有必要对其进行区分。

分子吸收红外辐射后，由基态跃迁至第一振动激发态（$v = 1$）时，所产生的红外吸收峰为基频峰。由于 $\Delta v = 1$，$\nu_a = \nu$，即基频峰的位置（ν_1）与分子的振动频率相等。基频峰的强度一般都较大，因此基频峰是红外吸收光谱上最主要的一类吸收峰。

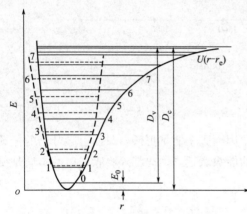

图 11.2　双原子分子振动位能曲线（实线为
非简谐振子，虚线为简谐振子）

E_0—零点能；D_e—解离能；D_v—解离所需的真实能量

在红外吸收光谱上，除基频峰外，分子还可以由基态跃迁至第二激发态（$v = 2$）、第三激发态（$v = 3$）……，所产生的吸收峰被称为倍频峰。由 $v = 0$ 跃迁至 $v = 2$ 时，$\nu_a = 2\nu$，即所吸收的红外辐射频率（ν_2）是分子基本振动频率（ν）的 2 倍，所产生的峰被称为二倍频峰，其余以此类推。在倍频峰中，二倍频峰还常可以观测到，但由于第三激发态及以上的跃迁概率较小，故三倍频峰及三倍以上频率的吸收峰较弱，一般观测不到。而且由于分子的非谐振性质，位能曲线中的能级差并非等距，v 越大，间距越小，所以各倍频峰并非基频峰的整数倍，而是略小一些，如图 11.2 所示。

除倍频峰外，还有合频峰（$\nu_1 + \nu_2$，$2\nu_1 + \nu_2$，…）、差频峰（$\nu_1 - \nu_2$，$2\nu_1 - \nu_2$，…），以上统称为泛频峰。有时也将倍频峰称为泛频峰，而将合频峰和差频峰统称为组频峰，但由于其多为弱峰，一般不易辨认。

11.1.2.2　辐射与物质之间的耦合作用

为满足这个条件，分子振动必须伴随偶极矩的变化。红外跃迁是偶极矩诱导的，即能量转移的机制是分子的振动过程所导致的偶极矩变化和红外辐射相互作用。构成分子的各原子因价电子得失的难易程度不同而表现出不同的电负性，使分子显示不同的极性。通常用分子的偶极矩（μ）来描述分子极性的大小。设正负电荷中心的电荷分别为 $+q$ 和 $-q$，正负电荷中心距离为 d，则

$$\mu = qd \tag{11.3}$$

对于偶极分子（$\mu \neq 0$），如 H_2O、HCl 等，分子的振动使 d 的瞬时值不断改变，进而引起 μ 值的改变，即分子的振动使分子的偶极矩也呈现固定频率的变化。当受到红外光的辐射，且辐射的频率与分子偶极矩的变化频率相匹配时，分子与红外光发生相互作用（振动

耦合），使分子的振动能增加，振动加剧（振幅加大），分子由原来的基态振动跃迁到较高的振动能级。此类能产生红外吸收的振动被称为红外活性振动。

而对于非极性双原子分子如 N_2、O_2、H_2 等完全对称分子，由于其正负电荷中心重叠，d 始终为 0，故分子的振动并不会引起 μ 的变化，因此，其与红外光不发生耦合，不产生红外吸收，被称为非红外活性分子。除了对称分子外，几乎所有的有机化合物和许多无机化合物都有相应的红外吸收光谱，且具有很强的特征性。

11.1.3　分子的振动形式

了解分子的振动形式有助于了解吸收峰的产生，即吸收峰是由何种形式的振动能级跃迁所引起的，了解振动形式的数目则有助于了解基频峰的可能数目。因此，对振动形式的讨论是了解红外吸收光谱的基础。双原子分子只有一类振动形式——伸缩振动，多原子分子除伸缩振动外，还可以进行弯曲振动以及两者间的耦合振动。

11.1.3.1　伸缩振动

如图 11.3 所示，伸缩振动（stretching vibration）即键长沿键轴进行的周期性变化，一般出现在高波数区，由 ν 表示。凡是含有两个及以上相同键的分子（或基团）都具有此类振动，且每个化学键可近似地看作一个谐振子。伸缩振动一般可分为对称伸缩振动（symmetrical stretching vibration，ν_s）和不对称伸缩振动（asymmetrical stretching vibration，ν_{as}）两种。

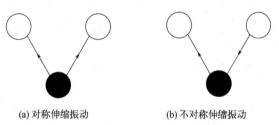

(a) 对称伸缩振动　　(b) 不对称伸缩振动

图 11.3　AX_2 伸缩振动的两种形式

在双原子分子的伸缩振动模型中，可将两个质量分别为 m_1 和 m_2 的原子看作两个刚体小球，将两个原子间的化学键看作无质量的弹簧，弹簧的长度为化学键的长度 l。根据经典力学原理可以得到该体系的基本振动频率计算公式。

$$\nu = \frac{1}{2\pi}\sqrt{\frac{k}{\mu}} \tag{11.4}$$

若使用波数 σ 代替振动频率 ν，可得到式(11.5)。

$$\sigma = \frac{1}{2\pi c}\sqrt{\frac{k}{\mu}} \tag{11.5}$$

$$\mu = \frac{m_1 m_2}{m_1 + m_2}$$

式中　c——光速，2.998×10^{10} cm/s；

　　　k——化学键的力常数，N/cm，单键、双键、三键的力常数分别约为 5、10、15 N/cm；

　　　μ——两个原子的折合质量，g。

由此可见，影响基本振动频率的主要因素是原子的相对质量和化学键的力常数。化学键的力常数 k 越大，两个原子的折合原子量 μ 越小，则化学键的振动频率越高。但该模型只是近似的处理方法，实际上分子振动能级的能量变化是量子化的，分子的不同化学键、基团之间存在相互影响，且内部和外部因素也会对振动频率产生一定的影响。

11.1.3.2　弯曲振动

如图 11.4 所示，弯曲振动（bending vibration）指具有一个共有原子的两个化学键键角的变化，一般出现在低波数区，由 δ 表示。弯曲振动又分为面内弯曲振动和面外弯曲振动。

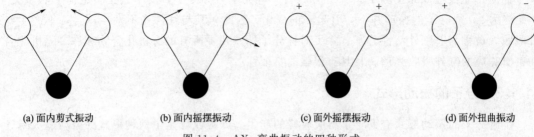

(a) 面内剪式振动　　　(b) 面内摇摆振动　　　(c) 面外摇摆振动　　　(d) 面外扭曲振动

图 11.4　AX_2 弯曲振动的四种形式

（1）面内弯曲振动

在由几个原子所构成的平面内进行的弯曲振动称为面内弯曲振动（in-plane bending vibration，β）。按振动形式，面内弯曲振动可分为面内剪式振动及面内摇摆振动两种。组成为 AX_2 的基团或分子容易发生此类振动，如 CH_2 及 NH_2 等。

面内剪式振动（scissoring vibration，δ）是在振动过程中键角的变化类似剪刀开、闭的振动。

面内摇摆振动（rocking vibration，ρ）是基团作为一个整体，在平面内摇摆的振动。

（2）面外弯曲振动

在垂直于由几个原子组成的平面外进行的弯曲振动称为面外弯曲振动（out-of-plane bending vibration，γ）。面外弯曲振动分为面外摇摆振动及面外扭曲振动两种。

面外摇摆振动（wagging vibration，ω）是两个 X 同时向面上（＋）或向面下（－）的振动。

面外扭曲振动（twisting vibration，τ）是一个 X 向面上（＋），另一个 X 向面下（－）的振动。

11.2　红外吸收光谱与分子结构的关系

11.2.1　基团特征频率区和指纹区

11.2.1.1　基团特征频率区

中红外光谱区一般可被划分为 $4000 \sim 1300 cm^{-1}$ 和 $1300 \sim 600 cm^{-1}$ 两个区域。其中 $4000 \sim 1300 cm^{-1}$ 的区域被称为基团特征频率区，简称特征区。由于此区内的峰一般是由伸缩振动产生的吸收带，且各化合物（或基团）均有对应的特征频率、峰型及峰强，谱带较为稀疏，易于区分，所以此区是化合物和基团鉴定中最有分析价值的区域。基团特征频率区又可进一步分为三个区域：$4000 \sim 2500 cm^{-1}$ 主要为 X—H 键的伸缩振动区，X 可以为 C、O、N、S 等原子；$2500 \sim 1900 cm^{-1}$ 为三键和累积双键的伸缩振动区；$1900 \sim 1300 cm^{-1}$ 为双键的伸缩振动区。

11.2.1.2　指纹区

$1300 \sim 600 cm^{-1}$ 区域内谱带较密集，除单键的伸缩振动外，还有因弯曲振动产生的谱带。该区域内，分子结构的微小变化即可引起谱带的改变，并显示出分子特征，像人的指纹一样因人而异，所以被称为指纹区。指纹区有助于指认结构类似的化合物，且可以作为某种基团存在的辅助证明。

11.2.2 常见化合物的红外吸收光谱

11.2.2.1 烷烃

烷烃分子中只有C—H和C—C键，其振动吸收频率也只有C—H和C—C间的伸缩和弯曲振动吸收频率。烷烃类化合物的特征基团吸收频率可参照表11.2，其中主要特征吸收如下。

① C—H的伸缩振动出现在$3000cm^{-1}$以下，在$3000\sim2800cm^{-1}$区域有吸收峰。

② 烷烃分子中的—CH_3和—CH_2—的弯曲振动频率一般低于$1500cm^{-1}$。当烷烃分子中出现异丙基或叔丁基时，—CH_3在$1375cm^{-1}$附近分裂为两个峰，两峰强度相近的为异丙基，两峰强度不同的是叔丁基。除此之外，还需要观察骨架振动，异丙基的C—C骨架振动峰约在$1165cm^{-1}$处，$1145cm^{-1}$为肩峰，而叔丁基的振动则在$1250cm^{-1}$和$1210cm^{-1}$处出现。

表 11.2 烷烃类化合物的特征基团吸收频率

基团	振动形式	吸收峰波数/cm^{-1}	强度	备注
—CH_3	ν_{asCH_3}	2960 ± 10	s	—
	ν_{sCH_3}	2870 ± 10	m→s	特征
	δ_{CH_3}（面内）	1450 ± 10	m	
	δ_{CH_3}（面外）	1375 ± 5	s	偕二甲基分裂为双峰
—CH_2—	ν_{asCH_2}	2925 ± 10	s	
	ν_{sCH_2}	2850 ± 10	s	
	δ_{CH_2}（面内）	1465 ± 2	m	
—$\overset{\|}{C}H$—	ν_{CH}	2890 ± 10	w	
	δ_{CH}	约1340	w	
—$CH(CH_3)_2$	骨架振动 δ_{CH_3}	1170 ± 5	s	$1145cm^{-1}$是$1170cm^{-1}$峰的肩峰,结合$1380cm^{-1}$处的双峰可鉴定此基团
		1145 ± 10	s	
		$1385\sim1380$	强度相同	
		$1375\sim1365$	强度相同	
—$C(CH_3)_3$	骨架振动 δ_{CH_3}（面内）	1255 ± 5	m	$1255cm^{-1}$峰较$1210cm^{-1}$峰恒定
		1210 ± 10	m	
		$1395\sim1385$	m	叔丁基分裂
		$1375\sim1365$	s	
—$C(CH_3)_2$—	骨架振动	1215 ± 10	m	$1195cm^{-1}$峰的肩峰
		1195 ± 10	m	位置较恒定
—$(CH_2)_n$—	δ_{CH_2}（平面摇摆）	$750\sim720$	m	$n\geqslant4(n$减小,波数升高)

注：s——强，m——中等，w——弱，vw——很弱。

11.2.2.2 烯烃

烯烃分子中主要是由=C—H 和 C=C 键的振动产生红外吸收，特征基团吸收频率见表 11.3。在 3090~3010cm^{-1} 处出现中等强度的吸收峰，可作为判断不饱和化合物的重要依据。C=C 的振动伸缩频率在 1700~1600cm^{-1} 附近，且若 C=C 有共轭作用，吸收频率会向低波数方向移动，同时强度增大。乙烯基型化合物在 1000~650cm^{-1} 区域出现=C—H 的面外弯曲振动峰，可作为鉴定烯烃取代物类型最特征的峰。

表 11.3　烯烃类化合物的特征基团吸收频率

基团	振动形式	吸收峰波数/cm^{-1}	强度	备注
=CH$_2$ =CH—	ν_{asCH_2}	3080±10	m	2975cm^{-1} 峰与烷烃重叠，3080cm^{-1} 峰可以证实=CH$_2$ 的存在
	ν_{sCH_2}	2975±10	m	
	ν_{CH}	3040~3010	m	
R—CH=CH$_2$	δ_{CH}（面外）	990±10	s	—
	$\nu_{C=C}$	910±10	s	
		1645±10	m	
R$_2$C=CH$_2$	δ_{CH}（面外）	898~880	s	
	$\nu_{C=C}$	1655±10	m	
HCR=CHR' （顺式）	δ_{CH}（面外）	730~675	m（可变）	
	$\nu_{C=C}$	1600±10	m	
HCR=CHR' （反式）	δ_{CH}（面外）	970~960	s	—
	$\nu_{C=C}$	1650±10	w	—

11.2.2.3 炔烃

炔烃中主要是 C≡C 和≡C—H 的振动吸收，特征基团吸收频率见表 11.4。C≡C 的伸缩振动约在 2300~2100cm^{-1} 附近，≡C—H 的伸缩振动约在 3300~3200cm^{-1} 附近。

表 11.4　炔烃类化合物的特征基团吸收频率

基团	振动形式	吸收峰波数/cm^{-1}	强度	备注
—C≡C—	$\nu_{C≡C}$	2300~2100	w	尖细峰
≡C—H	$\nu_{C≡CH}$	3300~3200	m	特征尖锐，中等强度

11.2.2.4 芳烃

芳烃中主要是苯环上的 C—H 和 C=C 的振动吸收，特征基团吸收频率见表 11.5。苯环上 C—H 键的伸缩振动在 3100~3000cm^{-1} 附近有三个较弱的峰。C—H 的面外弯曲振动主要在 900~690cm^{-1} 附近，可以根据此区域内吸收峰的位置等特征判断苯环上的取代情况。苯环的骨架振动 C=C 在 1650~1450cm^{-1} 附近有 2~4 个中到强的吸收峰，其中单环芳烃出现在 1610~1590cm^{-1} 和 1500~1480cm^{-1} 处，前者较弱而后者较强，可以作为判断是否有芳环存在的依据。

表 11.5 芳烃类化合物的特征基团吸收频率

基团	振动形式	吸收峰波数/cm^{-1}	强度	备注
	$\nu_{C=C}$	1650～1450	可变	最特征，一般 2～4 个峰
	ν_{CH}	3040～3030	m	特征，一般 3 个峰
	δ_{CH}(面内)	1225～950	w	—
	δ_{CH}(面外)	900～690	s	特征
	δ_{CH} 泛频峰	2000～1600	w	特征
苯	δ_{CH}	675	s	—
单取代	δ_{CH}(面外)	770～730	s	—
		710～690	s	—
1,2-取代	δ_{CH}(面外)	770～735	s	—
1,3-取代	δ_{CH}(面外)	870～850	m	—
		810～750	s	—
		710～690	s	—
1,4-取代	δ_{CH}(面外)	835～800	s	—
1,2,3-取代	δ_{CH}(面外)	780～760	s	—
		745～705	s	—
1,2,4-取代	δ_{CH}(面外)	885～870	s	—
		825～805	s	—
1,3,5-取代	δ_{CH}(面外)	865～810	s	—
		730～675	s	—
1,2,3,4-取代	δ_{CH}(面外)	810～800	s	—
1,2,3,5-取代	δ_{CH}(面外)	850～840	s	—
1,2,4,5-取代	δ_{CH}(面外)	870～855	m	—
五取代	δ_{CH}(面外)	870	s	—
全取代	—	无峰	—	—

11.2.2.5 酮和醛

饱和脂肪酮的 C=O 吸收在 1715cm^{-1} 附近，芳酮和 α,β-不饱和酮的吸收比饱和酮低 30cm^{-1} 左右。醛类的羰基 C=O 的伸缩振动在 1725cm^{-1} 附近，共轭作用的存在可使其向低波数方向移动。由于酮羰基和醛羰基的伸缩振动区域相近，所以需要借助醛羰基上醛氢 C—H 的伸缩振动峰来判断。醛基中 C—H 的伸缩振动在 2820cm^{-1} 和 2720cm^{-1} 处有两个尖弱吸收峰，但由于前者易被甲基和亚甲基的 C—H 对称伸缩振动峰掩盖，所以一般主要依靠后者对酮和醛进行区分。具体特征基团吸收频率见表 11.6。

表 11.6 酮、醛、羧酸、酯类化合物的特征基团吸收频率

基团	振动形式	吸收峰波数/cm^{-1}	强度	备注
羰基化合物	$\nu_{C=O}$	1850～1650	vs	—
酮 \C=O	$\nu_{C=O}$	1720～1715	vs	很特征

续表

基团	振动形式	吸收峰波数/cm^{-1}	强度	备注
醛 $\overset{\displaystyle}{\underset{H}{C}}=O$	$\nu_{C=O}$	1740～1720	s	—
	ν_{-CH}	2900～2700	w	一般有两个峰
羧酸 $\overset{\displaystyle}{\underset{OH}{C}}=O$	$\nu_{C=O}$	1760～1700	s	—
	ν_{O-H}	3300～2500	m	峰很宽,特征
	δ_{OH}(面外)	955～915	s	较特征
酯 $\overset{\displaystyle}{\underset{O-R}{C}}=O$	$\nu_{C=O}$	1750～1735	s	—
	ν_{C-O-C}	1300～1000	s	一般有两个峰

注：vs——很强。

11.2.2.6 羧酸

羧基中 C═O 的伸缩振动、羟基 O—H 的伸缩振动和面外弯曲振动是识别羧基的三个重要特征频率，具体特征吸收频率见表 11.6。C═O 的伸缩振动一般出现在 1760～1700cm^{-1}，O—H 的伸缩振动在 3300～2500cm^{-1} 附近，弯曲振动在 955～915cm^{-1} 附近。

11.2.2.7 酯

酯类的主要特征吸收主要来自酯基中 C═O 和 C—O—C 的伸缩振动吸收，具体特征吸收频率见表 11.6。一般酯基中 C═O 的伸缩振动吸收频率在 1735cm^{-1} 附近，比相应的酮类高。C—O—C 的伸缩振动吸收在 1300～1000cm^{-1} 区域内有两个吸收带，分别处于 1300～1150cm^{-1} （不对称伸缩振动）和 1140～1030cm^{-1} （对称伸缩振动），前者较强而后者较弱，但易与此区间的醇、羧酸和醚中 C—O 的伸缩振动相混淆，需要和酯羰基吸收峰相结合进行分析。

11.2.2.8 醇、酚、醚、胺

醇、酚、醚、胺类化合物的特征基团吸收频率见表 11.7。

表 11.7　醇、酚、醚、胺类化合物的特征基团吸收频率

基团	振动形式	吸收峰波数/cm^{-1}	强度	备注
醇 R—OH	ν_{O-H}	3700～3200	可变	宽峰
	δ_{O-H}(面内)	1410～1250	w	用处不大
	ν_{C-O}	1100～1000	s	—
酚 Ar—OH	ν_{O-H}	3705～3125	s	—
	δ_{O-H}(面内)	1300～1165	m	用处大
	ν_{C-O}	约 1260		
醚 R—O—R′ Ar—O—R	ν_{C-O-C}	1210～1050	s	特征
	ν_{as} 1300～1200		s	
	ν_{C-O-C} ν_s 1075～1020		m	
伯胺 R—NH$_2$	ν_{N-H}	3500～3300	m	两个峰
	δ_{N-H}(面内)	1650～1590	s,m	—
	ν_{C-N}	1220～1020	m,w	—

基团	振动形式	吸收峰波数/cm^{-1}	强度	备注
仲胺 R—$\overset{\text{H}}{\underset{\text{N}}{\|}}$—R'	ν_{N-H}	3500～3300	m	一个峰
	δ_{N-H}（面内）	1650～1590	w	—
	ν_{C-N}	1220～1020	m，w	—
叔胺 R—$\overset{\text{R'}}{\underset{\text{R''}}{\|}}$N—	ν_{C-N}（芳香胺）	1360～1310	s	无 ν_{N-H} 吸收峰
	ν_{C-N}（脂肪胺）	1220～1020	m，w	

11.2.3　影响基团吸收频率的因素

11.2.3.1　内部因素

（1）电子效应

电子效应包括诱导效应、共轭效应和中介效应，它们都是由化学键的电子分布不均导致的。

诱导效应（I 效应）的产生是由于具有不同电负性的取代基通过静电诱导作用引起分子中电子分布的变化，从而改变了力常数，使基团的特征频率发生变化。如表 11.8 所示，以脂肪酮为例，若电负性大的原子（F 或 Cl）与酮羰基上的碳原子相连，由于诱导效应，电子云由氧原子向双键的中间移动，C＝O 键的力常数增大，使 C＝O 的振动频率升高，吸收峰向高波数方向移动。取代基的电负性越强，诱导效应越显著，振动频率位移就越大。

表 11.8　诱导效应对 C＝O 键吸收频率的影响

$\sigma_{C=O}$/cm^{-1}	1715	1800	1869
化合物	$\overset{\text{O}}{\overset{\|}{R-C-R'}}$	$\overset{\text{O}}{\overset{\|}{R-C-Cl}}$	$\overset{\text{O}}{\overset{\|}{R-C-F}}$

共轭效应（C 效应）为共轭体系中的电子离域现象，主要是由于共轭体系中形成的大 π 键使电子云趋于平均化，共轭双键变长、电子云密度降低，从而使双键力常数变小，特征吸收频率向低频方向移动，具体可参照表 11.9。

表 11.9　共轭效应对 C＝O 键吸收频率的影响

$\sigma_{C=O}$/cm^{-1}	1715	1663
化合物	$\overset{\text{O}}{\overset{\|}{R-C-R'}}$	

中介效应（M 效应）主要指具有孤对电子的原子（如 O、N、S 等）与具有多重键的原子相连时产生的 p-π 共轭效应，作用与共轭效应类似，但比共轭效应作用更强。例如在酰胺基团中，氮原子的 p 电子与羰基形成 p-π 共轭，氮原子的孤对电子向羰基方向移动，迫使羰基上的电子云向氧原子方向移动，使得双键上的电子云密度降低，力常数减小，$\nu_{C=O}$ 向低频方向移动。

（2）氢键效应

氢键的存在可使电子云密度平均化，力常数减小，从而使振动频率降低。氢键可分为分子内氢键和分子间氢键。前者对特征吸收频率的影响较大，但不受浓度的影响，有助于结构分析；后者受浓度的影响较大，可以根据不同浓度的物质之间吸收峰位置的变化判断是否存在分子间氢键。

（3）振动的耦合

当两个振动频率相同或相近的基团相距很近或共用同一原子时，一个振子的振动将对另一振子的振动产生"扰动"，从而形成强烈的振动相互作用，产生同相（对称）和异相（不对称）两种振动状态。其中前者的吸收频率低于原吸收频率，后者则相反，从而造成原频带的分裂，此现象被称为振动的耦合。

（4）费米共振

某一振子振动的倍频与另一振子振动的基频相近时，由于发生相互作用而产生很强的吸收峰或发生吸收峰的裂分，这种现象被称为费米（Fermi）共振。

11.2.3.2 外部因素

（1）溶剂效应

一般情况下红外吸收光谱法常使用 CS_2、CCl_4 和 $CHCl_3$ 作为溶剂。若选用极性溶剂，且测试物质中含有极性基团，二者之间形成的氢键或偶极-偶极相互作用常使有关基团的特征吸收频率降低，且随着溶剂极性的增大降低幅度加大。因此在红外光谱的测定中应尽量采用非极性溶剂。

（2）物质状态

同一物质由于状态不同，分子间相互作用力存在差异，所以测定结果也往往不同。一般情况下，气态样品由于分子间相互作用力很弱，测得的谱带波数最高，且吸收峰较尖锐，并能观测到伴随振动-转动光谱的精细结构。液态分子间相互作用力较强，有时还会受到溶剂的影响，使吸收峰变宽。固体样品分子间相互作用力最强，再加上晶体力场的作用，分子振动与晶格振动的耦合会使吸收峰数目增加。

11.3 红外光谱仪和样品处理

11.3.1 红外光谱仪

目前，红外光谱仪主要有色散型双光束红外光谱仪和傅里叶变换红外光谱仪（Fourier transform-infrared spectrometer，FT-IR）两种，二者均以光栅为色散元件。其中 FT-IR 自 20 世纪 70 年代开始发展，凭借其高分辨率、高灵敏度、分析速度快且适于联用技术等优点逐渐成为目前主要的红外光谱仪。

11.3.1.1 色散型双光束红外光谱仪

色散型双光束红外光谱仪主要由光源、吸收池、单色器、检测器、放大及记录系统等部分组成，工作原理是"光学零位平衡"。工作原理见图 11.5，简单描述如下。光源产生的红外光束被分为两路，同时通过样品池和参比池，然后进入单色器。光束在单色器内先通过以一定频率转动的扇形镜（斩光器），其周期性地切割两束光，使样品光束和参比光束交替地进入色散棱镜或光栅，最后进入检测器。随着扇形镜的转动，检测器交替地接受这两束光。

当样品池里无样品或样品不产生红外吸收时，样品池和参比池吸收相同，两束光的强度相等，检测器不产生交流信号。当样品池里有样品或样品产生红外吸收时，两个光路平衡被破坏，从而产生电信号。该电信号被放大器放大后，可通过伺服系统启动参比光路上的光楔（光学衰减器），使其进入参比光路对辐射进行遮挡，改变光强，直至投射在检测器上的样品光路和参比光路的辐射强度相等。此时参比光路中光楔所削弱的光能就是样品所吸收的光能。光楔和记录仪由同一装置驱动，当光楔移动时，记录仪同时进行谱图记录，所绘制的谱图即为样品的红外吸收光谱图。

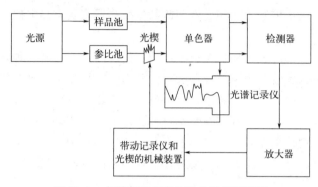

图 11.5　色散型双光束红外光谱仪原理图

（1）光源

红外光谱仪的光源通常是一种惰性固体，通过电加热使其发射高强度连续红外辐射。常用的有能斯特灯（Nernst glower）和碳硅棒。

能斯特灯由氧化锆、氧化钇和氧化钍烧结而成，一般为直径 1～3mm、长 20～50mm 的中空棒或实心棒，两端绕有铂丝作为导线。在室温下其是非导体，但加热至 800℃时转化为导体且表现出负的电阻特性，因此在使用前需要对其进行预热，工作温度约为 1700℃。能斯特灯的优点是发射光强度高、寿命长，但机械强度较差，成本较高。

碳硅棒一般为两端粗、中间细的实心棒，中间为发光部分，直径约 5mm，长 50mm。室温下碳硅棒为导体，具有正的电阻温度系数，工作温度在 1200～1500℃，使用前不需要预热。与能斯特灯相比，碳硅棒的优点是坚固、寿命长和发光面积大，缺点是工作时电极接触部分需要用水冷却。

（2）吸收池

红外光谱仪可以测定气体、液体和固体样品。气体样品一般使用抽成真空的气体吸收池，液体样品一般使用固定池和可拆卸池两类样品池，固体样品常使用压片法进行测试。

红外光谱仪吸收池的窗口一般是由可透过红外光的 NaCl、KBr、CsI 和 KRS-5（58％的 TlI 和 42％的 TlBr）等晶体制成，也称为盐窗。由 NaCl、KBr 和 CsI 等材料制成的窗片易吸湿，因此使用时需要注意防潮。KBr 一般与固体试样混合后压片进行测定，CsI 和 KRS-5 可以用于水溶液的测定。

（3）单色器

单色器一般由一个或几个色散元件、可变的入射和出射狭缝以及用于聚焦和反射光束的准直镜构成，是红外光谱仪最重要的部分之一。单色器的作用是将由样品光路和参比光路进入狭缝的复合光色散为单色光，然后将这些不同波长的光先后射到检测器上进行测量。

色散元件有棱镜和光栅两类，目前多使用光栅，其优点是不受水汽的影响。红外光谱仪常采用几块光栅常数不同的光栅自动更换，不仅可以扩大波长范围，还可以获得更高的分辨率。

狭缝的宽度可以控制单色光的纯度和强度。由于光源发出的红外光在整个波数范围内不恒定，所以需要在扫描过程中通过狭缝对其进行调节。经过狭缝调节后，到达检测器的光强能够保持恒定，同时也保证了尽可能高的分辨率。

（4）检测器

由于红外光谱区的光子能量较弱，不足以引致光电子发射，所以紫外-可见分光光度计中所用的光电管或光电倍增管不适用。常用的红外检测器有真空热电偶、热释电检测器和汞镉碲检测器。

真空热电偶是色散型红外光谱仪中最常用的一种检测器。它是一种利用不同导体构成回路时的温差现象，将温差转变为电位差的装置。其以一小片涂黑的金箔作为红外辐射的接受面。在金箔的一面焊有两种不同的金属、合金或半导体作为热接点，而在冷接点端（通常为室温）连有金属导线。此热电偶被封在真空度约为 7×10^{-7} Pa 的腔体内，在腔体上对着涂黑的金箔开一小窗，窗口采用红外透光材料，如 KBr、CsI、KRS-5 等。当红外辐射透过此窗口时，热接点温度上升，产生温差电动势，使得回路中有电流通过，且电流大小随入射红外光的强弱变化。

热释电检测器采用硫酸三甘肽 $[(NH_2CH_2COOH)_3H_2SO_4，TGS]$ 的单晶薄片作为检测元件。TGS 的正面镀 Ni-Cr，反面镀 Cr-Au，形成两电极，其极化度和温度有关。当红外光照射引起 TGS 温度升高时，其极化度发生改变，表面电荷减少，经放大器转变为电压或电流的形式进行测量。为提高灵敏度，热释电晶片被封在真空中。此检测器具有结构简单、性能稳定、响应速度快等优点，且能实现高速扫描，在中红外光区扫描一次仅需 1s。

汞镉碲（MCT）检测器的检测元件由半导体碲化镉和碲化汞混合制成，其可以利用入射光的光能与检测元件中的电子能态相互作用，产生载流子，或利用不均匀的半导体受光照射时产生的电位差，进而输出信号。通过改变混合物的组成可以制成具有不同测量波段和灵敏度的 MCT 检测器。其灵敏度高于热释电检测器，响应速度快，适用于快速扫描以及技术联用，缺点是需要在液氮温度下使用以降低噪声。

11.3.1.2　傅里叶变换红外光谱仪

色散型双光束红外光谱仪由于采用了狭缝，能量受到严格限制，灵敏度、分辨率和准确度都有待进一步提高。随着计算方法和计算技术的发展，20 世纪 70 年代出现了新一代的红外光谱测量仪器——傅里叶变换红外光谱仪（FT-IR）。其主要由光源、迈克尔逊（Michelson）干涉仪、探测器和计算机组成，工作原理如图 11.6 所示。FT-IR 的优点是分辨率高、波数精度高、光谱范围广和灵敏度高等，且扫描速度极快，一般在 1s 内可完成全谱扫描。除此之外，其特别适用于弱红外光谱的测定以及与色谱的联用。

傅里叶变换红外光谱仪的工作原理与色散型双光束红外光谱仪大不相同，其主要区别在于单色器。FT-IR 的常用单色器为 Michelson 干涉仪。红外辐射由光源发出后经过 Michelson 干涉仪产生干涉图，透过样品后，即可得到带有样品信息的干涉图，并由电子计算机采集。使用计算机解出此干涉图函数的傅里叶（Fourier）余弦变换，就得到了样品吸收强度或透光率随频率或波数变化的红外光谱图。

如图 11.6 所示，Michelson 干涉仪由固定镜（M_1）、动镜（M_2）及光束分裂器（BS）

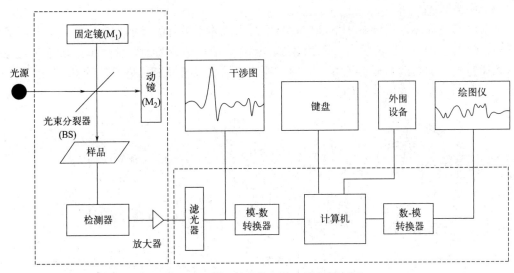

图 11.6　傅里叶变换红外光谱仪原理图

组成。M_1 和 M_2 相互垂直放置，其中 M_2 可以沿图示方向移动。BS 在 M_1 和 M_2 之间成 45°放置，可使 50% 的入射光透过，其余部分被反射。因此由光源发出的光到达干涉仪后被分裂为两束光：透过光和反射光。两支光束分别被动镜和固定镜反射，随后经过光束分裂器到达检测器，且两束光形成相干光。动镜的移动可以改变两束光的光程差，当光程差为半波长的偶数倍时，为相长干涉，亮度最大；当光程差为半波长的奇数倍时，为相消干涉，亮度最小。因此，当动镜 M_2 以匀速向 BS 移动时，随着光程差的连续改变可得到样品相关的干涉图。

11.3.2　样品的制备

11.3.2.1　固体样品

（1）压片法

固体样品常使用压片法。一般取 1～2mg 待测样品和 200mg 干燥的 KBr 粉末（200 目，光谱纯），在红外灯照射下于玛瑙研钵中充分研磨均匀，使其粒度小于 $2\mu m$ 以避免发生光散射。将混合物装入压片模具，边抽气边加压，卸掉压力后即得到透明或半透明薄膜压片。

此法适用于可以研细的固体样品，但易分解、异构化、升华等的不稳定化合物不适宜此方法。此外，优级纯或分析纯的 KBr 样品宜重结晶后使用。由于 KBr 易吸收水分，所以制样过程中要尽量避免水分的影响。

（2）糊状法

将待测样品与一种折射率相近、出峰少且不干扰样品吸收谱带的液体混合并研磨成糊状，可大大减少光散射的影响。将混合糊状物夹在固定池两个窗片之间或转移至可拆卸液体池窗片上进行测试。

常用的液体包括液体石蜡、六氯丁二烯和氟化煤油，这些液体在某些区域存在红外吸收，可根据待测样品适当选择使用。液体石蜡适宜的分析范围为 $1360～400cm^{-1}$，不适合分析饱和 C—H 键的伸缩振动吸收，且需要用三氯乙烷进行盐片清洗，或先用三氯甲烷再用变性酒精进行清洗。六氯丁二烯在 $4000～1700cm^{-1}$ 和 $1500～1200cm^{-1}$ 范围内无红外吸收，氟化煤油在 $4000～1400cm^{-1}$ 范围内无吸收。

此法适用于可以研细的固体样品，但不能用于定量分析。

（3）溶液法

溶液法是将固体样品溶解于溶剂中，然后注入液体池进行测试的方法。常用的液体溶剂有 CS_2、CCl_4、$CHCl_3$、液体石蜡和六氯丁二烯等。液体池分为固定池、可拆卸池和其他类型（如微量池、加热池、低温池等）几种。液体池一般包括框架、垫圈、间隔片以及红外透光片几部分。可拆卸液体池结构如图 11.7 所示。

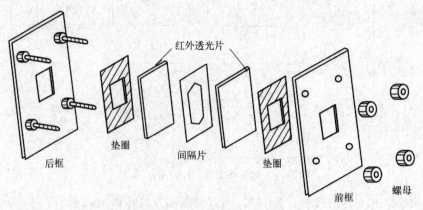

图 11.7　可拆卸液体池示意图

固定池在使用过程中不可拆卸，一般使用注射器注入样品或进行清洗，可用于定量分析和易挥发液体的定性分析。可拆卸池的液层厚度可由间隔片的厚度调节，操作时可能存在人为误差，所以一般仅用于定性或半定量分析。红外透光片可由多种材料制成，一般具有不同的透光范围、力学强度等，可以根据待测样品适当选择使用。

（4）薄膜法

固体样品采用压片法或糊状法制备过程中，使用的 KBr 粉末或溶剂可能对测得的光谱产生一定影响。而薄膜法制备的样品是纯物质，不受添加物的扰动。对于熔点低、热稳定的样品，可将其置于窗片上加热或用红外灯照射，使其受热转化为流动性液体并加压制成薄膜。也可将试样溶解于低沸点的易挥发溶剂中并涂覆在盐片上，待溶剂挥发成膜后测定。而对于难溶或不溶且难粉碎的固体物质，可采用机械切片法制成薄膜。

此法一般用于高分子材料的分析，一些高分子膜可直接用于测试。

11.3.2.2　液体样品

（1）液体池法

对于沸点较低且易挥发的样品，可使用注射器将其直接注入封闭液体池，一般液层厚度为 $0.01\sim1mm$，称为液体池法。

（2）液膜法

对于沸点较高、不易挥发的样品，可以将其直接滴在两片盐片之间，使其形成液膜，称为液膜法。

对于一些红外吸收较强的样品，可使用适当的溶剂将其稀释后进行测定。但应选择正确的溶剂，一般需要对样品有良好的溶解性，不存在强烈的溶剂效应，且溶剂的红外吸收不干扰样品的测定。常用溶剂有 CS_2（$1300\sim650cm^{-1}$）、CCl_4（$4000\sim1300cm^{-1}$）、$CHCl_3$、CH_2Cl_2 等。由于水分子自身存在红外吸收，且会侵蚀池窗，所以一般不作溶剂使用。样品浓度一般控制在 10% 左右。

11.3.2.3　气体样品

对于气体样品，可采用惰性气体作为载体，将其充入以 NaCl 或 KBr 作为光窗的玻璃气槽中进行测定。但需要先将气槽抽真空，再将试样充入。对于痕量分析，为达到仪器检出限要求，可多次反射使光程折叠，使光束通过样品池的次数成倍增加。

11.4　红外吸收光谱法的分析方法

11.4.1　定性分析

（1）已知物的定性分析

红外光谱中吸收峰的特征不仅与物质分子内各原子的质量和化学键的性质有关，还与化合物的几何构型相关。类似人与指纹之间的关系，每一种化合物，即使是同分异构体，都有其特征红外吸收光谱。因此通过将样品谱图与已知纯物质的标准谱图进行对比即可实现已知物的定性分析。

由于仪器及操作误差，同一物质的谱图与标准谱图之间可能存在一定差异，但其特征吸收频率、峰型以及相对强度是一致的，可作为定性分析的依据。在对比之前，应保证待测物质的物态、结晶状态、溶剂、测试条件和仪器类型与标准谱图保持一致。目前使用较多的红外吸收标准谱图集包括萨德勒（Sadtler）标准红外光谱集、分子光谱文献 DMS 穿孔卡片和 API 红外光谱资料等。

（2）未知物的结构分析

相同的基团大体在同一光谱区内出现特征吸收，从而奠定了官能团分析的基础。因此，通过分析红外吸收光谱图还能够推断未知化合物的结构。如果未知化合物不是新化合物，可以通过两种方式利用标准谱图进行查对：一种是直接查阅标准谱图集，查找与被测物质光谱相同的标准谱图；另一种是先对光谱进行解析，判断样品可能的结构，然后根据化学分类索引查找标准谱图进行对比。

第二种方法中，在对光谱进行解析前，需要搜集与被测物质相关的资料和数据，如样品的来源、性质、制备方法和纯度等。根据元素分析和测定的摩尔质量，计算化合物的化学式及不饱和度。由简到繁，先识别基团频率区后识别指纹区，先强峰后弱峰，先初筛后细查，先排除后肯定。对于简单的化合物，确认几个基团之后即可初步确认物质的分子结构，然后查对标准谱图进行核实。对于较为复杂的化合物，则需要联用紫外光谱、质谱、核磁共振波谱等技术进行分析。

11.4.2　定量分析

（1）吸光度的测定

吸光度的测定一般采用基线法，可参见图 11.8，先通过吸收峰两侧透过率最大点绘制光谱吸收的切线，作为该谱线的基线，测出光强 I 和 I_0，再由公式 $A = \lg (I_0/I)$ 计算出吸光度。

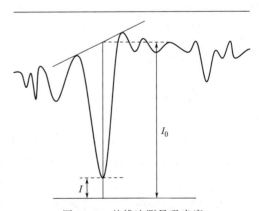

图 11.8　基线法测量吸光度

（2）定量分析方法

红外吸收光谱法定量分析通过对特征吸收谱带强度的测量来计算某组分的含量，理论基础为朗伯-比尔定律。

$$A = Kbc \tag{11.6}$$

式中　A——某物质在某红外光频率下的吸光度；

　　　K——该频率处的吸光系数，L/（g·cm）；

　　　b——红外吸收的光程长度，cm；

　　　c——该物质的浓度，g/L。

红外吸收光谱法定量分析主要有直接计算法和标准曲线法。直接计算法是基于朗伯-比尔定律直接计算样品的浓度及含量。标准曲线法则需要用纯样品制备一系列不同浓度的标准溶液，然后在红外吸收光谱仪上测量其在各自波数的吸光度 A，以浓度 c 为横坐标，吸光度 A 为纵坐标，绘制标准曲线。然后测定待测样品溶液的吸光度，根据标准曲线得到其对应的浓度。使用标准曲线法时，需要选择在测量波数范围内无红外吸收或吸收很少的溶剂，而波数范围则需要选择无干扰区域，谱带应该能灵敏反映物质浓度的变化，吸收谱带清晰且尖锐，吸收峰两侧无其他谱带干扰和叠加。为了提高测定的准确度，样品的透光率最好处于 20%～60%范围内。

利用红外吸收光谱法进行定量分析的优点是有多条谱带可供分析，有利于排除共存物质的干扰，且对于分析物理和化学性质相近的样品，特别是异构体组分具有明显优势。但定量分析一般采用面积定量，灵敏度较低，实验误差较大，且样品浓度和红外吸收之间的线性响应范围比较窄，所以不适于微量组分的定量分析。

11.5　红外吸收光谱法在环境样品分析中的应用

11.5.1　水环境检测——石油类和动植物油类含量的测定

油类物质是指在 pH≤2 条件下能够被四氯乙烯提取，并在 2930cm^{-1}、2960cm^{-1} 和 3030cm^{-1} 处显示特征吸收峰的物质，这些吸收峰分别对应 CH$_2$ 基团中 C—H 键的伸缩振动、CH$_3$ 基团中 C—H 键的伸缩振动和芳香环中 C—H 键的伸缩振动。石油类物质和动植物油类物质的区别在于后者可以被硅酸镁吸附。因此，在四氯乙烯提取水样后，可以根据 A_{2930}、A_{2960} 和 A_{3030} 计算油类物质的含量，而在对提取液进行硅酸镁吸附后，可以测定和计算石油类物质的含量，两者之差即为动植物油类物质的含量。该方法适用于测定工业废水和生活污水中的石油类和动植物油类含量。

（1）样品的制备

需要使用容量为 500mL 的广口玻璃瓶，采集大约 500mL 水样，并向其中加入盐酸溶液酸化至 pH≤2。将其于 0～4℃冷藏，保存时间最长为 3 天。

① 油类样品的制备。首先将待测水样转移至 1000mL 分液漏斗中，然后使用 50mL 四氯乙烯洗涤样品瓶，将洗涤液全部转移至分液漏斗中，振荡 2min 并经常开启旋塞排气，随后静置使其分层。分层结束后，将下层有机相萃取液通过装有无水硫酸钠的玻璃漏斗放入 50mL 比色管中，用适量四氯乙烯润洗玻璃漏斗并将润洗液合并至萃取液中，最后用四氯乙烯定容。

② 石油类样品的制备。取适量上述萃取液，使用硅酸镁作为吸附剂，通过振荡吸附法或吸附柱法进行处理，将吸附后的水样接入 25mL 比色管中，用于测定石油类物质含量。

③ 空白样品的制备。使用实验用水加入盐酸溶液（1+1，使用 $\rho=1.19\mathrm{g/mL}$、优级纯的盐酸制备）将水样酸化至 $\mathrm{pH}\leqslant2$，然后按照上述样品制备步骤制备空白试样。

（2）校准

制备浓度分别为 20.0mg/L、20.0mg/L 和 100mg/L 的正十六烷（H）、异辛烷（I）和苯（B）标准溶液。以四氯乙烯为参比，使用 4cm 石英比色皿，分别测量正十六烷、异辛烷和苯标准溶液在 $2930\mathrm{cm}^{-1}$、$2960\mathrm{cm}^{-1}$、$3030\mathrm{cm}^{-1}$ 处的吸光度 A_{2930}、A_{2960}、A_{3030}。将正十六烷、异辛烷和苯标准溶液在上述波数处的吸光度按照式(11.7)联立方程式，求解后分别得到相应的校正系数 X、Y、Z 和 F。

$$\rho=XA_{2930}+YA_{2960}+Z\left(A_{3030}-\frac{A_{2930}}{F}\right) \tag{11.7}$$

式中
ρ——四氯乙烯中油类的浓度，mg/L；

A_{2930}、A_{2960}、A_{3030}——各对应波数下测得的吸光度；

X——与 CH_2 基团中 C—H 键吸光度相对应的系数，mg/L；

Y——与 CH_3 基团中 C—H 键吸光度相对应的系数，mg/L；

Z——与芳香环中 C—H 键吸光度相对应的系数，mg/L；

F——脂肪烃对芳烃影响的校正因子，即正十六烷在 $2930\mathrm{cm}^{-1}$ 与 $3030\mathrm{cm}^{-1}$ 处的吸光度之比。

对于正十六烷和异辛烷，由于其芳烃含量为零，即 $A_{3030}-\dfrac{A_{2930}}{F}=0$，则有：

$$F=\frac{A_{2930}(\mathrm{H})}{A_{3030}(\mathrm{H})} \tag{11.8}$$

$$\rho(\mathrm{H})=XA_{2930}(\mathrm{H})+YA_{2960}(\mathrm{H}) \tag{11.9}$$

$$\rho(\mathrm{I})=XA_{2930}(\mathrm{I})+YA_{2960}(\mathrm{I}) \tag{11.10}$$

由式(11.8)可得 F，由式(11.9)和式(11.10)可得 X 和 Y。对于苯，则有：

$$\rho(\mathrm{B})=XA_{2930}(\mathrm{B})+YA_{2960}(\mathrm{B})+Z\left[A_{3030}(\mathrm{B})-\frac{A_{2930}(\mathrm{B})}{F}\right] \tag{11.11}$$

由式(11.11)可得 Z。

式中
$\rho(\mathrm{H})$——正十六烷标准溶液的浓度，mg/L；

$\rho(\mathrm{I})$——异辛烷标准溶液的浓度，mg/L；

$\rho(\mathrm{B})$——苯标准溶液的浓度，mg/L；

$A_{2930}(\mathrm{H})$、$A_{2960}(\mathrm{H})$、$A_{3030}(\mathrm{H})$——各对应波数下测得的正十六烷标准溶液的吸光度；

$A_{2930}(\mathrm{I})$、$A_{2960}(\mathrm{I})$、$A_{3030}(\mathrm{I})$——各对应波数下测得的异辛烷标准溶液的吸光度；

$A_{2930}(\mathrm{B})$、$A_{2960}(\mathrm{B})$、$A_{3030}(\mathrm{B})$——各对应波数下测得的苯标准溶液的吸光度。

可采用姥鲛烷代替异辛烷、甲苯代替苯，以相同方法测定校正系数。

红外分光光度计或红外测油仪出厂时如果设定了校正系数，可以直接按如下方法进行校正系数的检验。

根据所需浓度，取适量使用四氯乙烯配制的石油类标准使用液（$\rho=1000\mathrm{mg/L}$），以四氯乙烯为溶剂配制适当浓度的石油类标准溶液，与试样测定相同的步骤进行测定，按照式 (11.7) 计算石油类标准溶液的浓度。如果测定值与标准值的相对误差在 ±10％以内，则校正系数可采用；否则重新测定校正系数并检验，直至符合条件为止。

（3）测定

① 油类的测定。将油类样品的萃取液转移至 4cm 石英比色皿中，以四氯乙烯作参比，于 $2930cm^{-1}$、$2960cm^{-1}$、$3030cm^{-1}$ 处测量其吸光度 A_{2930}、A_{2960}、A_{3030}。

② 石油类的测定。将石油类样品转移至 4cm 石英比色皿中，测量其吸光度 A_{2930}、A_{2960}、A_{3030}。

③ 空白试样的测定。按照以上步骤，进行空白试样的测定。

（4）结果计算

① 油类或石油类浓度的计算。

$$\rho = \left[XA_{2930} + YA_{2960} + Z\left(A_{3030} - \frac{A_{2930}}{F} \right) \right] \times \frac{V_0 D}{V_w} - \rho_0 \tag{11.12}$$

式中

ρ——样品中油类或石油类的浓度，mg/L；

ρ_0——空白样品中油类或石油类的浓度，mg/L；

X——与 CH_2 基团中 C—H 键吸光度相对应的系数，mg/L；

Y——与 CH_3 基团中 C—H 键吸光度相对应的系数，mg/L；

Z——与芳香环中 C—H 键吸光度相对应的系数，mg/L；

F——脂肪烃对芳烃影响的校正因子，即正十六烷在 $2930cm^{-1}$ 与 $3030cm^{-1}$ 处的吸光度之比；

A_{2930}、A_{2960}、A_{3030}——各对应波数下测得的吸光度；

V_0——萃取溶剂的体积，mL；

V_w——样品体积，mL；

D——萃取液稀释倍数。

② 动植物油类浓度的计算。

$$\rho(动植物油类) = \rho(油类) - \rho(石油类) \tag{11.13}$$

11.5.2　固体环境检测——石油类含量的测定

与红外吸收光谱法测定水体中的石油类物质含量原理相同，该方法是通过使用四氯乙烯提取土壤中的石油类物质，然后使用硅酸镁吸附去除动植物油等极性物质，从而测定土壤中的石油类物质含量。测量波数分别为 $2930cm^{-1}$、$2960cm^{-1}$ 和 $3030cm^{-1}$ 处的吸光度 A_{2930}、A_{2960} 和 A_{3030}，然后根据校正系数对这些数据进行计算，得出土壤中石油类物质的含量。

（1）样品的制备

土壤样品应使用具有聚四氟乙烯衬垫的 500mL 广口棕色玻璃瓶进行采集，装满装实，经密封后置于冷藏箱内。在 4℃以下冷藏保存，最长可保存 7 天。

① 油类样品的制备。除去采集的土壤样品中的异物（石子、叶片等），混匀。称取 10g （精确至 0.01g）样品，加入适量经过煅烧处理的无水硫酸钠，研磨均化成流沙状。然后将该样品转移至 100mL 具塞锥形瓶中，加入 20mL 四氯乙烯，密封并置于振荡器中，以 200 次/min 的频率振荡提取 30min。提取结束后静置 10min，然后使用玻璃漏斗（直径 60mm，

玻璃纤维滤膜经过烘烤处理）将提取液过滤至 50mL 比色管中。随后，用 20mL 四氯乙烯重复提取一次，将提取液和土壤样品全部转移过滤。用 10mL 四氯乙烯洗涤具塞锥形瓶、滤膜、玻璃漏斗以及土壤样品，将洗涤液合并至提取液中。然后将提取液倒入吸附柱中，弃去前 5mL 流出液，保留剩余流出液，待测。

② 空白样品的制备。称取 10g（精确到 0.01g）经过烘烤的石英砂代替土壤样品，按油类样品制备步骤进行空白试样的制备。

（2）校准

按照 11.5.1 的校准程序进行校准。

（3）样品的测定

① 油类样品的测定。将经硅酸镁吸附后的流出液转移至 4cm 石英比色皿中，以四氯乙烯作参比，在波数为 2930cm^{-1}、2960cm^{-1}、3030cm^{-1} 处测量其吸光度 A_{2930}、A_{2960}、A_{3030}。按照式(11.7)计算石油类浓度。

② 空白样品的测定。按石油类样品的测定步骤，进行空白试样的测定。

（4）结果计算

土壤中石油类的含量 w（mg/kg）按照式(11.14)进行计算：

$$w = \frac{\rho_2 V}{m W_{dm}} \qquad (11.14)$$

式中　w——土壤中石油类的含量，mg/kg；

ρ_2——提取液中石油类的浓度，mg/L；

V——提取液体积，mL；

m——土壤样品质量，g；

W_{dm}——土壤干物质含量，%，按照《土壤　干物质和水分的测定　重量法》(HJ 613—2011) 的方法测定。

11.5.3　气体环境检测——油烟和油雾含量的测定

油烟指食物烹饪、加工过程中挥发的油脂、有机质及其加热分解或裂解产物。油雾指工业生产过程（如机械加工、金属材料热处理等工艺）中挥发产生的矿物油及其加热分解或裂解产物。固定污染源废气中的油烟和油雾经滤筒吸附后，用四氯乙烯超声萃取，萃取液用红外吸收光谱法测定。油烟和油雾含量由波数分别为 2930cm^{-1}、2960cm^{-1} 和 3030cm^{-1} 处的吸光度 A_{2930}、A_{2960} 和 A_{3030} 进行计算。

（1）样品的制备

采样布点和频次、采样工况按照《饮食业油烟排放标准》（GB 18483—2001）、《固定污染源排气中颗粒物测定与气态污染物采样方法》（GB/T 16157—1996）、《固定源废气监测技术规范》（HJ/T 397—2007）和其他相关标准要求进行。采集油雾时选择玻璃纤维滤筒采样管或金属滤筒采样管，采集油烟时选择金属滤筒采样管。连续采样 10min，将采样后的滤筒放入套筒内。样品冷藏（≤4℃）条件下最多可保存 7 天。

① 油烟的样品制备。在采样后的套筒中加入 12mL 四氯乙烯溶剂，旋紧套筒盖，将套筒置于超声波清洗器内，超声清洗 10min，萃取液转移至 25mL 比色管，再加入 6mL 四氯乙烯溶剂超声清洗 5min，将萃取液转移至上述 25mL 比色管。用少许四氯乙烯溶剂清洗滤筒及聚四氟乙烯套筒两次，清洗液一并转移至上述比色管，加入四氯乙烯溶剂定容，密封待测。

② 油雾的样品制备。若采用纤维滤筒采样，将采样后的滤筒剪碎后置于 50mL 烧杯中，用 25mL 四氯乙烯溶剂在超声波清洗器中超声萃取 10min，萃取液转移至 25mL 比色管，密封待测。若采用金属滤筒采样，参照上述油烟的样品制备方法。

③ 空白样品的制备。用空白滤筒，按照油烟和油雾样品的制备步骤制备空白试样。

（2）校准

按照 11.5.1 的校准程序进行校准。

（3）样品的测定

将制备好的样品置于 4cm 石英比色皿中，盖上比色皿盖，以四氯乙烯为参比，于 $2930cm^{-1}$、$2960cm^{-1}$ 和 $3030cm^{-1}$ 处测定其吸光度 A_{2930}、A_{2960} 和 A_{3030}，按照式（11.7）计算油烟或油雾浓度。

（4）结果的计算

① 油烟和油雾的浓度。读取吸光度 A_{2930}、A_{2960} 和 A_{3030}，按照已确定的校正系数 X、Y、Z 和 F 根据式（11.7）计算样品滤筒萃取液的质量浓度 ρ_1。

② 排放浓度计算。固定污染源废气中油烟或油雾的排放浓度 $\rho_排$（mg/m^3）按照式（11.15）进行计算：

$$\rho_排 = \frac{\rho_1 V_1}{V_{nd}} \tag{11.15}$$

式中 $\rho_排$——油烟或油雾的排放浓度，mg/m^3；

ρ_1——样品滤筒萃取液的质量浓度，mg/L；

V_1——萃取液体积，mL；

V_{nd}——标准状态下干烟气采样体积，L，其计算方法参照《固定污染源排气中颗粒物测定与气态污染物采样方法》（GB/T 16157—1996）。

 ## 习题

1. 红外吸收光谱是如何产生的？为什么说红外吸收光谱是振动-转动光谱？

2. 红外吸收光谱法与紫外吸收光谱法有什么区别？

3. 红外吸收产生的条件是什么？是否所有的分子振动都会产生红外吸收光谱？

4. 为什么倍频峰的吸收频率小于基频峰振动频率的相应整数倍？

5. 多原子分子的振动形式有哪些？

6. 由下述力常数 k，计算各化学键的振动频率（波数）。

① 乙烷的 C—H 键，$k=5.1\ N/cm$；

② 苯的 C=C 键，$k=7.6\ N/cm$；

③ 甲醛的 C=O 键，$k=12.3\ N/cm$。

7. 红外光谱区中基团特征频率区和指纹区是如何划分的？在谱图解析时主要起什么作用？

8. 影响基团吸收频率的因素主要有哪些？

9. 试述傅里叶变换红外光谱仪的主要工作原理及其与色散型双光束红外光谱仪的区别。

参考文献

[1]　刘约权. 现代仪器分析［M］. 3 版. 北京：高等教育出版社，2015.

[2]　朱明华，胡坪. 仪器分析［M］. 4 版. 北京：高等教育出版社，2008.

[3]　郭旭明，韩建国. 仪器分析［M］. 北京：化学工业出版社，2014.

[4]　韩长秀，毕成良，唐雪娇. 环境仪器分析［M］. 2 版. 北京：化学工业出版社，2018.

[5]　叶宪曾，张新祥. 仪器分析教程［M］. 2 版. 北京：北京大学出版社，2007.

[6]　吴谋成. 仪器分析［M］. 北京：科学出版社，2003.

[7]　梁冰. 分析化学［M］. 2 版. 北京：科学出版社，2009.

[8]　孙毓庆，胡育筑. 分析化学［M］. 2 版. 北京：北京大学出版社，2006.

[9]　陈玲，郜洪文. 现代环境分析技术［M］. 北京：科学出版社，2009.

第十二章
核磁共振波谱法

核磁共振（nuclear magnetic resonance，NMR）是原子核与电磁波在磁场中相互作用的现象，核磁共振波谱法是解析化合物结构的重要工具。经过前几章的学习可以知道，紫外-可见吸收光谱、红外光谱、荧光光谱、拉曼光谱、原子吸收光谱、原子发射光谱等很多光谱是核外电子直接与不同频率的电磁波相互作用、吸收或发射电磁波获得的。原子核不像核外电子有不同的能级，因此原子核不能直接吸收电磁波。这是核磁共振与其他分析方法的一个显著区别。本章着重介绍核磁共振波谱相关的概念、基本原理、用途与实验安全注意事项，掌握这些基础知识是分析核磁共振波谱的基础。

12.1 核磁共振波谱法的基本原理

12.1.1 发生核磁共振现象的条件

为了让电磁波与原子核相互作用，需要人为创造条件，让原子核有不同的运动状态，不同的运动状态具有不同的能量，不同的能量会产生能级差，当电磁波能量与能级差相等时，原子核就可以与电磁波共振，吸收电磁波，从低能态跃迁到高能态，发生核磁共振现象。

人为创造的条件就是提供一个均匀的外加磁场。为什么提供一个外加磁场就可以让原子核吸收电磁波呢？在解释这个问题之前，首先介绍磁针在磁场中与通电导线相互作用的现象，这对理解核磁共振现象的原理很有帮助。①在均匀的磁场中放置磁针，则磁针的指向与磁场方向平行。②磁针旁放置通电导线，通电导线感应出的磁场会让磁针偏转一定角度。③导线断电，小磁针经过一段时间的振动后，回到初始状态。

核磁共振现象和磁针在磁场中与通电导线相互作用的现象有类似之处。许多原子的原子核具有磁矩，在外加磁场作用下，具有能量 E_1，合适频率的电磁波照射会让原子核发生偏转，运动状态改变，到达较高的能量状态 E_2。因此，外加磁场给没有能级差的原子核创造了发生能级分裂、产生能级差的条件。有了能级差，就可以吸收与能级差能量相等的电磁波。原子核通过这种形式与电磁波发生相互作用，即核磁共振。

发生核磁共振的条件如下：①原子核具有磁矩；②一个外加磁场；③合适频率的电磁波照射。

12.1.2 原子核的自旋与磁矩

磁矩是发生核磁共振的内因。原子核的磁矩是自旋产生的。在量子力学中，原子核的自旋特征用自旋量子数 I 来描述，I 的取值分为零、半整数、整数三种类型，原子核的自旋量子数与原子核的结构有关，表 12.1 中列出了一些原子核的自旋量子数。自旋运动让原子核具有自旋角动量 P，P 与 I 的关系可以用如下方程描述：

$$P = \frac{h}{2\pi} \times \sqrt{I(I+1)} \tag{12.1}$$

式中　h——普朗克常量，6.624×10^{-34} J·s；

　　　I——原子核自旋量子数。

表 12.1　一些原子核的自旋量子数

质量数	原子序数	自旋量子数 I	NMR 信号	原子核
偶数	偶数	0	无	^{12}C、^{16}O、^{32}S
奇数	奇数或偶数	1/2	有	^{1}H、^{13}C、^{15}N、^{19}F、^{31}P、^{37}Se
奇数	奇数或偶数	$3/2, 5/2, 7/2, \cdots$	有	^{17}O、^{33}S、^{11}B
偶数	奇数	1,2,3	有	^{2}H、^{14}N、^{58}Co、^{10}B

自旋时，原子核产生的微观磁矩 μ 的方向服从电磁感应右手法则，见图 12.1。核磁矩大小与自旋角动量成正比：

$$\mu = \gamma P = \frac{\gamma h}{2\pi} \times \sqrt{I(I+1)} \tag{12.2}$$

式中　γ　　磁旋比，与核的种类有关，是原子核的基本属性之一。

由式（12.2）可知，当 $I=0$ 时，原子核自旋磁矩 $\mu=0$，不能发生核磁共振；当 $I \neq 0$ 时，原子核自旋磁矩 $\mu \neq 0$，可以发生核磁共振。

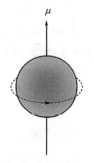

图 12.1　质子自旋方向
与核磁矩方向

12.1.3　核磁共振时吸收的电磁波频率

无外磁场时，核磁矩的取向是任意的，不同自旋方向的核不存在能级差别。当有磁矩的原子核放入磁场强度为 B_0 的外加磁场中时，在外磁场的作用下，核磁矩相对于外磁场有不同的取向。根据量子力学原理，核磁矩在外磁场空间的取向是量子化的，可以用磁量子数 m 描述，这种现象称为空间量子化。m 的值不同表示取向不同，m 有多少种取值，核磁矩相对于外加磁场就有多少种取向。m 与原子核的自旋量子数 I 有关，m 可取下列值：

$$m = I, I-1, I-2, \cdots, -I+1, -I \tag{12.3}$$

m 共有 $(2I+1)$ 个取向，每种取向对应于一定的能量。图 12.2 为 $I=1/2$ 和 $I=1$ 的原子核的核磁矩的空间量子化取向。

根据量子力学原理，核磁矩与磁场相互作用的能量 E 为：

$$E = -\mu_z B_0 \tag{12.4}$$

式中　μ_z——核磁矩在外磁场方向的分量，取决于核自旋角动量在磁场方向上的分量 P_z。

$$\mu_z = \gamma P_z \tag{12.5}$$

根据量子力学原理：

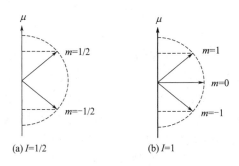

(a) $I=1/2$　　　(b) $I=1$

图 12.2　静磁场中原子核自
旋角动量的空间量子化

$$P_z = \frac{h}{2\pi} \times m \tag{12.6}$$

式中　m——磁量子数。

由式(12.4)、式(12.5)、式(12.6)可以计算得出：

$$E = -\frac{\gamma h}{2\pi} \times m B_0 \tag{12.7}$$

根据式(12.7)可以得出在外磁场中不同取向的原子核的能量，从而计算能级差，进而计算发生核磁共振需要的电磁波的频率。接下来以 [1]H 核为例计算其在磁场强度为 B_0 的外磁场中发生核磁共振时吸收电磁波的频率。

已知 [1]H 核自旋量子数 $I = 1/2$，则 [1]H 核磁量子数 $m = 1/2$，$-1/2$，其核磁矩在外加磁场中有两种取向。

当 $m = 1/2$ 时，代入式(12.7)得到　　　　　　$E_1 = -\frac{\gamma h}{4\pi} \times B_0 \tag{12.8}$

当 $m = -1/2$ 时，代入式(12.7)得到　　　　　$E_2 = \frac{\gamma h}{4\pi} \times B_0 \tag{12.9}$

根据量子力学规律，$\Delta m = 1$ 或 -1 的变化才可以发生跃迁。有些核取向丰富，但不是任意两个取向之间都可以发生跃迁，需要根据这个规律判断。[1]H 核在外磁场中的两种取向对应的 Δm 符合这一规律，因此可以吸收能量发生跃迁。[1]H 核在外磁场中的两种取向的能级差 ΔE 为：

$$\Delta E = E_2 - E_1 = \frac{\gamma h}{2\pi} \times B_0 \tag{12.10}$$

当电磁波能量 $h\nu$ 与 ΔE 相等，即 $h\nu = \Delta E = \frac{\gamma h}{2\pi} \times B_0$ 时，[1]H 核就会在磁场中与电磁波发生核磁共振。此时：

$$\nu = \Delta E / h = \frac{\gamma}{2\pi} \times B_0 \tag{12.11}$$

式中　γ——磁旋比；

　　B_0——外加磁场的磁场强度。

[1]H 核的 $\gamma = 2.6752 \times 10^8 \, \mathrm{rad}$[●]$/(\mathrm{s \cdot T})$，当 $B_0 = 1.4 \mathrm{T}$ 时，$\nu = 60 \mathrm{MHz}$；$B_0 = 2.35 \mathrm{T}$ 时，$\nu = 100 \mathrm{MHz}$；$B_0 = 14 \mathrm{T}$ 时，$\nu = 600 \mathrm{MHz}$。其他原子核的核磁共振频率也可以用类似的方法计算。根据共振频率可知，核磁共振吸收的电磁波属于无线电波。

12.1.4　核磁共振波谱的获取

对于 $I = 1/2$ 的核，只有两个能级，只能发生一种跃迁；对于 $I = 1$ 或 $I = 3/2$、$5/2 \cdots$ 的核，能级较多，这类核的跃迁较 $I = 1/2$ 的核复杂得多，目前研究较少。电四极矩 Q 可以让 NMR 谱线的宽度变宽，分辨率降低。$I > 1/2$ 的核具有电四极矩；$I = 1/2$ 的核 $Q = 0$，因此 $I = 1/2$ 的核不会受 Q 的影响而使谱线变宽。整体来说，$I = 1/2$ 的核 NMR 谱图相对更简单，更易于分析。$I = 1/2$ 的核是目前核磁共振研究与测定的主要对象，其中应用最广的是 ^{1}H NMR 谱，其次是 ^{13}C NMR 谱。随着核磁共振波谱仪相关技术的发展，也可以测

● 1rad＝57.3°。

定^{15}N、^{14}N、^{19}F、^{31}P NMR谱。

由式（12.11）可知，$I=1/2$的核在磁场强度为B_0的外磁场中发生核磁共振时吸收电磁波的频率$\nu=\dfrac{\gamma}{2\pi}\times B_0$，分析此方程可知以下两点。①由于不同的原子核磁旋比γ不同，所以在同一磁场中，不同原子核会吸收不同频率的电磁波。如果固定磁场强度，线性地改变电磁波频率激发原子核以产生核磁共振，这种扫描方式称为扫频。②对于同一种原子核，其吸收电磁波的频率受磁场强度影响，不同的原子核如果要吸收同一频率的电磁波，就需要不同的磁场强度。如果保持电磁波的频率恒定，线性地改变磁场强度，当磁场强度与电磁波频率相匹配时，也会产生核磁共振，这种扫描方式称为扫场。

通过扫频或扫场的方式激发样品的原子核发生核磁共振。如果以扫描的电磁波频率或磁场强度作为自变量，检测被吸收的电磁波能量作为因变量，经过数据处理，就可以获得核磁共振波谱图。

用于获得核磁共振波谱图的仪器叫作核磁共振波谱仪。按扫描方式分为连续波核磁共振波谱仪（CW-NMR）和脉冲傅里叶变换核磁共振波谱仪（PFT-NMR）。CW-NMR中一般用永磁铁或电磁铁产生磁场，通过扫频或扫场的方式，使不同的核依次满足共振条件而画出谱线。CW-NMR在任一瞬间最多只有一种原子核共振，所以效率较低。某些同位素的原子核比如^{13}C在自然界丰度较低，NMR信号很弱，需要将试样重复扫描多次，并将各点信号累加，以提高灵敏度。测量NMR信号弱的原子核，CW-NMR往往需要的时间过长，如要得到一张清晰可用的^{13}C NMR谱需要24h甚至更长时间，这在实践中几乎是不可能的。随着技术的发展，PFT-NMR解决了这一问题。

PFT-NMR是在恒定的磁场中，用强度大、持续时间短的无线电脉冲代替CW-NMR中对试样连续扫描的无线电波。脉冲中包含了测量的同类核（如^{1}H）的所有共振频率，可以使所有被测的核同时激发。在脉冲停止之后，所有核会产生相应的NMR信号。这些信号含有多种频率，总的信号是多种信号的叠加，这些信号是随时间衰减的，称为自由感应衰减信号（FID）。记录信号随时间变化的曲线，就得到测量结果。FID信号虽然包含所有激发核的信息，但这种随时间而变的信号（时间域信号）无法直接看出共振频率与强度，需要进一步将FID随时间变化的曲线进行傅里叶变换（FT），才能得到常规的信号强度随电磁波频率变化的曲线（频率域信号），也就是人

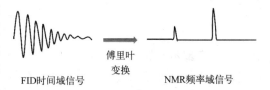

FID时间域信号　　傅里叶变换　　NMR频率域信号

图12.3　FID信号（时间域谱）经傅里叶变换产生NMR谱（频率域谱）的示意图

们熟悉的NMR谱图。图12.3为FID信号变换成NMR谱图的示意图。

与CW-NMR相比，PFT-NMR具有如下特点。①速度更快，便于通过重复扫描累加信号，提高灵敏度和信噪比，从而可以获得一些信号弱的核（如^{13}C）的NMR谱图。②需要的样品浓度更低。这是因为其提高了灵敏度和信噪比。③脉冲发射与FID信号不同时检测，脉冲发射后才检测FID信号，脉冲发射信号不干扰FID信号。早期的NMR仪器主要是连续波仪器，而现在大多数NMR仪器都是脉冲傅里叶变换仪器。

磁场强度越大，NMR谱图越简化且分辨率越高，便于解析，具体原因见12.2.1小节。因此NMR仪器的发展致力于提高外加磁场强度。一般用^{1}H核的共振频率反映仪器磁场强度的大小。表12.2展示了一些NMR仪器的参数。

表 12.2　一些 NMR 仪器的参数

时间	磁场强度/T	^{1}H 核共振频率/MHz	磁铁类型	仪器类型
1946 年	0.47	20	永磁铁	CW-NMR
1952 年	1.9	80	永磁铁	CW-NMR
20 世纪 60 年代	1.4	60	电磁铁	CW-NMR
20 世纪 70 年代	7.0	300	超导磁体	PFT-NMR
20 世纪 90 年代	14	600	超导磁体	PFT-NMR
21 世纪 10 年代	23.5	1000	超导磁体	PFT-NMR

　　永磁铁的磁场强度范围一般在 0.1～1.5T；电磁铁的磁场强度与通电电流成正比，因此其磁场强度的范围较宽。一般来说，可通过调整电流和铁芯材料等参数来获得所需的磁场强度。但是普通导线有电阻，电流过大产生的热量会烧断导线，限制了普通电磁铁的磁场强度。为了进一步提高磁场强度，使用超导材料制作电磁铁。超导材料需要在液氢、液氦这种温度极低的液体中使用，才能实现超导效果。

　　因此，现在的 NMR 仪器一般都是超导磁体结合脉冲傅里叶变换技术制造的。使用核磁共振波谱仪，便可获得 NMR 波谱图。在核磁共振波谱图中，纵坐标是谱线强度，横坐标是化学位移。

12.1.5　饱和与弛豫

　　饱和与弛豫是核磁共振相关的两个重要概念。由前文可知，在外加磁场中，处于低能级的原子核可以吸收电磁波的能量跃迁到较高能级；相反，较高能级的原子核也可以释放能量回到较低能级。

　　在磁场中，处于低能级的原子核数目（$n+$）与高能级原子核数目（$n-$）的比例符合玻尔兹曼（Boltzmann）分布，见式(12.12)。

$$\frac{n+}{n-}=\mathrm{e}^{\frac{\Delta E}{kT}}$$　(12.12)

式中　k——玻尔兹曼（Boltzmann）常数，1.38066×10^{-23}J/K。

　　将式(12.10)代入式(12.12)，计算可得：

$$\frac{n+}{n-}=\mathrm{e}^{\frac{\gamma hB_0}{2\pi kT}}$$　(12.13)

　　对 ^{1}H 原子核来说，当温度 $T=300$K（27℃），外加磁场强度 $B_0=1.4092$T（NMR 电磁波频率为 60MHz）时，由式(12.13)计算可知 $\frac{n+}{n-}=1.0000099$。即在该条件下，达到平衡时，每一百万个 ^{1}H 原子核中，低能级的原子核数目仅比高能级的多 10 个左右，NMR 信号是靠多出的约百万分之十的低能级核的净吸收产生的。

　　随着核磁共振吸收过程的进行，低能级的原子核数目减少，高能级的原子核数目增多。如果一段时间后高低能级对应的原子核数目相等，便观察不到核磁共振吸收，这种现象叫"饱和"。电磁波强度太大或扫描时间过长，容易出现饱和现象。

　　发生核磁共振时，低能级的原子核数目（$n+$）与高能级原子核数目（$n-$）的比例和平衡态不一致，为了回到平衡态的比例，部分高能级原子核会释放能量，变成低能级原子核。在兆赫频率范围内，从高能级回到低能级，通过发射电磁波的方式释放能量的概率接近于零，主要通过非辐射方式回到低能级。

这种通过非辐射途径从高能级回到低能级的能量释放方式叫弛豫。弛豫是保持 NMR 信号有稳定强度的必不可少的过程。弛豫过程需要的时间称为弛豫时间，是核磁共振参数之一，在碳谱中很重要。

式(12.13) 还可说明，外加磁场强度增大，可以增大平衡态时低能级原子核所占比例，有利于提高 NMR 信号的信噪比与灵敏度。

弛豫过程有两种。

① 自旋-晶格弛豫，也叫纵向弛豫。高能级的原子核以热运动的形式把能量传递给周围的分子（如固体的晶格、液体中的同类分子或溶剂分子），回到低能级。这种弛豫过程的结果是高能级原子核数目减少，低能级原子核数目增加。其弛豫时间用 T_1 表示。

② 自旋-自旋弛豫，也叫横向弛豫。处于高能级的原子核把能量传给周围低能级的原子核，使自己回到低能级状态，其他核跃迁到高能级状态。这种弛豫过程的结果是各种能级的原子核的总数不变。其弛豫时间用 T_2 表示。

原子核在高能级状态的停留时间取决于 T_1 与 T_2 中的较小者。根据不确定性原理，谱线宽度与弛豫时间成反比。固体和黏稠的液体 T_2 很小，所以谱线都比较宽。因此一般将固体配成溶液，在溶液中，T_2 比较大，谱线宽度较窄。

谱线宽度还受另外两个因素影响。① 如果样品溶液中有顺磁性物质，顺磁性物质的强磁场作用会缩短 T_1 而使谱线变宽。② 原子核如果与具有电四极矩的原子（如 N）连接，谱线也会变宽。因为这种原子核电荷分布不均匀，具有非对称的局部静电场，可以较快地把能量传递到晶格，因此 T_1 缩短，谱线变宽。例如，酰胺中 ^1H 的 NMR 谱线就较宽。

12.2 核磁共振波谱与分子结构的关系

通过电磁波谱分析化合物结构，思路基本都是从已知推未知。首先测量大量已知结构化合物的波谱图，观察波谱图提供的信息与化合物结构之间的联系，总结经验。然后根据这些经验分析未知结构化合物的波谱图，获得化合物结构相关的信息。NMR 谱是众多波谱之一，主要提供三种信息：化学位移、耦合常数、核磁共振吸收峰的面积。通过化学位移、耦合常数可以对化合物结构进行定性分析，峰面积既可用于定性分析，也可用于定量分析。

前文介绍了获取 NMR 谱的基本原理，实际应用中，在这个原理的基础上，针对不同类型原子核的特性或试样的气液固状态，也使用一些其他技术。比如测量 ^{13}C NMR 谱会用到核磁双共振或二维核磁共振技术，测量固体的 NMR 谱会用到交叉极化（cross-polarization，CP）、魔角旋转（magic angle spinning，MAS）技术。因此原子核不同，使用的技术不同，分析谱图时的方法也会不同；即使是同一种原子核，在不同的化学环境中，分析方法也不一样。整体来说，分析 NMR 谱图是一个复杂度较高、需要具体情况具体分析的过程。本节只介绍最常用的 ^1H NMR 谱的分析方法。首先介绍 NMR 谱提供的三种信息的含义，这是分析 NMR 谱图的基础。

12.2.1 化学位移

12.2.1.1 化学位移的发现

由式(12.11)可知，某种原子核的核磁共振频率只与其磁旋比 γ 及外加磁场强度 B_0 有关。也就是说，同一种原子核，在固定的外加磁场中，其共振频率是一样的。1951 年之前，研究人员就是根据这个公式测量各种原子核的磁矩的。但之后发现，即使是同一种原子核，当其处在不同的化合物（如 $^{63}CuCl$ 与 ^{63}CuO）或同一化合物的不同化学环境中（如 CH_3CH_2OH 中的 ^1H）时，其共振频率也略有不同，产生了所谓的化学位移现象。1951 年发现乙醇的核磁共振氢谱并非一个峰，图 12.4 为乙醇 NMR 氢谱的形状。根据式(12.11)推测，乙醇 NMR 氢谱应该是一个峰，可实际上在 ^1H 核磁共振频率附近得到了三个峰；此外还发现峰面积之比为 $3:2:1$，恰好与 CH_3CH_2OH 中 ^1H 个数比一致。这一发现及随后自旋耦合的发现，使得 NMR 与化合物结构联系起来，逐渐成为测定化合物结构的有力工具。

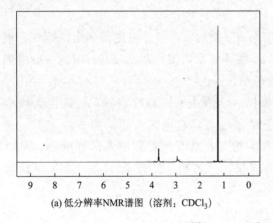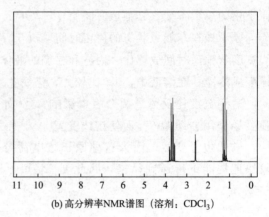

(a) 低分辨率NMR谱图（溶剂：$CDCl_3$）　　(b) 高分辨率NMR谱图（溶剂：$CDCl_3$）

图 12.4　乙醇 NMR 氢谱的形状

12.2.1.2 发生化学位移的原因

化学位移是核外电子对外加磁场起屏蔽作用的结果。在前面的讨论中，只考虑了原子核与磁场的相互作用，然而实际上，原子核在化合物中并非孤立存在的，核外有电子绕核运动。核外电子由于电磁感应产生与外加磁场方向相反的感应磁场，使得原子核实际感受到的磁场强度略低于外加磁场强度，称为磁屏蔽效应。

感应磁场的磁场强度 B' 与外磁场强度 B_0 成正比，即：

$$B' = \sigma B_0 \tag{12.14}$$

式中　σ——屏蔽常数，与原子核所处化学环境有关。

因此，原子核实际感受到的磁场强度 B 为：

$$B = B_0 - B' = (1 - \sigma) B_0 \tag{12.15}$$

将式(12.11)的 B_0 替换为 B，就可以得到 $I = 1/2$ 的原子核的实际核磁共振频率 ν 为：

$$\nu = \frac{\gamma}{2\pi} \times (1 - \sigma) B_0 \tag{12.16}$$

当原子核所处化学环境不同时，σ 的值不同，进而导致同一种核的核磁共振频率不同。σ 的值很小，为 10^{-5} 数量级，随核外电子云密度的增大而增大。由式(12.16)可以得出以下结论。

① 当外磁场 B_0 固定时，σ 变大，ν 随之变小，NMR 吸收峰向低频方向移动；σ 变小，ν 随之变大，NMR 吸收峰向高频方向移动。

② 当 NMR 频率 ν 固定时，σ 变大，B_0 随之变大，NMR 吸收峰向高场方向移动；σ 变小，B_0 随之变小，NMR 吸收峰向低场方向移动。

由于核外电子磁屏蔽效应而使同一种核发生 NMR 时共振频率或磁感应强度移动的现象，称为化学位移。此时，图 12.4 所示的 CH_3CH_2OH 中 ^1H 的 NMR 谱图发生的化学位移现象便更清晰。

12.2.1.3 化学位移的表示方法

当外加磁场强度恒定时，化学位移可以用发生 NMR 时共振频率的变化 $\Delta\nu$ 表示；当检测频率恒定时，化学位移可以用发生 NMR 时磁场强度的变化 ΔB 表示。这似乎很合理，但实际应用中，并没有这样。原因如下。

首先计算 $\Delta\nu$ 与 ΔB，了解影响其大小的因素有哪些。

式(12.11) 给出了无屏蔽效应时 NMR 频率与外磁场强度的关系式，式(12.16) 给出了有屏蔽效应时 NMR 频率与外磁场强度的关系式。结合式(12.11) 与式(12.16)，可知：

$$\Delta\nu = \nu_1 - \nu_2 = \frac{\gamma}{2\pi} \times \sigma B_0 \tag{12.17}$$

式中　ν_1——无核外电子磁屏蔽效应时原子核的 NMR 频率；

ν_2——有屏蔽效应时的 NMR 频率；

B_0——恒定外加磁场的磁场强度。

同理，由式(12.11) 可知，无屏蔽效应且检测频率 ν_0 固定时，发生核磁共振需要的外磁场强度 $B_1 = \frac{2\pi}{\gamma} \times \nu_0$。由式(12.16) 可知，有屏蔽效应且检测频率 ν_0 固定时，发生核磁共振需要的外磁场强度 $B_2 = \frac{2\pi}{\gamma(1-\sigma)} \times \nu_0$。因此：

$$\Delta B = B_2 - B_1 = \frac{2\pi\sigma}{\gamma(1-\sigma)} \times \nu_0 \tag{12.18}$$

式中　ν_0——恒定的检测频率。

$\Delta\nu$ 相对于 NMR 的共振频率 ν_1，ΔB 相对于 NMR 的共振磁场强度 B_2，其关系为：

$$\frac{\Delta\nu}{\nu_1} = \frac{\Delta B}{B_2} = \sigma \tag{12.19}$$

实验表明，σ 的值很小，大约只有 10^{-5} 数量级，因此 $\Delta\nu$（或 ΔB）大约是 NMR 的共振频率（或共振磁场强度）的十万分之一，精确测量 $\Delta\nu$ 与 ΔB 是非常困难的。从式(12.17) 可知，在一定的化学环境中，即当屏蔽常数 σ 一定时，$\Delta\nu$ 的大小与磁场强度成正比。因此处于完全相同化学环境中的同种原子核，发生 NMR 时的 $\Delta\nu$ 会因仪器磁场强度的不同而不同，不同仪器的测量结果无法统一，不便于比较。同理，ΔB 会因仪器检测频率的不同而不同。因此，没有必要获得化学位移的绝对量 $\Delta\nu$ 或 ΔB。

为了提高化学位移的准确度和统一标定化学位移数据，一般采用某些化合物作为标准物质，测定待测物质与标准物质相对的频率（或磁场强度）变化值 δ 来表示化学位移。δ 是一个无量纲的量，定义如下：

$$\delta = \frac{\Delta \nu}{\nu_{标}} \times 10^6 = \frac{\nu_{样} - \nu_{标}}{\nu_{标}} \times 10^6 \qquad (12.20)$$

或
$$\delta = \frac{\Delta B}{B_{标}} \times 10^6 = \frac{B_{标} - B_{样}}{B_{标}} \times 10^6 \qquad (12.21)$$

式中　$\Delta \nu$——待测物质与标准物质共振频率的差值；

$\nu_{标}$——标准物质的共振频率；

$\nu_{样}$——待测物质的共振频率；

ΔB——待测物质与标准物质共振磁场强度的差值；

$B_{标}$——标准物质的共振磁场强度；

$B_{样}$——待测物质的共振磁场强度。

因为 $\Delta \nu / \nu_{标}$ 和 $\Delta B / B_{标}$ 的值为百万分之几，为了使 δ 值易读写，所以乘以 10^6，并且用 10^{-6} 级表示 δ。用 δ 来表示化学位移时，处于相同化学环境的同种原子核在不同磁场强度（或不同检测频率）的仪器中可以获得相同的化学位移，便于 NMR 数据的统一与分析。

由式(12.20)可知，相同的 δ 在不同磁场强度的仪器中，所对应的 $\Delta \nu$ 不同。由式(12.11)可知，磁场强度越大，NMR 频率 ν 越大，因此 $\Delta \nu$ 也越大。以 ^1H 核为例，同样是 $\delta = 1$ 的化学位移，在 60MHz 仪器中，$\Delta \nu = 60Hz$；而在 100MHz 仪器中，$\Delta \nu = 100Hz$。因此磁场强度越大，单位 δ 变化所对应的 $\Delta \nu$ 越大，即单位化学位移所对应的吸收电磁波的频率范围越宽，从而分辨率越高。这是 NMR 仪器不断设法提高磁场强度的原因。

1970 年国际纯粹与应用化学联合会（IUPAC）建议，化学位移采用 δ 表示。除了用 δ 表示化学位移外，早期文献也有的用 τ 表示，其关系是：

$$\tau = 10 - \delta \qquad (12.22)$$

12.2.1.4　标准物质及溶剂的选择

NMR 标准物质需要满足以下条件。①化学惰性高。②易溶于溶剂。③能给出一个简单的、尖锐的和易于识别的共振峰。④必须是磁各向同性或接近于各向同性。

用有机溶剂溶解的样品，常用四甲基硅烷（TMS）为标准物质；以重水为溶剂的样品，因为 TMS 不溶于水，一般采用 4,4-二甲基-4-硅代戊磺酸钠（DSS）作为标准物质。也可以用其他标准物质，但要注意校正不同标准物质所引起的化学位移的变化。

对 NMR 氢谱而言，为防止溶剂中的氢干扰样品，一般使用氘代试剂作为溶剂。氘代试剂中的氢原子是 ^2H，无 NMR 信号。常用的溶剂有 D_2O、$CDCl_3$、CD_3OD、CD_3CD_2OD、C_6D_6、CD_3SOCD_3、CD_3COCD_3 等。氘代试剂价格较贵，溶剂选择取决于化合物的溶解度，要保证选择的溶剂能使待测化合物完全溶解。

氘代试剂有时会出现干扰分析的 NMR 信号，这是因为氘代试剂会存在少量未被氘代的分子，或溶剂中有时会有微量的水。分析谱图时，需要考虑这些因素。因此可以测量所用氘代试剂的 NMR 氢谱，为分析待测化合物的谱图提供依据。

12.2.1.5　影响化学位移的因素

化学位移是因为磁屏蔽效应产生的，会受到多种因素影响，主要有以下几种。

（1）诱导效应

化合物中某原子如果与电负性大于自身的原子连接，则电负性较大原子的吸电子诱导效应会让电负性较小原子的核外电子云密度降低。核外电子云密度越低，对原子核的磁屏蔽效应越小，即 σ 降低。因此谱线向低场方向移动，化学位移 δ 增大。诱导效应可以沿着 σ 类型共价键传递，影响其他原子的核外电子云密度，诱导效应的强度随原子之间距离的增加而降低。

以 ^1H 的 NMR 谱图为例，表 12.3 为 CH_3X 中 ^1H 的化学位移与 X 的电负性。

表 12.3 CH_3X 中 ^1H 的化学位移与 X 的电负性

物质	$(CH_3)_4Si$	CH_4	CH_3I	CH_3Br	CH_3Cl	CH_3F
X	Si	H	I	Br	Cl	F
X 电负性	1.8	2.1	2.5	2.8	3.1	4.0
^1H 的 δ	0	0.23	2.16	2.68	3.05	4.26

CH_3X 中，X 的电负性越大，吸电子诱导效应越强，C 原子周围的电子云密度下降越多；吸电子诱导效应可以沿着 C—H 键传递到 H 原子，使得 H 原子的核外电子云密度下降，从而降低核外电子对 H 原子核的磁屏蔽效应，导致 δ 增大。

如果 H 原子直接与电负性强的原子相连，吸电子诱导效应会更强，如表 12.4 所示。

表 12.4 X 原子与 H 原子的距离对化合物中 ^1H 化学位移的影响

物质	CH_4	NH_3	CH_3Cl
X	H	N	Cl
X 电负性	2.1	3.09	3.1
^1H 的 δ	0.23	≈4	3.05

由表 12.4 可以看出，N 与 Cl 电负性相近，在 NH_3 中，N 原子与 H 原子直接相连，CH_3Cl 中 Cl 原子与 H 原子间隔一个 C 原子。N 距离 H 更近，H 受到的吸电子诱导效应更强，因此 NH_3 中 ^1H 的化学位移更大。应用此原理，可以解释乙醇中 ^1H 的化学位移情况。

（2）共轭效应

在含有 π 键或未成键孤对电子的化合物中，π-π 共轭和 p-π 共轭会影响化合物分子体系的电子云密度分布，进而影响对原子核的磁屏蔽效应。

例如，三种化合物的 ^1H 的化学位移如图 12.5 所示。

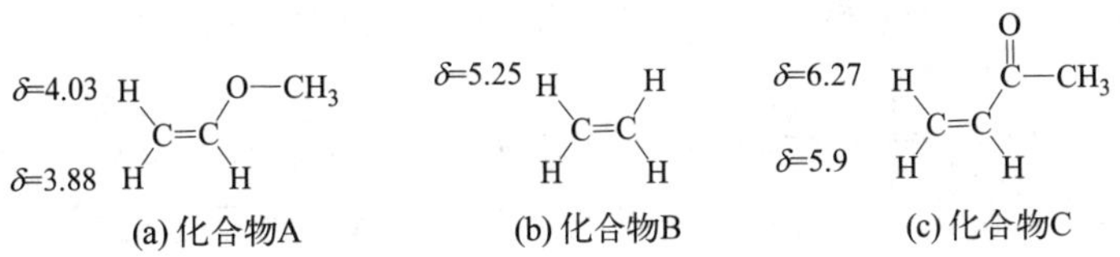

$\delta=4.03$ H   O—CH_3
                C=C
$\delta=3.88$ H   H
(a) 化合物A

$\delta=5.25$ H   H
                C=C
           H   H
(b) 化合物B

$\delta=6.27$ H   C—CH_3
                      O
                C=C
$\delta=5.9$ H   H
(c) 化合物C

图 12.5 三种化合物的 ^1H 的化学位移

在化合物 A 中，氧原子 p 轨道上具有孤对电子，与碳碳双键中的 π 键形成 p-π 共轭，且 A 中氧原子的给电子共轭效应大于吸电子诱导效应。与化合物 B 相比，A 中碳碳双键的电子云密度增加，与碳碳双键相连的 H 原子的核外电子云密度随之增加，磁屏蔽效应增强，谱线向高场方向移动。因此 A 的化学位移小于 B。

化合物 C 中碳氧双键与碳碳双键形成 π-π 共轭，C 中氧原子的吸电子诱导效应大于给电子共轭效应，降低了 C 中碳碳双键的电子云密度，与碳碳双键相连的 H 原子的核外电子云密度随之降低，磁屏蔽效应减弱，谱线向低场方向移动。因此 C 的化学位移大于 B。

（3）磁各向异性效应

化学键是原子之间的强相互作用，相互作用的载体是成键电子。在外加磁场作用下，化学键尤其是 π 键会感应出磁场，并通过空间作用影响邻近的原子核。化学键感应磁场的强度和方向与空间位置有关，所以叫作各向异性效应。这种各向异性的小磁场，有些区域的磁场方向与外加磁场一致，相当于增强了外加磁场的作用，有去磁屏蔽效应，谱线向低场方向移动，化学位移增大。有些区域感应磁场方向与外加磁场相反，削弱了外加磁场的作用，相当于具有增加磁屏蔽效应，谱线向高场方向移动，化学位移减小。

对于 H 原子，碳碳单键、碳碳双键、苯环大 π 键的感应磁场对与其直接相连的 H 原子有去磁屏蔽效应，有助于化学位移变大；碳碳三键的感应磁场对与其直接相连的 H 原子有增加磁屏蔽效应，有助于化学位移变小。

（4）分子间作用力的影响

当化合物中某些原子在空间上非常接近时，核外电子云会因同种电荷相斥而使这些原子的核外电子云密度减小。因此磁屏蔽效应减弱，化学位移增大。

（5）氢键的影响

当 O、N、S 等原子与 H 原子形成氢键时，H 原子的核外电子云密度会降低，因此磁屏蔽效应减弱，化学位移增大。由于氢键的形成与溶液浓度、pH、温度、溶剂等很多因素有关，由氢键引起的化学位移与测试条件关系密切，所以 δ 在较大的范围内变化。

（6）溶剂效应

同一种化合物，用不同溶剂溶解，其化学位移可能会不同。由于溶剂不同使化学位移发生变化的效应叫作溶剂效应。NMR 分析中，溶剂十分重要。对于固体样品，通常需要用合适的溶剂溶解，配成溶液进行测试；对于液体样品，有时需要加溶剂稀释。溶剂的磁化率、溶剂与溶质形成氢键、溶剂分子磁各向异性等因素都会影响化学位移。

实际应用中，往往是多种因素的复合作用导致化学位移的变化，需要具体情况具体分析。了解这些因素影响化学位移的原理，是根据 NMR 谱图分析化合物结构的基础。

12.2.2　自旋耦合

如图 12.4 所示，在低分辨率 NMR 谱图中，化合物中同一种氢只出一个峰。而在高分辨率 NMR 谱图中，在低分辨率 NMR 谱图中原本为单峰的位置，出现了多个峰。这与化学位移的发现有异曲同工之妙。

起初，NMR 主要用于测量各种原子核的磁矩，研究的是不同种类的核之间的区别。

随着仪器分辨率的提高，研究过程中发现，将含有同种原子核的两种不同化合物混合，测量混合物中这种原子核的 NMR 频率，发现并不是一个峰，而是两个非常接近的峰，说明同种原子核的 NMR 吸收峰有更精细的结构，即化学位移现象。研究表明这种精细结构是同种核所处的化学环境不同导致的。因此化学位移的发现让人们可以用 NMR 研究同种核所处化学环境之间的区别。

后来随着仪器分辨率进一步的提高，人们发现处于相同化学环境的同种核的 NMR 吸收峰也有更精细的结构，研究表明，这种精细结构是化合物中邻近核自旋之间的相互作用导致的，这种相互作用称为自旋耦合。由自旋耦合引起的谱线增多的现象称为自旋裂分。自旋裂分的发现，让人们可以用 NMR 研究化合物中邻近核自旋之间的相互作用。

12.2.2.1　自旋耦合机理简介

自旋耦合机理尚未完全研究清楚，下面简单介绍已经提出的某些机理。

机理 1：以 ^1H 原子核为例讨论邻近的 ^1H 原子核自旋耦合的情况。当一个氢核 H_a 附近没有其他氢核时，就只有一个共振峰。如果 H_a 附近有另一个氢核 H_b 存在，因为 H_b 在磁场中有两种自旋取向，所以会产生两种自旋磁场，H_a 感受到的磁场强度会受 H_b 自旋磁场微弱的影响。当 H_b 自旋磁场方向与外磁场一致时，H_a 在低场出峰；当 H_b 自旋磁场方向与外磁场相反时，H_a 在高场出峰。因此，H_a 核受邻近 H_b 核自旋耦合作用后，其共振吸收被分裂为二重峰。分裂峰共振频率的间距称为耦合常数，用 J 表示，单位是 Hz。同理，H_b 核也受邻近 H_a 核自旋耦合作用，分裂为二重峰，耦合常数与 H_a 核一样。

机理 2：自旋核之间的相互作用不是直接进行的，而是通过化学键中的成键电子间接传递的。如果两核间隔的化学键比较多，耦合作用就不明显。对于烷烃，一般只能传递三个键（近程耦合）；对于共轭键，往往在四个键以上也能观察到耦合作用（远程耦合）。

机理 3：核自旋之间的相互作用可通过空间耦合。当两个原子间隔较多化学键，但在空间上距离较近时，其原子核自旋之间也会发生耦合作用。

机理 2 与机理 3 同时存在，主要看具体化合物中哪种机理占优势。

12.2.2.2　耦合常数

耦合常数（J）可以反映核自旋耦合的程度，是分子结构的一种属性，与仪器测试条件无关。邻近核自旋之间的相互作用越强，J 越大，J 的数值一般不超过 20Hz。耦合常数和化学位移对化合物结构的鉴定有重要作用。耦合常数与分子结构的关系可通过查阅专业的 NMR 波谱解析资料学习。

由于原子核之间传递自旋耦合相互作用时，受间隔的化学键个数影响，所以用耦合常数 J 的左上角的数字来表示耦合核之间的化学键数目，右下角表示一些其他信息。例如，$^2J_{HCH}$ 表示同碳耦合，$^3J_{HCCH}$ 表示邻碳耦合。

12.2.2.3　自旋裂分峰数目

首先明确两个概念。① 化学等价：有相同化学位移的核是化学等价的。② 磁等价：分子中化学等价的核，若它们对其他任何一个原子核（自旋量子数为 1/2 的所有核）都有相同的耦合作用，则这些化学等价的核称为磁等价，也叫磁全同。

NMR 谱分为一级谱和高级谱。高级谱与自旋裂分峰数目的关系十分复杂，一级谱的规律相对简单一点。产生一级谱的条件如下：① 相互耦合的两组氢核的化学位移之差 $\Delta\nu$ 远大于耦合常数 J，一般要求 $\Delta\nu/J \geqslant 6$；② 所有化学等价核与其他核的耦合常数相同。

对于 ^1H NMR 谱来说，一级谱自旋裂分峰的数目可以用 $n+1$ 规则计算：如果某 ^1H 核相邻的碳原子上有 n 个化学等价的 ^1H 核，此核的吸收峰将被裂分为 $n+1$ 个；若邻近还有 n' 个另一种 ^1H 原子与其耦合，则将产生 $(n+1) \times (n'+1)$ 个峰。高级谱中 $n+1$ 规则不适用。

12.2.3　峰面积

NMR 谱图中每组峰的强度可以用该峰的积分面积来表示，面积大小与该峰对应的原子核数目有关。对于 ^1H NMR 谱，峰面积与该峰对应的 H 原子的数目成正比；但是在其他核的测量中，峰面积与原子核数目不再成严格的线性关系。峰面积也是 NMR 定量分析的重要参数。

12.3 核磁共振波谱仪与样品处理

12.3.1 核磁共振波谱仪的结构

图 12.6 为连续波核磁共振波谱仪（CW-NMR）原理示意图，该波谱仪主要由磁场系统、探头和样品管座、射频发射系统、信号接收系统、信号处理系统和控制系统构成。

磁场系统用于产生磁场强度大且均匀的磁场。磁场强度越大，原子核的共振频率（一般用 ^1H 核的共振频率反映仪器磁场强度的大小）越高，仪器灵敏度和分辨率也越高。目前已经有磁场强度高达 28.2T（^1H 核的共振频率高达 1.2 GHz）的仪器，可用于结构生物学、大分子复合物、膜蛋白和天然

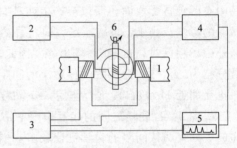

图 12.6 连续波核磁共振波谱仪原理示意图
1—磁铁；2—射频振荡器；3—扫描发生器；
4—信号检测器；5—记录器；6—样品管

无序蛋白质（IDP）的研究。探头和样品管座是放置样品和采集 NMR 信号的地方，发射电磁波的射频发射线圈和检测 NMR 信号的射频接收线圈放置在探头里，两者互相垂直且与磁场方向垂直；样品管座能够旋转，使样品受到磁场的作用更均匀。射频发射系统用于发射电磁波，激发原子核。信号接收系统用于检测被吸收的电磁波能量，此信号被信号处理系统处理并记录下来，从而获得 NMR 谱图。控制系统用于协调各个功能模块之间的工作。

扫频式仪器可以用射频发射系统线性地改变电磁波频率；扫场式仪器可通过控制扫描发生器线圈的电流，线性地改变磁场的磁感应强度。许多仪器同时具有这两种扫描方式，但扫场方式应用较多。

脉冲傅里叶变换核磁共振波谱仪（PFT-NMR）的系统构成与 CW-NMR 类似，但各系统的具体需求与 CW-NMR 不同。PFT-NMR 大多使用超导磁体，而 CW-NMR 很多使用的是永磁铁和电磁铁。这是因为永磁铁和电磁铁最高可以让仪器工作频率达到约 100MHz，获得更高磁场强度需要使用超导磁体。超导磁体一般需要浸泡在液氦中使用，为了减少液氦的蒸发，液氦容器的外面一般用液氮冷却，仪器使用过程中需要及时补充液氮、液氦，保持使用温度。PFT-NMR 的射频发射系统会同时发射包含多种频率的射频脉冲，而 CW-NMR 每次只能发射一种频率的电磁波。PFT-NMR 与 CW-NMR 的信号类型不同，PFT-NMR 信号处理需要用到傅里叶变换，CW-NMR 不需要。

12.3.2 核磁实验室安全注意事项

NMR 仪器的强磁场与液氮、液氦有安全风险，因此，一定要遵守注意事项。

为了对 NMR 仪器的磁场强度有一个直观的概念，以地球磁场强度作为参照物。地球的磁场强度是 0.5～0.6Gs（高斯），600MHz 仪器的磁场强度是 14T，1T＝10000Gs，因此 600MHz 仪器的磁场强度大约是地球磁场强度的 28 万倍。铁磁性物质严禁放置在磁场强度大于 10Gs 的区域内，否则可能会突然飞向磁体，对实验人员安全和仪器造成危害。植入心脏起搏器和金属关节的人员最好不要进入 NMR 实验室。一般默认磁场强度小于 5Gs 的空间是安全范围，核磁实验室一般用黄色斑马线标识出磁场强度小于 5Gs 的空间。任何磁性设

备，如机械手表、手机、磁盘、磁卡等，不要放置在磁场强度大于 3Gs 的区域内，否则可能会被消磁损坏。

使用超导磁体的仪器，需要注意液氦（沸点 4K）和液氮（沸点 77K）有低温冻伤风险。这些液体极易挥发，直接接触会冻伤。倾倒液氮、液氦时，需要穿戴护目镜、手套和完全遮挡皮肤的防护服。

12.3.3　样品处理流程

进行 NMR 分析前，首先需要确定测试原子核的种类，了解样品理化性质，选择合适的仪器，然后根据仪器特点，选择合适的样品制备方法。根据样品形态，分为固体核磁和液体核磁；根据测试的原子种类，分为氢谱、碳谱、氮谱及其他多种谱图。

有些要求是 NMR 分析通用的。①样品纯度要求：NMR 主要用于化合物结构分析，杂质会影响谱图的准确性，样品纯度要高于 95%；②样品需要是非磁性、非导电性的。

当样品找不到合适的溶剂时，需要以固体形态进行 NMR 分析。常规仪器测得固体 NMR 谱图的谱线宽度较宽，分辨率较低。使用特殊的固体探头，并采用交叉极化结合魔角旋转的方法，才能获得较高分辨率的固体核磁共振谱图。固体核磁需要将待测样品研磨成没有颗粒感的粉末。

黏稠液体 NMR 谱图的谱线宽度也较宽，应减少样品用量或升高测试温度。样品通常是在室温下进行 NMR 测试，当需要改变测试温度时，应根据低温需要，选择凝固点较低的溶剂，或按高温需要，选择沸点较高的溶剂。

稀溶液是 NMR 样品的主要形态。配制溶液的基本要求如下。

① 样品用量：浓度太低会导致 NMR 信号过弱，浓度太高可能会让液体变黏稠，合适的样品浓度至关重要。需要根据具体仪器、测试原子种类、分子量等具体条件以及测试经验选择样品浓度。例如，测试 ^{1}H NMR 谱图时，如果样品分子量小于 1000，建议样品用量为 5～10mg；测试 ^{13}C NMR 谱图时，建议样品用量大于 20mg。

② 样品体积：溶液体积会影响匀场速度，在 5mm 直径的核磁样品管里，体积宜为 0.6～0.7mL。

③ 溶剂选择：对于 ^{1}H NMR 谱图的测量，应使用氘代试剂，不产生干扰信号。

④ 标准物质加入方法：为测量化学位移，需要加入标准物质。如果把标准物质直接加入样品溶液中，称为内标；若出于溶解性或化学反应性考虑，标准物质不能直接加入样品溶液，可将标准物质溶液封入毛细管，再插入样品管中，称为外标。

⑤ 溶液要澄清、均一、稳定，有利于匀场，提高分辨率。可通过离心、过滤等方法去除杂质与悬浮物。

⑥ 样品管的选择：管内外壁干净，无划痕和破损；样品管直径与核磁探头尺寸匹配。

12.4　核磁共振波谱法在环境样品分析中的应用

12.4.1　橡胶制品中多环芳烃的检测

多环芳烃（PAHs）是一种环境致癌物质，具有高危害性，可使用高效液相色谱或气相色谱进行检测。核磁共振波谱法也是一种可选的测定多环芳烃的方法，与其他方法相比，其能够更清晰明确地表示多环芳烃的分子结构。张奉民等使用核磁共振法测定 PAHs 中苊的含量，苊的结构及核磁共振氢谱如图 12.7 所示。

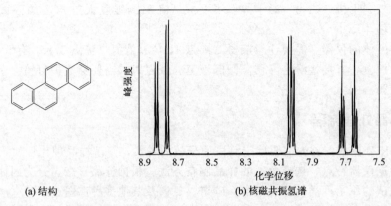

(a) 结构　　　　　　　　　　　　(b) 核磁共振氢谱

图 12.7　菋的结构及核磁共振氢谱（氘代溶剂：$CDCl_3$；内标物：TMS）

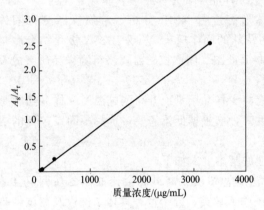

图 12.8　菋的标准曲线

用菋 NMR 氢谱中化学位移 $\delta=8.80$ 与 $\delta=8.74$ 的两组峰面积之和 A_s 作为定量峰，标准物 TMS（$\delta=0$）的峰面积 A_r 作为参比，用 A_s/A_r 作为定量参数。首先测定标准曲线，配制不同浓度的菋溶液，并测定 NMR 氢谱，得到每个浓度对应的 A_s/A_r，然后拟合标准曲线。菋的标准曲线如图 12.8 所示。

测定未知菋浓度的样品时，称取适量样品，加入体积已知的 $CDCl_3$ 中完全溶解。然后测量溶液的 NMR 氢谱，计算 A_s/A_r 并代入标准曲线，计算得出溶液中的菋浓度。用菋浓度乘以溶液体积，即得样品中菋的总含量。

此实验中 NMR 仪器的型号为德国 Bruker（布鲁克）公司 Avance 600 型核磁共振仪。[1]H 观测频率为 600.23MHz。测试温度：298K。其他测试参数：Bruker 单脉冲程序，脉冲偏转角 30°；采样次数 256，采用数据点 32768；谱宽 783.91Hz；采样时间 1.95s，脉冲延迟时间 2.00s，脉冲宽度 10.15μs；内标物为四甲基硅烷（TMS）。

12.4.2　污染物降解产物的结构分析

核磁共振波谱法的最大特点是可以对降解产物的结构进行分析，这是普通色谱方法所不能完成的。高分辨质谱也可以进行产物分析，但是相比之下核磁共振波谱更加准确。

Scheurer 等对自来水厂在短时间内用臭氧处理人造甜味剂甜蜜素（CYC）和乙酰磺胺酸（ACE）时产生的主要氧化物进行了结构阐述。采用亲水作用色谱-核磁共振/质谱联用（HILIC-NMR/MS）技术进行产物分离和检测。图 12.9，为臭氧氧化 ACE 不同时间后的[1]H NMR 谱图。

谱图表明，将臭氧气体喷射到实验水溶液中（ACE 含量 5g/L），臭氧氧化降解 ACE 最多需要 180min。

此研究还用到了核磁共振二维谱。图 12.10 与图 12.11 为氧化前后 CYC 的异核单量子关系（HSQC）谱图（一种 NMR 二维谱），谱图的变化证明了化合物结构的变化。此实验证明 NMR 波谱是鉴定化合物结构的有力工具。

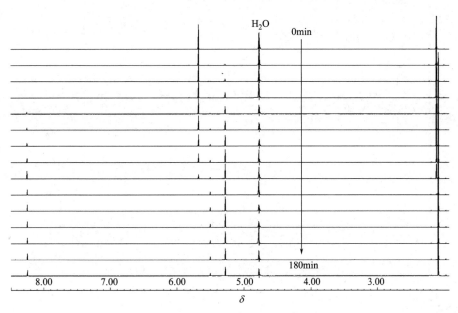

图 12.9　臭氧氧化 ACE 不同时间后的 ^{1}H NMR 谱图

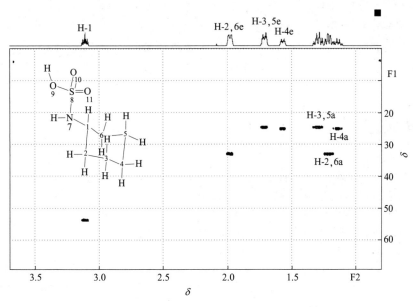

图 12.10　氧化前 CYC 的 HSQC 谱图

F1,F2—投影方向

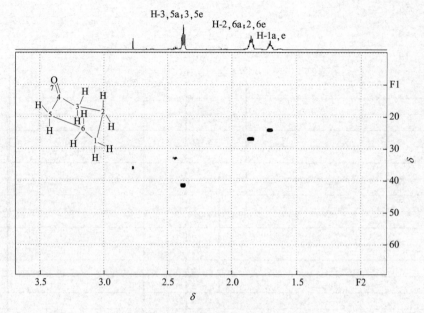

图 12.11　氧化后 CYC 的 HSQC 谱图

F1，F2—投影方向

 习题

1. 发生核磁共振现象的条件是什么？

2. 写出磁场强度与核磁共振频率关系的方程，然后分析磁场强度变化时，核磁共振频率会如何变化。

3. 核磁共振波谱仪的类型有哪些？

4. 什么是化学位移？为什么会发生化学位移现象？

5. 核磁实验室安全注意事项有哪些？

 参考文献

[1] 刘密新，罗国安，张新荣，等. 仪器分析 [M]. 2版. 北京：清华大学出版社，2002.

[2] 常建华，董绮功. 波谱原理及解析 [M]. 2版. 北京：科学出版社，2010.

[3] 张寒琦. 仪器分析 [M]. 2版. 北京：高等教育出版社，2013.

[4] 叶宪曾，张新祥. 仪器分析教程 [M]. 2版. 北京：北京大学出版社，2007.

[5] 刘约全. 现代仪器分析 [M]. 3版. 北京：高等教育出版社，2015.

[6] 孙毓庆. 分析化学 [M]. 北京：科学出版社，2003.

[7] 张汉辉，郑威，陈义平. 波谱学原理及应用 [M]. 北京：化学工业出版社，2011.

[8] 张奉民，何重辉，曹丽华，等. 核磁共振法测定多环芳烃中䓛含量 [J]. 橡胶工业，2015，62（6）：374-376.

[9] Scheurer M，Godejohann M，Wick A，et al. Structural elucidation of main ozonation products of the artificial sweeteners cyclamate and acesulfame [J]. Environmental Science and Pollution Research，2012，19：1107-1118.

第十三章
质谱法

13.1 质谱法概述

质谱法（mass spectrometry，MS）是一种用于分析鉴定化合物的方法，能够测定和分析样品中化学物质的分子量和结构，并提供有关其化学性质和组成的信息。质谱法广泛应用于化学、环境科学、药学、医学以及许多相关的科学领域。

未知物质的结构解析，药物、食品和聚合物的定性或定量分析，在很大程度上都依赖于质谱分析。质谱分析旨在根据待测物成分的分子或原子量来识别化合物。在一定的质谱实验条件下，化合物中化学键断裂所生成的各种碎片离子可以提供整体化合物结构的信息。因此，质谱可以阐明小分子内原子的排列方式，确定官能团，在某些情况下甚至可以获得分子的三维结构。从 20 世纪 50 年代至今，质谱法发展迅速，无论是质谱技术本身，还是在质谱技术应用方面，都涌现出大量创新和发明。

质谱法具有高灵敏度、高分辨率、广泛的化学适用性和非破坏性等优点，因而更多地被用于复杂体系和微量污染物的识别和鉴定中。由于环境污染物具有难识别、干扰大、浓度低等特点，质谱法作为环境污染物分析的有力工具，能达到更低的检出限，分析更精确的分子结构，这也是开发新型质谱仪的主要驱动力。质谱技术的研究主要集中在开发电离方法以及提高质量分析仪的性能上，目前已经开发出大量的电离方法和不同类型的质量分析仪，并将其以各种方式进行结合。另外，质谱法还有多种不同的应用方式，其中常见的有质谱-质谱分析（mass spectrometry mass spectrometry，MS-MS）、高效液相色谱-质谱联用（high performance liquid chromatography-mass spectrometry，HPLC-MS）和气相色谱-质谱联用（gas chromatography-mass spectrometry，GC-MS）等，后文将会详细介绍其组成、原理及功能等。

在实际应用过程中，研究人员需要针对研究内容、目的和样本特性，应用合适的质谱或者组合方式，因此掌握质谱仪的结构和工作原理显得尤为重要。

13.2 质谱仪的主要结构和工作原理

目前市面上存在各种类型的质谱仪，其结构主要包括进样系统、离子源、质量分析器、检测器和数据分析及记录系统。如图 13.1 所示，样品通过进样系统进入仪器，然后样品分子被离子源电离，通常使用电子轰击或激光辐射。随后这些离子被进一步引入质量分析器，根据质量-电荷比，分析器可以将不同的离子分离，最后将其定向传输到离子检测器中进行检测。质谱仪的检测器可以是电子倍增器或离子计，用于检测通过质谱仪的离子流的电荷量。通过测量离子的电荷量和质量-电荷比，质谱仪可以确定样品分子的质量和结构信息并在数据系统中进行记录。

图 13.1　质谱仪主要组成

13.2.1　进样系统

进样系统的作用主要是将获取的样品导入质谱仪中，不同质谱仪的进样方式因样品本身物理性质如熔点、蒸气压等有所差异，下面介绍三种不同的进样方式。

① 探针进样。单组分、挥发性较低的液体或固体样品，可在真空条件下通过真空封闭阀装置送入离子源中加热、气化后分析。

② 储罐进样。气体或挥发性液体，可用注射器直接注入罐中加热气化，并以恒定的流速由储罐通过分子漏孔导入离子源。

③ 外接设备进样。随着仪器设备的发展和样品分析需求的增加，通常将质谱仪与其他检测手段联用，如 ICP-MS、GC-MS 和 HPLC-MS 等，此时的进样系统即为前置设备的样品输出口。图 13.2 为 HPLC-MS 联用图。

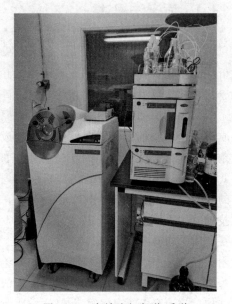

图 13.2　高效液相色谱-质谱
（HPLC-MS）联用

13.2.2　离子源

离子源又称电离源或离子化系统，主要功能是给待测样品的离子化提供能量，电离样品分子或中性原子，从而形成具有不同质荷比（m/z）的离子束，以供后续的质量分析。分析物的极性决定了离子源的选择。目前常见的离子源包括电子离子源、化学离子源、电喷雾离子源、光致离子源和电感耦合等离子体离子源等。本节将着重讲解几个常见离子源。

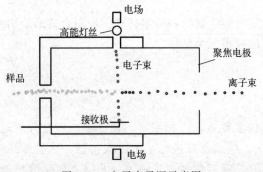

图 13.3　电子离子源示意图

（1）电子离子源（electron ionization source，EIS）

样品分子进入电离系统后，由电子发射灯丝产生并被电场加速的高能电子流直接轰击样品分子使其电离，生成分子离子和碎片离子（如图 13.3 所示）。分子离子指失去一个电子而带正电荷的分子（通常以 M^+ 表示），其相应的峰称为分子峰；碎片离子是指分子中某些化学键断裂而生成的质量较小的带正电荷的碎片，其相应的峰称为离子峰。可通过产生的峰谱，判断样品分子的官能团等信息。

对于有机化合物，电离能通常为 10eV 左右，50～100eV 时大多数分子电离界面最大。对于同一分子采用不同能量的电子进行轰击，所产生的峰谱存在差异，且能量相对较高，产生的具有不同质荷比的碎片相对较多，对应的峰也相对较多。适当降低电离能，可得到较强的分子离子信号，有助于检测分子量。

由于被电离的分子主要生成大量正离子和少量负离子，因此大多数质谱法只研究正离子，这些生成的分子离子和碎片离子在电场力的作用下急剧加速，此时正离子所具有的动能 E 可由式(13.1) 计算。

$$E = E_0 + zV = \frac{1}{2}mv^2 \tag{13.1}$$

式中　E_0——离子加速前在电离过程中得到的动能，J；

　　　z——离子所带电荷，C；

　　　V——加速电压，V；

　　　m——离子质量，kg；

　　　v——离子线速度，m/s。

由于 E_0 的差别通常在离子离开狭缝不等的距离上生成，因此所生成的正离子的能量总有一定程度的分散。这种分散的程度可以通过提高离子源的性能来降低。若忽略 E_0，则式(13.1) 可简化为：

$$v = \sqrt{\frac{2V}{m/z}} \tag{13.2}$$

质谱仪需在高真空条件下操作，目的是减少高速电子和正离子的能量消耗，避免样品或高能电子与其他气体分子的碰撞妨碍质谱分析的正常进行。因此每台仪器都有抽高真空系统，使真空度达 10^{-5}～10^{-4}Pa。

电子离子源的优点在于：①使用广泛，现有文献或计算机中已经积累了大量已知的化合物质谱数据，可用作对比；②电离效率高；③结构简单，操作方便。但其也有不可避免的缺陷，比如质谱图中的分子离子峰很弱或不出现，这是由于大多数有机化合物的电离电位约 7～10eV，当电子能量高达 70eV 时，分子离子就会进一步断裂成碎片离子，相应的分子离子峰减弱或消失，可能会对物质表示的明确性产生一定影响。

（2）化学离子源（chemical ionization source，CIS）

化学电离是基于离子-分子反应的电离技术，在化学电离中，气体分子与离子相互作用会形成新的电离产物，这一过程可能涉及电子、质子或其他离子在反应物之间的转移。这些反应物包括中性分析物和来自试剂气体（通常为甲烷、异丁烷、NH_3、He 或 Ar）的离子。图 13.4 为化学离子源示意图。化学离子源的优点在于：①谱图简洁，因为攻击样品分子的不是高能电子流，而是能量相对较低的二次离子，化学键断裂的可能性减小，峰的数目也随之减少；②准分子离子峰很强，可提供分子量这一重要信息。

化学电离的不同之处在于双分子过程被用于生成分析物离子。双分子反应的发生需要反应物在离子源的停留时间内发生足够多的离子-分子碰撞，这一条件可通过提高试剂气体的分压来实现。如样品在离子源中的停留时间为 $1\mu s$，那每个分子在约 2.5×10^2Pa 条件下将

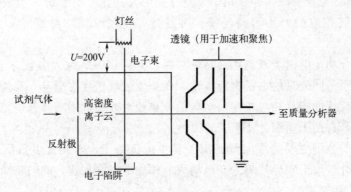

图 13.4　化学离子源示意图

碰撞 30~70 次。为了防止发生电子电离，试剂气体过量（通常为样品的 $10^2 \sim 10^3$ 倍）可以有效保护分析物分子不受初级电子的直接电离。在化学电离中，中性分析物分子 M 一般通过以下途径形成正离子。

① 质子转移　　　　　　　$M + [XH]^+ \longrightarrow [M+H]^+ + X$　　　　　　　　　(13.3)

② 亲电加成　　　　　　　$M + X^+ \longrightarrow [M+X]^+$　　　　　　　　　　　　(13.4)

③ 阴离子剥离　　　　　　$M + X^+ \longrightarrow [M-A]^+ + AX$　　　　　　　　　(13.5)

④ 电荷交换　　　　　　　$M + X^{+\cdot} \longrightarrow M^{+\cdot} + X$　　　　　　　　　　(13.6)

虽然通常认为质子转移产生质子化的分析物分子 $[M+H]^+$，但酸性分析物本身可以通过相互交换质子形成 $[M+H]^+$ 和 $[M-H]^-$（也称为准分子），这是一种利用负离子进行化学电离的行为。亲电加成主要是通过试剂离子附着在分析物分子上发生的，例如当使用氨试剂气体时生成 $[M+NH_4]^+$。氢化物的剥离是阴离子剥离的典型代表，例如脂肪族醇生成 $[M-A]^+$ 而不是 $[M+A]^+$。而式(13.3)~式(13.5) 均会导致偶数电子离子-电荷交换或电荷转移。另外，式(13.4) 所示电荷交换会产生内能较低的自由基离子，其行为类似分子离子。

图 13.5 为蛋氨酸的 70eV 电子电离光谱与甲烷载气下化学电离光谱比较。通过对比可以看出，化学离子源图谱的碎片化大大减少。只有 NH_3、$HCOOH$、$MeSH$ 等完整的小分子从质荷比为 150 的 $[M+H]^+$ 中分离，从而产生碱基峰。

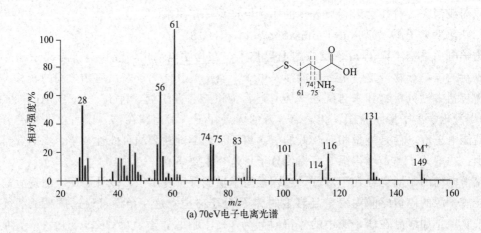

(a) 70eV电子电离光谱

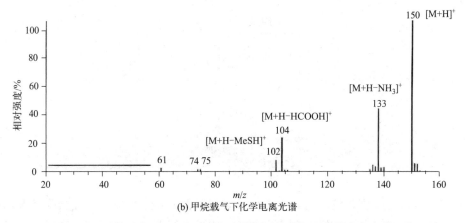

(b) 甲烷载气下化学电离光谱

图 13.5　蛋氨酸的 70eV 电子电离光谱与甲烷载气下化学电离光谱比较

（3）场离子源（field ionization source，FIS）

场离子源是质谱仪中一种常见的离子源。其利用强电场使样品中的分子离子化，从而产生离子。这种离子源在高分辨质谱和分析低挥发性分子方面非常有效。

如图 13.6 所示，样品分子从左侧进入场离子源。场离子源通常由一个金属针尖和一个极板构成，样品分子通过针尖的小孔进入离子源内部，针尖周围存在一个强度可达 10^9 V/m 的强电

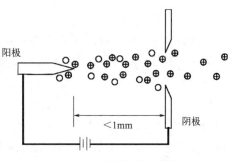

图 13.6　场离子源示意图

场，用于样品分子离子化。分子进入场离子源后，被电场离子化，形成正离子和自由电子。正离子会被加速、分离和检测，以确定其质量和结构。图 13.6 只是一个简单的示意图，真实的场离子源通常由更复杂的部件组成，例如陶瓷绝缘体、加热器、导电涂层等。

场离子源通常用于高分辨质谱仪，例如飞行时间质谱仪和四极杆质谱仪。与其他离子源相比，场离子源的优点在于具有很高的离子化效率，对分析物质的化学性质不敏感，能够分析某些低挥发性的分子，如多环芳烃和大分子化合物等。但是，场离子源的操作难度较大，需要对温度、压力和电场等参数进行精确控制，以保证其稳定性和可靠性。

（4）电喷雾离子源（electrospray ionization source，EIS）

电喷雾离子源是一种广泛应用于质谱分析的离子源。其适用于液相色谱-质谱联用和气相色谱-质谱联用等分析技术，能够快速、高效地将分子化合物转化为离子，以便进行质谱分析。

在电喷雾离子源中，样品通过毛细管进入离子源内部，并在高压电场的作用下形成小液滴。这些液滴随后通过干燥、扩散和荷电作用形成带电的分子离子。如图 13.7 所示，样品溶液从进样系统进入电喷雾离子源的喷嘴，其中喷嘴与高压电极连接。高压电极产生高压电场，将溶液喷出，形成小液滴。同时，喷雾器周围的气流将液滴干燥，使分子离子进一步浓缩。

在离子源中，带电分子进入非离子区域。在非离子区域，分子离子与非离子（通常是气态分子）相互作用，产生质子转移或质子捐赠等离子化反应。这些反应将分子转化为离子，然后带电离子通过接收极和计数器进入质谱仪中。

与其他离子源相比，电喷雾离子源具有以下优点：不需要对样品进行任何处理或化学反应，不需要高温或高真空条件，适用于大多数液相或气相样品。此外，其还具有高离子化效

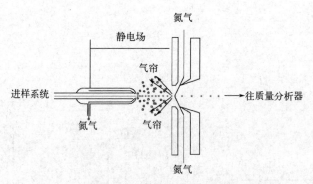

图 13.7　电喷雾离子源示意图

率和高选择性等优点。但需要注意的是，电喷雾离子源的离子化效率可能会受到多种因素的影响，例如电压、流量、离子源温度等。因此，需要进行严格的操作控制和优化，以保证其稳定性和可靠性。

（5）电感耦合等离子体离子源（inductively coupled plasma ionization source，ICPIS）

在质谱仪中，电感耦合等离子体离子源用于产生离子。其由一个高频电磁场和一些惰性气体（通常是氩气）组成，这些气体被引入密封室中，在高频电磁场的作用下，氩气被离子化，并形成等离子体。等离子体温度可以高达 10^4 K，因此可以将样品中的原子和分子离子化。

如图 13.8 所示，氩气通过气体进样口被引入 ICP 室。高频发生器利用线圈在 ICP 室内产生一个强烈的高频电磁场。样品溶液通过雾化器喷入具有高频电磁场的电感耦合器中。高频电磁场产生的电磁波能够在电感耦合器中诱导出等离子体，也就是离子化的气体。等离子体中的离子会被加速并且与离子化室中的气体碰撞，从而引起更多的离子化，形成高温、高能的等离子体。这个过程中产生的等离子体不仅能够离子化样品中的分子和原子，还能够将这些离子分离并送入质谱仪中进行分析。

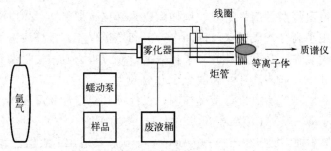

图 13.8　电感耦合等离子体-质谱仪（ICP-MS）示意图

使用 ICP 产生的等离子体，可以获得高效的离子化和离子传输，从而提高质谱仪的灵敏度和分析效率。

13.2.3　质量分析器

质量分析器是质谱仪的核心部件，各类质谱仪的主要差别就在于质量分析器。目前较为常见的主要包括单聚焦质量分析器、双聚焦质量分析器、飞行时间质量分析器、四极杆质量分析器、离子阱质量分析器和傅里叶变换离子回旋共振质量分析器等。

（1）单聚焦质量分析器

单聚焦质量分析器利用电场和磁场对离子进行聚焦和分离，实现对离子的质量-电荷比的分析。单聚焦质量分析器通常由两个关键元素组成：入口系统和分析系统。入口系统用于引导离子进入质量分析器，而分析系统则包括电场和磁场，用于聚焦和分离离子。

在单聚焦质量分析器中，离子首先通过入口系统进入分析区域。入口系统通常包括一个狭缝或开口，以限制离子的进入范围，使其进入质量分析器的路径保持相对稳定。离子一旦进入分析区域，将经历电场和磁场的作用。电场用于聚焦离子束，使离子在径向方向上保持较小的发散度。磁场则用于分离离子，根据离子的质量-电荷比来调整其运动轨迹。通过调整电场和磁场的参数，可以实现对不同质量-电荷比离子的选择性聚焦和分离。离子将根据其质量-电荷比在分析系统中以不同的轨迹运动，并最终到达离子检测器。离子检测器将离子转化为电荷信号，并记录下到达时间或强度，从而得到离子的质量-电荷比信息。通过分析离子的质量-电荷比，可以确定样品中不同离子的相对丰度和组成。单聚焦质量分析器具有较宽的质量范围。此外，其对离子的捕获效率较高，可提供高灵敏度的检测功能。

（2）双聚焦质量分析器

双聚焦质量分析器是质谱仪中常见的一种质量分析器，以此作为质量分析器的质谱仪也称为磁-电质谱仪。双聚焦质量分析器的基本结构包括一个磁场和一个电场。磁场通常采用恒定磁场，电场则通常采用交变电场。离子在通过双聚焦质量分析器时，首先受到磁场的影响，按照质量-电荷比进行离散，然后进入交变电场，被加速和聚焦到一个点上。双聚焦质量分析器通常采用"同位素峰聚焦"模式进行质量分析。在该模式下，离子束穿过一个透镜，在透镜前面的磁场中进行离散，然后通过透镜进入交变电场。在交变电场中，离子束被加速和聚焦，最终聚焦在一个点上，形成同位素峰。在同位素峰中，离子的到达时间与其质量-电荷比成正比，可以通过记录到达时间得到质谱图。

双聚焦质量分析器具有较高的分辨率和较小的质量误差，可以提供高精度的质量分析和结构鉴定，特别适用于分析同位素分布和具有类似结构的化合物。

（3）飞行时间质量分析器

飞行时间质量分析器是质谱仪中常用的一种质量分析器。其通过测量离子在飞行管中飞行的时间来确定离子的质量-电荷比。飞行时间质量分析器的基本原理是根据离子在电场中的加速度和飞行时间的关系来进行质量分析。离子从离子源产生后，通过加速器获得一定的动能，然后进入飞行管。在飞行管中，离子受到匀强电场的作用开始加速，速度与其质量-电荷比成反比。因此，较轻的离子具有较高的速度，飞行时间较短；而较重的离子则具有较低的速度，飞行时间较长。

离子到达飞行管的末端后，被转化为电荷信号，离子检测器记录下离子的到达时间。通过测量离子的飞行时间，可以计算出其质量-电荷比。飞行时间质量分析器具有以下优点：非常高的分辨率和较高的灵敏度，能够实现准确的质量测量；宽质量范围，可以同时分析多个离子；数据采集速度较快，适用于高通量的质谱分析。

（4）四极杆质量分析器

四极杆质量分析器是利用四个平行排列的杆状电极组成的四极杆，通过调节电压和频率来选择和分离离子，实现离子质量-电荷比分析的仪器。四极杆质量分析器的工作原理基于离子在电场中受力的平衡。当适当调节电压和频率时，只有特定质荷比范围内的离子能够通过四极杆，并最终到达离子检测器。

四极杆由两对电极构成，分别称为底电极和环电极。一组底电极与环电极之间施加一对相对电势（射频电压），而另一组底电极和环电极之间施加一个直流电势差（直流电压）。

当射频电压施加在底电极和环电极之间时，离子在电场的作用下产生谐振运动。通过调节射频电压的频率和振幅，可以选择性地传输特定 m/z 范围内的离子，而将其他离子排除。

调节直流电势差可以改变离子在四极杆中的稳定轨道。当离子通过四极杆时，它们将根据质量-电荷比在底电极和环电极之间产生谐振运动。通过调节直流电势差，可以选择特定 m/z 离子在稳定轨道上的运动，而将其他离子排除。最后，离子到达离子检测器，被转化为电荷信号，并记录下其到达时间或强度。通过分析离子的质量-电荷比，可以确定样品中不同离子的相对丰度和组成。

四极杆质量分析器的优点在于其具有较高的传输效率和非常高的灵敏度，较多用于微量和痕量物质的检测。此外，四极杆质量分析器的结构相对简单，易于操作和维护。

（5）离子阱质量分析器

离子阱质量分析器利用电场和磁场的作用，将离子限制在一个空间区域内，并通过控制电场和磁场的参数来选择和分离离子，实现对离子的质量-电荷比的分析。

离子阱质量分析器的基本结构包括一个中心环电极和两个端电极（也称为驱动电极）。在中心环电极和端电极之间施加射频电压和直流电压，以控制离子的运动。离子进入离子阱质量分析器时，被引导进入中心环电极和端电极之间的空间区域，即离子阱。在离子阱中，离子受到电场和磁场的作用，进行复杂的运动。离子在离子阱中的运动可以分为两种类型：径向和轴向运动。径向运动是指离子在中心环电极和端电极之间的振荡运动，而轴向运动是指离子在离子阱轴向上的运动。调节射频电压和直流电压的参数，可以选择性地传输特定 m/z 范围内的离子，并将其他离子排除。调节射频电压的频率和振幅，以及直流电压的大小，可以实现对离子的选择和分离。

离子阱质量分析器通常采用扫描模式进行质量分析。在此模式下，离子阱中的电场和磁场参数会随时间变化，从而使离子在离子阱中完成运动。记录离子的到达时间和强度，可以得到质谱图，其中离子的到达时间对应其质量-电荷比。

离子阱质量分析器的优点在于具有较小的尺寸和相对简单的结构，易于操作和维护。此外，其还具有较宽的质量范围和较高的灵敏度。

（6）傅里叶变换离子回旋共振质量分析器

傅里叶变换离子回旋共振质量分析器（fourier transform ion cyclotron resonance mass analyzer，FT-ICR MA）是质谱仪中一种高分辨率的质量分析器。其利用磁场和射频电场的作用，将离子束限制在一个闭合的轨道上，并通过测量离子在磁场中的振荡频率来确定离子的 m/z。FT-ICR MA 的工作原理是基于离子在磁场和射频电场中的运动，当离子进入 FT-ICR MA 时被注入磁场中，并受到垂直于磁场的射频电场的作用。磁场的作用使离子在平面内形成一个稳定的回旋轨道，称为回旋半径。射频电场的作用导致离子在磁场中进行径向振荡，使离子在回旋轨道上振荡。离子在振荡过程中会产生一个周期性的电荷感应信号，这个信号称为自由感应衰减（FID）。FID 包含离子的振荡频率信息，而振荡频率与离子的质量-电荷比成正比。通过对 FID 信号进行傅里叶变换，可以将时间域的 FID 信号转换为频率域的质谱图。在频率域中，离子的质量-电荷比可以通过分析频谱峰的位置和强度来确定。

FT-ICR MA 具有极高的分辨率和质量精度。由于离子在回旋轨道上可以进行长时间的振荡，FT-ICR MA 可以实现极高的分辨率，能够分辨非常接近的质量-电荷比。此外，FT-ICR MA 还具有较广的质量范围和高灵敏度。

13.2.4　离子检测器

离子检测器是质谱仪的另一核心部件，负责检测离子并将离子信号转化为电信号进而产生质谱图。根据不同的工作原理，常见的离子检测器有以下几种。

① 电子增强器（EM）：电子增强器是一种增强离子信号的离子检测器。离子进入增强器后，会激发增强器中的电子，从而产生电子增益效应，离子的信号最终转化为电信号。电子增强器具有灵敏度高、线性范围广等优点。

② 多极离子阱检测器（ITD）：多极离子阱检测器是一种基于离子在多极离子阱中的运动轨迹的离子检测器。离子进入多极离子阱后，会在多极电场的作用下发生稳定的振荡运动，随后被检测器检测并转化为电信号。ITD具有质量范围广、灵敏度高等优点。

③ 电子倍增器（EMD）：电子倍增器是一种增强离子信号的离子检测器。离子进入电子倍增器后，会激发倍增管中的电子，电子在电场的作用下产生电离效应，最终将离子信号转化为电信号。EMD具有增益高、响应速度快等优点。

④ 微通道板检测器（MCP）：微通道板检测器是一种基于离子在微通道板中发生二次电子发射的离子检测器。离子进入微通道板后，会与微通道板中的电子发生碰撞，产生二次电子发射，进而将离子信号转化为电信号。MCP具有分辨率高、响应速度快等优点。

⑤ 瞬变电离检测器（TID）：瞬变电离检测器是一种基于离子在气体中瞬间电离的离子检测器。离子进入检测器后，在高压电场的作用下，会在气体中发生电离，进而将离子信号转化为电信号。TID具有响应速度快、灵敏度高等优点。

13.2.5　数据分析及记录系统

数据分析及记录系统是对质谱仪所得到的离子信号进行处理、分析和存储的软件系统。不同质谱仪厂家和不同质谱仪型号所采用的数据分析及记录系统可能不同，但通常包括以下几个方面的功能。

① 数据采集和预处理：数据采集和预处理是质谱数据分析的第一步，包括数据的采集、处理和转换。质谱数据在采集过程中可能受到多种因素的影响，包括噪声、基线漂移、峰形畸变等。因此，对质谱数据进行预处理是必要的。常见的预处理方法包括基线校正、峰形校正、去噪等。

② 质谱图的生成和解析：数据解析是将质谱数据转化为有意义的信息的过程，通常使用的方法包括质量谱峰分析、同位素峰分析、质谱图解析等。通过这些方法，可以确定样品中存在的化合物种类和数量，以及它们的分子结构。质谱图的解析需要结合分析软件，如质谱库搜索、数据分析和比对等工具。

③ 质谱库的建立和使用：质谱库是质谱分析的重要工具，可以用于比对、鉴定和定量分析等。质谱库的建立需要大量的质谱数据和相关的元数据，建立的质谱库需要满足质量高、覆盖广等要求。

④ 数据分析和统计：数据分析和统计是质谱数据分析的关键环节，可以用于分析样品的组成、分子结构、反应机制等。数据分析和统计方法包括多元统计分析、聚类分析、主成分分析、偏最小二乘回归分析等。

⑤ 数据存储和管理：数据存储和管理是质谱数据分析的基础，需要对数据进行分类、标注、存储和备份。数据管理系统还应具备数据共享、权限管理和数据安全等功能。

⑥ 报告和图形输出：报告和图形输出是质谱数据分析的最终结果，通常包括质谱图、质谱图谱、样品组成和分析结论等内容，可以用于汇报和分享。

总之，质谱仪的数据分析及记录系统是质谱分析的重要组成部分，可以实现数据采集、预处理、分析、存储和输出等多个功能，对质谱分析结果的准确性、可靠性和可重复性有重要影响。

13.3　有机化合物的裂解规律

有机化合物在质谱中的裂解规律取决于其分子结构和化学键的稳定性。有机化合物进入质谱仪后，通过电离技术将其转化为带电离子。这些带电离子在质谱分析器中被加速、分离和检测，最终形成质谱图。不同离子源适用以及裂解的带电离子也有区别，主要表现为以下几个方面。

① 电子轰击离子化：在电子轰击离子化过程中，分子被电子轰击失去电子而生成分子离子。这种离子化方式主要适用于不易挥发和化学稳定性较高的有机化合物。

② 化学离子化：化学离子化通过引入化学离子化剂，使有机化合物发生化学反应，生成带电离子。这种离子化方式适用于含有易被化学氧化或还原的官能团的有机化合物。

③ 电喷雾离子化：电喷雾离子化是通过将分子在溶液中形成质荷比低的分子离子，然后在电场作用下，通过喷雾器将这些分子离子转化为气态离子，进入质谱分析器进行分析。这种离子化方式主要适用于挥发性较高的有机化合物。

这些离子碎片的产生规律受到分子结构、化学键的稳定性和离子化方式的影响。常见的裂解规律和反应类型如下。

① 烷基裂解（α-裂解）：在电子轰击或化学电离过程中，烷基基团（如甲基、乙基等）可以发生 α-裂解，形成稳定的碳正离子和烯丙基阳离子。

② 水解反应：有机化合物中的醇、酮、酸等官能团可以发生水解反应，在质谱中生成相应的离子片段。

③ 缩酮反应：在电子轰击离子源中，醇与酮之间可以发生缩酮反应，生成酯结构的离子片段。

④ 失去小分子：有机分子中的小分子（如水、甲醇、乙醇等）可以在质谱中失去，形成对应的离子片段。

⑤ 丢失碳氢分子：有机分子中的烷烃基团可能会失去一个或多个碳氢分子，形成相应的离子片段。

⑥ 杂环裂解：含有杂环结构（如吡咯、噻吩等）的有机化合物在离子化过程中可能发生杂环裂解，生成特定的离子片段。

这些裂解规律和反应类型的产物离子片段可以被质谱仪检测和记录下来，形成质谱图谱。通过分析质谱图谱中的离子片段，结合化学知识和数据库对比，可以推断有机化合物的结构并确定其分子式。这为有机化合物的鉴定和结构分析提供了重要信息。

13.4　质谱法在环境样品分析中的应用

质谱法因具有高灵敏度、高分辨率等优势，在分析检测环境中低含量、高危害的有机和无机污染物中发挥着十分重要的作用。

13.4.1 利用质谱法检测重金属

利用质谱仪检测重金属时通常包含如下几步。

① 样品采集：采集需要检测的环境样品，如土壤样品、水体样品、植物组织样品等，在采集过程中应避免样品受到外部污染。

② 样品预处理：预处理方法因样品类型而异，例如土壤样品可能需要进行研磨和筛分，水样品可能需要进行过滤和酸化，等等。

③ 样品消解：因质谱仪只能检测溶液中的金属离子浓度，所以在上机之前需先对采集到的样品进行消解，以将重金属转化为可溶性的离子态。通常使用酸（如硝酸、盐酸、氢氟酸）或其他化学试剂消解，以确保样品中的重金属完全转换成可溶态。

④ 样品稀释：浓度较高的样品，可以进行适当稀释，以确保质谱仪在测量时能够正常操作，避免超出其检测范围。

⑤ 标准曲线制备：准备一系列已知浓度的标准溶液，涵盖待测重金属的浓度范围。这些标准溶液用于建立浓度与信号响应之间的关系，从而进行定量分析。

⑥ 质谱仪设置：根据使用的质谱仪类型和分析要求，设置仪器参数，包括选择适当的离子源、质谱仪工作模式和离子检测器等。

⑦ 质谱仪校准：在开始实际测量之前，进行质谱仪的校准。使用已知浓度的标准溶液进行校准，以确保仪器能够准确地测量待测样品中的重金属含量。

⑧ 质谱仪测量：将经过预处理和消解的样品注入质谱仪中进行测量。质谱仪根据样品中重金属的质量-电荷比分析其组成。

⑨ 数据分析与解释：通过分析质谱仪提供的数据，使用标准曲线进行定量分析。计算样品中重金属的浓度，并进行结果的解释和评估。

需要注意的是，具体的步骤和参数设置可能因使用的质谱仪型号、分析要求和实验室标准程序而略有不同。

现以利用 ICP-MS 检测某水库水样中 Zn、Cd、Pb 重金属浓度为例，对其检测过程进行详细阐述。

① 使用干净的采样瓶收集 3 瓶同一地点的样品作为平行样，立即用胶头滴管分别滴加 3～5 滴浓硝酸以防离子吸附于采样瓶瓶壁，并避免样品接触到外部的重金属污染源（如接触金属容器或污染的手部），带回实验室。

② 使用 $0.22\mu m$ 水系滤膜将样品过滤到干净的离心管中，以去除固体杂质。

③ 采集的水库样品重金属浓度通常较低，且杂质较少，因此样品不再进行稀释和消解。每个样品各取 3 份 2mL 过滤后的溶液于离心管中，并以 3 份等量的超纯水作为对照，最后向上述离心管中逐一添加 $20\mu L$ 铑（Rh）标准溶液作为内标，即得 12 份待检测溶液。

④ 利用 1000mg/L 的混合金属标准样品分别配制浓度梯度为 $0.1\mu g//L$、$0.5\mu g/L$、$1.0\mu g/L$、$2.0\mu g/L$、$5.0\mu g/L$、$10.0\mu g/L$ 和 $20.0\mu g/L$ 的标准溶液。

⑤ 质谱仪设置：选择 ICP-MS 进行检测，根据仪器的要求调整气体流量、能量和离子聚焦等参数，仪器预热 20min，选择目标元素为 Zn、Cd、Pb，然后点炬，使用标准优化液对仪器性能进行优化。

⑥ 使用准备好的一系列浓度梯度的标准溶液，通过测量质谱仪的信号响应，并与已知浓度溶液进行比较，建立浓度与仪器响应之间的线性关系，绘制标准曲线。通常采用浓度与

响应信号之间相关系数的平方（R^2）来判断标准曲线的质量以及仪器的性能。

⑦ 标准曲线绘制完成，即可进行实际样品测量。测量结果见表 13.1。

表 13.1　某水库样品 ICP-MS 测试结果

样品编号	Zn 浓度/(μg/L)	Cd 浓度/(μg/L)	Pb 浓度/(μg/L)	Rh(内标)加标回收率/ %
1	2.476	0.061	0.423	98.8
2	2.238	0.046	0.378	98.2
3	2.320	0.043	1.088	98.7
4	2.373	0.041	0.606	104.2
5	2.111	0.090	0.440	98.2
6	2.111	0.090	0.440	99.0
7	2.377	0.059	0.406	99.3
8	2.148	0.044	0.363	98.8
9	2.227	0.040	1.045	98.2
10	0.007	0.001	0.005	98.8
11	0.009	0.001	0.006	98.2
12	0.005	0.001	0.004	98.7

13.4.2　利用质谱法检测有机物

质谱仪对有机物检测的高性能主要体现在对纯物质的分析方面，而环境样品通常成分复杂，因此单独的质谱仪在环境领域的应用受到限制，更多的是与其他仪器联用。

① 气相色谱-质谱法（GC-MS）在环境样品分析中的应用：气相色谱-质谱法可以对环境中挥发性有机物（VOCs）进行定性和定量分析。例如，空气中存在各种 VOCs，包括苯、甲苯、二甲苯等有机化合物，这些有机化合物均对人体有害。GC-MS 可以对其进行定性和定量分析，有助于了解环境中的污染物种类和污染水平。

② 液相色谱-质谱法（LC-MS）在环境样品分析中的应用：液相色谱-质谱法可以对水样中的有机污染物进行分析。例如，水中存在各种有机污染物，比如农药等，这些有机污染物会对水体造成危害。LC-MS 可以对这些有机污染物进行定性和定量分析，有助于了解和评价水体中污染物的种类和污染水平。

③ 电喷雾-质谱法（EIS-MS）在环境样品分析中的应用：电喷雾-质谱法可以对环境中的大分子化合物进行分析。例如，土壤和水中存在各种有机污染物，这些有机化合物大多数具有较高的分子量。

不论是哪种联用技术，其主要的思路都是利用联用仪器将混合物质分离，然后使用质谱仪将化学物质分解成离子，并根据其质荷比来识别和定量分析样品中的化合物。分析质谱仪的检测结果，若实验条件恒定，每个分子都有自己的特征裂解模式。根据质谱图所提供的分子离子峰、同位素峰以及碎片质量等信息，可以初步推断出化合物的结构。对未知质谱图的推断，通常包括以下步骤。

① 确认分子离子峰。分子离子峰确认之后，就获得一些相关信息，如：a. 从峰的强度可大致推测出其属于某类化合物；b. 已知分子量，便可查阅贝农（Beynon）表；c. 将其强度与同位素峰强度比较，可判断可能存在的同位素。

　　② 利用同位素峰信息，借助同位素标记，应用同位素丰度数据，确定化学式，可查阅 Beynon "质量和同位素丰度表"，但应注意：a. 同位素的相对丰度是以分子离子峰为 100；b. 只适用于含 C、H、O 和 N 的化合物。

　　③ 利用化学式计算不饱和度。

　　④ 充分利用主要碎片离子的信息，推断未知物结构。

　　质谱仪在环境领域的应用通常是与其他仪器联用，因此具体的应用实例详见后续联用技术的相关章节。

 ## 习题

1. 利用质谱法进行定量分析的主要原理是什么？
2. 质谱检测过程中容易受到什么因素的干扰？
3. 利用质谱法定量分析样品中 Fe 元素含量时，为什么通常误差较大？
4. 质谱法通常和哪些仪器联用？简述其各自的功能。
5. 质谱图谱中分子离子峰很弱或未出现是什么原因造成的？应如何解决？

 ## 参考文献

[1] Sun J，Fang R，Wang H，et al. A review of environmental metabolism disrupting chemicals and effect biomarkers associating disease risks：Where exposomics meets metabolomics [J]. Environment International，2022，158：106941.

[2] Vermeulen R，Schymanski E L，Barabási A L，et al. The exposome and health：Where chemistry meets biology [J]. Science，2020，367 (6476)：392-396.

[3] Alseekh S，Aharoni A，Brotman Y，et al. Mass spectrometry-based metabolomics：A guide for annotation，quantification and best reporting practices [J]. Nature Methods，2021，18 (7)：747-756.

[4] Zhao S，Li L. Chemical derivatization in LC-MS-based metabolomics study [J]. TrAC：Trends in Analytical Chemistry，2020，131 (1)：115988.

[5] Khamis M M，Adamko D J，El-Aneed A. Strategies and challenges in method development and validation for the absolute quantification of endogenous biomarker metabolites using liquid chromatography-tandem mass spectrometry [J]. Mass Spectrometry Reviews，2021，40 (1)：31-52.

[6] 方惠群，于俊生，史坚. 仪器分析 [M]. 北京：科学出版社，2002.

[7] Todd J. Recommendations for nomenclature and symbolism for mass spectroscopy (including an appendix of terms used in vacuum technology). (Recommendations 1991) [J]. International Journal of Mass Spectrometry and Ion Processes，1991，142 (10)：209-240.

[8] Gross J H. Mass Spectrometry [M]. 2 版. 北京：科学出版社，2012.

[9] Griffith K S，Gellene G I. A simple method for estimating effective Ion source residence time [J]. American Society for Mass Spectrometry，1993，4 (10)：787-791.

[10] Harrison J. Effect of reaction exothermicity on the proton transfer chemical ionization mass spectra of i-someric C_5 and C_6 alkanols [J]. Canadian Journal of Chemistry，2011，59 (59)：2125-2132.

[11] Hunt D F. Ryan J F. Chemical ionization mass spectrometry studies. I. Identification of alcohols [J]. Tetrahedron Letters，1971，12 (47)：4535-4538.

[12] 高舸. 质谱及其联用技术：在卫生检验中的应用 [M]. 成都：四川大学出版社，2015.

第十四章
色谱法

面对复杂的环境样本，分析工作者往往面临多种组分混合的复杂体系，因此分析样品时需要对体系中的各种组分进行分离，再逐一进行定性或定量分析。早期多采用沉淀、萃取、蒸馏、升华等经典技术对物质进行分离。现今，分析工作者面对大量且组分复杂的样品多采用色谱分析法。

随着气相色谱法和高效液相色谱法的快速发展，色谱法已被广泛应用于各个领域，逐渐发展为一门专门的科学。尽管色谱法种类繁多，但其本质机理都是利用两个不相混溶的相之间的相对运动。两相中相对固定不动的相称为固定相，携带待分离试样向前运动的相称为流动相。其分离基础是物质在两相中分配系数的差异，分配系数差异反映了混合物中各组分的溶解能力以及吸附能力等的差异。流动相中携带的混合物流经固定相时，与固定相发生相互作用（如溶解、吸附等），由于混合物中各组分在物理化学性质和结构上的差异，其与固定相之间产生作用力的大小、强弱也各不相同，因此，不同组分在固定相中滞留时间不同。随着流动相的移动，混合物在两相间经过反复多次的分配平衡，使得各组分被固定相保留的时间不同，并按一定的顺序由固定相中流出。

14.1 色谱分析的基本理论

14.1.1 色谱的基本概念和常用术语

14.1.1.1 色谱图

色谱柱是无法实现自动化和在线分析的，通过在色谱柱后安装检测器，记录检测器输出的电压或电流信号，可反映被分离的各组分从色谱柱中流出时浓度变化的信息。色谱柱流出物通过检测器时所产生的响应信号对时间作图所得的曲线图称为色谱流出曲线，也称为色谱图（图 14.1）。

（1）色谱峰

色谱流出曲线上的凸起部分即为色谱峰，其反映了待测组分随流动相通过色谱柱和检测器时，信号随时间变化的规律。正常色谱峰为对称形正态分布曲线。

（2）基线

在实验操作下，无试样通过检测器时，检测到的信号即为基线。基线反映仪器噪声随时间的变化，其平稳与否一般可反映仪器是否稳定。

（3）峰高

色谱峰顶点与基线之间的垂直距离，用 h 表示。色谱峰的高度与组分的浓度有关，分

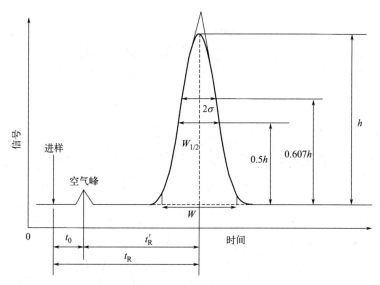

图 14.1　色谱流出曲线

析条件一定时，峰高是定量分析的依据。

（4）峰面积

色谱峰与基线所围成的面积，用 A 表示。色谱峰的面积可由色谱工作站中的微机处理系统或数字积分仪自动计算并记录，尤须手动计算。

（5）峰（底）宽

过色谱峰两侧的拐点作垂线，在基线上的截距称为峰宽，用 W 表示。

（6）半峰宽

峰高一半处峰的宽度，用 $W_{1/2}$ 表示。

（7）标准偏差

$0.607h$ 处峰的宽度的一半，用 σ 表示。σ 的大小表示组分离开色谱柱的分散程度。σ 大，流出的组分分散，分离效果差；相反，流出组分集中，分离效果较好。

峰宽、半峰宽、标准偏差可描述色谱峰的区域宽度，是色谱流出曲线中的重要参数，反映了色谱柱的柱效，区域宽度越窄越好。

14.1.1.2　保留值

保留值表示试样中各组分的位置，反映了该组分的迁移速度，是色谱定性分析的主要参数。

（1）保留时间 t_R

组分从进样到柱后出现浓度极大值时所需的时间，用 t_R 表示。

（2）死时间 t_0

不与固定相作用的气体（如空气），从进样到出现空气峰极大值时所需的时间，用 t_0 表示。

（3）调整保留时间 t'_R

保留时间扣除死时间后的时间，用 t'_R 表示。

$$t'_R = t_R - t_0 \tag{14.1}$$

（4）保留体积 V_R

从进样开始到被测组分在柱后出现浓度极大值时所通过的流动相的体积，用 V_R 表示。

239

（5）死体积 V_0

色谱柱在填充后，未被固定相占据的空间间隙体积，即柱管内固定相颗粒间隙所剩余的空间、色谱仪中管路和连接头间的空间以及检测器的空间的总和，用 V_0 表示。

（6）调整保留体积 V_R'

组分的保留体积扣除死体积即为调整保留体积，用 V_R' 表示。

$$V_R' = V_R - V_0 \tag{14.2}$$

（7）相对保留值 r_{21}

组分 2 与组分 1 的调整保留值之比，也称选择性因子 α，表示固定相对这两种组分的选择性。相对保留值 r_{21} 只与柱温及固定相性质有关，与柱径、柱长、填充情况及流动相流速无关，因此可以用作色谱定性鉴定的依据。

$$r_{21} = \frac{t_{R2}'}{t_{R1}'} = \frac{V_{R2}'}{V_{R1}'} \tag{14.3}$$

14.1.1.3 分配平衡

色谱分析过程是一个相平衡过程。样品组分在相对运动的两相中的质量或浓度的比例，常用分配系数和分配比来描述。

（1）分配系数 K

在一定温度和压力下，组分在固定相和流动相之间分配达到平衡时的浓度比被称为分配系数，用 K 表示。

$$K = \frac{C_s}{C_m} \tag{14.4}$$

式中　C_s——组分在固定相中的浓度；

C_m——组分在流动相中的浓度。

组分在流动相中的浓度分配系数是由组分和固定相的热力学性质决定的，是每种溶质的特征值，仅与固定相和温度有关，与两相体积、柱管的特性以及所使用的仪器无关。

（2）分配比 k

在一定温度和压力下，组分在两相间分配达到平衡时，分配在固定相和流动相中的质量比，用 k 表示。

$$k = \frac{m_s}{m_m} \tag{14.5}$$

式中　m_s——组分在固定相中的质量；

m_m——组分在流动相中的质量。

分配比 k 越大，说明组分在固定相中的量越多，相当于柱的容量越大，保留时间越长。因此分配比又称分配容量、容量比或容量因子。

14.1.1.4 分离参数

分离度指相邻两个色谱峰的分离程度，是相邻两色谱峰保留时间之差与两色谱峰峰宽平均值之比，用 R 表示。其是色谱柱的总分离效能指标。

$$R = \frac{t_{R_2} - t_{R_1}}{(W_1 + W_2)/2} = \frac{2(t_{R_2} - t_{R_1})}{W_1 + W_2} \tag{14.6}$$

R 越大，表明相邻两组分分离得越好。从理论上可以证明，若峰形对称，色谱峰呈正态分布。

当 $R=0.8$，两组分的峰高为 $1:1$ 时，两组分被分离的程度为 95%。若从两峰的中间（峰谷）切割，则一个峰内包含另一个组分的 5%。

当 $R=1$ 时，两组分被分离的程度为 98%。若从两峰的中间（峰谷）切割，则一个峰内包含另一个组分的 2%。

当 $R=1.5$ 时，两组分被分离的程度达 99.7%，可视作相邻两峰已完全分开。

14.1.2 塔板理论

塔板理论由英国科学家辛格（Synge）和马丁（Martin）等提出，他们用数学模型描述了色谱分离过程，该理论是一个半经验理论。塔板理论将色谱柱比作化工反应的精馏塔，设想其由一系列塔板组成，每块塔板即在每一小段柱内，每块塔板的高度即理论塔板高度（H）。每块塔板里有固定相和流动相，组分进入后在流动相的推动下，向前移动进入各级塔板，在两相间不断进行分配进而达到平衡。不同组分的结构、性质、分配系数不同，在两相中的分配也不同。只要各组分的分配系数有微小差别，就会经过多次分配得到分离，于是分配系数小的组分比分配系数大的组分先流出色谱柱。

假设色谱柱长为 L，理论塔板高度为 H，理论塔板数（分配次数）为 n，则

$$n = L/H \tag{14.7}$$

n 越大，分配次数越多；H 越小，塔板高度越小；L 越长，组分分离越好。当 $n>50$ 时，可得到基本对称的峰形。一般色谱 n 为 $10^3 \sim 10^6$，因此色谱流出曲线趋于正态分布。

理论塔板数 n 与峰宽 W、半峰宽 $W_{1/2}$ 的关系如下：

$$n = 5.54\left(\frac{t_R}{W_{1/2}}\right)^2 = 16\left(\frac{t_R}{W}\right)^2 \tag{14.8}$$

在实际分析测定时，由于色谱柱的死时间（或死体积）没有参加柱内分配，因此常用有效塔板数表示柱效，用 t'_R 代替 t_R 计算有效理论塔板数 $n_{有效}$。

$$n_{有效} = 5.54\left(\frac{t'_R}{W_{1/2}}\right)^2 = 16\left(\frac{t'_R}{W}\right)^2 \tag{14.9}$$

塔板理论描述了组分分子在色谱柱内的运动规律，其考虑的是组分的热力学性质。

14.1.3 速率理论

速率理论由荷兰学者范第姆特（Van Deemter）等科学家提出。速率理论将色谱过程看作动态过程，研究过程中动力学因素对色谱峰宽窄的影响，推导出了塔板高度 H 与流动相线速度 u 的关系，提出了影响塔板高度的三个因素。这三个因素分别为涡流扩散、分子扩散、传质阻力。

$$H = A + B/u + Cu \tag{14.10}$$

式中　H——塔板高度；

　　　u——流动相的线速度；

　　　A——涡流扩散系数；

　　　B——分子扩散系数；

　　　C——传质阻力系数。

14.1.3.1 涡流扩散

在填充柱中，流动相带着组分通过固定相颗粒之间的空隙时，方向不断改变，使组分形成涡流式的流动。由于固定相颗粒大小、形状不同，填充的松紧程度不同，组分分子在固定相中形成流速不同的流路，因此同时进入色谱柱的相同组分流出色谱柱的时间不一，导致色谱峰变宽。

$$A = 2\lambda d_{p} \tag{14.11}$$

式中　A——涡流扩散系数；

　　　λ——填充不规则因子；

　　　d_{p}——固定相填料的平均直径。

14.1.3.2 分子扩散

分子扩散，也被称作纵向扩散，是由浓度梯度导致的。组分刚进入色谱柱时以"塞子"形状存在于柱的很小一段空间中，在流动相的推动下，组分沿色谱柱运动，由于存在浓度梯度，"塞子"中的组分分子会自发地向前、向后扩散，使"塞子"变长，导致色谱峰变宽。

$$B = 2\gamma D_{m} \tag{14.12}$$

式中　B——分子扩散系数；

　　　γ——填充柱内流动相扩散路径的弯曲因素，称为弯曲因子；

　　　D_{m}——组分分子在流动相中的扩散系数。

弯曲因子是由固定相引起的，反映了固定相颗粒的几何形状对分子纵向扩散的阻碍程度。使用粒度小且均匀的固定相，可使 γ 减小，提高柱效。D_{m} 与温度成正比，与分子量成反比，因此，降低柱温和采用分子量较大的流动相，可以有效减少分子扩散。

14.1.3.3 传质阻力

样品组分在进入色谱柱后，按浓度分配比在流动相和固定相之间交换、扩散，进行质量传递，影响此过程进行的阻力称为传质阻力。

传质阻力由流动相传质阻力项和固定相传质阻力项组成。被测组分分子由流动相内部扩散到液-固两相界面的过程中产生的传质阻力称为流动相传质阻力。被测组分分子从液-固两相界面进入固定相内部进行分配后又返回两相界面的过程中所产生的传质阻力称为固定相传质阻力。液相色谱使用多孔固定相时，会有一部分流动相停滞在固定相颗粒的孔隙中。组分通过这部分流动相时也存在传质阻力，被称作停滞流动相传质阻力。

（1）气相色谱速率方程

在气相色谱中，固定相传质项系数 C_{s} 为

$$C_{s} = \frac{qk}{(1+k)^{2}} \times \frac{d_{f}^{2}}{D_{s}} \tag{14.13}$$

式中　q——固定相颗粒形状和孔结构决定的结构因子；

　　　k——分配比；

　　　d_{f}——载体上的固定液液膜厚度；

　　　D_{s}——溶质在固定相内的扩散系数。

若固定相填料为球形，则 q 为 $8/\pi^{2}$；若其为不规则形状，则 q 为 2/3。

气体流动相传质项系数 C_{m} 为

$$C_m = \frac{0.01k^2}{(1+k)^2} \times \frac{d_p^2}{D_m} \qquad (14.14)$$

式中 k——分配比；

d_p——填充物粒度；

D_m——组分在载气中的扩散系数。

因此，采用粒度小的填充物和分子量小的载气，可使 C_m 减小，提高柱效。

将式(14.11)～式(14.14)代入式(14.10)，可得气相色谱的速率方程为

$$H = 2\lambda d_p + \frac{2\gamma D_m}{u} + \frac{qk}{(1+k)^2} \times \frac{d_f^2}{D_s} \times u + \frac{0.01k^2}{(1+k)^2} \times \frac{d_p^2}{D_m} \times u \qquad (14.15)$$

（2）液相色谱速率方程

液相色谱的传质阻力由固定相传质阻力、流动相传质阻力和停滞流动相传质阻力三部分构成。传质系数 C 为

$$C = C_s + C_m + C_{sm} \qquad (14.16)$$

其中，固定相传质系数 C_s 的计算公式与气相色谱中的式(14.13)类似，流动相传质系数 C_m 的计算公式为

$$C_m = \frac{\omega d_p^2}{D_m} \qquad (14.17)$$

式中 ω——与柱和填充性质有关的系数；

D_m——试样分子在流动相中的扩散系数；

d_p——固定相的粒径。

固定相孔结构内滞留流动相的传质系数 C_{sm} 的计算公式为

$$C_{sm} = \frac{(1-\varepsilon_i+k)^2}{30(1-\varepsilon_i)(1+k)^2} \times \frac{d_p^2}{\gamma D_m} \qquad (14.18)$$

式中 ε_i——固定相的孔隙度；

k——分配比；

d_p——固定相的粒径；

D_m——试样分子在流动相中的扩散系数。

将上述传质项系数公式代入式(14.10)，可得液相色谱速率理论方程为

$$H = 2\lambda d_p + \frac{2\gamma D_m}{u} + \frac{\omega d_p^2}{D_m} \times u + \frac{qk}{(1+k)^2} \times \frac{d_f^2}{D_s} \times u + \frac{(1-\varepsilon_i+k)^2}{30(1-\varepsilon_i)(1+k)^2} \times \frac{d_p^2}{\gamma D_m} \times u$$

$$(14.19)$$

速率方程对色谱条件的选择具有实际指导意义，可以根据具体情况采取不同的措施提高柱效，从而获得满意的分离效果。

14.2 色谱分析方法

色谱是一种具有强大组分分离能力的方法，但其不能直接从色谱图中给出定性或定量的结果，而是需要采用一定的方法配合才能进行定性或定量分析。色谱定性分析与定量分析均以色谱图为依据，根据图中色谱峰的保留值与各色谱峰之间相对峰面积的大小来实现。保留

值取决于组分在两相中的分配系数，与组分的性质有关，是色谱定性的依据；峰面积大小取决于试样中组分的相对含量，是色谱定量的关键。

14.2.1　色谱定性分析

色谱定性分析就是确定色谱图中每个色谱峰代表哪种物质。根据保留值定性只是一个相对的方法，更为可靠的方法有标准物质对照法、文献值对照法和联用法。

14.2.1.1　标准物质对照法

对组成不太复杂的样品，若需要确定色谱图中某一未知色谱峰所代表的组分，可选一系列与未知组分相接近的标准物质，在一定的固定相和一定的操作条件下，当某一标准物质与未知组分色谱峰保留值相同时，即可初步确定这个未知色谱峰所代表的组分。这种方法应用简便，是色谱分析最常用的定性方法，可在已知组分可能为某几个化合物或属于某种类型时，用于做最后的验证。

根据保留值定性也只是一个相对的方法。多数色谱检测器给出的响应信号，并不是分子结构的特征信号。因此，色谱法可以定性已知的化合物，但不足以鉴定完全未知的物质。

14.2.1.2　文献值对照法

当没有标准物质时，可利用文献提供的保留数据定性。色谱法发展多年，经过科学家们的努力积累了大量有机化合物在不同色谱柱、不同柱温下的保留数据。文献值对照法就是利用已知物的文献相对保留值、比保留体积 V、保留指数等数据与待测物质组分数据进行比对的方法。保留指数法应用较多，因为保留指数仅与柱温、固定液性质有关，与色谱条件无关，而且对比待测物质保留指数重现性较好，精度可达 ± 0.03 个指数单位。在使用文献时，为提高准确性，还可分别用极性不同的两根色谱柱测定某组分的保留数据，若两个数据均与文献值一致，定性的结果更可靠。

14.2.1.3　联用法

色谱法只能定性已知的化合物，不能鉴定尚未被人们所了解的化合物。现今发展中，色谱常与质谱、紫外光谱、红外光谱、核磁共振等技术联用，同时利用色谱的高效分离能力和质谱、光谱技术的高鉴别能力，为未知物质的定性分析和仪器分析造就新的发展方向。

14.2.2　色谱定量分析

定量分析的依据是在一定的操作条件下，分析组分 i 的质量（m_i）与检测器的响应信号（峰面积 A_i 或峰高 h_i）成正比。

$$m_i = f_i A_i \tag{14.20}$$
$$m_i = f_i h_i \tag{14.21}$$

式中　A_i——峰面积；

　　　h_i——峰高；

　　　f_i——比例常数，也称为定量校正因子，指单位面积（或峰高）所代表的某组分的量，主要由仪器的灵敏度决定。

要对组分进行定量分析，就需要选择合适的定量方法并准确测定峰高或峰面积以及定量校正因子。

14.2.2.1　峰面积与定量校正因子

（1）峰面积的测定

色谱检测器响应值一般由峰面积 A 反映，可通过手工测量或运用机器自动测量两种方法获得。当色谱峰呈对称形状时，认为色谱峰与基线所围区域近似为一个等腰三角形，用峰高乘半峰宽计算峰面积。实际面积约为该值的 1.065 倍。

$$A = 1.065 h W_{1/2} \tag{14.22}$$

当色谱峰不对称时，用峰高乘平均峰宽计算峰面积。平均峰高为 $0.15h$ 和 $0.85h$ 处峰宽的平均值。

$$A = h \times \frac{W_{0.15} + W_{0.85}}{2} \tag{14.23}$$

手工测量峰面积的相对误差为 2%～5%。仪器自动积分是测量峰面积最方便的工具，速度快，线性范围宽，精度一般可达 0.2%～2%。

（2）定量校正因子

相同量的同一种物质在不同检测器上有不同的响应值（峰面积、峰高），相同量的不同物质在同一检测器上响应值也不同，这是由检测器性能或物质的物理化学性质不同导致的。为了使检测器产生的响应值能真实地反映物质的含量，引入定量校正因子 f_i 对响应值进行校正。

$$f_i = \frac{m_i}{A_i} \tag{14.24}$$

式中　f_i——绝对校正因子。

选定某一物质作为标准，用校正因子把其他物质的峰面积校正成相当于这个标准物质的峰面积，然后用校正后的峰面积来计算物质的含量。f_i 主要是由仪器的灵敏度决定的，不易测得，无法直接应用。常使用相对校正因子，即待测物质 i 和标准物质 s 的绝对校正因子的比值，用 f' 表示。

$$f' = \frac{f_i}{f_s} \tag{14.25}$$

14.2.2.2　色谱定量分析方法

（1）外标法

外标法操作和计算简便，不必使用校正因子，但要求色谱操作条件稳定，进样重复性好，适用于日常分析和大批量同类样品的快速分析。外标法可分为外标一点法、标准曲线法等，其中标准曲线法较为常用。

外标一点法是用一种浓度的对照品溶液对比测定样品溶液中该组分的含量，将对照品溶液与样品溶液在相同条件下多次进样，测得峰面积的平均值，计算样品中该组分的量。

标准曲线法是用纯物质配制一系列不同浓度的标准试样，在一定的色谱条件下准确定量进样，测量峰面积（或峰高），绘制标准曲线。测定样品时，在与测定标准试样完全相同的色谱条件下准确进样，得到峰面积（或峰高），根据斜率计算出被测组分的含量。

（2）内标法

内标法是在已知量的试样中，添加已知量的、能与所有组分完全分离的内标物，用相应的校正因子校准待测组分的峰面积，并与内标物的峰面积进行比较，求出待测组分含量的方法。这是一种间接或相对的校准方法。通过加入内标物抵消实验条件和进样量变化带来的误差，以提高分析结果的准确度。内标法适用于样品中各组分无法完全从色谱柱流出或部分组分在检测器上无信号的情况。

（3）归一化法

归一化法是色谱中常用的一种简便、准确的定量方法，通常以峰面积、峰高作为定量参数进行计算，其中面积归一化法使用较多，其计算公式为

$$w_i = \frac{m_i}{m_1 + m_2 + \cdots + m_n} = \frac{f_i A_i}{\sum\limits_{i=1}^{n}(f_i A_i)} \tag{14.26}$$

式中　m_i——待测组分 i 的质量；

　　　A_i——待测组分 i 的峰面积；

　　　w_i——待测组分 i 的质量分数（或相对峰面积比）；

　　　f_i——组分 i 的定量校正因子。

这种方法要求样品中所有组分在色谱图上都出峰，且含量都在相同数量级。

14.3　气相色谱法概述

气相色谱法（gas chromatography，GC）是以气体为流动相的色谱方法，主要用于分离分析易挥发的物质。

14.3.1　气相色谱仪的主要结构

目前，气相色谱仪的型号和种类很多，但都是由气路系统、进样系统、分离系统（色谱柱）、检测系统以及数据采集处理系统组成，见图14.2。

图 14.2　气相色谱仪主要结构示意图

14.3.1.1　气路系统

气相色谱仪的气路系统一般包括气源、气体干燥净化管和载气流速控制配件。气源一般由气体钢瓶或气体发生器提供，常用载气有 N_2、H_2、Ar、He、CO_2 等，其作用是携带组分在气路系统中移动以达到分离混合物的目的。干燥净化管的主要作用是去除气体中可能存在的水分、烃类、氧气等杂质，减少仪器产生噪声、假峰和基线不稳的情况。通常使用硅胶和分子筛对气体进行脱水，用活性炭去除除甲烷以外的碳氢化合物，再用脱氧剂去除气体中的微量氧气。载气流量恒定对气相色谱分析的重复性和稳定性至关重要，因此使用减压阀、稳压阀、针形阀和稳流阀来调节和控制气流。

14.3.1.2　进样系统

进样系统包含进样器和气化室，通过进样系统可以使样品快速、稳定地进入系统，再进行色谱分离。样品为气体时，通常使用六通阀进样，通过定量环控制试样气体量；样品为液体时，一般采用微量注射器进样，分为手动进样器和自动进样器。气化室的作用是使液体或固体样品在进入系统后瞬间气化，然后快速定量并输送到色谱柱中。除特殊仪器外，固体样品一般使用较少。

14.3.1.3　分离系统

色谱柱是气相色谱实现样品组分分离的关键部件，是整个系统中最重要的部分。色谱柱的分离效能取决于柱内固定相的选择与填充。气相色谱柱分为填充柱和毛细管柱。填充柱一般由玻璃、金属、聚四氟乙烯等材料制成，内径为 $2\sim6mm$，一般长为 $0.5\sim6m$，由于其固定相用量较大，载样量高，不仅适用于分离分析，也适用于制备超纯化合物。但其柱渗透性差、传质阻力高，因此柱效较低。毛细管柱内径为 $0.1\sim0.5mm$，柱长可达几十米到上百米，因此柱效高，分析速度快，样品用量小，但其柱容量低，对检测器的灵敏度要求高。

14.3.1.4　检测系统

气相色谱检测器是把色谱柱后流出物质的信号转变为电信号的一种装置。哈拉兹将检测器分为两类，一类是检测器信号响应只与样品浓度有关的，另一类是只与样品质量流速有关的。目前，常用气相色谱检测器有热导检测器、火焰离子化检测器、电子捕获检测器、热离子检测器、超声检测器、火焰光度检测器等。近年来，质谱检测器也更多地被用作气相色谱的末端检测设备，气相色谱-质谱联用极大地提高了气相色谱的检出限和准确性。

14.3.1.5　数据采集处理系统

数据采集处理系统的作用是采集数据，显示色谱图，最后给出定性、定量分析的结果。现代气相色谱分析的数据采集处理系统一般是将计算机和色谱仪结合起来的色谱工作站。通过计算机和专用软件不仅可以进行色谱定性、定量分析，获取峰面积标准曲线及其他色谱参数，还可以控制色谱仪的柱温、载气流速等参数。

14.3.2　气相色谱仪的分析操作条件

影响气相色谱分析结果的主要因素有载气的种类和流速、色谱柱、柱温、进样量等。

14.3.2.1　载气及其流速

载气流速的选择参考速率方程：

$$H = A + B/u + Cu \tag{14.27}$$

考虑到流速对柱效的影响，有一个最佳流速，但在实际应用中为了缩短样品分析的时间，流速往往稍高于最佳流速。

载气种类主要与载气流速和检测器有关。首先应考虑与检测器的适配度。使用热导检测器时，宜采用热导率较大的 H_2 提高检测灵敏度；使用火焰离子化检测器时，一般采用 N_2、He 作为载气；使用电子捕获检测器时，一般采用 Ar、N_2。其次考虑流速对载气选择的影响。当载气流速较大时，传质阻力项是影响柱效的主要因素，因此常选用分子量小的氢气、氦气作载气，减小传质阻力，提高柱效；当载气流速较小时，分子扩散项成为影响柱效的主要因素，一般采用分子量大的氮气、氩气作载气，抑制试样的纵向扩散，提高柱效。

14.3.2.2　气化室温度

气化室温度取决于样品的挥发性、沸点及进样量。为保证迅速完全气化，气化室温度一般要超过沸点 $50℃$ 以上，但也不宜太高，以防样品分解。常见气化室温度比色谱柱高 $30\sim70℃$。

14.3.2.3　色谱柱的选择

气相色谱色谱柱的选择主要依据"相似相溶"原则，实际应用中依据样品组分的极性选择极性相近的固定相或固定液。

气-固色谱柱使用固体固定相时，一般采用固体吸附剂，主要用于分离和分析永久性气体及气态烃类物质。常用的固体吸附剂主要有强极性的硅、弱极性的氧化铝、非极性的活性炭和具有特殊吸附作用的分子筛。

对于气-液色谱柱，固定相由载体和固定液构成。载体是有化学惰性和多孔性的固体颗粒，用于承载固定液，分为硅藻土和非硅藻土两种类型。硅藻土类使用广泛，分为含少量氧化铁颗粒的红色载体和加入少量碳酸钠形成铁硅酸钠的白色载体。红色载体适用于非极性固定液，分离非极性和弱极性化合物。而白色载体适用于极性固定液，分离极性化合物。分离非极性物质一般选择非极性固定液，样品组分按沸点高低先后流出色谱柱，沸点低的组分先流出，沸点高的物质后流出；分离极性物质选用极性固定相或固定液，各组分按极性从小到大先后流出色谱柱；对于非极性和极性混合物质，一般使用极性固定相或固定液，非极性物质先流出色谱柱，极性组分后流出；对于醇、酚、胺等易形成氢键的样品，使用极性或氢键型的固定相或固定液，不易形成氢键的组分先流出，易形成氢键的后流出。

选定色谱柱固定相后，柱效率受色谱柱柱形、柱内径和柱长的影响。通常螺旋形及盘形柱柱效高且体积较小，为一般仪器所采用。增加柱长可使理论塔板数增大，但同时峰宽也会加大，分析时间延长，柱压也将增加，因此填充柱的柱长要合适。一般柱长选择以使组分能完全分离、分离度达到期望为准。

14.3.2.4 柱温

色谱柱的柱温影响其选择性、柱效能和分析时间。柱温升高可减小传质阻力，有利于提高柱效，但会加剧分子的纵向扩散，从而导致柱效下降。同时，柱温的升高可以缩短样品分析的时间，但这会降低柱的选择性，导致分离度下降，易使低沸点组分的色谱峰产生重叠。因此，需对柱温的选择进行综合考量。对于组分单一或较少的样品，一般采用恒温操作；而对于组分复杂、沸点范围宽的样品，使用程序升温，即在分析周期内使柱温由低到高规律变化，使组分由低沸点到高沸点依次分离出来。柱温的控制精度要求在±0.1℃左右。

14.3.2.5 检测器温度

为了使色谱柱的流出物不在检测器中冷凝而污染检测器，检测室温度需要高于柱温。一般可高于柱温30~50℃，或等于气化室温度。

14.3.2.6 进样量和进样时间

进样量的大小直接影响谱带的初始宽度，进样量越大，谱带初始宽度越宽，经分离后的色谱峰宽更宽，不利于分离。因此，在检测器灵敏度足够的前提下，一般液体进样量控制在0.10~10μL，气体进样量控制在0.10~10mL。

进样时间过长也会影响分离效果，一般要求气相色谱进样时间越短越好，在1s内完成。

14.3.3 气相色谱法在环境样品分析中的应用

14.3.3.1 空气中苯系物的检测

（1）样品的处理和标准溶液配制

空气中的苯系物成分复杂，有时含量较低，且具有较高的挥发性，因此气相色谱法是测定空气中苯系物的最佳方法之一。

将烟气采样器流量调至0.5L/min，保持该流量60min。采样结束，使用配备的密封橡胶圈封住头尾开口处。将活性炭采样管中的活性炭取出，在采集好样品的活性炭管中加入

1mL 二硫化碳，手动振荡样品 1min，并在室温下静置解吸 1h。过 $0.45\mu m$ 滤头后装入进样瓶待测。

将 8 种苯系物的混合标准溶液逐级稀释，得到质量浓度为 0.5、1.0、10、20、50μg/mL 的标准系列溶液。

（2）气相色谱条件

仪器：Agilent 7890B 气相色谱仪，带 FID 检测器；

色谱柱：DM-WAX 毛细管柱，30m × 250μm ×0.25μm；

载气：氮气；

柱箱温度：60℃保持 5min，以 10℃/ min 升至 100℃ 保持 1min，再以 40℃/min 升至 200℃保持 1min；

柱流量：1.2mL/min；

进样口温度：240℃；

分流比：20∶1；

检测器温度：240℃；

载气流量：氢气流量 30mL/min，空气流量 400mL/min，尾吹气流量 25mL/min。

（3）结果

利用标准溶液对 8 种苯系物进行定性分析，均有较好的分离效果，且分析时长仅为 13.5min（图 14.3）。

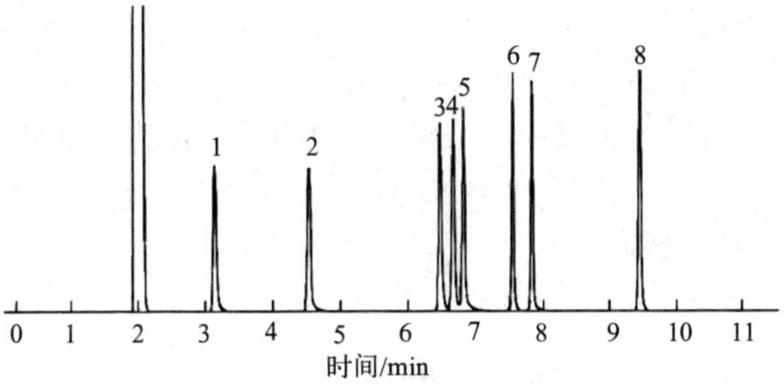

图 14.3　8 种苯系物的色谱图
1—苯；2—甲苯；3—乙苯；4—对二甲苯；5—间二甲苯；
6—异丙基苯；7—邻二甲苯；8—苯乙烯

14.3.3.2　饮用水中卤代烃的检测

饮用水中的卤代烃会对人体产生不良影响，但是因为饮用水已经过处理，饮用水中的卤代烃一般以微量或者痕量浓度存在。其种类较多，性质相似，具有一定的挥发性，因此气相色谱法是测定饮用水中卤代烃的最佳方法之一。

顶空技术是一种气体萃取技术，常与气相色谱分析联合使用。被测水样置于密闭的顶空瓶中，在一定温度下水中的卤代烃逸至上部空间，并在气液两相中达到动态平衡，通过对气相中卤代烃浓度的测定，可计算出水样中卤代烃的浓度。

（1）样品的处理和标准样品准备

吸取采样瓶中的水样 20mL 于顶空瓶中，置于 40℃水浴锅中平衡 40min，抽取 50μL 液上气体进行气相色谱分析。

分别吸取浓度均为 2000μg/mL 的三氯甲烷、三氯乙烯、一溴二氯甲烷、二溴一氯甲烷、四氯乙烯和三溴甲烷的卤代烃标准贮备液各 100μL，四氯化碳标准贮备液 10μL，以及 1,1,1-三氯乙烷标准贮备液 50μL 于 100mL 容量瓶中，用经煮沸冷却的纯水定容至标线，标记为贮备瓶 1。吸取二氯甲烷标准贮备液、1,1-二氯乙烷和 1,2-二氯乙烷标准贮备液各 50μL 分别加至另一 25mL 容量瓶中，用水定容至标线，标记为贮备瓶 2。准备 4 支 100mL 比色管，加入适量经煮沸冷却的纯水。分别吸取贮备瓶 1 和贮备瓶 2 中一定量液体用纯水定容至标线。溶液中三氯甲烷、三氯乙烯、一溴二氯甲烷、二溴一氯甲烷、四氯乙烯和三溴甲烷 6 种卤代烃的浓度分别为 5、10、20、40μg/L；四氯化碳浓度为 0.5、1、2、4μg/L；1,1,1-三氯乙烷的浓度为 2.5、5、10、20μg/L；二氯甲烷的浓度为 20、50、100、200μg/L；1,1-二氯乙烷和 1,2-二氯乙烷的浓度均分别为 40、100、200、400μg/L。分别吸取 20mL 各比色管内溶液至 4 个顶空瓶中，40℃水溶平衡 40min 后，抽取 50μL 液上气体进行气相色谱分析。

（2）气相色谱条件

仪器：7890B 型气相色谱仪，带 ECD 检测器；

进样口温度：200℃；

隔垫吹扫流量：3mL/min；

分流比：15∶1；

进样量：50μL；

载气：高纯氮气；

柱流量：1mL/min；

尾吹气：28mL/min；

柱温：50℃保持 3min，以 10℃/min 的速度升温至 150℃，再以 30℃/min 的速度升温至 230℃；

检测器温度：300℃；

顶空水浴平衡温度：40℃；

顶空平衡时间：40min。

（3）结果

利用标准样品进行定性，11 种卤代烃均有较好的分离效果，色谱图见图 14.4。

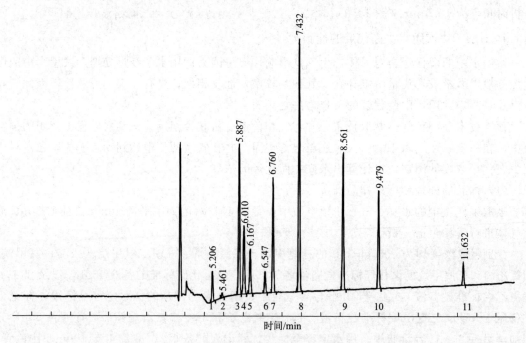

图 14.4　11 种卤代烃的色谱图

1—二氯甲烷；2—1,1-二氯乙烷；3—三氯甲烷；4—1,1,1-三氯乙烷；5—四氯化碳；6—1,2-二氯乙烷；

7—三氯乙烯；8——溴二氯甲烷；9—四氯乙烯；10—二溴一氯甲烷；11—三溴甲烷

14.3.3.3　土壤中有机氯农药的测定

土壤中有机氯农药毒性大、易残留，会对生态环境和人体健康产生不良影响。其在土壤中含量的测定主要有气相色谱电子捕获（ECD）法、气相色谱-质谱法、高分辨质谱法等。单 ECD 气相色谱法定性准确性差；气相色谱-质谱法检出限难以满足《土壤环境质量　建设用地土壤污染风险管控标准（试行）》（GB 36600—2018）的要求；高分辨质谱法仪器昂贵，易受污染，不适合大批量复杂样品的分析。双电子捕获器法，在一次进样条件下，可以同时收集两组数据供定性和定量分析，定性更准确、定量更精确，适合相对复杂样品中痕量化合物的定性定量分析。

（1）样品的处理

样品采集后经风干、研碎、混匀。称取 10.0g 样品使用加速溶剂萃取法萃取。加入 10mL 正己烷-丙酮混合溶剂（体积比 9∶1），萃取温度 100℃，萃取压力 1500 psi❶，静态萃取时间 5min，淋洗至 60%池体积，氮气吹扫时间 60s，萃取循环次数 2 次，利用硅藻土进行脱水处理。提取液经浓缩纯化再洗脱后，最终浓缩过滤定容至 1mL 待测。

使用 18 种多氯联苯混合标准溶液，配制浓度为 2、5、10、20、50、100、200μg/L 的标准系列溶液。

（2）气相色谱条件

仪器：Agilent 8890 气相色谱仪，配双电子捕获检测器（ECD）；

色谱柱：DB-XLB（30m ×0.25mm×0.5μm），DB-5（30m×0.25mm×0.25μm）；

进样口温度：270℃；

进样方式：不分流进样至 0.75min 后打开分流，分流出口流量为 60mL/min；

柱流量：2.0mL/min（恒流）；

柱温升温程序：100℃ 以 15℃/min 升温至 220℃，保持 5min，以 15℃/min 升温至 260℃，保持 20min。

（3）结果

利用标准样品对 18 种多氯联苯进行定性分析，此方法可以较好地分离各种物质并进行定量分析，色谱图见图 14.5。

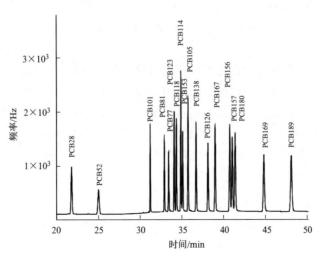

图 14.5　18 种多氯联苯的色谱图

---

❶ 1psi＝6.89kPa。

14.4 液相色谱法概述

液相色谱法是以液体为流动相的色谱方法。经典色谱法使用的色谱柱柱长较长、填充颗粒大，在常压输送下进行分离，流动相流速低，样品分离时间长。20 世纪 60 年代后期，随着技术革新，以经典液相色谱法为基础，结合气相色谱理论发展出了高效液相色谱法。填充颗粒的生产和装填技术的提高，使高效色谱分离柱的制备成为可能；高压泵的配备使流动相流速提高，加快了样品分析速度。此外，高灵敏度的检测器以及计算机技术的加入，提高了液相色谱技术的分析精度和自动化水平。与气相色谱法相比，高效液相色谱法的适用范围更广。挥发性低、热稳定性差、分子量大的高分子化合物以及离子型化合物，均可使用高效液相色谱法进行分析。

14.4.1 液相色谱仪的主要结构

高效液相色谱仪主要由高压输液系统、进样系统、分离系统、检测系统和工作站构成，见图 14.6。

图 14.6 高效液相色谱仪的主要结构示意图

14.4.1.1 高压输液系统

高压输液系统一般由储液器、溶剂脱气装置、高压泵、梯度洗脱装置等组成。

（1）储液器

储液器的作用是储存足够量符合要求的流动相以保证色谱分析工作顺利进行。在高效液相色谱中，多采用溶剂瓶作为储液器。

（2）溶剂脱气装置

溶剂脱气装置用于消除流动相从高压柱流出到达检测器过程中的气泡。因为气泡的产生会影响泵的正常运行，导致柱效下降或产生基线噪声，严重时可能会导致仪器无法正常工作。

（3）高压泵

高压泵的作用是将流动相在高压下连续不断地送入色谱系统中。高压泵应具备流量稳定、输出压力高、流量范围宽、耐酸碱和缓冲液腐蚀、压力变动小、易于清洗和更换溶剂等特性。

（4）梯度洗脱装置

高效液相色谱仪的洗脱方式有等度和梯度两种。等度洗脱是洗脱过程中保持流动相的组成配比不变的方式，梯度洗脱是在洗脱过程中连续或阶段性地改变流动相组成配比的方式。液相色谱中的梯度洗脱类似气相色谱中程序升温的功能，在组分分离过程中逐渐改变溶剂的组成，使溶剂的强度逐渐增强，在复杂混合物的分析中，使保留时间相差很大的组分可以在合适的时间内全部洗脱、分离，并且具有良好的峰形。

14.4.1.2 进样系统

进样系统是将样品有效地注入色谱柱的装置，要求重复性好、死体积小，避免柱外效应导致峰展宽。高效液相色谱早期使用隔膜注射器和停流进样器进样，现在大多使用六通阀或自动进样器进样。

14.4.1.3 分离系统

色谱柱是色谱分离的关键，由柱管和固定相组成。柱管可由玻璃、石英、金属等材料制作，其中不锈钢使用最为广泛，柱管内壁多经过抛光或涂覆氟塑料以提高内壁光洁度。固定

相粒径大于 $20\mu m$ 时用干法装填，粒径小于 $20\mu m$ 时一般采用匀浆法装填。色谱柱按规格分为分析型与制备型两类。

（1）分析型

常量柱：内径 $2\sim4.6mm$，柱长 $10\sim25cm$，固定相粒径 $3\sim5\mu m$。

半微量柱：内径 $1\sim1.5mm$，柱长 $10\sim20cm$。

（2）制备型

半制备柱：也被称作实验室制备柱，内径 $8\sim10mm$，柱长 $15\sim25cm$，固定相粒径 $5\sim20\mu m$。

制备柱：内径 $20\sim50mm$，柱长 $15\sim25cm$，固定相粒径 $5\sim20\mu m$。

生产制备柱：内径往往可以达到几十厘米，甚至可以达到 1 米，长度范围在 $25\sim50cm$，固定相粒径大于 $10\mu m$。

14.4.1.4 检测系统

液相色谱检测器的作用是检测色谱分析过程中各组分及其浓度或质量随时间的变化。要求检测器具有灵敏度高、噪声低、对温度和流量变化不敏感、线性范围宽、响应速度快、重复性好、适用化合物的种类广等性能。按检测器的原理，可分为光学检测器、热学检测器、电化学检测器、电学检测器、放射性检测器及氢火焰离子化检测器。常用的商品化检测器有紫外检测器（UVD）、荧光检测器（FLD）、光电二极管阵列检测器（PDAD）、示差折光检测器（DRID）和电导检测器（ELCD）等类型。近年来质谱检测器、傅里叶变换红外检测器等的应用也增强了高效液相色谱的定性分析功能。

14.4.1.5 工作站

工作站的作用是收集和处理数据以获取色谱定性和定量分析的结果。现今，多利用计算机和专业软件进行自动化操作。

14.4.2 液相色谱仪的分析操作条件

高效液相色谱仪的分析操作主要与色谱分离模式、流动相、色谱柱以及柱温的选择相关。

14.4.2.1 色谱分离模式的选择

根据样品的溶解度、分子量、可能存在的分子结构等性质来进行色谱分离模式的选择。液相色谱的分离类型有液-固色谱、液-液色谱、离子交换色谱、离子色谱、离子对色谱以及排阻色谱等。

（1）样品的溶解度

水溶性的样品，可采用离子交换色谱法和液液分配色谱法；微溶于水，但在有酸或碱存在时能很好电离的化合物，用离子交换色谱法；油溶性的样品或相对非极性的混合物，可以用液固色谱法。

（2）样品分子量的范围

根据样品的分子量选择液相色谱的分离模式。分子量大于 2000，一般采用排阻色谱法；分子量小于 2000，再根据其是否溶于水，是否离解，选择合适的分离模式。

14.4.2.2 流动相的选择

液相色谱流动相溶剂应该对色谱柱固定相和待分离组分有惰性，具有低黏度、对检测器干扰少、易于得到纯品、毒性低、稳定性好等特征。

（1）溶剂强度

溶剂强度即溶剂极性的大小，在柱色谱的洗脱中，溶剂的溶剂强度顺序与溶剂的洗脱能力大致相符。溶剂的强度决定了溶质的保留时间，各色谱峰的容量因子可随溶剂强度的改变增大或减小。常用溶剂的极性大小为煤油＜庚烷＜己烷＜环己烷＜二硫化碳＜四氯化碳＜甲苯＜氯丙烷＜苯＜溴乙烷＜三氯甲烷＜二氯甲烷＜异丙醚＜乙醚＜乙酸乙酯＜正丁醇＜甲乙酮＜四氢呋喃＜二氧六环＜丙酮＜丙醇＜乙醇＜甲醇＜乙腈＜甲酰胺＜水。

（2）流动相类型的选择

正相色谱中，溶剂强度随极性的增强而增加；而在反相色谱中，溶剂强度随极性的增强而减弱。正相色谱中通常先用中等极性溶剂作流动相，若保留时间太短，表明溶剂的极性太大，再改用弱极性溶剂；若组分保留时间太长，则选择极性处于上述中等极性和弱极性之间的溶剂作流动相。正相色谱常用的流动相及其冲洗强度的顺序是正己烷＜乙醚＜乙酸乙酯＜异丙醇，其中最常用的是正己烷。反相色谱常用的流动相及其冲洗强度的顺序是 H_2O＜甲醇＜乙腈＜乙醇＜丙醇＜异丙醇＜四氢呋喃，最常用的流动相组成是甲醇-H_2O 和乙腈-H_2O，由于乙腈具有剧毒，一般优先考虑甲醇-H_2O 流动相。

采用二元或多元组合溶剂作为流动相可以灵活调节流动相的极性或增加选择性，以改进色谱分离情况或调整组分出峰时间。

（3）流动相的 pH

流动相的 pH 对样品溶质的电离状态影响很大。例如，分离蛋白质等生物大分子的过程中，经常要加入修饰性的离子对物质，使流动相的 pH 为 2～3，抑制氨基酸上 α 羧基的离解，使其疏水性增加，延长洗脱时间，提高分辨率和分离效果。当采用反相色谱法分离弱酸或弱碱样品时，常常采用离子抑制法，即向含水流动相中加入酸、碱或缓冲溶液等改性剂，将流动相的 pH 控制在一定范围内，抑制溶质的离子化，减少谱带拖尾，改善峰形，提高分离的选择性。分析有机弱酸时，常向流动相中加入磷酸（或乙酸、三氯乙酸、1%的甲酸、硫酸），抑制溶质的离子化，获得对称的色谱峰。

14.4.2.3　色谱固定相的选择

不同类型的高效液相色谱使用的固定相各不相同。

液-固色谱分为极性和非极性两大类。极性固定相主要有硅胶、氧化铝、硅酸镁分子筛等，非极性固定相主要有高分子多孔微球、高强度多孔活性炭微粒等。微粒型全多孔硅珠和堆积型硅珠是现今较常用的液-固色谱固定相。

液-液色谱的固定相由载体和固定液组成。常用的载体材料是硅胶，再通过涂渍或化学键合法将固定液固定在载体表面。涂渍法常使用的固定液有聚乙二醇、聚酰胺、正十八烷和异三十烷等。而化学反应键合固定相因耐溶剂冲洗、不流失、柱效高、使用寿命长、适合梯度洗脱，是液-液色谱的优选固定相。按照色谱固定相的极性，色谱柱通常分为正相柱和反相柱两类。正相柱一般使用硅胶表面键合氰基、氨基和二醇基等极性基团作为固定相，而反相柱通常键合 C_8、C_{16}、C_{18}、C_2 烷基和苯基等非极性基团作为固定相。

离子交换色谱的固定相为离子交换剂，按离子基所带电荷分为阳离子交换剂与阴离子交换剂。选择固定相时主要考虑离子基的性质：若样品是酸性化合物，需采用阴离子交换剂；若样品是碱性化合物，则采用阳离子交换剂。

排阻色谱的固定相为具有一定孔径分布的多孔性凝胶物质。固定相根据其化学成分分为无机凝胶（如多孔硅胶、多孔玻璃等）和有机凝胶（如交联聚苯乙烯、交联葡聚糖等）两类。

14.4.2.4 柱温

温度对溶剂的溶解能力、色谱柱的性能以及流动相的黏度有影响。对于不同的检测器，温度变化的影响也不同。紫外检测器的温度波动范围超出 ±0.5℃时，一般就会造成基线漂移起伏；示差折光检测器则需要将温度变化控制在 ±0.001℃内。对于液-固色谱，柱温的改变还会使组分对吸附剂的吸附热发生变化。由于不同组分的吸附曲线不一致，柱温变化时各组分的分配比 k 变化规律不统一。因此，高效液相色谱仪使用时应保持柱温不变，以获取稳定的色谱数据。

14.4.3 液相色谱法在环境样品分析中的应用

随着色谱技术的发展以及新型仪器的研制，高效色谱技术已经广泛地应用于各类环境监测与分析中，成为污染物分析的重要手段。

14.4.3.1 水环境样品中内分泌干扰物的分析

内分泌干扰物属于新污染物，在水环境中的污染特点是种类多、性质相近且浓度低。因此很难用化学方法对其进行分离，而色谱法可以有效地对不同的内分泌干扰物进行分离，分离出来的组分可以直接通过检测器进行测定。色谱法便捷高效，因此是环境内分泌干扰物分析测定的最佳方法。

（1）样品处理与标准溶液配制

取 5mL 水样于尖底离心试管中，加入 1mL 氯仿，室温下漩涡振荡萃取 3min，5000r/min 离心 6min，精确吸取下层有机相，氮吹至干。用 1mL 乙腈复溶后待衍生化。

HPLC 分析方法中，主要采用紫外检测器、荧光检测器或电化学检测器，但这 3 种检测器的灵敏度有限，而且受实际样品复杂基质干扰严重。因此，使用柱前衍生化处理以提高检测灵敏度。本实验使用衍生化结合磁固相萃取的处理方法，可以实现 4 种物质的快速衍生、富集和净化。

合成 $2'$-甲酰氯罗丹明（RHB-Cl）用于衍生化反应。混合 $200\mu L$ 样品、$200\mu L$ 衍生试剂（0.01mol/L）和 $300\mu L$ Na_2CO_3-$NaHCO_3$ 缓冲液（pH＝9.5），室温（20℃）反应 5min，加入 $50\mu L$ 50%（体积分数）冰乙酸溶液调节 pH 至 3～5。加入 15mg 磁性氧化石墨烯进行磁固相萃取，于 25℃ 水浴恒温振荡 15min，磁分离，弃去上清液，加入 1mL 洗脱剂甲醇-乙酸（体积比为 9：1）超声处理 5min，借助磁铁分离上清液，定容至 1mL，过 $0.45\mu m$ 滤膜后待测。

称取适量三氯生（TCS）、β-雌二醇（E2）、壬基酚（NP）和 4-辛基酚（OP）标准品，分别溶于乙腈，配制成 0.01mol/L 的标准溶液，相应低浓度的标准溶液用乙腈稀释而成。取适量 4 种单标溶液配制混合标准溶液（1.0×10^{-4} mol/L）待用。

（2）仪器及色谱条件

仪器：Agilent 1260 高效液相色谱仪，配荧光检测器。

色谱柱：Hypersil BDS C_{18}柱（200mm×4.6mm×$5\mu m$）。

流动相：A 相为 10%（体积分数）乙腈溶液 [含 0.1%（体积分数）甲酸]，B 相为乙腈 [含 0.1%（体积分数）甲酸]。

梯度洗脱程序：0~2min，50%~70% B相；2~7min，70%~85% B相；7~7.5min，85%~100% B相；7.5~12min，100% B相。

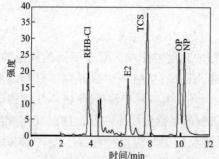

图 14.7　4 种内分泌干扰物的高效液相色谱图

E2—β-雌二醇；TCS—三氯生；

OP—4-辛基酚；NP—壬基酚

流速：0~7.5min，1.0mL/min；7.5~12min，1.5mL/min。

进样量：20μL。

柱温：30℃。

荧光激发波长（λ_{ex}）和发射波长（λ_{em}）：分别为 554nm 和 570nm。

（3）结果

利用标准溶液对 4 种内分泌干扰物进行定性分析，此方法可在 12min 内完全分离 4 种物质，进而进行定量分析，色谱图见图 14.7。

14.4.3.2　土壤中 16 种多环芳烃的分析

土壤中的多环芳烃成分复杂，种类繁多，属于较难用普通化学方法进行分离和测定的物质。尤其是当目标物质数量较多时（此例中需要一次性分离鉴定 16 种多环芳烃），色谱出色的分离能力就使其成为测定多种多环芳烃的最佳选择。

（1）样品处理与标准溶液配制

多环芳烃多半具有亲脂性，会与土壤颗粒紧密结合，因此在测定之前需要将其从土壤颗粒上充分洗脱下来。称取 10g 土壤样品，与无水硫酸钠混合并研磨。调节水浴锅温度至 75~85℃后，将制备好的样品放入滤纸筒中，加入二氯甲烷-丙酮（此两种为有机物常用提取剂，经常单独或者混合用于有机物的提取）混合提取剂，连续回流提取 18h 后将提取完成的提取液通过无水硫酸钠过滤，室温下氮吹浓缩定容至 1.0mL，待测。使用无水硫酸钠是为了尽量除去样品中残余的水分子，减少对测定的干扰。

标准溶液为 16 种多环芳烃混合标液，制备成浓度分别为 0.04、0.10、0.50、1.00、2.00、5.00μg/mL 的标准样品以得到标准色谱图。

（2）仪器及色谱条件

仪器：LC-16 型高效液相色谱仪，配紫外检测器。

色谱柱：C_{18} 色谱柱。

流速：1.2mL/min。

流动相：A 相为乙腈，B 相为水。

梯度洗脱程序：0~27min，65% A相；27~29min，65%~70% A相；29~41min，70%~100% A相；41~55min，100% A相；55~56min，100%~65% A相。

紫外波长：220nm。

（3）结果

以 16 种多环芳烃的标准物质的保留时间定性，以峰面积定量。此方法可较好地分离 16 种多环芳烃，有效分析其浓度，色谱图见图 14.8。

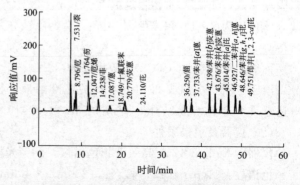

图 14.8　16 种多环芳烃的色谱图

习题

1. 利用色谱流出曲线，通常可以获得哪些信息？

2. 色谱定性的依据是什么？主要有哪些定性方法？

3. 样品中有 a、b、c、d、e 和 f 六个组分，其在同一色谱柱上的分配系数分别为 490、320、413、435、385 和 512，它们流出色谱柱的次序是什么？

4. 气相色谱分析中，气化室温度会对色谱柱柱效产生怎样的影响？

5. 什么类型的样品需要使用梯度洗脱方法？

6. 使用缓冲盐流动相之后，应该如何冲洗系统？

7. 用高效液相色谱法测定大气中苯酚类化合物时，采样流速为 500mL/min，采样时间 2.5h，采样温度为 15℃，大气压力为 102.1kPa，吸收液为 5.0mL。将样品带回实验室，转入 25.00mL 容量瓶中，加入 1mL 5‰ 的 H_2SO_4 溶液，用去离子水定容。经液相色谱检测及分析处理后，得到进样量为 10μL 时，苯酚为 1.2ng。试计算空气中苯酚的浓度。

 参考文献

[1] 王灿. 环境分析与监测 [M]. 北京：科学出版社，2021.

[2] 梁冰. 分析化学 [M]. 2 版. 北京：科学出版社，2009.

[3] 朱明华，胡坪. 仪器分析 [M]. 4 版. 北京：高等教育出版社，2008.

[4] 戴维. 气相色谱检测器 [M]. 陈骅，译. 北京：化学工业出版社，1974.

[5] 蒋凯，盛夏，薛晓康. 溶剂解吸法测定空气中的 8 种苯系物 [J]. 山西化工，2018，38 (4)：51-53.

[6] 吕沈聪，高薇薇，葛森华，等. 顶空-气相色谱法检测生活饮用水 11 种挥发性卤代烃分析 [J]. 预防医学，2017，29 (4)：430-432.

[7] 周旭平，杨开放，田芳. 加速溶剂萃取-固相柱净化-气相色谱法测定土壤中 18 种多氯联苯 [J]. 化学研究与应用，2023，35 (4)：968-974.

[8] 陈玲，郜洪文. 现代环境分析技术 [M]. 2 版. 北京：科学出版社，2013.

[9] 孙怡琳，亢洋，郑龙芳，等. 衍生化-磁固相萃取高效液相色谱荧光检测内分泌干扰物 [J]. 分析化学，2019，47 (1)：86-92.

[10] 高铮. 高效液相色谱法测定土壤中 16 种多环芳烃. 环境保护与循环经济 [J]，2022，42 (10)：87-90.

第十五章
色谱-质谱联用法

15.1 气相色谱-质谱联用技术

气相色谱-质谱联用（gas chromatography-mass spectrometry，GC-MS）技术是发展最早的色谱-质谱联用技术。1957 年，霍姆斯（J. C. Holmes）和莫雷尔（F. A. Morrell）首次实现了气相色谱和质谱的联用，现在该技术已基本成熟，可用于分析易挥发和半挥发性有机小分子化合物。GC-MS 充分发挥气相色谱的高分离性能和质谱的强鉴定能力，对多组分样品中的目标组分进行定性和定量分析，已经广泛应用于生物医学、环境、食品和地质等多个领域。

15.1.1 气相色谱-质谱联用仪及其工作原理简介

气相色谱（gas chromatography，GC）作为一种分析技术，是基于复杂样品中各组分在固定相和流动相上分配系数的差异，实现对复杂样品中不同组分的分离。通过对比组分峰和标准峰的保留时间，对不同组分进行定性分析。但是如果样品中存在保留时间比较接近的两种组分，可能造成色谱峰重叠，不能做到准确的定性分析。

质谱（mass spectrometry，MS）在第十三章已进行详细介绍，其可用于多种有机物和无机物的定性和定量分析，进入离子源的样品被电离成离子，依据不同质荷比（m/z）的碎片离子到达检测系统的时间不同，实现对不同离子的识别和检测。MS 分析结果的准确度在一定程度上受样品纯度的影响，待测样品纯度越高，质谱受到的干扰越少，检测结果越准确，因此质谱更适用于单一物质的分析。但实际应用时，分析样品大多数都是复杂的混合物，这不仅给后续的定性分析增加难度，也可能污染仪器。

气相色谱-质谱联用仪主要由气相色谱仪、质谱仪、接口、仪器控制装置和数据系统构成（图 15.1）。联用系统中气相色谱作为质谱的进样系统，质谱作为气相色谱的检测系统，接口装置连接气相色谱和质谱。气相色谱柱出口压力接近常压，而质谱仪必须在高真空

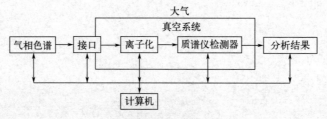

图 15.1　气相色谱-质谱联用仪组成示意图

$(10^{-6} \sim 10^{-5}$ Pa）条件下运行。因此两种仪器的联用需要用特定的接口匹配，用来协调两种仪器的压力和流量，并且尽量去除色谱柱流出物中的载气，保证质谱仪的高真空度。接口是 GC-MS 的关键，在气质联用技术的发展过程中，出现过多种接口装置，目前最常用的一种是直接导入式接口，适用于小孔径毛细管柱，$0.25 \sim 0.32$ mm 内径的毛细管色谱柱通过一根金属毛细管直接引入质谱离子源，这种接口仅适用于载气是氦气或者氢气的情况。常见的还有开口分流型和喷射式分离器接口。

气相色谱-质谱联用系统是微机自动化处理系统，能在短时间内（几分钟甚至十几秒）完成目标化合物的检测工作。样品的制备与分析结果的准确性具有非常紧密的关系，特别是环境中微量和痕量污染物的分析，因此对样品前处理提出了更高的要求。GC-MS 分析的样品是有机溶液，选择合适的前处理方法，可实现固体和液体样品中有机物的净化和富集，进而提高分析结果的准确度。常见的样品前处理方法有液-液萃取、固相萃取、液相微萃取、膜萃取和顶空处理技术等。测试样品的一般流程如下：将适量样品注入气相色谱，高温下快速气化，在载气（氦气，纯度要求大于 99.999 %）的作用下，样品进入色谱柱；两相上分配系数的差异导致样品中不同组分先后离开色谱柱到达接口装置，然后进入质谱的离子源，各组分在高真空下离子化产生离子。GC-MS 常用的离子化方式有电子轰击离子化（electronimpact ionization，EI）和化学离子化（chemical ionization，CI）。EI 模式下利用质谱谱库对未知组分进行定性分析，具有电离效率高、操作方便和分子破碎程度高等特点，但不适用于分子量大和热稳定性差的化合物；CI 模式比 EI 的离子化程度低，不容易产生碎片，通常用于检测化合物的分子量。质量分析器将这些离子根据质荷比的大小分开，在设定的范围内，检测器测量所有质量数的离子流量。质谱图就是不同质量数离子的离子流量分布，反映了目标组分的组成信息，根据这些信息可提供目标组分的分子结构。

综上所述，GC-MS 能够充分发挥气相色谱高效的分离能力和灵敏度，实现对复杂样品不同组分的有效分离，从而有效控制质谱的进样量。GC-MS 与 GC 相比，增加了定性参数，不仅能提供化合物的保留时间，而且提供质谱图，使得定性结果更加可靠，摆脱了气相色谱定性分析的局限性，实现同时分离和鉴定目标化合物，具有灵敏度高、分析效率高、鉴别能力强等特点，通常用于复杂组分中未知化合物的定性定量分析和化合物分子量测定等。GC-MS 仪器的种类有很多，按照质谱技术可分为：气相色谱-四极杆质谱、气相色谱-磁质谱、气相色谱-离子阱质谱和气相色谱-飞行时间质谱等。

15.1.2 气相色谱-质谱联用仪的分析方法

气相色谱-质谱联用仪通常采用质谱谱库检索，对样品组分进行定性分析。质谱谱库里的质谱图是标准条件（电子轰击离子源，70eV）下获得的纯化合物的标准质谱图。检索是将标准电离条件下得到的样品质谱图与标准质谱图按一定程序进行对比，按相似度大小给出化合物的名称、分子量、分子式和结构式等信息。对未知样品组分的质谱图进行检索时，选择的信息线越多，匹配化合物的准确度越高。

常用的质谱谱库有以下三种：①美国国家科学技术研究所（National Institute of Science and Technology）出版的 NIST 库；②美国国家科学技术研究所、美国环保署（EPA）和美国国立卫生研究院（NIH）出版的 NIST/EPA/NIH 库；③在 NIH/EPA 的基础上建立的 Wiley 质谱库，第 9 版数据库包含了 662000 张谱图。这三个是通用质谱谱库，GC-MS 数据系统软件通常配有一个或者两个库。另外，还有农药库、药物库和挥发油库等专用质谱谱库。

NIST/EPA/NIH 库是目前使用最广泛的质谱库，但由于版本和配置的原因，不同仪器公司配备的 NIST/EPA/NIH 库中标准质谱图的数目可能存在差异。NIST/EPA/NIH 库的检索方式分为在线检索和离线检索。

在线检索是在 GC-MS 仪器分析过程中，实时检索离子流图上某一点的质谱图的方式。将选定的谱库和预先设定的库检索参数、库检索过滤器与标准质谱图进行对比，根据相似度的大小列出 100 种可能化合物的相关信息，包括化合物名称、分子量、匹配度和结构式等，作为定性分析的依据。

离线检索是根据已经得到的质谱图相关信息，与谱库的质谱图进行比较，从而做出定性分析的方式。常见的 NIST/EPA/NIH 库离线检索方式有以下几种。①ID 号检索：ID（identity）号是 NIST/EPA/NIH 谱库规定的化合物识别号，即化合物在谱库中的顺序号。输入化合物的 ID 号，即可得到该化合物的标准质谱图。②CAS 登记号检索：CAS（Chemical Abstracts Service，美国化学文摘社）登记号是指化合物在化学文摘登记的号码。如果某一化合物的 CAS 号已知，可以直接输入进行检索。③NIST 库名称检索：如果已知化合物在 NIST 库中的名称，可以用名称检索。④使用者库（user library）名称检索：使用者库中可以是质谱工作者在实验过程中保存的标准质谱图，也可以是自己建立的质谱图。输入化合物在使用者库中的名称，进行检索。⑤分子式检索：输入化合物的分子式，就可以得到谱库中符合该分子式的所有化合物的标准质谱图。⑥分子量检索：输入化合物的分子量，可以得到库中符合该分子量的全部化合物的标准质谱图。⑦峰检索：得到的质谱数据按照峰的质量数和相对强度（基峰是 100，其他峰用基峰的比例表示）范围依次输入。在"maxmass"栏中输入最大质量数。当分子离子上有中性碎片丢失时，则在"loss"栏中输入。如果"loss"栏中输入 0，则表示该质谱图一定存在分子离子峰。输入这些数据后，就可以得到符合条件的相应化合物的标准质谱图。

为使检索的结果准确可靠，在使用质谱谱库检索时，应当注意以下问题。

① 质谱谱库中收集的标准质谱图是利用 EI 离子源，在 70eV 电子束轰击下得到的，被检索的质谱图也必须在相同条件下获得，否则检索得到的结果不可靠。

② 标准质谱图都是用纯化合物得到的，因此被检索的质谱图也必须是纯化合物。本底干扰通常造成谱图畸变，因此扣除本底干扰对提高检索结果的准确度非常重要。现有的质谱自带扣除本底干扰功能，但往往需要凭借经验确定本底。

③ 在总离子流图中选择被检索的质谱图时，应当避免所选质谱图被其他物质干扰。当总离子流的峰很强时，不应该检索峰顶扫描的质谱图，而是要根据实际情况选择峰前或者峰后。这是因为峰顶时，离子源内的样品含量过高，发生分子-离子反应的可能性较高，得到的质谱图易发生畸变，从而造成检索结果的错误。

④ 谱库检索后通常按匹配度的高低给出化合物，但是匹配度最高的化合物不一定就是要检索的化合物，还要考虑被检索质谱图中出现的分子离子峰以及被检索物质中包含的特殊元素（如卤素、S、N 等），从检索后得到的化合物中进一步确定。

GC-MS 定量分析需要先确定质量分析器的扫描模式。通常情况下，组分浓度高时，选择全扫描模式；组分浓度低时，要求检测灵敏度高，因此选择离子扫描模式更合适。当选用全扫描模式时，如果组分完全分离，可根据总离子流色谱图的峰面积进行定量分析；如果出现未完全分离的峰，可以选择各组分的特征离子，用质量色谱图定量分析。对于选择离子扫描模式，特征离子的选择至关重要。通常选择分子离子或者特征性强、质量大、强度高的碎片离子，以排除杂质峰的干扰。定量离子是强度最高的离子，也是目标组分的特征离子，因此当两个组分的保留时间相近时，可以用定量离子区分目标组分。在目标组分的谱图中选择1~2个特征离子作为确认离子。定量离子和确认离子成特征性的比例可作为确定目标化合物的依据。

15.1.3　气相色谱-质谱联用仪的谱图信息

（1）总离子流色谱图

总离子流色谱图（total ion chromatogram，TIC）是气相色谱-质谱联用技术得到的最直观信息，包括每个峰的保留时间、峰高和峰面积等，每个峰都有响应值，由此可以对复杂样品进行定性和定量分析。在质谱仪的离子源和质量分析器之间添加总离子流检测器，质谱离子源电离后形成的离子碎片进入总离子流检测器，将总离子流信号检测放大，从而得到TIC图。此外，TIC图还可以通过质谱仪连续扫描，再经计算机的计算处理再现得到。这种获取方式是在气相色谱进样的同时，质量分析器对电离产生的离子碎片进行质量扫描。质量分析器每扫描一次，就得到一组对应此次扫描时间的质谱图。如果一种组分经色谱柱分离后的浓度随扫描时间变化，那么每次扫描得到的强度也是不同的。将每组质谱图峰强加和作为再现TIC图的纵坐标，每次开始扫描的时间点为再现TIC图的横坐标，依次连接不同扫描时间的各个点，就得到再现的TIC图。

（2）质量色谱图

质量色谱图（mass chromatogram，MC）是在全扫描质谱图中，选择一个或者多个质荷比的特征离子，运用计算机处理得到的色谱图。由于仅选取了部分离子，因此又称为提取离子色谱图（extracted ion chromatogram，EIC）。根据选择的离子数目，可分为单离子色谱图（single ion chromatogram）和多离子色谱图（multi-ion chromatogram）。MC通过扣除本底排除其他离子的干扰，提高灵敏度。如果选择的某一质荷比的特征离子在质谱图中不存在，那么提取的离子色谱图没有色谱峰。这一特点可以用来识别特定化合物。

（3）选择离子色谱图

选择离子色谱图（selective ion chromatogram，SIC）是只扫描选定的一个或者多个质荷比的离子，如特征碎片离子等，得到的选定离子峰强随扫描时间变化的色谱图。与MC不同的是，SIC是先选择多个待测组分的特征离子，再用质量分析器进行扫描。在这种方式下，色谱图中只显示选定离子的信号峰，不检测未选定的其他离子，不仅有利于排除色谱峰重叠、噪声和本底的干扰，还极大提高了检测灵敏度。全扫描模式更适合定性分析，而选择离子扫描模式的灵敏度比全扫描模式高2个数量级以上，常用于样品中微量或痕量组分的定量分析。

15.1.4　气相色谱-质谱联用仪在环境样品分析中的应用

自20世纪60年代开始，GC-MS技术用于检测大气、水体和土壤中的有机物，实现多组分有机物的有效分离和测定。美国环保署（EPA）将GC-MS技术作为检测饮用水、地表水中多种有机物的标准分析方法。

15.1.4.1　空气中酚类化合物的检测

酚类化合物是一种重要的化工原料，同时也是石油化工、冶金和造纸等工业排放的主要污染物，具有潜在的"三致"毒性。空气中酚类化合物种类较多，包括苯酚和甲酚等。GC-MS 能够有针对性地检测目标化合物的特征离子，避免其他化合物的干扰；通过增加扫描频率，可以大幅度提高灵敏度。

（1）样品采集与处理

使用 Tenax（聚 2,6-二苯基对苯醚）采样管对空气中的痕量酚类化合物进行富集浓缩，将 Tenax 采样管两端打开，用橡胶管将采样管与采样器相连接，采样管垂直向上进行采样（流量为 0.5L/min），采样时间（20～60min）根据实际情况设定。结束后，将采样管两端封闭，在 4℃下冷藏保存。将采样管放在离心管中，在上部空管部分加入 1.5mL 甲醇淋洗。取 1.0mL 洗脱液，添加 5.0μL 萘-D_8，混合均匀，待测。

（2）仪器与分析条件

仪器：6890-5973I 气相色谱-质谱联用仪。

分析条件。色谱柱参数：HP-5MS 毛细管色谱柱（30m×0.25mm×0.25μm）；柱温升温程序：60℃（1min）$\xrightarrow{8℃/min}$150℃（2min）；进样口温度：230℃；载气：高纯氦气（99.999%）；柱内流量：1.0mL/min；进样方式：分流进样，分流比 5∶1；进样量：1.0μL；连接管温度：280℃；四极杆温度：150℃；电子轰击离子源：70eV，温度 230℃；溶剂延迟时间：4min。

为了提高酚类化合物的检测灵敏度，采用选择离子方式，每种化合物选择一个特征离子作为定量离子，选择 2～3 个离子作为辅助定性离子。根据苯酚、甲酚、二甲酚和内标萘-D_8 的质谱图（图 15.2），选择每种化合物的特征离子作为监测离子，选择丰度较大、特征性强的离子作为定量离子。目标化合物的选择监测离子和监测时间窗汇总见表 15.1。

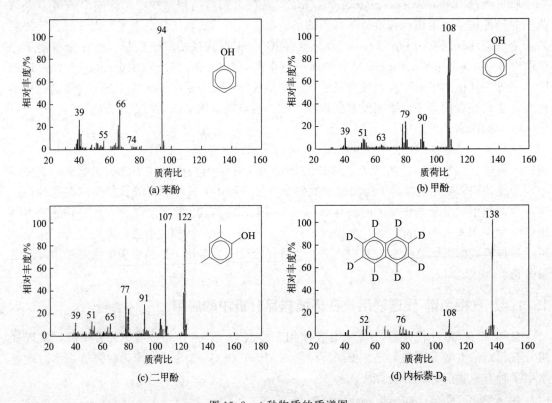

图 15.2　4 种物质的质谱图

表 15.1　酚类化合物的选择监测离子和监测时间窗

化合物名称	监测时间/min	定量离子质荷比	定性离子质荷比
苯酚	4.00~6.00	94	94、95、66
邻甲酚、对甲酚	6.01~7.20	108	108、107、77、90
2,6-二甲酚、2,4-二甲酚、3,5-二甲酚、3,4-二甲酚	>7.21	122	122、121、107、77
萘-D_8（内标）	>7.21	136	136

（3）结果

对某工厂厂界空气进行采集，并测定空气中的酚类化合物，结果如图 15.3 所示。

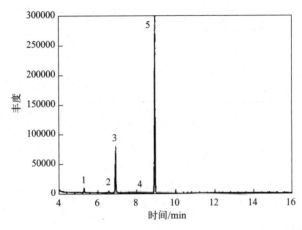

图 15.3　某工厂厂界空气中酚类化合物的选择离子监测色谱图

1—苯酚；2—对甲酚；3—邻甲酚；4—2,4-二甲苯酚；5—萘-D_8（内标）

15.1.4.2　土壤中农药的检测

农业生产中，施用农药能够有效预防和控制病虫草害，提高农作物的产量。但由于农药的频繁施用，环境中存在大量的农药残留，造成生态环境污染，通过食物链等途径进入人体，危害健康。因此，建立快速、高效的土壤中农药前处理及检测方法，对环境监测和居民饮用水安全具有重要意义。

（1）样品采集与前处理

去除土壤中的树叶和石头等杂物后，冷冻干燥，通过四分法制备均相干燥样品。称取 10g 土壤于研钵中，加入一定量的硅藻土，研磨成细小颗粒，直至充分分散。将上述土壤转移至加压溶剂萃取装置中，仪器自动加入正己烷-丙酮混合溶液（体积比 1:1）后，进行加压溶剂萃取。提取液经净化浓缩和添加内标后，定容至 1mL，用 GC-MS 进行分析。

（2）仪器与分析条件

仪器：7890B-5977B 气相色谱-质谱联用仪。

色谱分析条件：进样口温度为 250℃（不分流）；进样量为 1.0μL；柱流量为 0.8mL/min；色谱柱为 DB-UI8270D（30m×0.25mm×0.25μm）；色谱柱初始温度为 80℃，以 30℃/min 升至 180℃，保持 2min，以 1.5℃/min 升温至 200℃，以 30℃/min 升温至 280℃。

质谱分析条件：离子源类型为电子轰击离子源（EI），离子源温度为 230℃，接口温度为 280℃，四极杆温度为 150℃，溶剂延迟时间为 6min，扫描模式为选择离子监测（SIM）模式。各待测物的采集离子如表 15.2 所示。

表 15.2　10 种三嗪类农药的定量离子和定性离子信息

化合物名称	CAS 号	定量离子质荷比	定性离子质荷比
莠去通	1610-17-9	196	211、197
扑灭通	1610-18-0	210	225、168
西玛津	122-34-9	201	186、173
阿特拉津	1912-24-9	215	200、173
扑灭津	139-40-2	214	229、172
特丁津	5915-41-3	214	229、173
西草净	1014-70-6	213	170、198
莠灭净	834-12-8	227	212、185
扑草净	7287-19-6	241	184、226
去草净	886-50-0	226	241、185
五氯硝基苯(内标)	82-68-8	237	248、213

（3）结果

根据上述方法，得到三嗪类农药的总离子流色谱图，由图 15.4 可以看出该方法具有较好的分离效果，峰形好。

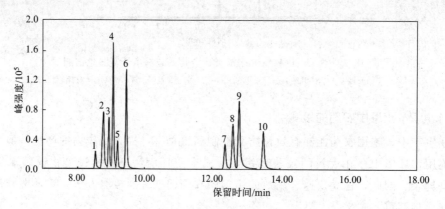

图 15.4　三嗪类农药总离子流色谱图

1—莠去通；2—扑灭通＋西玛津；3—阿特拉津；4—扑灭津；5—五氯硝基苯（内标）；
6—特丁津；7—西草净；8—莠灭净；9—扑草净；10—去草净

15.2　液相色谱-质谱联用技术

15.2.1　液相色谱-质谱联用仪及其工作原理简介

液相色谱（liquid chromatography，LC）是一类以液体作为流动相的分离和分析技术。与气相色谱相比，液相色谱可在常温下操作，不受样品挥发性和热稳定性的限制，可用于分析极性强和热稳定性差的化合物，应用更广泛。高效液相色谱（high performance liquid chromatography，HPLC）是在经典液相色谱基础上发展而来的一种高效和快速分析技术，可实现高精度连续操作，大大提高了分析的准确度。2004 年美国沃特世（Waters）公司发明了超高效液相色谱（ultra performance liquid chromatography，UPLC），与 HPLC 相比，UPLC 具有更高的分离度、检测灵敏度和分析速度，拓宽了液相色谱的应用范围。

现代色谱-质谱联用技术除了前面提到的 GC-MS，液相色谱-质谱联用（liquid chromatography-mass spectrometry，LC-MS）技术也被广泛应用。GC-MS 不适合分析挥发性弱的有机物和生物大分子等物质，但是这些化合物普遍存在于医药、环境和生物等研究领域，具有重要的研究意义，因此液相色谱和质谱的联用变得非常重要。LC-MS 联用技术的研究始于 20 世纪 70 年代，80 年代后进入实用阶段，90 年代出现了被广泛接受的商品接口和成套仪器。LC-MS 系统主要由液相色谱、接口、质谱仪、电子系统、记录系统和计算机系统组成。液相色谱作为分离系统，质谱作为检测系统，适量样品进入液相色谱，经色谱柱分离后，不同组分依次通过接口进入质谱仪，在离子源处被离子化，在质量分析器中按不同质荷比分开，经检测器转换成对应的质谱图。LC-MS 保留了液相色谱的高分离效能，同时具有质谱的高鉴定性能，对目标化合物具有高灵敏度和高选择性，能够同时对样品进行定性和定量分析，弥补了气相色谱-质谱联用的缺陷。

与 GC-MS 相比，LC-MS 在发展过程中面临更多的技术难题。如气化问题，经液相色谱分离的样品组分气化后才能进入质谱，且气化时样品组分不能发生化学变化；流量匹配问题，质谱最多可以允许 1～3mL/min 的气体进入离子源，而液相色谱的液体流量一般为 1mL/min，气化后的流量远超质谱的最高允许范围；两种仪器的真空度匹配问题，液相色谱仪柱后压力接近常压，而质谱的运行需要保持高真空环境，如果将液相色谱的出流样品直接导入质谱，可能破坏质谱仪的真空度，影响其正常运行。

为解决上述问题，实现液相色谱和质谱的联用，通常在两种仪器之间添加一个连接装置，即接口装置。接口是 LC-MS 的关键装置，其主要作用是气化色谱仪流出的流动相和样品，消除液相色谱流动相，完成分子的电离。在一定意义上来说，LC-MS 技术的发展就是接口技术的发展。由于气相色谱和液相色谱的流动相不同，因此 GC-MS 和 LC-MS 两种仪器的接口具有较大的差别。

接口主要有以下类型。

① 传送带式接口：液相色谱的柱后添加一个可调速的传送带，流出物滴加到传送带上，加热蒸发溶剂，样品在传送带的作用下进入离子源电离。传送带式接口可与 EI 等离子化方法串联，但仅适用于热稳定化合物的分析，对难挥发和热不稳定的样品不适用。断裂的传送带容易造成高本底干扰，有记忆效应。

② 直接液体导入技术：LC 的柱后流出物经过分流，一部分直接进入质谱，在离子源内离子化。HPLC 采用微径柱时，柱后流出物直接进入质谱离子源。与传送带式接口相比，该方法技术简单，可用于分析热不稳定化合物，但不适用于大流量分析，这两种技术的研发时间较早，使用时具有较多的限制。

③ 热喷雾接口：利用一根似探针的加热输送管和特殊设计的离子源，加热蒸发经过喷雾探针的流动相，以超声速喷出探针形成液滴、粒子和蒸气，并使生成的离子进入质谱。热喷雾技术可用于分析热不稳定和极性物质，以及分子量在 200～1000 之间的物质，主要提供分子量信息，由于碎片峰少，得到的结构信息相对较少，且要求流动相具有较高的含水量，进入质谱仪的流量在 1mL/min 左右最佳，已广泛应用于农业和环境化学等多个领域。

④ 粒子束接口技术：流动相和待测物质被喷雾成气溶胶，脱去溶剂后在动量分离器内产生动量分离，然后经一根加热的转移管进入离子源。该技术将电离过程和溶剂分离过程分

开，更适合使用不同的流动相和分析物质的情况，不适用于极易挥发和极难挥发的化合物，检出限较高。与热喷雾接口相比，粒子束接口用于 LC-MS 时分析范围更广。

⑤ 大气压电离（API）技术：由于早期接口存在灵敏度低和不稳定等缺陷，逐渐不能满足科学研究的需要，经过长时间的研究和实践，1993 年 API 技术得到发展，也是目前商品化和使用程度最高的一种接口，具有高灵敏度和分析速度快等特点，包括电喷雾电离（ESI）技术与大气压化学电离（APCI）技术。ESI 技术是喷雾毛细管管口的高电压作用于进入离子化室的样品溶液，增加毛细管末端液滴表面的电荷，导致液体表面分裂形成多电荷液滴，从而获得样品的分子量的技术，是一种软离子化方式。使用碰撞诱导解离（CID）技术，可以得到不同丰度的碎片离子，获得样品的结构信息。与其他接口技术相比，ESI 技术具有独特的优势，如较高的离子化效率，可以根据化合物类型选择合适的离子化模式，多电荷离子的产生增大了蛋白质分子量的测定范围，等等。ESI 接口实现了超高效液相色谱-质谱联用（ultra performance liquid chromatography-mass spectrometry，UPLC-MS），UPLC-MS 可用于蛋白质组学方面的研究。APCI 技术作用原理与 ESI 相似，适用于检测中低分子量的化合物。API 技术的出现使得 LC-MS 进入了快速发展阶段，在医药、环境和化工等小分子领域和生物大分子领域得到了广泛的应用。

15.2.2　液相色谱-质谱联用仪分析条件的选择

（1）接口的选择

接口对 LC-MS 联用的性能有很大的影响，在实际应用中根据待测样品的性质和分析目的选择合适的接口。ESI 和 APCI 技术是最常用的两种接口技术，在应用时具有不同的特点。ESI 技术适用于流速低的流动相，分析对象主要是蛋白质和季铵盐等中强极性化合物分子，对样品基质和流动相的组成敏感；而 APCI 技术可以分析非极性和中等极性的小分子，如氨基甲酸酯，不适用于非挥发性样品，离子化过程受溶剂的影响。

（2）正负离子模式的选择

一般的商品仪器中，可以选择正负离子测定模式。通常情况下，正离子模式适用于碱性样品，负离子模式适用于酸性样品。在样品中含有精氨酸或者组氨酸的情况下，优先考虑使用正离子模式。如果样品中有较多的含氯和含溴等强电负性基团，优先考虑使用负离子模式。

（3）流动相和流量的选择

常用的流动相有甲醇、乙腈、水及其混合物以及易挥发盐的缓冲液，避免使用 HPLC 中常用的磷酸缓冲液和离子对试剂。流动相流量也会影响 LC-MS 的分析性能，为保证较高的离子化效率，应选用内径小的柱子以获得较小的流量。0.3mm 内径的液相柱在 $10\mu L/min$ 左右的流量下具有良好的分离效果。

（4）温度的选择

接口的干燥气体温度影响 ESI 和 APCI 接口的分析效果，干燥气体的温度一般比分析物的沸点高 20℃左右。温度的选择需要考虑多个方面。当流动相中有机溶剂的含量高时，可适当降低温度。选用更低的温度可避免热不稳定化合物的分解。

（5）系统背景的消除

与 GC-MS 相比，LC-MS 在运行过程中产生的化学噪声和电噪声要大得多，这些噪声可能影响 TIC 图上峰的出现。使用高纯度流动相、样品纯化去除杂质、清洗毛细管等仪器部件等途径，可降低 LC-MS 分析过程中的干扰。

15.2.3　液相色谱-质谱联用仪在环境样品分析中的应用

随着仪器设备的不断发展和完善，液相色谱-质谱联用仪成为化合物分析的有力工具，在环境领域具有广阔的应用前景。

15.2.3.1　水体中残留农药的检测

氨基甲酸酯类农药被广泛用于育种和作物病虫害防治，常见的有甲萘威、仲丁威和异丙威等，除了给农作物增产外，未被分解的部分存在于土壤和水体中，通过食物链的方式传递，进而危害人体健康。由于氨基甲酸酯类农药挥发性较差，一般用 HPLC 进行检测，但其直接检测灵敏度低，复杂基质中存在大量干扰，造成 HPLC 的分离效果较差。高效液相色谱-质谱联用具有灵敏度高、检测范围广和定性能力强等优势，近年来被广泛应用于环境中农药残留的检测。但是单级 HPLC-MS 通常只能用于简单基质中的农残分析，对复杂基质中的农残分离效果较差，高效液相色谱-串联质谱联用（high performance liquid chromatography-tandem mass spectrometry，HPLC-MS/MS）能够提高化合物检测灵敏度，更好地进行定性和定量分析。

（1）样品前处理

分别取 5L 过 Whatman GF/F 滤膜的海水、自来水和河水水样，通过活化后的固相萃取柱，保持流速在 20mL/min 左右，在液面降至约 3mm 时加入 5mL 20%甲醇溶液进行淋洗，减压抽干 20min。用 20mL 二氯甲烷进行洗脱，洗脱两次，将两次洗脱的溶液合并，28℃旋转蒸发至近干。再以甲醇溶液反复冲洗旋转蒸发瓶，收集淋洗液于氮吹管中，氮吹至干，用 1mL 甲醇溶液复溶，过 0.2μm 的有机相和水相滤膜到进样瓶中，上机待测。

（2）仪器与分析条件

液相色谱条件：带自动进样器的 Finnigan Surveyor 液相色谱系统；色谱柱：Waters Symmetry-C$_{18}$（150mm×2.1mm×3.5μm）；流动相：见表 15.3；柱温：30℃；进样量：10μL；流速：0.2mL/min。

表 15.3　流动相配比

时间/min	甲酸:甲醇(体积比)	时间/min	甲酸:甲醇(体积比)
0	20:80	7	90:10
1	20:80	9	20:80
3	90:10	10	20:80

质谱条件：Finnigan TSQ Quantum Discovery MAX 三重四极杆质谱分析仪；离子源与扫描方式：电喷雾离子源正离子模式；监测模式：选择反应监测模式，参数设置参考表 15.4；喷射电压：4800V；鞘气压力：1.531MPa；辅助气压力：0.248MPa；离子传输管温度：320℃。

表 15.4　选择反应监测模式参数

化合物名称	CAS 号	母离子	碎片离子 m/z	碰撞电压/eV	定量离子 m/z	保留时间/min
克百威	1563-66-2	222.1	165.1 123.0 77.1	13 19 35	165.1	2.95

续表

化合物名称	CAS 号	母离子	碎片离子 m/z	碰撞电压/eV	定量离子 m/z	保留时间/min
异丙威	2631-40-5	194.1	95.1 77.1 51.1	14 35 52	95.1	3.24
甲萘威	63-25-2	202.1	145.0 127.0 115.0	10 25 43	145.0	3.07
仲丁威	3766-81-2	208.1	95.0 77.1 57.1	12 32 10	95.0	3.53
恶虫威	22781-23-3	224.1	81.1 109.0 53.1	30 16 32	109.0	2.92

（3）结果

按照上述方法，得到 50 ng/mL 克百威、异丙威、甲萘威、仲丁威和恶虫威的标准溶液的总离子流图，见图 15.5。

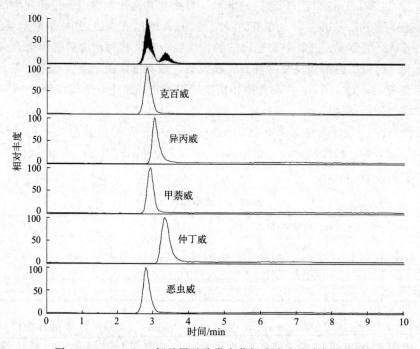

图 15.5　50 ng/mL 氨基甲酸酯类农药标准溶液的总离子流图

15.2.3.2　地表水中抗生素的检测

抗生素是医疗中常用的药物，但是由于抗生素滥用和不合理处置等问题，环境中抗生素含量增加，引起耐药菌与抗性基因的广泛传播，给生态系统与人体健康带来潜在的危害。因抗生素赋存浓度低、种类复杂，一般选用色谱-质谱联用法进行测定。

（1）样品前处理

水样采集运回实验室后，经 $0.45\mu m$ 玻璃纤维滤膜过滤。准确量取两份 1000mL 子样品，分别用盐酸、氨水调节 pH 值至 2.5、7.0，采用 HLB（聚苯乙烯-二乙烯基苯，500mg/6mL）固相萃取小柱对水样中的目标物进行富集。固相萃取柱使用前，依次使用 8mL 甲醇、8mL 高纯水进行活化。活化完成后，以小于 5mL/min 的流速将水样通过萃取柱。上样完成后，用 6mL 高纯水淋洗 HLB 柱，抽真空干燥 30min 以去除残余水分。富集酸化水样的 HLB 柱用 12mL 甲醇洗脱，富集中性水样的 HLB 柱用 8mL 甲醇洗脱，洗脱液分别收集于 K-D 浓缩器中，用柔和高纯氮气吹至近干，加入 100μL 定量内标（1μg/mL 内标工作液），加入 0.9mL 高纯水定容，涡旋混合后经 GHP（GH Polypro，亲水性聚丙烯）膜针式过滤器过滤，置于 4℃冰箱内避光保存，待测。

（2）仪器与分析条件

① 仪器。高效液相色谱仪-三重四极杆质谱仪联用系统（HPLC-MS/MS）。

② 液相色谱条件。色谱柱参数：Shim-pack XR-ODS 反相色谱柱（2mm×75mm×2.2μm）；流动相：A 相（0.1%甲酸-水溶液），B 相（乙腈）；梯度洗脱程序：0～2min，B 相由 10%升至 30%，2～6min，B 相由 30%升至 85%，6～8min，保持在 85%，8～10min，B 相由 85%降至 10%；进样量：5μL；流速：0.3mL/min。

③ 质谱条件。电喷雾离子源正离子模式（PENV-d5 除外）；离子源接口电压：−3.5kV；溶剂管温度：250℃；加热模块温度：400℃；雾化气：氮气，流速 3L/min；干燥气：氮气，流速 15L/min；碰撞气：氩气；柱温：室温；监测模式：多反应监测扫描模式（multiple reaction monitoring，MRM），优化得 10 种抗生素串联质谱检测参数见表 15.5。

表 15.5 目标物、内标物的 MRM 模式检测参数

药物名称	CAS 号	保留时间/min	分子量	母离子 m/z	子离子 m/z	Q1 预杆偏差/eV	碰撞能量(CE)/eV	Q3 预杆偏差/eV
AMP[①]	69-53-4	2.189	349.41	350.2	106.2[②]	−17	−19	−19
					192.2	−17	−17	−20
TMP[①]	738-70-5	2.198	290.32	291.2	230.2[②]	−22	−23	−24
					123.2	−22	−30	−22
LEX[①]	15686-71-2	2.248	347.39	348.2	158.1[②]	−17	−13	−29
					174.1	−17	−16	−18
CTX[①]	63527-52-6	2.764	477.45	456.15	396.0[②]	−22	−11	−28
					323.9	−22	−15	−22
ETA[①]	26116-56-3	2.815	734.96	368.35	83.2[②]	−18	−24	−16
					115.2	−18	−16	−21
SPM[①]	8025-81-8	2.936	843.07	422.35	174.2[②]	−20	−23	−18
					101.2	−20	−23	−19
SMZ[①]	723-46-6	3.871	253.28	254.15	156.0[②]	−26	−16	−29
					92.1	−26	−29	−17
CLR[①]	81103-11-9	4.101	747.97	748.65	158.2[②]	−38	−30	−16
					590.4	−38	−21	−22
ROX[①]	80214-83-1	4.233	837.07	837.55	158.2[②]	−32	−40	−29
					679.5	−32	−24	−34

续表

药物名称	CAS号	保留时间/min	分子量	母离子 m/z	子离子 m/z	Q1预杆偏差/eV	碰撞能量(CE)/eV	Q3预杆偏差/eV
SF[①]	751-94-0	7.013	538.69	539.3	479.4[②]	−28	−19	−24
NOR-d5[①]	1015856-57-1	2.313	324.36	325.25	307.2[②]	−16	−22	−21
					281.2	−16	−17	−13
AZM-d5[①]	—	2.789	753.98	377.85	83.2[②]	−30	−26	−15
					115.2	−30	−17	−11
PENV-d5[①]	1356837-87-0	4.999	355.4	354.25	213.1[②]	16	9	22
					98.2	16	23	17

① AMP：氨苄西林；TMP：甲氧苄啶；LEX：头孢氨苄；CTX：头孢噻肟钠；ETA：红霉胺；SPM：螺旋霉素；SMZ：磺胺甲噁唑；CLR：克拉霉素；ROX：罗红霉素；SF：夫西地酸钠；NOR-d5：氘代诺氟沙星（内标）；AZM-d5：氘代阿奇霉素（内标）；PENV-d5：氘代青霉素 V（内标）。

② 定量子离子。

（3）结果

Shim-pack XR-ODS 色谱柱可实现目标物的良好分离，10 种抗生素的 MRM 色谱图如图 15.6 所示。

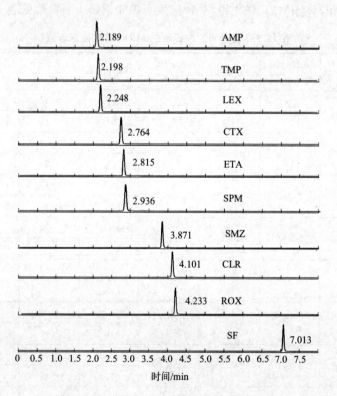

图 15.6　10 种抗生素药物的 MRM 色谱图

AMP—氨苄西林；TMP—甲氧苄啶；LEX—头孢氨苄；CTX—头孢噻肟钠；ETA—红霉胺；SPM—螺旋霉素；
SMZ—磺胺甲噁唑；CLR—克拉霉素；ROX—罗红霉素；SF—夫西地酸钠

习题

1. 简述气相色谱-质谱联用技术分析样品的工作原理。该技术能提供哪些信息？
2. 如何理解总离子流色谱图的谱图信息？
3. 简述如何选择液相色谱-质谱联用仪的分析条件。
4. 简述液相色谱-质谱联用中大气压电离接口技术的原理和优缺点。
5. 简述液相色谱-质谱联用技术的特征及用途。

 参考文献

[1] 杨丽莉，胡恩宇，母应锋，等.Tenax采样管富集气相色谱-质谱法测定空气中的痕量酚类化合物［J］.色谱，2007，25（1）：48-52.

[2] 招蔚弘，许锐杰，郑小萍.加压溶剂萃取/气相色谱-质谱法测定土壤中的三嗪类农药［J］.中国环境监测，2021，37（4）：171-178.

[3] 苏立强.色谱分析法［M］.2版.北京：清华大学出版社，2017.

[4] 徐明全，李沧海.气相色谱百问精编［M］.北京：化学工业出版社，2013.

[5] 齐美玲.气相色谱分析及应用［M］.北京：科学出版社，2012.

[6] 于世林.高效液相色谱方法及应用［M］.2版.北京：化学工业出版社，2005.

[7] 欧阳津，那娜，秦卫东，等.液相色谱检测方法［M］.3版.北京：化学工业出版社，2020.

[8] 汪正范，杨树民，吴侔天，等.色谱联用技术［M］.北京：化学工业出版社，2001.

[9] 刘春阳，云霞，那广水，等.HPLC-MS-MS法测定水体中残留的氨基甲酸酯类农药［J］.分析试验室，2010，29（11）：36-40.

[10] 史晓，卜庆伟，吴东奎，等.地表水中10种抗生素SPE-HPLC-MS/MS检测方法的建立［J］.环境化学，2020，39（4）：1075-1083.

第十六章
激光拉曼光谱法

1928 年印度物理学家拉曼（C. V. Raman）发现拉曼散射效应后，拉曼光谱法得到广泛应用，当时主要用于获得分子振动的信息，从而研究分子结构。早期的拉曼仪使用汞弧灯作为光源，用照相底片记录光谱，由于拉曼效应太弱等原因，拉曼光谱技术的应用和发展受到限制。之后用光电倍增管替代照相底片直接记录拉曼光谱，使其测量更加方便。20 世纪 60 年代，激光出现并用于拉曼光谱的激发光源，克服了之前的缺陷，提高了拉曼光谱技术的功能，激光拉曼光谱法从此得到迅速发展。

16.1　激光拉曼光谱法的基本原理

16.1.1　拉曼散射

一束单色光通过透明样品时，大部分光会透射过去，还有一部分被散射。若散射光的光子与样品分子发生弹性碰撞，光子的能量没有发生改变，散射光仅发生方向上的改变，其频率与入射光频率相同，称为瑞利（Rayleigh）散射。若散射光的光子与分子发生非弹性碰撞，光子与分子产生能量交换，散射光的频率与入射光不同，这种散射则为拉曼（Raman）散射。拉曼散射在瑞利散射线的两侧对称分布，且强度低于瑞利散射光，这种现象称为拉曼效应。

16.1.2　拉曼位移和拉曼光谱图

拉曼散射相应的谱线称为拉曼散射线，简称拉曼线。如图 16.1 所示，处于基态的分子受到频率为 ν_0 的入射光的激发后跃迁至不稳定的虚态，随后分子立即回到基态，释放出与入射光能量相同的光子，即为瑞利散射。若跃迁到虚态的分子不返回基态，而是返回较低能级的振动激发态，此时分子吸收了部分能量，散射光的能量和频率小于入射光，频率为 $\nu_0 - \Delta\nu$，产生斯托克斯（Stokes）线。若处于振动激发态的分子受到频率为 ν_0 的入射光的激发后跃迁至不稳定的虚态，然后跃迁回到基态，则会释放部分能量，散射光的能量和频率大于入射光，频率为 $\nu_0 + \Delta\nu$，产生反斯托克斯线。斯托克斯线和反斯托克斯线与入射光的频率差 $\Delta\nu$，称为拉曼位移。

$$\Delta\nu = \frac{E_1 - E_0}{h} \tag{16.1}$$

式中　E_1——振动激发态能量；

　　　E_0——振动基态的能量；

h——普朗克常量。

拉曼位移是反映分子结构的特征参数，取决于样品分子的结构和振动形式，与分子的振动和转动能级有关，而与入射光的频率无关。设入射光频率为零，以拉曼位移频率（波数）为横坐标，以散射强度为纵坐标作图，即可得到拉曼光谱图，如图 16.2 所示。根据玻尔兹曼（Boltzmann）定律，在常态下，绝大多数分子处于基态，因此斯托克斯线的强度比反斯托克斯线要强得多，通常拉曼光谱图略去瑞利散射和反斯托克斯线。拉曼线的强度与分子的浓度成正比，因此，拉曼光谱图也可以用于定量分析。

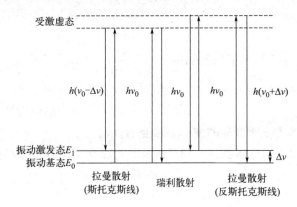

图 16.1　瑞利散射和拉曼散射能级图

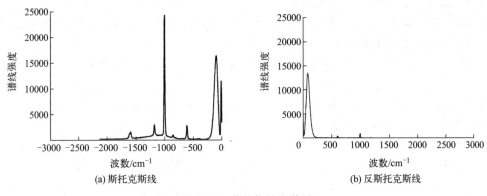

图 16.2　苯的拉曼光谱图

16.1.3　拉曼光谱的去偏振度

在拉曼散射中，散射光的偏振效应与散射分子的对称性有关。拉曼光谱的去偏振度（ρ）是振动偏振性质的一个有用量度，用于分析分子振动的对称性。去偏振度 ρ 的计算公式为：

$$\rho = \frac{I_\perp}{I_{/\!/}} \tag{16.2}$$

式中　$I_\perp$——偏振方向与入射光方向垂直时的拉曼散射光强度；

$I_{/\!/}$——偏振方向与入射光方向平行时的拉曼散射光强度。

去偏振度与分子的极化率有关，若分子的极化率的各向同性部分用 $\bar{\alpha}$ 表示，各向异性部

分用 $\overline{\beta}$ 表示，则去偏振度 ρ 为：

$$\rho = \frac{3\overline{\beta}^2}{45\overline{\alpha}^2 + 4\overline{\beta}^2} \tag{16.3}$$

对于球形对称振动，极化率为各向同性，即 $\overline{\beta}=0$，此时 $\rho=0$，产生的拉曼光为完全偏振光，去偏振度 ρ 最小。对于非对称振动，极化率为各向异性，即 $\overline{\alpha}=0$，此时 $\rho=\frac{3}{4}$。去偏振度 ρ 可以用于确定分子和分子振动的对称性信息，ρ 介于 0 和 $\frac{3}{4}$ 之间，ρ 越接近 0，说明分子的对称性越高。

16.1.4　拉曼光谱与红外光谱的关系

拉曼光谱与红外光谱同属于分子光谱，用于研究分子的振动，但二者的产生机理不同，有不同的选择定则。在分子振动过程中，红外活性取决于分子的偶极矩是否发生变化，而拉曼散射的产生源于分子诱导偶极矩的变化，拉曼活性取决于分子的极化率是否发生变化。拉曼光谱适用于研究同原子的非极性键，而红外光谱用于研究不同原子的极性键。

$$P = \alpha E \tag{16.4}$$

式中　P——诱导偶极矩；

　　　α——极化率；

　　　E——入射光的电场强度。

红外光谱与拉曼光谱的选择定则如下。

① 相互排斥规则。凡是具有对称中心的分子，如 O_2 和 CO_2 等，若有拉曼活性，则无红外活性；相反，若无拉曼活性，则有红外活性。

② 相互允许规则。无对称中心的分子，如 H_2O 和 SO_2 等，其拉曼光谱与红外光谱相似，既有拉曼活性，又有红外活性。

③ 相互禁阻规则。对于少数分子的振动，拉曼和红外均为非活性。例如乙烯分子的扭曲振动，其极化率和偶极矩均未改变。

自然界中的大多数物质不完全对称，有不同程度的拉曼散射和红外吸收，拉曼光谱与红外光谱相互补充，可更好地研究分子的结构。

16.2　激光拉曼光谱仪的主要结构

激光拉曼光谱仪主要由激光光源、样品装置、单色器、检测系统和记录系统等组成（图16.3）。具体介绍如下。

（1）光源

激光光源是拉曼光谱仪理想的光源，大多采用气体激光器，早期使用波长为 632.8nm 的 He/Ne 激发光源。由于拉曼散射的强度与波长的四次方成反比，目前采用的激光器波长较短，以获得较强的拉曼散射强度。常用波长为 488.0nm 和 514.5nm 的 Ar^+ 激光器以及波长为 530.9nm 和

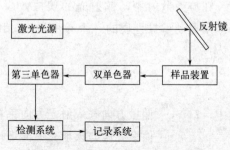

图 16.3　激光拉曼光谱仪结构示意图

647.1nm 的 Kr$^+$ 激光器。此外，还有波长为 308nm 和 351nm 的紫外激光器以及在近红外光区使用的波长为 1064nm 的掺钕钇铝石榴石红宝石激光器（Nd/YAG 激光器）。傅里叶变换拉曼光谱仪（FT-Raman 光谱仪）就是采用 Nd/YAG 激光器作为光源。

（2）样品装置

拉曼光谱法不破坏样品，样品制备比红外光谱法简单。通常装入毛细管内直接测定，也可以用液体池、气体池和压片样品架等，玻璃和石英为常用的样品装置材料。液态、固态和气态的样品都可以使用拉曼光谱法进行测定。

（3）单色器

单色器是拉曼光谱仪的核心部分，由于经样品散射的激光大部分为瑞利散射光，拉曼散射光强度和测定的拉曼位移较小，要求单色器的色散度高且能较好地降低杂散光。一般拉曼光谱仪采用光栅分光，同时采用双单色器甚至三单色器来增强效果。傅里叶变换拉曼光谱仪中用光学过滤器和迈克耳孙干涉仪代替单色器。

（4）检测系统

色散型拉曼光谱仪常用的检测器为光电倍增管，如 CCD 型电子耦合器件检测器。傅里叶变换拉曼光谱仪常用液氮冷却的 Ge/InGaAs 检测器，其灵敏度高。检测系统一般以光子计数进行检测。

（5）记录系统

光电倍增管等检测器输出的信号经过放大后，由记录仪记录。

16.3　激光拉曼光谱法在环境样品分析中的应用

近年来，激光拉曼光谱已广泛应用于各个领域，在环境样品分析中发挥着重要作用。

① 液体样品。激光拉曼光谱可用于分析水体中的氨基酸、核酸、激素等生化物质，鉴别自然水体中的微生物。拉曼光谱样品制备方法简单，液体样品可直接放入毛细管中测定，激光光束可以聚焦至小范围，用于测定浓度低至几微克的样品。共振拉曼散射强度比普通的拉曼光谱法高 $10^2 \sim 10^{100}$ 倍，可用于测定水溶液中微量污染物和生物分子。

② 气体样品。激光拉曼光谱也可以用于分析气体中污染物的分布与含量，利用强脉冲激光照射有毒气体，处理接收到的拉曼散射信号，分析可测得污染物的分布及含量，大气中常见污染物的拉曼信号为 1887cm^{-1}（NO）、1744cm^{-1}（HCHO）、1150.5cm^{-1}（SO$_2$）、2610.8cm^{-1}（H$_2$S）等。

③ 固体样品。激光拉曼光谱可用于矿物质、半导体的鉴别和结构分析，表面增强拉曼光谱可用于测定 Au、Ag、Cu、Fe、Co 等金属的粗糙表面上的样品。

④ 有机和无机污染物。激光拉曼光谱可用于分析有机物的结构和构象，研究无机物及金属配合物。表面增强拉曼散射技术灵敏快速，广泛应用于环境中微量污染物的测定。

激光拉曼光谱在环境领域应用广泛，具体实例如下。

16.3.1　水中病原菌的测定

① 采用激光拉曼光谱法的原因。生活在水中的军团菌物种，大多处于可存活但不可培养的状态，可能与原生动物和复杂的生物膜形成机制有关。使用基于培养的常规鉴定方法，

从环境样品中分离然后鉴定这些病原体是极其困难和漫长的。有研究者将显微拉曼光谱用于区分军团菌和其他常见的水生细菌，区分临床上相关的军团菌，并对未知的拉曼光谱进行快速、可靠的鉴定。拉曼显微光谱技术可以作为一种快速、可靠的方法用于区分被确认为人类病原体的军团菌。

② 样品制备。使用不同的军团菌物种，建立拉曼数据库。培养收集军团菌菌落，悬浮在 1mL 无菌蒸馏水中，将样品在室温下以 10000r/min 离心 5min，然后弃去上清液和痕量培养基，重复三次细菌细胞的洗涤过程，最后使用微量移液管将 10μL 细菌悬浮液转移到镍箔上，并在室温下风干 15min。从三个独立培养的批次中获得每个物种的拉曼光谱，以考虑测量过程中的生物变异性和可能的每日变异性。

③ 样品上机参数。使用拉曼显微镜收集单个细菌细胞的拉曼光谱。激发光源采用 532nm 的 Nd/YAG 激光器，输出功率为 3.5 mW，单色仪配备有 920 行/mm 的光栅，分辨率为 8cm^{-1}，积分时间为 20s。

④ 结果分析。图 16.4 显示了每个属的平均光谱（a，b，c，d）以及四个军团菌物种（*L. pneumophila*，非致病性的 *Legionella* spp.，*L. anisa* 和 *L. micdadei*）的平均光谱（e，f，g，h）。平均拉曼光谱非常相似，但通过计算平均光谱之间的光谱差异（a-b，a-c，a-d，e-f，e-g，e-h），可以观察到不同物种和属之间拉曼光谱的差异。例如，与铜绿假单胞菌相比，在军团菌光谱中，1669、1005、826cm^{-1} 处有一些蛋白条带，表现出较强的强度，可归因于细菌细胞壁的蛋白质方面的差异。与非致病性的 *Legionella* spp. 相比，*L. pneumophila* 的光谱显示出更高的蛋白质和脂质信号，2850cm^{-1} 处差异光谱中的显著正峰值以及 1440cm^{-1} 处的谱带归因于细菌细胞壁的蛋白质、多糖和磷脂。结果表明军团菌菌属与其他

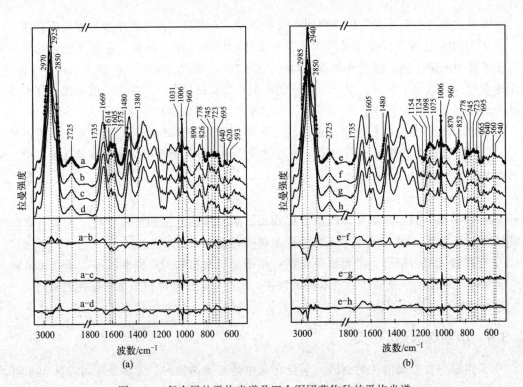

图 16.4 每个属的平均光谱及四个军团菌物种的平均光谱

菌属，非致病性军团菌菌株与其他致病性菌菌株的拉曼光谱之间存在显著的光谱差异，可以用激光拉曼光谱分析测定。

对团菌的拉曼光谱（a）与铜绿假单胞菌（b）、肺炎克雷伯菌（c）和大肠埃希菌（d）的拉曼光谱进行比较，以探讨不同属之间的光谱差异；对 *L. pneumophila*（e）与非致病性的 *Legionella* spp.（f）、*L. anisa*（g）和 *L. micdadei*（h）的拉曼光谱进行比较，通过计算光谱之间的差异（a-b、a-c、a-d、e-f、e-g、e-h）来研究军团菌物种之间的光谱差异。光谱 a、e 表示影响最大的光谱特征。

16.3.2 海水中微塑料的鉴定

① 采用激光拉曼光谱法的原因。激光拉曼光谱为低微米范围内的海洋微塑料的鉴定和化学分析提供了适当的技术。有研究表明，使用形态标准的纯视觉识别会导致大量颗粒（32%）和纤维（25%）的错误识别。与较大的颗粒相比，$100\mu m$ 以下的视觉识别颗粒明显低于通过拉曼光谱确认的比例，相比于视觉识别，激光拉曼光谱更适用于鉴定海水中的小型微塑料。

② 样品制备。先将样品放入 150mL 含 $150\mu L$ 十二烷基硫酸钠溶液（150g/L）的水中，在超声浴中超声 20min，将样品从筛网中除去。悬浮后，在 $10\mu m$ 真空过滤器、聚碳酸酯（直径 25mm）或聚酰胺膜（滤网材料）上收集完整的样品。整个过程中放置敞开的装满水的培养皿，作为空白对照进行分析。建立塑料聚合物的参考库，并将它们的拉曼光谱用作微塑料的鉴定参考。

③ 样品上机检测参数。分辨率为 $0.96cm^{-1}$，波数范围为 $3500\sim100cm^{-1}$，积分时间为 2s，平均扫描 10 次以上，光斑尺寸为 $0.5\mu m$ 时，激发功率为 3 mW。

④ 结果分析。图 16.5 显示了在英吉利海峡收集的微塑料，可以看出蓝色微塑料颗粒的光谱与红色乙烯-乙酸乙烯酯（EVA 参考值）匹配，表明该微塑料是一种属于 EVA 的聚合物。由于二氧化钛纳米粒子的加入，在 $444cm^{-1}$ 和 $610cm^{-1}$ 处同时出现两个峰，表明二氧化钛作为材料填充剂、颜料和紫外线阻断剂被添加到聚合物中。由于其强度介于聚合物的强度之间并且不覆盖任何特征峰，因此不会影响对实际聚合物类型的识别。

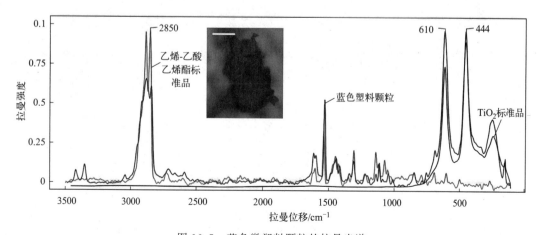

图 16.5 蓝色微塑料颗粒的拉曼光谱

习题

1. 简述拉曼散射与瑞利散射的区别以及各自的产生原理。
2. 什么是斯托克斯线和反斯托克斯线？它们与拉曼位移有何关系？
3. 什么是拉曼光谱的去偏振度？
4. 简述拉曼活性与红外活性的关系。
5. 简述拉曼光谱仪的主要结构。

 参考文献

[1] 吴征铠，唐敖庆. 分子光谱学专论［M］. 济南：山东科学技术出版社，1999.

[2] 刘密新，罗国安，张新荣等. 仪器分析［M］. 2版. 北京：清华大学出版社，2002.

[3] 叶宪曾，张新祥. 仪器分析教程［M］. 2版. 北京：北京大学出版社，2007.

[4] 师振宇，黄山，方堃，等. 拉曼光谱实验方法及谱分析方法的研究［J］. 物理与工程，2007，118（2）：60-64.

[5] 杨序纲，吴琪琳. 拉曼光谱的分析与应用［M］. 北京：国防工业出版社，2008.

[6] 常建华，董绮功. 波谱原理及解析［M］. 2版. 北京：科学出版社，2010.

[7] 孙凤霞. 仪器分析［M］. 2版. 北京：化学工业出版社，2011.

[8] 张寒琦. 仪器分析［M］. 2版. 北京：高等教育出版社，2013.

[9] 徐溢，穆小静. 仪器分析［M］. 北京：科学出版社，2021.

[10] 陈浩，汪圣尧. 仪器分析［M］. 4版. 北京：科学出版社，2022.

[11] Kusic D，Kampe B，Rosch P，et al. Identification of water pathogens by Raman microspectroscopy［J］. Water Research，2014，48：179-189.

[12] Lenz R，Enders K，Stedmon C A，et al. A critical assessment of visual identification of marine microplastic using Raman spectroscopy for analysis improvemen［J］. Marine Pollution Bulletin，2015，100（1）：82-91.

第十七章
X 射线光谱法

X 射线和可见光一样，是一种电磁辐射。德国物理学家威廉·康拉德·伦琴教授（Wilhelm Conrad Röntgen，1845—1923）在研究阴极射线时，观察到一种未知的、特殊的、穿透力极强的新型辐射线，并以数学上代表未知数的字母"X"命名，后人也称为"伦琴射线"。X 射线的发现是物理学史上一次具有划时代意义的重大事件，伦琴也因在 X 射线方面的卓越成就，于 1901 年成为第一位诺贝尔物理学奖获得者。随后各国学者在 X 射线研究上掀起热潮，先后多名科学家在该领域获得诺贝尔奖。

X 射线是由原子内层轨道中电子跃迁或高能电子减速产生的波长较短的高能电磁波，其波长范围为 $0.01\sim100\text{Å}$（$1\text{Å}=10^{-10}\text{ m}$），与可见光一致，具有波粒二象性。X 射线辐射与物质原子之间可产生相互作用（如吸收、衍射、散射等，见图 17.1），进而可对物质进行定性、定量分析，该方法被称为 X 射线光谱法。

X 射线光谱法根据 X 射线与物质之间的作用机理分为 X 射线吸收光谱法（X-ray absorption spectrometry，XAS）、X 射线荧光光谱法（X-ray fluorescence spectrometry，XRF）和 X 射线衍射光谱法（X-ray diffraction spectrometry，XRD）等。X 射线光谱法常用的 X 射线波长范围为 $0.01\sim2.5\text{nm}$。

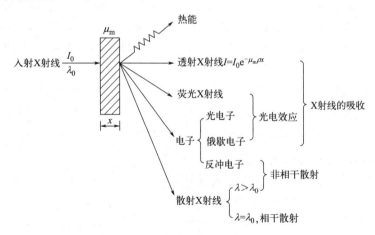

图 17.1　X 射线与物质的相互作用

17.1　X 射线吸收光谱法及其在环境样品分析中的应用

17.1.1　X 射线吸收的基本原理

17.1.1.1　质量吸收系数

X 射线与其他电磁辐射一样，也会被物质吸收。当 X 射线照射到固态物质上时，物质

279

原子会对 X 射线产生吸收，其强度会发生衰减，这种衰减被称为 X 射线的吸收。在不考虑散射影响的情况下，X 射线的吸收符合朗伯-比尔定律。

当 X 射线通过 1cm 厚的物质时被吸收的比例叫线吸收（衰减）系数（μ），透射线强度（I）与入射线强度（I_0）及透过物质层厚度（x）的关系为：

$$I = I_0 e^{-\mu x} \tag{17.1}$$

设物质的密度为 ρ，则式（17.1）可改写为：

$$I = I_0 e^{-\mu_m \rho x} \quad 或 \quad I/I_0 = e^{-\mu_m \rho x} \tag{17.2}$$

式中　I_0——入射线强度；

　　　I——透射线强度；

　　　ρ——吸收物质的密度，g/cm^3；

　　　x——吸收物质的厚度，cm；

　　　μ_m——元素质量吸收（衰减）系数，cm^2/g，$\mu_m = \dfrac{\mu}{\rho}$；

I/I_0——透过系数或透射因子。

当样品中多种元素共存时，质量吸收系数具有加和性，即

$$\mu_m = W_A \mu_{mA} + W_B \mu_{mB} + W_C \mu_{mC} + \cdots \tag{17.3}$$

式中　W_A、W_B、W_C···——样品中元素 A、B、C···的质量分数；

　　　μ_{mA}、μ_{mB}、μ_{mC}···——样品中元素 A、B、C···的质量吸收系数。

质量吸收系数与入射 X 射线波长 λ 及元素的原子序数 Z 存在以下经验关系：

$$\mu_m = K\lambda^3 Z^4 \tag{17.4}$$

式中　K——随吸收限改变的常数。

可见，透射 X 射线强度按指数规律迅速衰减。其中质量吸收系数 μ_m 在实际分析中最有用，其只和入射线的波长以及物质的原子序数有关，与物质密度无关，且不随物质的物理形态和化学状态而改变。当入射 X 射线波长一定时，元素的原子序数越大，吸收 X 射线的能力越强，即 X 射线的穿透能力越弱。现实中用铅板、铅玻璃作为屏蔽 X 射线的材料就是基于这一点。

17.1.1.2　吸收限

质量吸收系数发生突变的波长称为吸收限或吸收边。图 17.2 是 Pt 质量吸收系数随波长的变化图。吸收限的能量对应电子在相应壳层或次亚壳层的结合能，在数值上相当于某线的激发电势，图 17.2 中 Pt 的 K 吸收限 λ 为 0.016nm。吸收限是吸收元素的特征量，反映了原子的元素类型、价态和配位环境等信息，不随实验条件变化。

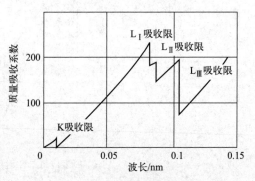

图 17.2　Pt 的波长和质量吸收系数的关系图

17.1.2　X 射线吸收光谱法及其应用

17.1.2.1　X 射线吸收光谱的区域划分

原子对特定能量 X 射线光子的吸收可导致其内层轨道（K、L、M 等壳层）的某个电子

被激发，使该电子跃迁至未被电子填满的高能级轨道或离开原子，从而在原子内层电子轨道上产生一个空穴（空轨道）。根据量子理论，当入射 X 射线的光子能量恰好能激发原子内层电子时，原子对入射 X 射线光子的吸收概率较大。

XAS 解释了入射光能量和待测物质的光吸收系数之间的关系，是一种具有元素依赖性、短程结构敏感性、高灵敏性，由激发芯能级电子跃迁引发的结构表征光谱。根据入射光子能量相对吸收限的位置，即 X 射线激发处理的内壳层光电子在配位原子核吸收原子之间的散射效应，XAS 可分为两部分。

（1）X 射线吸收近边结构（X-ray absorption near-edge structure，XANES）

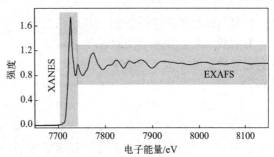

图 17.3 XAS 谱图近边与扩展边的区分
（以 CoO 的 Co 原子 K 边吸收谱为例）

吸收限前约 10eV 到吸收限后约 50eV 的区域被称为 X 射线吸收近边结构（图17.3）。XANES 表现为连续的强振荡，主要与待测元素氧化状态和配体的电负性有关。内壳层电子在受到 X 射线激发后向更高的未占据态跃迁时，被周围原子从不同的角度进行多次散射后返回吸收原子，从而与出射电子波发生相干衍射形成 XANES（图 17.4）。该过程对吸收原子的氧化态（价态）和配位环境极其敏感，因此 XANES 常用来判断金属原子的价态和空间结构的对称性。

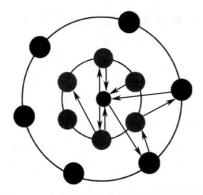

图 17.4 光电子在原子团簇中的多重散射

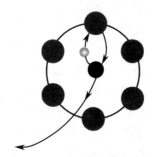

图 17.5 单次散射示意图

（2）扩展 X 射线吸收精细结构（extend X-ray absorption fine structure，EXAFS）

从 XANES 起一直扩展到 1000eV 左右的精细结构称为扩展 X 射线吸收精细结构。与 XANES 的区别在于，EXAFS 反映的是被激发的光电子被周围原子单次散射后就回到吸收原子处所产生的单次散射干涉效应（图 17.5）。EXAFS 是连续缓慢的弱振荡，主要与待测元素周围的近邻环境密切相关，可提供吸收原子周围平面局域结构的相关信息，包括原子的种类、数量和间距等。EXAFS 振荡信号夹杂在整个吸收谱信号中，为了提取出有用的振荡信号，需要对获得的 EXAFS 谱进行相应的处理。一般来说，一个标准的数据处理过程包括归一化、$E\text{-}K$ 转换、傅里叶变换和壳层拟合等。

17.1.2.2 X 射线吸收光谱法的分析方法

X 射线吸收光谱法是利用样品对 X 射线的吸收进行分析的方法。X 射线吸收光谱法按照分析依据分为定性分析和定量分析。

定性分析主要是依靠元素的特征吸收线。

X射线吸收光谱法大多被用于定量分析，根据分析所用的是多色、单色光束或是否应用到吸收限的特性，可分为多色光直接吸收法、单色光直接吸收法和吸收光谱分析法，前两种方法主要是依据元素对X射线的吸收与其含量成比例这一原理，而第三种方法是根据待测元素的吸收限两边透射线强度变化与其含量成比例的原理。

17.1.2.3　X射线吸收光谱法的应用

X射线吸收光谱法的应用与其他两种方法相比不算很广泛，适用于分析气、液、固各种状态的物质。X射线吸收光谱法是非破坏方法，具有基体效应小、样品中其他元素的存在对待测元素的影响不大、所需样品少等优点，但灵敏度较差，对吸收系数很大的试样使用有限制。

（1）XAS在重金属元素Cu化学形态研究中的应用

十多年来，作为分子化学水平强有力的分析测试手段，XAS在土壤中重金属污染化学方面得到了一定的应用，并获得了较多重要的研究结果，在分析土壤重金属污染产生原因、研究污染物迁移与转化、进行污染风险评价、研发目标性污染防治技术等方面起到了至关重要的作用。

① 样品及实验参数。用XAS对土壤中Cu的参比物质（硫酸铜、氧化铜和硫化铜）进行分析。测定后的X射线吸收光谱采用Athena软件按照标准方法进行解析，获得相应配位层的XANES谱图和EXAFS谱图。

仪器：上海光源（SSRF）BL14W1光束线同步辐射X射线吸收精细结构（XAFS）。

运行能量：3.5GeV。

环周长：423m。

自然水平发射度：295nm·rad。

平均流强：200～300mA。

② 实验结果。图17.6为经过背底扣除和归一后的XANES谱图，可以看到参比物质中Cu的K边吸收峰所出现的能量位置均在8987eV处附近，表明参比物中Cu均以Cu^{2+}的形式存在，由于不同Cu结合参比物的配位结构不同，其Cu的K边吸收峰出现的能量存在一定差异，参比物质谱的形状也不同。XANES谱图经过M_0拟合、E-K转换，并利用k^3加权，得到EXAFS振荡信号，即图17.7。由图17.7可以看出谱型不同，表明参比物质晶体结构不同。

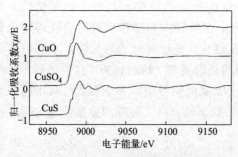

图17.6　铜参比物质的XANES谱图

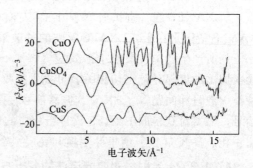

图17.7　铜参比物质的EXAFS谱图

（2）XAS在大气元素测定中的应用

① 样品及实验参数。

粉煤灰样品：采集于某城市生活垃圾焚烧炉。

仪器：中国台湾同步辐射研究中心（SRRC）光子源。

电子储存环工作能级：1.5 GeV；环电流：80～200mA。

双晶单色仪：Si（111）。

分辨率：$1.9 \times 10^{-4}\,\mathrm{eV/eV}$。

② 实验结果。图17.8显示了粉煤灰中X射线吸收光谱，确定有Cu元素。通过粉煤灰的前边缘XANES光谱（图17.9）可看出粉煤灰中的铜由51%的CuO、39%的$Cu(OH)_2$和9%的$CuCO_3$组成。EXAFS光谱（图17.10）的定量分析揭示了复杂粉煤灰中铜的结构形态。

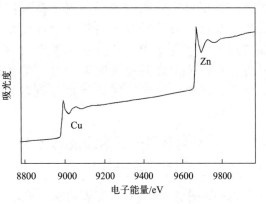

图17.8　粉煤灰中铜和锌的X射线吸收光谱

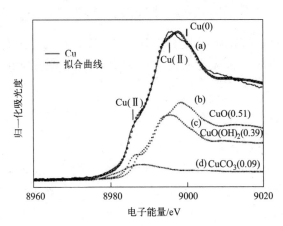

图17.9　粉煤灰和模型化合物中铜的XANES光谱

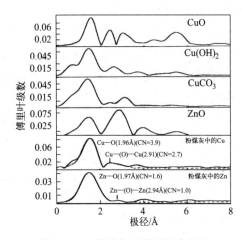

图17.10　粉煤灰和模型化合物的
傅里叶变换EXAFS光谱

17.2　X射线荧光光谱法及其在环境样品分析中的应用

X射线被物质吸收时，能量除了转变为热量外，还可以转化为电子电离、荧光产生、俄歇电子形成等光电效应。

17.2.1　X射线荧光效应的原理

高能X射线光子激发出被照射物质原子的内层电子后，能级较低的内层电子会发生跃迁产生空穴，随后形成的空穴会立即（小于10^{-15}s）由外层能级较高轨道上的电子内迁填充，使原子恢复到稳定的低能态，并产生次生特征X射线（或称二次特征辐射）的现象，称为荧光效应或荧光辐射（图17.11）。在此过程中，跃迁多余的能量以X射线光子的形式释放出来，其能量等于跃迁电子的能极差，$\Delta E = h\nu$。此X射线荧光特征谱线波长略大于入射辐射吸收限的波长，因为在吸收过程中，吸收限波长处的X射线光子能量恰好能将原子内层电子激发，而荧光发射过程则对应体系内某个较高能级的电子向较低能级的跃迁，即吸收过程的绝对能量差值略大于发射过程。

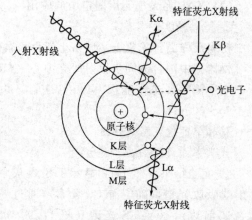

图 17.11　特征荧光 X 射线的产生（荧光效应）

17.2.2　X 射线荧光光谱法及其应用

17.2.2.1　荧光光谱的解析方法

荧光 X 射线波长取决于原子的能级差，与被激发元素的性质相关，因此利用荧光 X 射线的特征波长可以鉴别被激发原子是哪种元素，这种定性技术被称为 X 射线荧光光谱技术（XRF）。另外测量荧光的强度可以进行元素的定量分析，依据是荧光强度与产生荧光物质的浓度成比例。

（1）定性分析

X 射线荧光光谱分析中的定性分析用于确定样品中存在何种组分元素，X 射线荧光光谱具有特征性，不同元素的 X 射线荧光特征谱线波长 λ 与其原子序数 Z 之间遵循莫斯莱（Moseley）定律：

$$\sqrt{\frac{1}{\lambda}} = K(Z-S) \tag{17.5}$$

式中　K、S——常数，随谱线系列（K、L 壳层）而定。

莫斯莱定律是 X 射线荧光法定性分析的基础。根据式(17.5)可知，X 射线荧光特征谱线波长随原子序数的增加而变短。当前，除轻元素（原子序数小于 8）外，绝大多数元素均可以精确测定。

（2）定量分析

X 射线荧光光谱定量分析是指把测得样品中分析元素特征谱线的强度转化成含量，是一种相对分析方法，需要和相应的纯物质或标样进行比较，才能完成强度和含量之间的转换。

对于组成简单的样品，荧光强度和浓度之间可以建立简单的线性或二次方程，可直接采用校准曲线法；而复杂样品存在基体效应，需要进行校正。

① 直接校准曲线法。选取和样品物理化学形态类似的多个标样，测定其中各组分特征谱线的 X 射线强度。根据标样中分析元素的含量（标准值）和测得强度绘制校准曲线。未知样品的含量根据测定的各元素 X 射线强度从校准曲线中求取。

如果选择合适的谱线，下述情况校准曲线大都近似为直线，不需要进行样品中其他基体元素的校正：样品中痕量元素，熔融、溶解等稀释样品中的次要元素甚至主要元素，薄膜或类似样品，有机或轻基体中少量或痕量分析元素。此时，校准曲线表达式为：

$$W_i = aI_i + b \tag{17.6}$$

式中　W_i——被测元素 i 的含量，%；

I_i——被测元素 i 的荧光 X 射线强度，kcps；

a，b——校准曲线常数。

如果测得的荧光 X 射线已扣除背景的净强度，则曲线通过零点。如果不是净强度，曲线与强度轴交点一般为平均背景强度。

有时，强度和含量不能满足线性关系，此时校准曲线的形状往往和分析元素与基体的组成、分析元素的含量范围及所用的标准样品等因素有关。分析元素含量范围比较大时，其实已存在基体元素的影响，有时可采用曲线：$W_i = aI_i^2 + bI_i + C$。图 17.12 中包含了二次校准曲线的几种表达情况。

图 17.12 中，曲线（a）表示轻基体中重元素的 X 射线强度和含量的关系。在低含

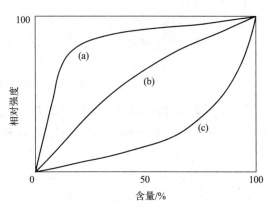

图 17.12　二次校准曲线形式

量范围内，由于轻元素对重元素的吸收效应较小，也就是基体的综合质量吸收系数小于分析元素的综合质量吸收系数，重元素的 X 射线强度在低含量范围内随含量增加迅速上升，随着重元素含量的增加，曲线的斜率变小。

曲线（b）是由原子序数相近的元素构成的样品所形成的曲线，分析元素的自吸收略大于基体元素。如果两者吸收效应很相近，则曲线（b）几乎呈直线状。如 Fe-Mn 两元系列中 Fe 的曲线。

曲线（c）是重元素基体中的轻元素所形成的曲线，分析元素的自吸收小于共存元素的吸收，主要是对分析元素的吸收。

在实际工作中，荧光 X 射线强度和化学含量绘制的校准曲线可能出现工作点离散的现象，即使采用二次曲线形式也不能使工作点收敛，排除仪器误差和制样误差等原因后，可以主要考虑来自样品中共存元素的影响，如基体效应、谱线重叠干扰等因素。

② 基体效应。基体是样品分析元素以外的组分，也就是共存元素的统称；基体效应是指对分析元素测定的影响，即样品的基本化学组成和物理、化学状态变化对分析线强度的影响。

基体效应中最重要的部分是元素间的吸收-增强效应。吸收效应包括两个部分，一是基体元素对来自 X 射线管入射到试样的初级 X 射线的吸收，二是基体元素对来自样品的次级荧光 X 射线的吸收。X 射线荧光不仅来自样品表面的原子，也来自表面以下的原子。前者会影响对分析元素的激发，后者会影响对分析元素的探测。增强效应是指分析元素的特征谱线除了受来自 X 射线管的一次 X 射线的激发外，还受到基体元素特征谱线的激发，使分析线的荧光强度增强。只有当基体元素的特征谱线位于分析元素吸收限的短波侧面时才能激发分析元素的附加特征谱线辐射。此现象显著发生的情况和吸收效应相比较少。

理论上，所有分析元素都受到样品基体共存元素的影响，在分析过程中如不予以重视将给分析结果带来很大的系统误差。有些样品不需要基体校正或可以采取一些实验校正法，如内标法、标准加入法和稀释法等，减少甚至抵消基体元素的影响；但一些矿石、岩石、高合金等，由于其组分较多，含量高或组分变化大，基体效应强烈，简单实验校正法解决不了，就必须采用经验系数法、基本参数法、理论影响系数法等数学校正法进行基体效应的减弱。

17.2.2.2 X射线荧光光谱法的特点

① 分析迅速，可同时测定多个元素。X射线荧光光谱仪测定一个样品中的单个元素只需要几十秒不等，用时较短。

② X射线荧光光谱法分析范围非常广，分析精度高，在实际工作中可用于F~U全元素的分析。在一些稀土元素的分析过程中也经常用到，分析精度可以达到很高水平。

③ 较发射光谱而言，X射线荧光光谱相对简单，操作方便快捷。

17.2.2.3 X射线荧光光谱仪的分类

X射线荧光光谱仪根据对样品分析元素特征谱线色散的方式和功能构造，大致可分为波长色散型（WD）、能量色散型（ED）和全反射型（TR）等，还有一些特殊激发源也可联用。

（1）波长色散X射线荧光光谱仪

波长色散X射线荧光光谱仪是根据X射线衍射原理，以分光晶体为色散元件，以布拉格定律（见17.3.1）为基础，对不同波长的特征谱线进行分光，然后进行探测的仪器。主要分为对样品元素逐一顺序测定的扫描型光谱仪和多元素同时分析仪。

波长色散X射线荧光光谱仪主要由激发系统、分光系统、探测系统和仪器控制及数据处理系统组成（图17.13），具有分辨率高、灵敏度高等优点，在钢铁、合金、矿石和环保化工领域的金属、粉末固体、蒸发镀膜、纯液体或溶液中元素的测定中使用比较广泛。

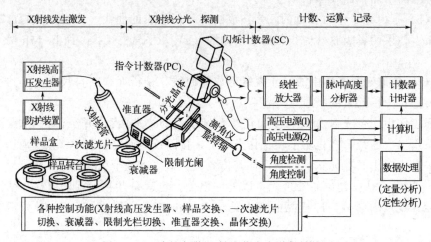

图 17.13　波长色散 X 射线荧光光谱仪结构图

（2）能量色散X射线荧光光谱仪

能量色散X射线荧光光谱仪是用固体半导体探测器等直接探测X射线，通过多道分析器进行能量甄别与测量的仪器。能量色散X射线荧光光谱仪测量样品时提供的元素谱峰位置、强度、背景等包含了定性、定量、基体基本组分等大量信息，在材料无机元素分析的各种分析手段中是比较全面的。目前，能量色散X射线荧光光谱仪已能分析从$_{11}Na$到$_{92}U$的各种元素，浓度可低至10^{-7}数量级，样品可以是块状固体、液体、粉末及固溶体等金属、非金属单质和化合物。

能量色散X射线荧光光谱仪与波长色散型类似，主要由X射线发生激发部分、样品元素谱线的探测部分及计数和数据处理部分组成（图17.14）。由于其结构相对简单，除了实验室用高性能仪器外，还有掌上式、便携式等适用于各种野外（如土壤背景值检测）或流动作业性质的分析仪和原位分析仪等。

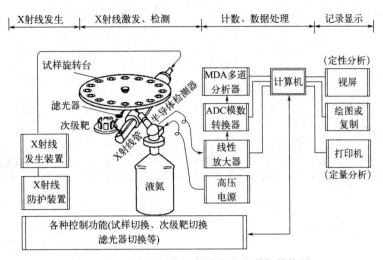

図 17.14　能量色散 X 射线荧光光谱仪结构图

（3）全反射 X 射线荧光光谱仪

全反射 X 射线荧光光谱仪是利用初级 X 射线以一个很小的角度照射在光学平面上时发生的全反射现象，激发样品中被测元素的特征谱线，降低 X 射线谱本底从而进行痕量元素测定的仪器。全反射 X 射线荧光光谱仪由于其高灵敏度和低到 pg（10^{-12} g）的检出限已广泛应用于环保、食品、半导体工业、医学等领域。图 17.15 应用全反射 X 射线荧光光谱仪分析了水溶液残留物的检出限和被检测元素的原子序数之间的关系，曲线（a）、（b）、（c）分别为不同 X 射线管靶材激发方式和激发电压。

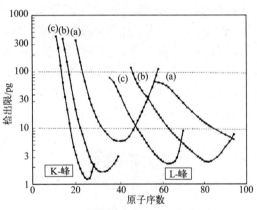

図 17.15　水溶液残留物元素检出限和原子序数的关系

（4）同步辐射 X 射线荧光光谱仪（synchrotron radiation X-ray fluorescence，SRXRF）

同步辐射 X 射线荧光光谱仪是以同步辐射作为激发源的一种 X 射线荧光分析仪器。同步辐射 X 射线是由接近光速的带电粒子，在外加弯转磁铁磁场的作用下，在环形的同步加速器内做回转运动时，运动轨道的切线方向同步发出的电磁波辐射。

同步辐射具有强度高、波长范围宽等特点，是一种在轨道平面内为 100％线偏振的偏振光，其发射是不连续的，是一种具有时间结构的、非常洁净的脉冲光，其一切特征可精确计算，可作为标准光源校正或标定其他光源。

根据同步辐射光源的特点，同步辐射 X 射线荧光光谱分析主要应用在痕量元素、微小区域、表面和化学价态分析等方面。图 17.16 为不同同步辐射光激发镍基样品中微量 Co 的检测谱图。

17.2.2.4　X 射线荧光光谱法的应用

（1）环境土壤中重金属的检测

农田环境是农产品质量安全的基础，重金属作为主要污染因子之一严重危害农田环境，

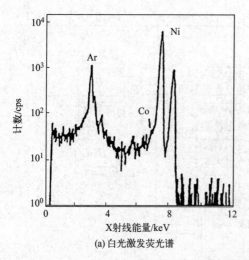
(a) 白光激发荧光谱

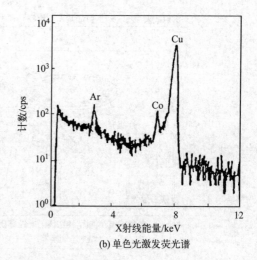
(b) 单色光激发荧光谱

图 17.16　镍基材料中微量 Co 的检测谱图

因此，对农田环境中重金属元素的分布规律和环境负荷指数的研究成为重中之重，而 XRF 作为一种新型、快速、定量定性的检测技术为科学研究提供了技术支持。

① 样品及实验参数。土壤样品选自某地区基本农田的耕层土壤（0～20cm）。

仪器：Niton XL3t600 便携能量色散 X 射线荧光分析仪（ThermoFisher，图 17.17）。X 射线管：Au 靶高性能微型 X 射线管。管电压：30kV。探测器：高性能电子冷却 Si-PIN 探测器。工作电流：$40\mu A$。参比：标准 SiO_2 片。光谱采样间隔：0.04keV。检测时间：120s。

(a)

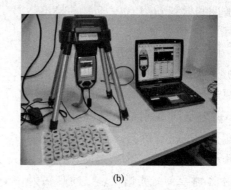
(b)

图 17.17　便携式 ED-XRF 光谱分析仪及其工作环境

② 土壤样品 XRF 光谱扫描。开机之后进行系统自检，正常使用 3 天左右需要做一次系统自检，通过系统自检可以自动修正环境对仪器分析结果的影响。

按下列操作启动仪器：a. 开启总电源开关；b. 轻按多道分析器开关，按钮处绿色指示灯亮起，使多道分析器处于开启状态；c. 在电脑上启动测试软件；d. 按动高压保护开关，使其处于开启状态。此时手持部分高压警示灯亮起并预热约 30min。若关机 30min 后重新开机，测试样品前仪器应在光闸关闭的状态下预热 30min，直至分析仪稳定，否则有可能导致测定结果的偏差增大。以随机顺序扫描样品，消除因扫描次序引起的偏差。

③ 实验结果。如图 17.18 所示可得到横坐标为能量（keV），纵坐标为 XRF 特征谱线荧光强度［用净计数率（单位为计数/s）表示］的土壤样品不同元素的特征 X 射线荧光谱图，根据特征谱线判断所含元素。

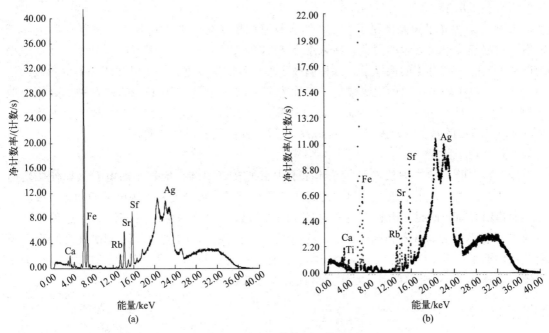

图 17.18　XRF 谱线图和散点图

（2）微量纳米氧化铜熔片标样 XRF 检测

① 样品及实验参数。使用 Zetium 型号的 X 射线荧光光谱仪（厂家 PAnalytical）对微量纳米氧化铜熔片标样进行检测，记录每个标样所测得的荧光强度。

端窗：铑靶 X 射线管。电压：60kV。电流：66mA。检测环境：真空。分析线：CuKα。探测器：Duplex。分光晶体：LiF200。准直器：$300\mu m$。2θ：44.9970。脉冲高度分布（PHD）上下限：38～69。检测时间：20s。

② 实验结果。如图 17.19 所示，可以得到以氧化铜含量为横坐标，荧光强度

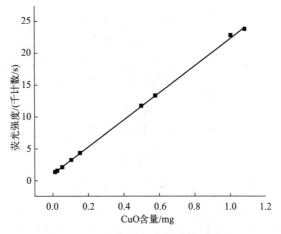

图 17.19　氧化铜熔片 XRF 标准曲线

（千计数/s）为纵坐标的标准曲线。后续样品可以通过标准曲线进行分析计算。

17.3　X 射线衍射光谱法及其在环境样品分析中的应用

17.3.1　X 射线的散射和衍射

17.3.1.1　X 射线的散射

当 X 射线穿过物质时，物质的原子可能使入射的 X 射线光子偏离原射线方向，即发生散射。物质的原子序数越大，电子越多，对 X 射线的散射能力就越强。X 射线的散射现象可分为相干散射和非相干散射。

（1）相干散射

入射 X 射线光子同晶体原子中与核结合较紧的电子进行弹性碰撞产生的散射称为相干散射。根据经典电动力学的理论，在入射 X 射线的交变电磁场作用下，一个电子会受迫振动而成为具有交变电矩的偶极子，这种偶极子形成新的交变电磁场，并成为辐射电磁波的波源，从这个电子辐射出来的次级辐射，即称为散射的 X 射线（图 17.20）。这种次级辐射散射的 X 射线仅改变方向，无能量损失，波长和相位与入射 X 射线相同。这种散射被称为瑞利（Rayleigh）散射、汤姆逊（Thomson）散射、弹性散射或经典散射。

（2）非相干散射

能量较大的入射 X 射线光子同晶体原子中束缚较弱的结合能较小的电子（如外层轨道电子）或自由电子发生随机的非弹性碰撞，光子消耗了一部分能量作为电子的动能，改变了电子的运动方向，同时发出和入射方向成 θ 角度散射的次级辐射（图 17.21）。这种辐射散射的 X 射线不仅方向各不相同，而且能量降低，波长变长，相位与入射 X 射线之间没有固定关系，不能产生干涉效应，会成为影响后续样品衍射分析的干扰因素。这种散射被称为康普顿（Compton)-吴有训散射、量子散射或非弹性散射。

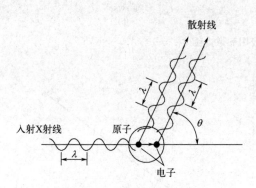

图 17.20　X 射线的相干散射

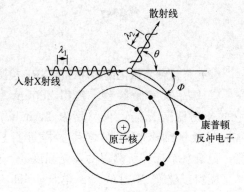

图 17.21　X 射线的非相干散射

17.3.1.2　X 射线的衍射

两个波长相等、相位差固定且振动于同一平面内的相干散射波沿同一方向传播时，在不同的相位差条件下，这两种散射波相互加强（同相）或者相互减弱（异相），这种振动的叠加现象称为振动的干涉或波的干涉，包括相长干涉和相消干涉。

X 射线的相干散射是产生衍射的重要基础，而衍射是相干散射发生干涉加强的结果。当一束 X 射线以一定角度照射到晶体表面时，不断与每一原子层发生透射和散射，进而从晶体规则间隔中心形成散射和干涉积累的过程叫作 X 射线的衍射。X 射线衍射所需的条件是原子层的间距必须与辐射的波长大致相当，且散射中心的空间分布必须非常规则。

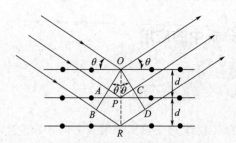

图 17.22　晶体对 X 射线的衍射
（布拉格方程推导）

X 射线具有很强的穿透力，透射线在未射出晶体前，可看作对下一原子层面网的入射线，不仅晶体表面参与散射，晶体内部层面也参与散射。如图 17.22 所示，当波长为 λ 的 X 射线以掠射角 θ（入射角的余角，也称布拉格角）照射到晶格间距为 d

的晶体上，并在散射线方向产生叠加时，入射线、衍射线和平面法线三者在同一平面内，如果它们的光程差 Δ 为波长的整数倍，则散射后的 X 射线将发生相长干涉，而以其他掠射角入射的相同波长的 X 射线将发生相消干涉，即：

$$\Delta = AP + PC = 2d\sin\theta = n\lambda \tag{17.7}$$

得
$$2d\sin\theta = n\lambda \tag{17.8}$$

式中　d——晶面间距，Å；

　　　　θ——布拉格角或掠射角；

　　　　n——衍射级数，可取 1、2、3，…N（整数），对应称一级、二级、三级…N 级衍射；

　　　　λ——入射 X 射线波长，Å。

式(17.8) 就是布拉格方程的一般表达式。布拉格方程的物理意义在于规定了 X 射线在晶体中产生衍射的必要条件，即只有在 d、θ、λ 同时满足布拉格方程时，晶体才能对 X 射线产生衍射。

布拉格定律主要应用在以下几个方面。①对 X 射线的色散：通过采用不同晶格间距的晶体和不同的掠射角可对连续波长 X 射线进行色散。②对晶体结构的推测：用已知波长的 X 射线照射晶体，通过测量产生相干衍射的掠射角可计算晶格间距，进而推测晶体结构。

17.3.2　X射线衍射光谱法及其应用

X 射线衍射技术是利用 X 射线在晶体、非晶体中的衍射与散射效应，进行物相的定性和定量分析、结构类型和不完整性分析的分析技术。各种晶体组成原子序数的差异导致了晶体对 X 射线散射能力的差异，构成晶体的晶胞的大小、形状及入射 X 射线波长的不同导致了晶体对 X 射线衍射方向的差异，晶体内原子类型和晶胞内原子位置的差异导致了衍射光强度的差异，因此，每种晶体化合物都有独一无二的衍射光束方向和强度表达的衍射谱图，可作为晶体化合物的"指纹"，用于对晶体化合物成分的定性判别和对晶体中原子排列方式及间距的定量测定。X 射线衍射法是测定晶体结构的重要手段，目前应用十分广泛。

17.3.2.1　X射线衍射光谱法的分类

在实际应用中，X 射线衍射光谱法可分为粉末（多晶）衍射法和单晶衍射法。

（1）粉末（多晶）衍射法

粉末衍射法常用来测定立方体晶系晶体结构的点阵形式(晶体结构的周期性)、晶胞参数及简单结构的原子坐标，还可以对固态样品进行物相分析等。

粉末衍射法中常用的 X 射线衍射仪多为旋转阳极 X 射线衍射仪，主要由 X 射线源（单色）、样品台和检测器组成。结构如图 17.23 所示，X 射线管和滤光片组合得到的靶材特征 X 射线经准直后照射到压成片状的粉末样品上，将光源（或样品）和检测器以 θ 与 2θ 角的比例关系进行同步转动即可对样品进行扫描。

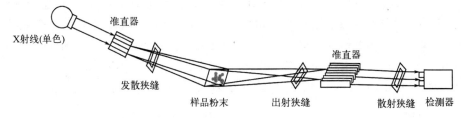

图 17.23　粉末衍射法 X 射线衍射仪结构示意图

　　自然界中的固态物质大多数是多晶体的形式，每种晶体物质的结构都各不相同，因此其衍射谱图也各异。根据布拉格方程，确定 θ，可求得 d/n。晶体内原子的类型和晶胞内原子的位置与衍射强度相关，因此，对每种晶态物质标样的衍射图建立对应的 $d/n\text{-}I$ 标准谱图，进而可得出衍射角 θ 与衍射强度 I 的关系。

　　对于未知样品，以衍射角 2θ 为横坐标，衍射强度为纵坐标作图，可得到所测样品的 XRD 谱图，然后将样品的谱图及其 d 值与已知标样进行对比（图 17.24），得出结果。对于混合样品，XRD 可以鉴别出每一组分。首先根据 d 值大致找出可能的组分范围，再根据谱线的强度比确定某一组分，然后依次对剩余组分的谱线重新定标（可删除已确定组分的谱线），即最大峰强为 100，其他谱线按比例算出其相对强度，再按谱线强度比确定该组分。重复定标及确定强度比步骤，可依次找出所有组分。粉末衍射法是鉴定物质晶相的有效方法，例如可用于鉴别相同元素组成的多种氧化物（如 FeO、Fe_2O_3、Fe_3O_4 等）形式，这是一般的化学分析方法无法分离确定的。

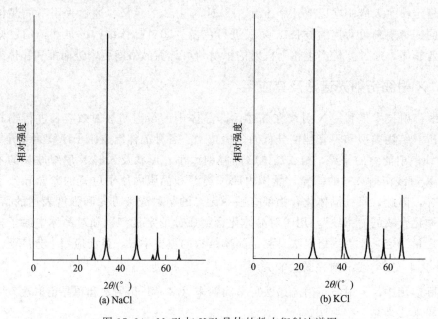

图 17.24　NaCl 与 KCl 晶体的粉末衍射法谱图

　　在物相分析中，标准粉末衍射卡是方便快速检索组分的有力工具。1938 年哈那瓦特（Hanawalt）最早提出建立标准衍射卡片的设想，即在一张卡片上列出标准物质的一系列晶面间距及其对应的衍射强度，用以代替实际的 X 射线衍射图样，所以实际应用时只需将所测得的谱图或数据做简单转化，就可与标准卡进行对比，而且摄制待测图样时不必局限于使用与制作卡片时相同的波长。1942 年由美国材料与试验协会（American Society for Testing Materials，ASTM）整理并出版了约 1300 张标准衍射卡片，这就是当时的 ASTM 卡片，这类卡片的数量还在逐年增加。自 1969 年起，国际粉末衍射标准联合委员会（Joint Committee on Powder Diffraction Stand-ards，JCPDS）负责标准衍射卡片的收集、校订和编辑工作，此后的卡片组被称为粉末衍射卡组（powder diffraction file，PDF）。目前，这类标准卡片由 JCPDS 与 ICDD（国际衍射资料中心）联合出版，总数已达 6 万张以上。

　　ICDD 目前已发行 PDF-4 系列版本的电子版卡片，不仅收录了物相的衍射信息，而且含有单晶结构数据、3D晶体结构、材料的物理化学性质、选取电子衍射图、菊池线、二维德拜环等，一张电子版的 PDF 卡片涵盖了一整套的物相信息。

（2）单晶衍射法

单晶衍射法是结构分析中最有效的手段之一。目前测定单晶体结构的主要设备是四圆衍射仪，仪器结构如图 17.25 所示。固定于测角台上的晶体在三个圆形轨道上的运动以及检测器在一个圆形轨道上的联动，使单晶体一次转到每个晶面所要求的衍射位置上，通过检测器得到单晶体各个晶面的衍射信息。

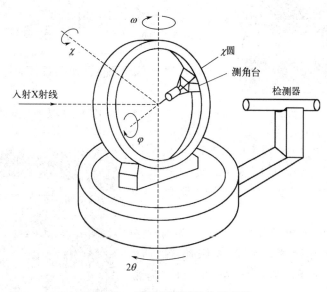

图 17.25　四圆衍射仪结构示意图

单晶衍射法以单晶体为研究对象，与多晶衍射法相比，能更加方便、可靠地获得更多实验参数，获得的信息量也更大。单晶衍射法能提供晶体内部三维空间的电子云密度分布，分子的立体构型和构象，化学键的类型以及键长、键角，分子间距离，配合物的配位数等信息，是研究化学成键和结构与性能关系等性质的重要手段，目前在化学、材料、环境和生物等领域有重要的应用。

17.3.2.2　X射线衍射光谱法的应用

（1）材料化合物的结构研究

① 样品与实验参数。仪器：Panalytical-Empyrean 型 X 射线衍射仪（CuKα，$\lambda =$ 1.541871Å，如图 17.26 所示）。测试温度：室温。管电流：40mA。管电压：40kV。模式：连续扫描模式。测量角度范围：5°~120°。测量步长：0.0065°。扫描速度：0.015（°）/s。

测试时将块体样品在研钵中充分研磨成细小粉末，取总质量约为1mg 的样品粉末置于载玻片的凹槽中，使用毛玻璃将样品粉末压平压实，将多余粉末擦去保持载玻片清洁，然后将其放入 X 射线衍射仪的样品台上。关闭舱门，确认无误后开始设置测量程序。

② 实验结果。图 17.27 的结果表明，此种过渡金属掺杂化合物的主相均为 Fe_2P 型六角结构，并可拟合得出晶格常数、晶胞体积、分析误差等结果。

（2）X射线衍射光谱法测定单晶残余应力的研究

① 样品与实验参数。选择单晶硅的 {2010} 晶面族进行单晶定向及应力检测。

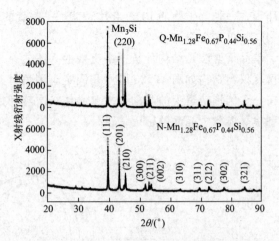

图 17.27　掺杂化合物的室温 X 射线衍射图

图 17.26　X 射线衍射仪

仪器：加拿大 Proto 公司生产的龙门式 L-XRD 应力衍射仪（图 17.28）。最小极角：0.00°。最大极角：56.00°。X 射线管功率：2000W。靶材：Cu 靶材。

② 实验结果。选择单晶硅的 {2010} 晶面族进行单晶定向及应力检测，得到两张极图（图 17.29）。其中（a）为单晶定向时的极图，（b）为测量应力时所扫描的极图。（a）中的黑点代表晶面，其衍射强度由颜色的不同表示，由红至黄至绿到蓝，衍射强度越来越高。由（b）可知，一共有 9 个晶面，有 4 个晶面两两对称。

图 17.28　L-XRD 应力衍射仪

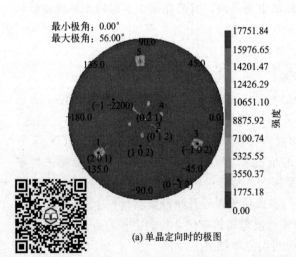

(a) 单晶定向时的极图

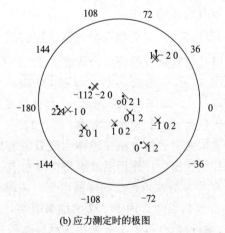

(b) 应力测定时的极图

彩图　　　　　　图 17.29　{2010} 晶面族的极图

习题

1. 已知 Si 的原子量为 28.09，O 的原子量为 16.0；Si 的质量吸收系数为 60.6，O 为 11.5。计算 SiO_2 对 Cu 的 $K\alpha$ 辐射的质量吸收系数。

2. 名词解释

①X 射线；　　　　②X 射线吸收；　　　　③X 射线荧光；

④X 射线相干散射；　　⑤X 射线衍射。

3. X 射线吸收分为哪两类？有什么区别？

4. 简述 X 射线荧光产生的机理，并说明其定性和定量分析的依据。

5. 什么是荧光分析中的基体与基体效应？对定量分析有什么影响？

6. 什么是布拉格方程？其对 X 射线衍射分析有何指导意义？

7. 为什么 XRD 可以作为晶体物相的定性和定量分析、结构分析技术？

8. 为下列情况选择合适的 X 射线光谱分析方法。

①区别相同元素组成的多种氧化物形式（如 FeO、Fe_2O_3、Fe_3O_4 等）；

②矿石中主要元素成分的定性和半定量分析；

③有机物晶体内部三维空间的电子云分布。

 参考文献

[1] 魏光普.X 射线吸收分析法简介 [J].化学通报，1965（4）：36-42.

[2] 赵永红，张涛，成先雄.XAFS 分析在土壤重金属污染化学研究中的应用 [J].应用化工，2021，50（4）：1064-1068.

[3] 郭广勇，袁涛，汪洁，等.老化过程中铜形态变化的 X 射线吸收精细结构谱的（XAFS）初步研究 [J].生态毒理学报，2014，9（4）：663-669.

[4] Hsiao M C，Wang H P，Wei Y L，et al. Speciation of copper in the incineration fly ash of a municipal solid waste [J].Journal of hazardous materials，2002，91 (1-3)：301-307.

[5] 梁钰.X 射线荧光光谱分析基础 [M].北京：科学出版社，2007.

[6] 钱原铬.X 射线荧光光谱定量分析土壤中重金属方法研究 [D].长春：吉林大学，2012.

[7] 李鹏飞.过渡金属掺杂（Mn，Fe）$_2$（P，X）（X= Si，Ge）化合物的结构与磁性能研究 [D].呼和浩特：内蒙古师范大学，2022.

[8] 曾秋云.X 射线衍射法测量蓝宝石单晶残余应力的研究 [D].哈尔滨：哈尔滨工业大学，2016.

[9] 谢忠信，赵宗铃，张玉斌，等.X 射线光谱分析 [M].北京：科学出版社，1982.

[10] 张寒琦.仪器分析 [M].2 版.北京：高等教育出版社，2013.

[11] 陈怀侠.仪器分析 [M].北京：科学出版社，2022.

[12] 高晓松，张惠，薛富.仪器分析 [M].北京：科学出版社，2009.

[13] 杨守祥，李燕婷，王宜伦.现代仪器分析教程 [M].北京：化学工业出版社，2009.

[14] 刘粤惠，刘平安.X 射线衍射分析原理与应用 [M].北京：化学工业出版社，2003.

第十八章
表面分析法

固体表面，是指研究体系中存在的某种特性随空间距离发生突变的区域，这种突变包括密度、晶体结构和化学组成等。表面是界面的一种特例，也被称为第四态。物体的某些性质并非完全取决于本体性质，而是很大程度上取决于表面性质。例如纳米材料在纳米尺度上表现出来的表面性质占据了主要部分，可以获得较本体材料更为显著的性能。表面分析对了解表面性能至关重要，而表面性能又日益成为现代材料十分重要的指标。自 20 世纪 60 年代电子材料、超高真空技术和高效率微弱信号电子检测系统开始发展，70 年代初现代表面分析仪器商品化，并随着计算机技术、超高真空技术、精密机械加工技术、高灵敏度电子测量技术等的快速发展，如今表面分析技术已有超过 50 种方法。虽然都是表面研究，但不同领域的内容也各不相同，根据研究内容的需要选择合适的表面分析方法很重要。本章着重讲述四种探针技术：荧光探针技术、电子探针技术、离子探针技术以及扫描探针显微镜技术。

18.1 表面分析法概述

18.1.1 表面的含义

在固体物理学中，理想晶体是由一种叫作"原胞"的结构单位在三维空间重复排列形成的无限连续体。原胞有的只含一个原子，有的包含多个原子或分子，而一些蛋白质晶体的原胞包含上万个原子。但实际存在的物质并不是无限连续的，它们都是有尽头的。这个尽头就在不同物质的交界处，即界面。物体与真空或气体接触的界面称为表面。原子或分子的顶层结构和化学性质均受到下层原子或分子的影响。因此，表面实际上是顶部 2～10 个原子组成的原子层（0.5～3nm），是凝聚态对气体或真空的过渡。现实情况下，许多技术将表面膜应用于器件和部件中，这些膜的厚度一般在 10～100nm，有时会更厚，但在该范围内也可以认为其属于表面。表面原子密度是体相密度的 2/3。按阿伏伽德罗常数粗略计算，表面原子数只占体相的 $1/10^{10}$。这表明表面原子的信号太弱，难以用常规的体相分析方法检测，如光谱、红外、XRD 等。

在热力学平衡条件下，表面的组分、原子排列和原子振动状态等常与体相不同，是晶体三维周期结构与真空间的过渡区，所以物体表面的物理化学性质不同。由于表面向外的一侧没有近邻原子，一部分表面原子的化学键伸向空间形成悬挂键，所以表面的化学性质相对活跃。

18.1.2 表面分析法的原理

表面分析法的基本原理（图 18.1）是以一束粒子（光子束、电子束、离子束等）辐照或以某种手段作为探针探测固体样品并使之产生二次束（电子、离子、X射线等），通过对该二次束特征和信息的检测，实现对样品的分析。由于样品本身的吸收作用，样品深处产生的二次粒子不能射出固体表面，只有在表面或表面浅层的"表层"样品中产生的粒子才可能被检测到，因此被称为表面分析方法。表面分析法由此可以按照探测粒子和发射粒子

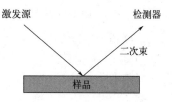

图 18.1　表面分析法原理简图

分类。如果探测粒子或发射粒子是电子，则称为电子谱；如果探测粒子和发射粒子都是离子，则称为离子谱；如果探测粒子和发射粒子都是光子，则称为光谱；如果探测粒子是光子，发射粒子是电子，则称为光电子谱。

引入合适的"探针"是研究表面性质最有效的手段。常用的探针有光子、电子、离子、中子等粒子，以及声、热、电场和磁场（指恒定电场和磁场，而不是交变电场、磁场），其与表面相互作用后发射电子、离子、光子、中子中的一种，或同时发射数种，出射粒子带着有关表面的信息被探测器所接收。通过分析这些出射粒子的数目、种类及其空间能量分布等，就可以得到相应的谱图。不同粒子的谱图（如电子谱、离子谱、光谱等）表达有关表面的不同信息。

超高真空的范围为 $10^{-10} \sim 10^{-6}$ Pa，所以在超高真空环境下能够使真实的表面在相当长的时间（$10^2 \sim 10^6$ s）内得以保持，以完成一次真正的表面分析。同时也使实验中的出射粒子尽量少与气体分子碰撞，从而使能量无损地到达能量分析器。因此超高真空技术对于表面分析技术的发展至关重要。

表面分析技术主要有以下几种。

① 表面样貌分析，即"宏观"几何外形分析；

② 表面组分分析，测定表面的元素组成、化学态及其在表面层的横向与纵向分布；

③ 表面结构分析，即研究表面原子排列；

④ 表面电子态分析，主要测定表面原子能级的性质、表面态密度分布、表面电荷密度分布和能量分布等。

表面分析法中能谱技术的核心是使用某种能量源对样品进行激发，检测逸出电子的能量分布。探针技术与能谱技术有异曲同工之处，都是使用某种粒子轰击样品，对出射粒子进行检测。下面主要介绍四种探针分析技术：①荧光探针，检测荧光信号的改变；②电子探针，使用高能电子进行激发，检测特征X射线；③离子探针，使用离子激发，检测离子的散射；④扫描探针显微镜，逐点测量针尖和表面之间的电流、分子间作用力、磁力和电容等。

采用光子、离子、电子、中子进行表面分析时，最重要的是明确要得到什么样的信息，以及判断这些信息的来源是属于最表面层还是内部某一深度。

18.2　荧光探针技术

1906年，荧光素荧光探针首次应用于地下水示踪。原生动物学家Provazek是使用荧光显微镜研究染料和活细胞结合的第一人。他把各种荧光探针和药物（如荧光素、曙红、中性红和奎宁等）加到纤毛豆形虫的培养液中，观察细胞的染色荧光。

1914年荧光显微技术中荧光探针的引入，标志着实验细胞学向前迈了一大步。Provazek的报告首次描述了活体荧光探针。1932年匈牙利药物学家把几种不同的荧光探针注入预先

感染了锥虫的啮齿动物体内，开创了体外活体荧光探针技术的先河。

1929 年海德堡大学（Heidelberg University）的药物学家 Philipp Ellinger 和年轻的解剖学家 August Hit 对光学显微镜做了重大改进。他们在动物体内注入荧光探针用来观察取出后的肾脏的微循环。在这种荧光显微镜中，光源的垂直入射光直接通过侧边的透光管，经物镜会聚于样品上，发射的荧光沿透光管返回到观察者眼中。这台被称作"体内活体显微镜"的仪器，被认为是第一台落射荧光显微镜。荧光素和吖啶黄素的稀溶液曾被用于研究尿液形成的生理学。

18.2.1　荧光产生的原理及荧光探针分析的原理

（1）荧光产生的原理

某些称为荧光团或荧光染料的分子（通常为芳烃杂环聚合物）的荧光产生经过三个步骤，即激发、激发态寿命和荧光发射。荧光探针是设计用来对生物标本特定区域进行定位或能对特定刺激产生反应的荧光团。

1838 年布儒斯特（Brewster）首先描述了荧光现象，但荧光一词是由斯托克斯（Stokes）在 1852 年提出的。处于激发态的电子可能先弛豫到三重激发态，再以辐射的方式跃迁到基态，由于三重态的半衰期较长，发射持续的时间也较长，其发射光叫磷光，寿命较长。

（2）荧光探针分析的原理

荧光探针是指在一定体系内被分析物或被分析体系的理化性质发生改变时，荧光信号也发生相应改变，从而通过荧光信号反映出被分析物或体系的浓度与性质等信息的荧光性分子。一般来说，荧光探针具有两个基本要素：信号报告单元和底物接受单元。荧光探针的响应原理是通过选择性的底物接受，引起信号报告单元光学信号的改变。底物接受单元与目标分子的作用可分为三种类型。一是静电、氢键、疏水作用等弱作用力，目标分子与底物接受单元通过这种方法作用，通常会伴随着探针分子构型的改变或引起探针分子自组装。这种方法具有普遍性，已经成功设计多种目标物种的分子探针，但这些探针分子通常存在选择性差、在水溶液中操作性较差、识别单元与目标物种的结合稳定常数不大等缺点。二是金属-配体作用，即以配合物金属中心离子作为识别位点与目标物种结合的传感形式，该方法通常具有选择性较好、可在水溶液中操作、识别单元与目标物种的结合稳定常数大等优点，但光信号输出形式的设计较为困难。三是探针分子与目标分子的特异性反应，这类传感形式通常具有较好的选择性和较高的灵敏度，但传感过程不可逆。信号报告单元光学信号的改变一般是通过荧光或紫外光谱的变化来实现的，如荧光光谱的移动、荧光强度的增强或淬灭、紫外光谱的移动。

荧光探针分析技术具有反应时间短、灵敏度高、选择性强和试样量少等优点，且方法简便，不具有破坏性，能提供较多物理参数，这些优点使其在环境或生物微观系统的组织和结构探索方面有着重要应用。

18.2.2　荧光探针分析的应用

由于大多数生物分子本身无荧光或荧光较弱，检测灵敏度较差，用强荧光的标记试剂或荧光生成试剂对待测物进行标记或衍生，生成具有高荧光强度的共价或非共价结合的物质，使检出限大大降低。荧光探针的作用有很多，最常用于荧光免疫法中标记抗原或抗体，也可用于表面活性剂胶束、双分子膜、多种离子、蛋白质活性位点等微环境特性的探测。尤其是近年发展起来的荧光化学传感器和分子信号系统已深入应用到药物学、生理学、环境科学、信息科学等多个领域。

荧光探针及荧光显微技术是研究细胞中复杂过程的基本工具，通过合理设计合成荧光探针，利用荧光探针将生物信息转化为可检测的荧光信号，从而对单分子检测有高灵敏性、可开关，对亚微粒具有可视的亚纳米空间分辨能力和亚毫秒时间分辨能力，能够进行原位检测（荧光成像技术）以及利用光纤进行远距离检测，等等。荧光探针在环境监测领域中也有广泛应用，例如荧光探针可以用于检测水中的污染物，如重金属、有机物等；检测空气中的污染物，如挥发性有机物、气溶胶等；也可以用于检测土壤中的污染物，如重金属、农药等。

18.3　电子探针技术

20 世纪 40 年代末，Hiller 提出了电子探针的设想。1951 年，R. Castaing 在巴黎大学 Guinier 教授的指导下完成的一篇博士论文中介绍了他成功发展的一种新型仪器——电子探针。电子探针的出现归功于电子光学的发展，正是电子光学使人们聚焦到直径小于 1pm 的电子束（探针）上，用以激发固体样品的特征 X 射线。目前电子探针多出现在扫描电子显微平台上，配合 X 射线能谱仪（energy dispersive spectroscopy，EDS），构成电子探针分析装置，弥补了能谱仪在定量分析方面的不足。

18.3.1　电子探针分析的原理

（1）基本原理

具有较高能量的电子撞击到样品表面后会向里穿透，在穿透过程中由于不断地与路径中的原子相互作用而导致入射电子的方向、速度和能量发生变化。入射电子和靶原子之间的这种相互作用可以分为弹性作用和非弹性作用。弹性碰撞过程中原子核与入射电子之间没有能量转换，入射电子能量不变，但原子核强大的库仑场吸引力使得入射电子的运动方向发生偏转。非弹性散射是由于总动能的一部分转化成其他形式的能量而造成能量损失的现象，例如激发物质中的电子和激发晶格振动而消耗能量的情形。对于弹性碰撞，电子只发生方向的改变，而无能量的变化，这种现象是电子衍射及相应成像技术的基础。对于其他情形，电子的方向和能量都发生改变，损失的能量转化后以其他形式释放，如光、热、X 射线、二次电子发射等，因此非弹性碰撞是扫描电镜、能谱分析等技术的基础。

电子探针分析是将电子枪发射的电子流通过电子透镜聚焦成直径为 $0.1\sim1\mu m$ 的电子束而射击在样品表面上的技术，电子束穿透样品的深度一般为 $1\sim3\mu m$。由于电子轰击样品，样品中被打击的微小区（简称微区）内所含元素的原子激发而产生特征 X 射线谱。原子发射出特征 X 射线谱的过程是：围绕原子核运动的内层电子被电子束的电子轰击出去后，其他外层电子为了补充被轰击出的电子而发生跃迁，在跃迁过程中释放能量，即发射出 X 射线（图 18.2）。根据 X 射线谱中谱线的强度和波

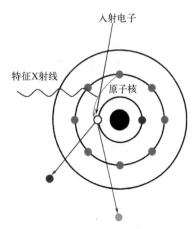

图 18.2　X 射线产生示意图

长，可鉴别存在的元素，并推算其浓度。

电子通常具有 10～30keV 的动能，对试样的穿透深度为 1μm 数量级，横向散布距离大致相同，这决定了被分析面积的下限。通过降低电子能量改善空间分辨率的办法往往行不通，因为电子必须要有足够的能量才能有效地激发 X 射线，所以在大多数情况下分辨率限制在 1μm 左右。

（2）连续 X 射线

入射电子轰击样品时，因为受到原子核库仑场作用而骤然减速，于是就辐射出 X 射线。这种过程称为轫致辐射过程，又称光电效应的逆效应。由于在原子核库仑场作用下入射电子的速度变化是连续的，辐射出的 X 射线的能量也是连续的，所以称为连续 X 射线。

由图 18.2 可知，电子激发所产生的连续 X 射线比用 X 射线激发所产生的连续背景高得多，因此，与荧光 X 射线分析相比，电子探针分析的峰背比低得多，因而其检测极限指标要差得多。所以，在电子探针分析中，实验测得的特征 X 射线计数率必须进行背景修正。

（3）特征 X 射线

正常状态下的原子，其体系中的电子占据着能量最低的壳层，这时体系能量最低。利用高能粒子轰击或能量较高的辐射会使原子产生电离，轨道上出现空位（外层轨道上的空位和光学光谱相关，内层轨道上的空位则和 X 射线光谱密切关联，在电子探针分析中，主要关心的是内壳层空位），体系能量升高，原子不再是稳定态，而是处于激发态。空位出现在 K 壳层上，称为 K 态激发；如空位出现在 L 壳层上，则称为 L 态激发；以此类推。同时有两个或几个空位出现时，称为双重或多重激发态。特征 X 射线谱系如图 18.3 所示。

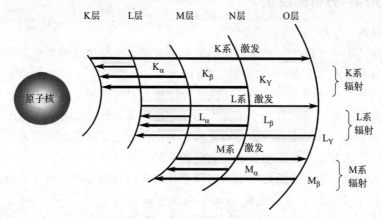

图 18.3　特征 X 射线谱系

在任何一种激发方式中，电离触发者（入射粒子或辐射）必须有足够的能量，才能克服轨道电子与核之间的结合能，把电子逐出轨道。电子与原子核结合得越牢，电离需要的能量越大。这就意味着，随着原子序数 Z 的增加，从相同的能级上逐出一个电子需要花费的能量也越大；原子内轨道长轴越短，核与电子之间的作用力也越大，逐出电子所需要的能量就越大。由于每种能态的电子与核之间的结合能是个定值，所以为了完成某种激发态所需要的最小能值也是一个定值，这个能值称为临界激发能，小于这个能值就不能产生这种激发。在电子探针分析中，这个能值的单位通常为 eV 或 keV。如果激发是由电子轰击所引起的，为了使电子达到临界激发能值，就要加上一个临界激发电压。如果激发是由某种辐射所引起的，由普朗克关系式 $E=hc/\lambda$ 可知，为了完成某种指定的激发，这种辐射的波长一定要短于某一定值。

连续与特征 X 射线光谱的不同如下。

① 特征 X 射线光谱以单一频率的线光谱形式存在，而连续 X 射线光谱的频率呈连续分布，从某一极限频率开始直到零为止。

② 来源不同。特征 X 射线是来自被激发靶极原子中的电子跃迁时辐射的能量，而连续 X 射线则是外来电子受到靶极原子核的强烈减速时辐射出来的能量。

③ 特征 X 射线的波长取决于靶极的材质，强度取决于其含量，而连续 X 射线的波长特征（极限频率的波长）和靶极材质无关，仅取决于外来电子的加速电压。对于一个给定的束流强度，连续 X 射线的强度和靶极材质、加速电压、靶极的厚度及出射方向有关。

18.3.2　电子探针分析的仪器

电子探针分析仪的结构如图 18.4 所示，包括电子光学系统、光学观察系统、样品室和真空系统等。

（1）电子光学系统

电子光学系统产生具有一定能量、强度和直径的电子束，并将其照射到样品表面上。其主要由电子枪和电子透镜（通常有两个透镜）以及与它们相连接的电路系统所组成。

（2）光学观察系统

为了对特定的微小区域进行分析，必须选定样品表面上的分析位置，X 射线显

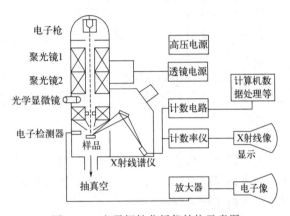

图 18.4　电子探针分析仪结构示意图

微分析仪通常备有光学显微镜和扫描成像装置，通常在用光学显微镜观察样品表面的同时，能对样品进行元素分析，因而采用了装有反射物镜的特殊光学显微镜。目镜系统中装有一个可以移动的十字丝，先使十字丝的交点对准电子束的照射位置，然后移动样品，把所要分析的部位置于交点之下，便可确定分析位置。

此外，当上下移动样品使其重合于光学显微镜的交点时，样品表面也被调节到相对于 X 射线分光光谱仪的正确位置上。因此，光学显微镜的焦深必须尽量浅。

（3）样品室

为便于定量分析，样品室应能同时安装装有不同规格、尺寸的标样样品座，以满足不同的要求。样品座通常为圆形以方便抛光。标样既可单独安装，也可以成组地装到标准尺寸的座子里，将试样座与仪表连接。如果试样室能与真空室的其余部分隔离，则更换试样的时间可以缩短。

需要有可以在真空室外操纵的正交的 x、y 方向移动以及可读出坐标的装置。往往固定光学显微镜的焦面，用 z 方向（与试样表面垂直）微调装置将试样调到焦面，这就保证了 X 射线源位置的恒定，对衍射晶体谱仪非常重要。

（4）真空系统

电子探针一般使用超高真空技术，用回转机械泵粗抽空作为前置级，其后为油扩散泵，以达到工作气压。理想的气压应为 1.33×10^{-3} Pa 或更低，不过因为系统的封口较多，实际

情况的气压要稍高一些。从电子平均自由程以及残存空气对热钨丝的影响考虑，$1.33 \times 10^{-2} \, \mathrm{Pa}$ 的气压就已足够。利用与真空舱相交连的继电器电路可实现真空系统自动工作。但系统对诸如电源以及扩散泵冷却水的偶然故障等问题应配置相应的安全措施，还应有连锁装置以保证只有真空合格时才能接通电子枪电源。这样一来，即使电子枪还在工作，也不会因疏漏而把空气引入电子枪。

18.3.3　电子探针分析的应用

（1）定性与定量分析

在定性分析时，用 X 射线谱仪在有关谱线可能出现的波长范围（$1 \sim 12 \, \text{Å}$）内把谱记录下来，然后对照波长表标定谱线。

在定量分析时，对试样的 X 射线强度与标样的谱线强度进行比较，测得的强度要根据测量系统的特性做仪器修正和背景修正。X 射线连续谱对已修正的强度进行"基质校正"即可算出分析点上的成分，"基质校正"考虑了影响 X 射线强度与成分之间关系的各种因素。

（2）电子材料

电子器件中使用的金属和其他材料的电子学性质取决于其成分，因此探针在该领域有广泛的应用，包括研究集成电路中的缺陷和测量镀金接触层中金在横截面上的分布，改进导镀层工艺。

（3）放射性材料

电子探针分析在研究核材料（例如反应堆燃料元素）方面也十分重要，但试样的放射性也造成了诸多麻烦，例如 γ 射线对 X 射线探头的影响以及对操作人员的辐射危害。尽管采用极少量的试样可以减少影响，但是这样极不方便。为了更好地解决这些问题，可采取一系列措施，例如采用重型屏蔽，使用特殊的试样承载系统，保护操作人员不受辐照；在从试样出发的直线上安放铅屏蔽，减少计数管中由 γ 射线激发的 X 射线荧光效应。

（4）矿物

矿物这个专属名词常指具有明确的晶体结构和成分的结晶相，包括具有重要经济价值的矿物，例如火成岩的主要组分——硅酸盐等。不透明矿物的抛光切片可以根据其颜色光反射率和硬度来加以鉴定，但在一些情况下，如当成分有变动时，其他方法是不能检测到的。较早的成分数据一般是使用物理分离和化学分析的方法获得的，但是由于分离不完善和存在交叉生长的细小相，往往导致结果错误，因此为了能够得到更为准确的矿物成分，探针技术不可或缺。

18.4　离子探针技术

Castaing 等在 1962 年首次用离子束轰击样品表面，然后检测所产生的二次溅射离子从而进行微区分析，得到二次离子显微镜。1967 年，根据联邦德国 H. Liebl 的理论和技术，美国 ARL 公司制成 IMMA（ion microphobe mass analysis）型离子探针。1978 年，基于 Liebl 型的扫描成像式仪器，中国科学院科学仪器厂成功研制了 LT-1 型（图 18.5）和经改进并少量生产的 LT-1A 型离子探针。相较于美国 ARL 公司生产的 IMMA 型离子探针，LT-1 型采用了特殊引出设计的 β 透镜、效率更高的二次离子引出系统和高传输率的 H. Matsuda 离子光学系统，仪器的检测灵敏度更高，技术性能更强。

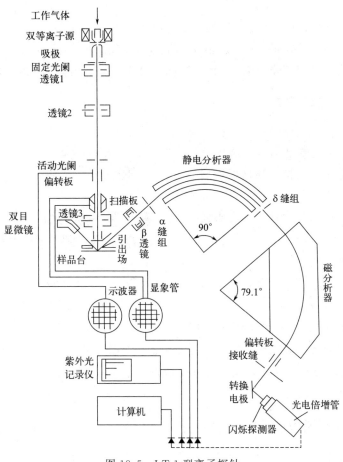

图 18.5　LT-1 型离子探针

与电子探针相比，离子探针有以下特点。

① 灵敏度高，可检测相对含量为 $10^{-6}\sim10^{-9}$ 的杂质元素；

② 可进行轻元素（包括 H、He、Li、Be 等超轻元素）分析，弥补了电子探针在此方面的不足；

③ 能进行同位素分析，这是质谱仪器所共有的功能；

④ 能进行元素深度分析，提供三维成分分布信息。

18.4.1　离子探针分析的原理

用特定能量的低能离子照射样品，然后测量反射离子的能量，由此可对表面单原子层做元素分析。若所使用的离子束质量较小（如 He^+），则轰击时核与核之间弹性碰撞占优势，离子发生角度改变后以散射的形式散开，通过检测能量损失来进行分析，此方法称为离子散射谱（ion-scattering spectrum，ISS）。若使用的是中等质量的离子（如 Ar^+、O^+ 等），碰撞时核与电子之间的非弹性碰撞导致样品表面化学键断裂，形成离子发射再进行分析，该方法被称为二次离子质谱法（secondary ion mass spectrometry，SIMS）。

离子散射谱根据离子能量大小可分为以下三类。

① 低能离子散射谱（能量小于 10keV，low energy ion spectroscopy，LEIS）；

② 中能离子散射谱（能量介于 $10\sim500$keV 之间，medium energy ion spectroscopy，

MEIS)；

③ 高能离子散射谱（能量大于 1 MeV，high energy ion spectroscopy，HEIS）或卢瑟福背散射（Rutherford backscattering spectroscopy，RBS）。

一般多功能电子能谱仪常配置 LEIS，统称为 ISS。其离子源的动能为 200eV～3keV。

18.4.2　离子散射谱的原理

如图 18.6 所示，已知质量 m_1 和能量 E_0 的一次离子轰击到质量为 m_2 的样品表面原子后，根据固定散射角处弹性散射后一次离子的能量 E_1 的分布，可获得有关表面原子的种类及晶格排列等信息，确定表面原子的质量和结构。

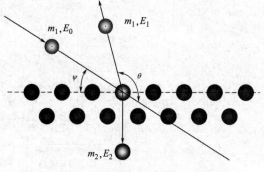

图 18.6　离子散射谱原理示意图

由能量守恒得

$$\frac{E_1}{E_0} = \left(\frac{\cos\theta + \sqrt{m_2^2/m_1^2 - \sin^2\theta}}{1 + m_2/m_1}\right)^2$$

如果散射角为 90°，则上式被简化为 $E_1/E_0 = (m_2 - m_1)/(m_2 + m_1)$

由于低能离子的散射截面大，所以离子在表面内外的中和概率很高，在所有表面分析技术中，ISS 分析的表面深度最浅，表面灵敏度最高，约为一个单原子（分子）层，检测极限约为 10^{-3} 单层。

18.4.3　离子散射谱仪的仪器构造

离子散射谱仪主要由离子源、样品分析室、离子能量分析器和离子检测器等组成。

（1）离子源

常用的离子源使用惰性气体，如氦和氖，通过高能电子束轰击气体产生离子，离子经加速电极加速，被聚焦到样品表面。

初级离子选择原则：只有质量比初级离子大的原子才能被检测到，所以用氦离子理论上能提供最大的质量测量范围；但如果要求高质量分辨率，则初级离子质量要尽可能接近表面原子的质量。

（2）样品分析室

由于 ISS 的表面灵敏度非常高，为避免样品遭受污染导致测试困难，以致接收不到测试所需的表面真实数据且难以识谱，分析室对真空度的要求非常高。

（3）离子能量分析器

静电式电子能量分析器如用作正离子能量分析器，需有电位极性反转开关。ISS 技术可与 AES（原子发射光谱法）、XPS（X 射线光电子能谱法）等表面分析技术兼容。

（4）离子检测器

特定角度的散射离子进入能量分析器后获得分离，使得不同能量的离子能够到达检测器并被检测。不同表面对气体离子的散射不同，具有重原子的表面对重气体离子（如 Ar^+）轰击的响应比轻气体离子（如 He^+）要好。当轰击离子与目标离子的差距增大时，质量分辨率就会降低。

18.4.4 离子探针分析的应用

生命金属在生物分子中所处的环境、对称性、配位基团等结构因素，对于生物分子生物功能的阐明起着重要作用。对于含有过渡系生命金属或非过渡系生命金属的生物大分子，X射线结构分析都可以提供其结构全貌。但在众多的生物大分子中，能够制备出所需的单晶样品的却少之又少。而且现代化学的发展表明，生物大分子的晶态结构和液态结构并非完全相同。生物体系水溶液中的各种生物大分子发挥着它们各自的生物功能。因此要阐明生物大分子的功能与生命金属的作用，液态结构的研究是必不可少的。与过渡系生命金属不同，非过渡系生命金属没有适当的光、磁性质，使得对其作用的研究受到一定的限制。但若将结合在生物大分子上的非过渡系生命金属用具有适当光、磁性质的金属离子置换，即使用离子探针技术，则阐明非过渡系生命金属有关的生物大分子的功能、作用机理成为可能。

18.5 扫描探针显微镜技术

1981年，IBM苏黎世研究所的宾宁（Gerd Binnig）和罗雷尔（Heinrich Rohrer）发明了扫描隧道显微镜（scanning tunneling microscopy，STM），并于1986年与透射电子显微镜的发明人鲁斯卡（Ernst Ruska）一同荣获诺贝尔物理学奖。STM的出现使人类第一次能够直接观测到原子在物质表面的排列状态和与表面电子行为有关的物理化学性质，对表面科学、材料科学、生命科学和微电子技术等领域的研究有着重要的意义。

18.5.1 扫描探针显微镜简介

（1）原理

扫描探针显微镜（scanning probe microscope，SPM）技术的基础原理是将一个尖锐的针尖靠近表面，在扫描的同时逐点测量针尖和表面之间的电流、分子间作用力、磁力和电容等（光子也可以当作探针靠近表面），但其测量的性质非常依赖针尖和表面之间的距离。相较于其他表面科学技术，SPM有一个显著特点，就是不受现实反应条件（如高温高压）的约束，且非常灵活，可以在超高真空下操作，也可以在大气压下甚至溶液中工作。

（2）分类

扫描探针显微镜是STM以及在STM基础上发展起来的各种探针显微镜的统称，是综合运用光电子技术、激光技术、应用光学技术、自动控制技术、微弱信号检测技术、精密机械设计和加工、数字信号处理技术、计算机高速采集和控制及高分辨图形处理技术等现代科技成果的光、机、电一体化的高科技产品。扫描探针显微镜系统简称SPM系统，主要包括扫描隧道显微镜（STM）、原子力显微镜（atomic force microscope，AFM）、横向力显微镜（lateral force microscope，LFM）和磁力显微镜（magnetic force microscope，MFM）等。扫描探针显微镜的类别见表18.1。

表18.1 扫描探针显微镜的类别

名称	检测信号	分辨率
扫描隧道显微镜	探针-样品间的隧道电流	0.1nm（原子分辨率）
原子力显微镜	探针-样品间的原子作用力	
横向力显微镜	探针-样品间相对运动横向作用力	

续表

名称	检测信号	分辨率
摩擦力显微镜	磁性探针-样品间的磁力	10nm
磁力显微镜	带电荷探针-带电样品间的静电力	1nm
近场光学显微镜	光探针接受样品近场的光辐射	100nm

（3）特点

与其他表面分析技术相比，扫描探针显微镜技术的优点如下。

① 分辨率高，如 STM 在平行和垂直于样品表面方向上的分辨率分别可达 0.1nm 和 0.01nm。

② SPM 可以看到实时真实的样品表面的三维图像，而不是像其他方法间接推算，可用于表面扩散等动态过程的研究。

③ SPM 可以观察单个原子层的局部表面结构，而不是体相或整个表面的平均性质。因而可直接观察到表面缺陷、表面重构、表面吸附体的形态和位置，以及由吸附体引起的表面重构，等等。

④ 使用条件宽松，可以在真空、大气、低温、常温、高温，甚至在溶液中使用。SPM 不需要特别的制样技术，对样品基本无损伤，适用于对生物样品和样品表面的评价，例如对多相催化机理、超导机制、电化学反应过程中电极表面变化的监测等。

⑤ 配合扫描隧道谱（scanning tunneling spectroscopy，STS）可以得到有关表面结构的信息，如表面不同层次的态密度、表面电子阱、电荷密度波、表面势垒的变化等。

⑥ SPM 设备简单，体积小，安装环境要求较低，样品要求低，检测操作简便，运行与日常维护费用也较低。

当然，扫描探针显微镜技术也有自身的缺陷。由于其自身控制具有一定质量的探针进行扫描成像，因此扫描速度较慢，检测效率较低。而受到压电陶瓷伸缩范围的限制，SPM 的最大扫描范围在几十至数百微米之间，有时应用范围受到严重限制。并且样品粗糙度可能会导致系统无法正常运行甚至损坏探针。样品表面形貌是通过检测探针对样品进行扫描时的运动轨迹来推知的，因此探针的几何宽度、曲率半径及各向异性都会引起成像的失真。

18.5.2 扫描隧道显微镜

（1）原理

STM 的工作原理如图 18.7 所示，主要基于两点：① 扫描金属针尖与被扫描样品表面之间的量子隧道效应，正是这种效应使针尖能够探测到样品表面的细微变化；② 通过电压控制压电陶瓷精确定位和扫描的压电效应，这种效应使 STM 能够在埃（Å）水平上精确控制针尖在样品表面上的扫描。

在经典物理学中，当一个粒子的动能 E 低于前方势垒的高度 V_0 时，其不可能越过此势垒，即透射系数等于零，粒子将完全被弹回。而按照量

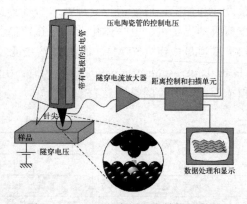

图 18.7　STM 基本原理和结构示意图

子力学原理，透射系数并不可能等于零，也就是说粒子可以穿过比它能量更高的势垒，这种现象称为隧道效应。

STM 是一种近场成像仪器，针尖与样品之间的距离 d 通常小于 1nm。由于隧道电流 I 与间距 d 有指数关系，因此当针尖在样品表面扫描时，要求以约 0.001nm 的精度维持稳定的隧道结。因此只有压电陶瓷能实现 STM 的精准定位。压电陶瓷是一类具有压电效应的晶体材料。压电效应包括正压电效应和逆压电效应。正压电效应是指当晶体受到应力发生形变时，在相对应的两端表面上产生异号电荷，且电荷密度与外应力成正比的现象。逆压电效应是指晶体在外电场作用下发生与外电场成正比形变的现象。利用这两种特性（正、逆压电效应）可以设计出许多具有特殊功能的元器件。

（2）组成

STM 的仪器构造主要包括机械设计和电子线路两部分。机械设计部分包括扫描管、粗调定位器、针尖、样品台和振动隔离系统；电子线路部分主要包括电流放大器、反馈控制系统和扫描控制系统。其中，扫描管和粗调定位器都是由压电陶瓷材料制成的。压电陶瓷在电压作用下产生形变（逆压电效应），其伸缩量与所施加的电压有精确的线性关系。因此，压电陶瓷良好的特性可以用于控制精确而细微的针尖运动。

实际上 STM 出现的隧穿电流信号极小（典型值是 0.01～10nA），因此需要将信号电流放大转化为电压，并输入反馈控制系统。反馈系统计算实际检测电流信号与设定电流信号（参考值）的误差，再放大输出到 Z 压电元件上实现针尖样品的位置调整。若隧穿电流大于设定值，则电压加在 Z 压电元件上，使针尖回撤以远离样品，反之亦然。利用这样的负反馈机制，可以给出针尖-样品的平衡位置。当针尖沿 xy 平面扫描时，针尖在 z 方向上的平衡位置可以描绘相同隧穿电流的轮廓，这就是实验扫描得到的恒流模式 STM 图像。

为实现稳定的原子成像，STM 的振动隔离也十分关键。除了增加扫描单元的刚性之外，一般 STM 仪器还会将扫描单元悬挂在减振弹簧上，并配有涡流阻尼减振器，将环境振动的影响减小至 1pm 以下。

（3）测量方式

STM 实验中多采用恒流模式，即利用系统的反馈线路控制隧道电流恒定，用压电陶瓷材料控制探针在样品表面上的扫描，探针在垂直于样品方向上高低的变化反映样品表面的起伏，以此显示出其特有的形貌特征。

恒高模式是 STM 的另一种工作模式，通过控制探针在样品表面高度守恒扫描，记录隧道电流的变化，获得表面电子态密度的分布，以此描述样品表面的形貌特征。由于探针与样品间设定距离通常小于 1nm，因此恒高模式的应用有一定的局限性。

（4）应用

Si、Ge 等元素半导体和 GaAs 等化合物半导体的表面结构一直是表面科学研究的重要内容。这不仅是因为半导体表面一般都会发生重构或弛豫现象，结构复杂从而具有重要的理论研究意义，还因为这些半导体是微电子器件的主要材料，其表面结构的研究具有重要的应用价值。

在 STM 研究初期，很难观察到原子分辨的金属表面。随着理论和实践的发展，大量金属的清洁表面上都得到了原子分辨的 STM 像。理论上考虑针尖的电子态和针-样品间的相互作用，基本上解释清楚了原子分辨的金属表面 STM 像。

气体的化学吸附常常诱导金属表面发生复杂的重构，STM 既可以研究重构表面的静态结构，又可以研究重构的动态过程，这对于辨析模型的正确性和分析重构的驱动力是非常重要的。

18.5.3 原子力显微镜

STM 利用隧道电流进行表面形貌及表面电子结构性质的研究，所以只能对导体和半导体样品进行研究，而不能用来直接观察和研究绝缘体样品和有较厚氧化层的样品。如果要观察非导电材料，就要在其表面覆盖一层导电膜，而导电膜的存在往往掩盖了样品表面的结构细节，使得 STM 在原子级水平研究表面结构这一优点不复存在。为了弥补 STM 这一不足，1986 年 Binning、Quate 和 Gerber 在 STM 的基础上发明了第一台原子力显微镜（AFM），其简易图如图 18.8 所示。

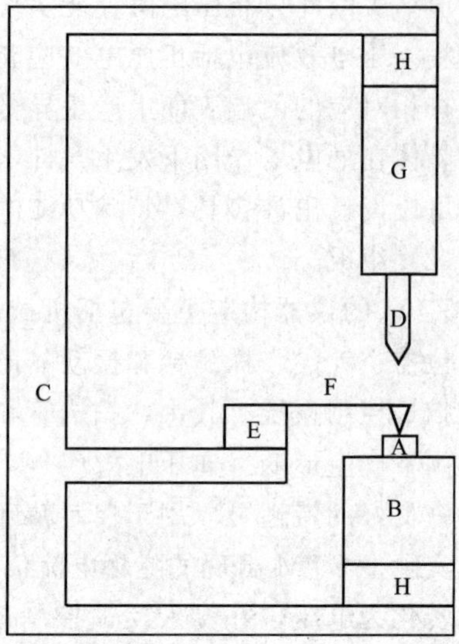

但早期的 AFM 具有扫描速度慢、设备大而笨重和针尖易污染等缺陷，1988 年 Meyer 和 Amer 用激光反射法代替原先的 STM 针尖检测法。该方法不但设计简单，而且激光与微悬臂背面之间的距离并不影响信噪比。因此，激光反射检测法几乎成为现在主流 AFM 的标准检测方法。

图 18.8　第一台原子力显微镜简易图
A—样品；B—样品台；C—固定支架；
D—STM 针尖；E—压电扫描仪；F—AFM 针尖；
G—STM 反馈控制系统；H—防振垫片

（1）工作原理与结构

现在 AFM 的工作原理及结构主要是：一个对力非常敏感的微悬臂，尖端上有一个微小的探针，当探针轻微地接触样品表面时，由于探针尖端的原子与样品表面的原子之间产生极其微弱的相互作用力而使微悬臂弯曲，将微悬臂弯曲的形变信号转换成光电信号并进行放大就可以得到原子之间相互作用力的微弱变化的信号。

（2）工作模式

AFM 主要有三种基本工作模式：接触模式、非接触模式与轻敲模式。这三种模式都是基于针尖在样品面扫描时，由于样品表面相互作用力的改变而使得微悬臂的偏转或振动模式改变，通过检测此偏转信号的改变，可以反映表面的形貌或力学特征。表 18.2 是三种模式的比较。

表 18.2　AFM 三种工作模式的比较

模式	接触模式	非接触模式	轻敲模式
针尖-样品间作用力	恒定	变化	变化
分辨率	最高	最低	较高
对样品的影响	可能损坏	无损坏	无损坏

（3）应用

AFM 对分析的样品无导电性要求，因此 AFM 可以研究金属、半导体和绝缘样品的表面结构和性质。与 STM 相比，AFM 在有机和生物材料的研究中得到了广泛的应用。AFM 既能获得样品表面几十到几百纳米大尺度的结构信息，又能获得原子分辨的样品表面图像。

AFM 针尖与样品表面存在力的相互作用，既可以研究样品表面的局域力学性质，也可以在样品表面进行纳米加工，如在光刻金属微电极间搬运金属 Au 纳米粒子测量其量子输运性质。因此 AFM 在纳米电子器件研究中占有重要地位。AFM 还可以研究样品表面的动态过程，如血液的凝固过程。

18.5.4　其他扫描探针显微镜

（1）摩擦力显微镜

摩擦力属于横向力，用来描述 AFM 探针和样品表面的横向作用。摩擦力显微镜适用于具有分子级或纳米级平整的块体材料及具有不同官能团的有机分子、功能高分子和生物分子薄膜的研究。经过统计分析、识别并确定相关材料的组分，该技术为研究相关新材料和分子设计提供了科学依据。

（2）静电力显微镜

在静电力显微镜中，针尖和样品起到一个平板电容器中两块极板的作用，当针尖在样品表面扫描时，其振动的振幅受到样品中电荷产生的静电力的影响。利用这一现象，就可以通过扫描时获得的静电力图像来研究样品的表面信息。

（3）电场力显微镜

测量电场力（静电力）的电场力显微镜需要使用导电性针尖（表面有一层导电涂层），通常在针尖或样品上施加一定的电压（约 1V），测量材料或性质上的不同导致的不同电势。该方法要求样品表面相当平滑且具有捕获的电荷。

（4）光子扫描隧道显微镜

光子扫描隧道显微镜利用光学探针探测样品表面附近被全内反射光所激励的瞬衰场，从而获得表面结构的信息，即利用光子的隧道效应。

（5）扫描近场光学显微镜

扫描近场光学显微镜能在纳米尺度上探测样品的光学信息，突破了经典光学显微镜理论分辨率的阿贝衍射极限，将光学分辨率提高了几十甚至上百倍，而且纵向分辨率优于横向分辨率，能够得到清晰的三维图像。除强度对比度之外，扫描近场光学显微镜还可获取荧光对比度、偏振对比度、折射率对比度、吸收对比度和谱对比度等信息。因此扫描近场光学显微镜在探测样品的多样性上拥有其他 SPM 方法无法比拟的优势，在各个领域有广阔的应用前景。

习题

1. 简述表面分析法的含义及种类。
2. 论述探针技术的种类及其特点。

参考文献

［1］　染野檀，安盛岩雄. 表面分析［M］. 郑传谋译. 北京：科学出版社，1980.

［2］　屠一锋，严吉林，龙玉梅，等. 现代仪器分析［M］. 北京：科学出版社，2011.

［3］　辛勤，罗孟飞. 现代催化研究方法［M］. 北京：科学出版社，2009.

［4］　白泉，王超展．基础化学实验：Ⅳ：仪器分析实验［M］．北京：科学出版社，2015.

［5］　华中一，罗维昂．表面分析［M］．上海：复旦大学出版社，1989.

［6］　陆家和，陈长彦．表面分析技术［M］．北京：电子工业出版社，1987.

［7］　赞德纳．表面分析方法［M］．强俊，胡兴中，译．北京：国防工业出版社，1984.

［8］　杨频，杨斌盛．离子探针方法导论［M］．北京：科学出版社，1994.

［9］　徐萃章．电子探针分析原理［M］．北京：科学出版社，1990.

［10］　周剑雄．电子探针分析［M］．北京：地质出版社，1988.

［11］　季桐鼎，林卓然，王理，等．二次离子质谱与离子探针［M］．北京：科学出版社，1989.

［12］　刘永康．电子探针 X 射线显微分析［M］．北京：科学出版社，1973.

［13］　里德．电子探针显微分析［M］．林天辉，章靖国，译．上海：上海科学技术出版社，1980.

［14］　李楠，王凤翔，周春喜．荧光探针应用技术［M］．北京：军事医学科学出版社，1998.

［15］　朱传凤，王琛．扫描探针显微术应用进展［M］．北京：化学工业出版社，2007.

［16］　内山郁．电子探针 X 射线显微分析仪［M］．刘济民译．北京：国防工业出版社，1982.

［17］　黄晓峰，张远强，张英起．荧光探针技术［M］．北京：人民军医出版社，2004.

［18］　黄惠忠．表面化学分析［M］．上海：华东理工大学出版社，2007.